Dive into Pandas: Data Processing and Analysis with Python

深入浅出Pandas

利用Python进行数据处理与分析

李庆辉 ◎ 著

图书在版编目（CIP）数据

深入浅出 Pandas：利用 Python 进行数据处理与分析 / 李庆辉著 .-- 北京：机械工业出版社，2021.7（2024.7 重印）
（数据分析与决策技术丛书）
ISBN 978-7-111-68545-6

I. ①深… II. ①李… III. ①软件工具－程序设计 IV. ① TP311.561

中国版本图书馆 CIP 数据核字（2021）第 124128 号

深入浅出 Pandas：利用 Python 进行数据处理与分析

出版发行：机械工业出版社（北京市西城区百万庄大街 22 号 邮政编码：100037）
责任编辑：杨绣国 罗词亮 责任校对：马荣敏
印 刷：河北宝昌佳彩印刷有限公司 版 次：2024 年 7 月第 1 版第 7 次印刷
开 本：186mm×240mm 1/16 印 张：26.75
书 号：ISBN 978-7-111-68545-6 定 价：99.00 元

客服电话：（010）88361066 68326294

Preface 前　言

近年来，国内掀起了一股学习 Python 的热潮。作为一名互联网产品经理，我也不能免俗。凭借不错的学习能力，我很快就入了门，但接下来，用 Python 来干什么却成了问题，我因此迷茫了很久。后来我做数据相关的产品，经常要涉及数据采集、数据处理、数据分析等工作，总算有了相契合的使用场景。使用 Python 的时间越长，对 Python 的强大功能的体会就越深，于是我又把它推广到了团队。

这段从入门到实践的 Python 学习之旅也引发我思考：我们学习 Python 是在学什么？虽然听说 Python 什么都能做，但我发现，普通学习者在学习了 Python 的语法、数据类型、流程控制、函数、类等内容后，还是不知道 Python 能解决什么问题。

于是，我找到 Python 在全社会最常见、最广泛的使用场景，那就是收集数据、处理 Excel 表格、做数据分析，简单来说就是代替 Excel 的复杂操作，实现高效办公。而 Pandas 正是解决这方面问题的专业数据科学库。Pandas 既能完成上述这些基础操作，又能在数据建模、机器学习等更高层次的领域发挥重要作用。

所以，对于 Python 的初学者，我都建议直接学 Pandas，因为一来它能应对上述真实需求，学完就能解决问题；二来随着学习的深入，你会发现不论哪个领域都需要一个数据结构来承载数据，而 Pandas 提供的 Series 和 DataFrame 结构正好解决了这个问题。

读者对象

如同 Python 在诸多领域有广泛应用一样，Pandas 处理的是数据问题，同样在各行各业都能展现其魅力，因此本书没有预设读者的行业和职业。阅读本书需要掌握一点 Python 的语法、数据结构和函数方面的基础知识，不过零基础的读者也完全可以理解本书的内容，本书会介绍 Python 环境的安装和 Python 的数据结构，方便初学者入门学习。阅读本书也不需要有专业的线性代数和概率统计学知识，只需具备基础的数学知识即可。

不过，还是强烈推荐以下人群阅读本书：

- ❑ Excel中度、重度使用者，如文秘、公关人员、教师，从事行政、人力资源、市场和销售等工作的人员；
- ❑ 数据分析师、商业分析师、数据科学家；
- ❑ 互联网运营人员、数据运营人员；
- ❑ 互联网产品经理、项目经理；
- ❑ 开发人员、测试人员、算法人员；
- ❑ 财务、会计、金融从业者；
- ❑ 企业决策者、管理人员。

本书特色

不同于市面上众多由开发人员编写的Python图书，本书作者非技术人员出身，更能从用户体验角度入手解决学习者的痛点。本书有以下特色：

- ❑ 专注于介绍Pandas；
- ❑ 非技术思维，语言通俗易懂，面向应用；
- ❑ 不需要相关背景知识，不引入Python的高级用法；
- ❑ 减少变量的传递，代码短小精练；
- ❑ 覆盖知识全，几乎囊括了Pandas的所有函数和方法；
- ❑ 较少使用专业技术名词及统计学知识；
- ❑ 案例使用极简数据集，方便理解；
- ❑ 使用了流行的链式方法，代码简洁，逻辑清晰，可读性强；
- ❑ 有大量的实用案例。

为了减少篇幅，书中未展示部分不必要的输出结果，读者可自行执行代码查看结果。本书没有一一介绍一些方法的不重要参数，对有些同时适用于DataFrame和Series的方法也未重复介绍，读者可参考Pandas官方文档进一步学习。除了常规的系统学习外，还可以将本书作为工具书，在日常操作中随手查阅。本书也可作为技能培训教材，在教学中使用。

如何阅读本书

使用Pandas是一项技能，需要多动手实践才能熟练掌握。因此，阅读本书最好的方法是紧跟书中的思路，对照书中的代码，自己输入电脑中运行，然后在工作和生活中发现应用场景，去解决实际问题。同时建议将本书所有的方法都过一遍，以了解各种工具的作用，这样遇到问题时心中才会有方案。最后，建议多看看Pandas官方文档，学会看API说明，如果有能力，可以看看源码的实现，让自己对Pandas的掌握更上一层楼。

本书共17章，分为七部分，全面介绍了如何利用Pandas进行数据处理和数据分析。

第一部分（第 1～2 章） Pandas 入门

主要介绍了 Python 和 Pandas 是什么，它们有哪些数据结构和数据类型，以及 Pandas 开发环境的搭建，此外还介绍了 Pandas 的快速入门。

第二部分（第 3～5 章） Pandas 数据分析基础

主要介绍了 Pandas 读取与输出数据、索引操作、数据类型转换、查询筛选、统计计算、排序、位移、数据修改、数据迭代、函数应用等内容。

第三部分（第 6～9 章） 数据形式变化

主要介绍了 Pandas 的分组聚合操作、合并操作、对比操作、数据透视、转置、归一化、标准化等，还包括利用多层索引对数据进行升降维处理。

第四部分（第 10～12 章） 数据清洗

主要介绍了缺失值和重复值的识别、删除、填充，数据的替换、格式转换，文本的提取、连接、匹配、切分、替换、格式化、虚拟变量化等，还介绍了分类数据的应用场景和操作方法。

第五部分（第 13～14 章） 时序数据分析

主要介绍了 Pandas 中对于时间类型数据的处理和分析，包括固定时间、时长、周期、时间偏移等的表示方法、查询、计算、格式处理，以及时区转换、重采样、工作日和工作时间的处理方法。本部分还讲解了在时序数据处理中经常使用的窗口计算。

第六部分（第 15～16 章） 可视化

主要介绍了 Pandas 的样式功能如何让数据表格更有表现力，Pandas 的绘图功能如何让数据自己说话，如何定义不同类型的数据图形，以及如何对图形中的线条、颜色、字体、背景等进行细节处理。

第七部分（第 17 章） 实战案例

介绍了从需求到代码的思考过程，如何利用链式编程思想提高代码编写和数据分析效率，以及数据分析的基本方法与需要掌握的数据分析工具和技术栈。本部分还从数据处理和数据分析两个角度给出了大量的应用案例及代码详解。

勘误和支持

由于作者的水平有限，加之时间仓促，书中难免存在一些错误或不准确的地方，恳请读者批评指正。如果你在阅读中遇到问题，或者有与本书相关的建议或意见，欢迎发送邮件至 yfc@hz.cmpbook.com，也可以关注公众号“盖若”进行交流。期待你的反馈。

本书配套资源及部分源码存放在 gairuo.com/p/pandas 上，欢迎有需要的读者前往下载。

致谢

感谢 Pandas 及其社区的贡献者为我们提供了这么优秀的生产力工具。

感谢家人、朋友以及为本书建言献策的网友，他们给了我莫大的鼓励和支持。

感谢父母给了我生命，教我学习的方法，鼓励我勇于探索自己未知的领域。

感谢机械工业出版社编辑杨福川和罗词亮为本书的出版所付出的努力。

在本书写作过程中，我请教了很多数据产品专家和数据分析专家，在此一并表示感谢。

目　录 *Contents*

第二部分 Pandas 数据分析基础

第三部分 数据形式变化

第四部分 数据清洗

第六部分 可视化

第七部分　实战案例

第一部分 *Part 1*

Pandas 入门

Pandas是Python数据分析的利器，也是各种数据建模的标准工具。本部分为Pandas入门内容，将介绍Python、NumPy和Pandas分别是什么，它们之间是什么关系，以及为什么选择Python生态来进行数据分析。

本部分将带着大家安装Python并搭建数据分析环境，以及快速入门Pandas，进入Python数据分析的世界。此外，本部分还将介绍Python、NumPy和Pandas的数据类型和数据结构，为后面的深入学习打好基础。

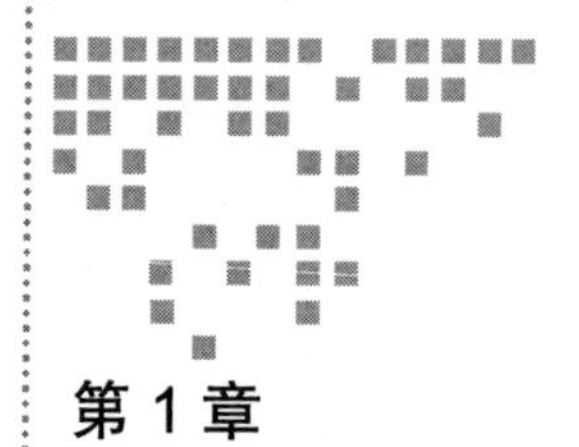

Chapter 1 第1章

Pandas简介及快速入门

在Python语言应用生态中，数据科学领域近年来十分热门。作为数据科学中一个非常基础的库，Pandas受到了广泛关注。Pandas可以将现实中来源多样的数据进行灵活处理和分析。本章将介绍Python语言、Python数据生态和Pandas的一些基本功能。

1.1 Pandas是什么

很多初学者可能有这样一个疑问："我想学的是Python数据分析，为什么经常会被引导到Pandas上去?"虽然这两个东西都是以P开头的，但它们并不是同一个层面的东西。简单来说，Pandas是Python这门编程语言中一个专门用来做数据分析的工具，它们的关系如图1-1所示。接下来我们就说说Python是什么，Pandas又是什么。

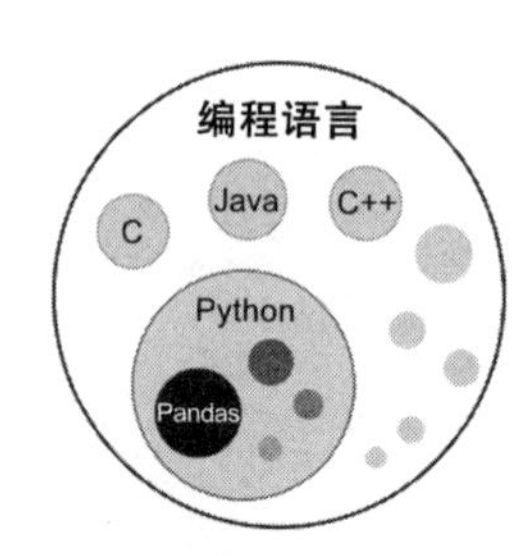

图1-1 Pandas和Python的关系

1.1.1 Python简介

Python是一门强大的编程语言，它简单易学，提供众多高级数据结构，让我们可以面向对象编程。Python是一门解释型语言，语法优雅贴近人类自然语言，符合人类的认知习惯。

Python支持跨平台，能够运行在所有的常见操作系统上。Python在近期热门的大数据、科学研究、机器学习、人工智能等领域大显身手，并且几乎在所有领域都有应用，因此学习它十分划算。

Python由荷兰人吉多·范罗苏姆（Guido van Rossum）创造，第一版发布于1991年。

关于为何有 Python 这个项目，吉多・范罗苏姆在 1996 年曾写道：

6 年前，也就是 1989 年 12 月，我在寻找一门"课余"编程项目来打发圣诞节前后的时间。到时我的办公室会关门，而我只有一台家用电脑，没有什么其他东西。我决定为我当时正在构思的新的脚本语言写一个解释器，它是 ABC 语言的后代，对 UNIX/C 程序员会有吸引力。当时我对项目叫什么名字并不太在乎，由于我是《蒙提・派森的飞行马戏团》的狂热爱好者，我就选择了用 Python 作为项目的名字。

《蒙提・派森的飞行马戏团》(*Monty Python's Flying Circus*) 是 BBC 播出的英国电视喜剧剧集，蒙提・派森（Monty Python）是创作该剧的六人喜剧团队，由此可见，Python 虽原意为蟒蛇，但吉多・范罗苏姆用它来命名一门开发语言，并非出于他对蟒蛇的喜爱，大家不必恐惧。

Python 2.0 于 2000 年 10 月 16 日发布。Python 3.0 于 2008 年 12 月 3 日发布，此版不完全兼容之前的 Python 源代码。目前 Python 的正式版已经更新到 3.9 版本，且官方不再维护 2.0 版本，因此建议初学者（包括已经在学习的）至少从 3.6 版本开始学习，之后的版本功能差异不会太大。

1.1.2 Python 的应用

Python 的应用范围非常广泛，几乎在所有领域它都能起到作用，这里列举一些典型的和常见的应用方向。YouTube、Google、Yahoo!、NASA 都在内部大量使用 Python。

1. Web 开发

简单来说，Web 开发就是开发网络站点，包括 PC 站点、移动站点（m 站）、App、小程序的数据接口。一些流行的 Python 框架，如 Django、Flask、Tornado 等，可以让我们在做 Web 开发时省时又省力。知乎、豆瓣等就是使用 Python 开发的知名网站。

2. 网络爬虫

爬虫模拟用户登录网站，爬取我们需要的数据，只要你能看到的信息它都可以批量、定时、快速地爬取下来并整理好。爬虫还可以帮你注册、登录、提交数据。Python 自带的 urllib 库以及第三方的 requests、Scrappy 都是做这件事的高手。

3. 计算与数据分析

研究人员需要对数据进行分析处理，NumPy、SciPy、Matplotlib 等第三方库可以进行科学计算。数据处理是我们工作学习中的日常，各种 Excel 表格都可以用 Python 方便地进行处理，而且既高效又能实现批量和自动化，我们不用再每天做重复的工作。提供包括可视化在内的一揽子解决方案的 Pandas 越来越受欢迎，成为 Python 培训公司的吸金课程。常见的数据可视化库有 Matplotlib、Ploty、Seaborn 等，此外，基于数据可视化前端项目 Echarts 的 pyecharts 也越来越受欢迎。

4. 界面（GUI）开发

Python 自带的 Tkinter 库支持 GUI 开发，让用户通过图形界面进行交互。还可以选择 wxPython 或 PyQt 等三方 GUI 库开发跨平台的桌面软件。通过 PyInstaller 将程序发布为独立的安装程序包，即可在 Windows、masOS 等平台上安装和运行。

5. 人工智能

近年来，机器学习、神经网络、深度学习等人工智能领域越来越离不开 Python，Python 已经成为这些领域的主流编程语言。Facebook 的神经网络框架 PyTorch 和 Google 的 TensorFlow 都有 Python 语言版本。scikit-learn 是机器学习领域最知名的 Python 库之一。

6. 游戏开发

Python 可以编写一些小游戏，当然在大型游戏中也扮演着重要的角色，如很多大型游戏用 C++ 编写图形显示等高性能模块，用 Python 编写一些逻辑模块。PyGame 库可用于直接开发一些简单游戏，其他的 Python 游戏库还有 Turtle、Pymunk、Arcade、Pyglet 及 Cocos2d 等。知名游戏 Sid Meier's Civilization（《文明》）就是使用 Python 实现的。

7. 图形图像

Python 可以处理图像，做视频渲染。众多工业级大型软件开放了 Python 接口，供使用者自己编辑处理程序。图形图像可以应用在医学影像分析、影视制作、人脸识别、无人驾驶等领域。相关的库包有 PIL、OpenCV、SimpleITK、Pydicom 等。

8. 其他

Python 是 IT 行业运维人员、黑客的主要工作语言，云计算搭建、用 PyRo 工具包进行机器人控制编程已经有众多的业务实践。

1.1.3 为什么不选择 R

众所周知，R 语言是专门针对数据领域的开发语言，同样也是开源、免费、跨平台的，虽然各大公司招聘岗位描述上要求掌握 Python 或者 R 语言，但笔者还是不推荐学习 R。

首先，Python 更加简单。Python 语法更加接近英文自然语言，学习路径短，有大量的图书和网络资料。其次，Python 生态更加完善。在数据科学领域有许多强大的库来满足我们不同的需求，如数据获取（Scrapy、BeautifulSoup）、科学计算（NumPy、SciPy、PyTorch）、可视化（Matplotlib、Seaborn）、机器学习（scikit-learn、TensorFlow）等。最后，Python 更加通用，Python 几乎可以应用在所有领域。

1.1.4 Pandas 简介

Pandas 是使用 Python 语言开发的用于数据处理和数据分析的第三方库。它擅长处理数字型数据和时间序列数据，当然文本型的数据也能轻松处理。

作为 Python 的三方库，Pandas 是建构在 Python 的基础上的，它封装了一些复杂的代码实现过程，我们只要调用它的方法就能轻松实现我们的需求。

说明　Python 中的库、框架、包意义基本相同，都是别人造好的轮子，我们可以直接使用，以减少重复的逻辑代码。正是由于有众多覆盖各个领域的框架，我们使用起 Python 来才能简单高效，而不用关注技术实现细节。

Pandas 由 Wes McKinney 于 2008 年开发。McKinney 当时在纽约的一家金融服务机构工作，金融数据分析需要一个健壮和超快速的数据分析工具，于是他就开发出了 Pandas。

Pandas 的命名跟熊猫无关，而是来自计量经济学中的术语“面板数据”（Panel data）。面板数据是一种数据集的结构类型，具有横截面和时间序列两个维度。不过，我们不必了解它，它只是一种灵感、思想来源。

Pandas 目前已经更新到 1.2.1 版本，本书就是基于这个版本编写的。

1.1.5　Pandas 的使用人群

Pandas 对数据的处理是为数据分析服务的，它所提供的各种数据处理方法、工具是基于数理统计学的，包含了日常应用中的众多数据分析方法。我们学习它不仅要掌控它的相应技术，还要从它的数据处理思路中学习数据分析的理论和方法。

特别地，如果你想要成为数据分析师、数据产品经理、数据开发工程师等与数据相关的工作者，学习 Pandas 能让你深入数据理论和实践，更好地理解和应用数据。

Pandas 可以轻松应对白领们日常工作中的各种表格数据处理需求，还应用在金融、统计、数理研究、物理计算、社会科学、工程等领域。

Pandas 可以实现复杂的处理逻辑，这些往往是 Excel 等工具无法完成的，还可以自动化、批量化，免去我们在处理相同的大量数据时的重复工作。

Pandas 可以实现非常震撼的可视化效果，它对接众多令人赏心悦目的可视化库，可以实现动态数据交互效果。

以上这些强大的功能，在本书后面的学习中你会有所体会。

1.1.6　Pandas 的基本功能

Pandas 常用的基本功能如下：

- 从 Excel、CSV、网页、SQL、剪贴板等文件或工具中读取数据；
- 合并多个文件或者电子表格中的数据，将数据拆分为独立文件；
- 数据清洗，如去重、处理缺失值、填充默认值、补全格式、处理极端值等；
- 建立高效的索引；
- 支持大体量数据；
- 按一定业务逻辑插入计算后的列、删除列；

- ❑ 灵活方便的数据查询、筛选；
- ❑ 分组聚合数据，可独立指定分组后的各字段计算方式；
- ❑ 数据的转置，如行转列、列转行变更处理；
- ❑ 连接数据库，直接用 SQL 查询数据并进行处理；
- ❑ 对时序数据进行分组采样，如按季、按月、按工作小时，也可以自定义周期，如工作日；
- ❑ 窗口计算，移动窗口统计、日期移动等；
- ❑ 灵活的可视化图表输出，支持所有的统计图形；
- ❑ 为数据表格增加展示样式，提高数据识别效率。

1.1.7 Pandas 的学习方法

对于一个新工具，我们的目标就是能够使用它，让它发挥价值。因此，学习 Pandas 最好的方法就是用它处理自己熟悉的数据，并把日常工作中需要手动处理的表格用 Pandas 来处理。刚开始可能不能完全替代，但慢慢积累，就会得心应手。

在学习初期，只需要对着教程去模仿，总结和归纳涉及的常用操作，同时养成遇到不懂的地方查看函数说明和官方文档（https://pandas.pydata.org/docs/）的习惯。

本书侧重于 Pandas 的使用，故不过多地讲解数据分析方法，不过 Pandas 提供的数据分析方法给我们提供了广阔的数据分析思路，可以帮助我们建立完善的数据分析理论体系。

另外，本书不会把所有的执行结果一一展示出来，而是讲清楚代码的作用是什么，由读者举一反三，自己写代码并运行。

1.1.8 小结

在本节中，我们了解了 Python 是什么，能做什么，学习它的好处，为什么不选择 R，还介绍了 Pandas 是什么，它适用于哪些领域、哪些人群。接下来，我们将搭建开发环境并开始使用 Pandas。

1.2 环境搭建及安装

在了解了相关背景知识后，我们将进入实际的操作阶段。Pandas 需要运行在 Python 环境中，因此我们需要先安装 Python 开发环境，同时还需要安装代码编辑工具。它们的依赖关系如图 1-2 所示。

首先，在我们的电脑上必须有操作系统，如 Windows，而开发语言如 Python 的解释器就安装在操作系统上。其次，Pandas 是 Python 的第三方库，因而安装在 Python 环境下。最后，我们要安装代码编辑器，这有两种模式：一种是直接安装在操作系统上，如 Sublime Text、Visual Studio Code、PyCharm 之类；另一种是安装在 Python 环境下（本书推荐的

Jupyter 就作为一个三方库安装在 Python 环境下）。

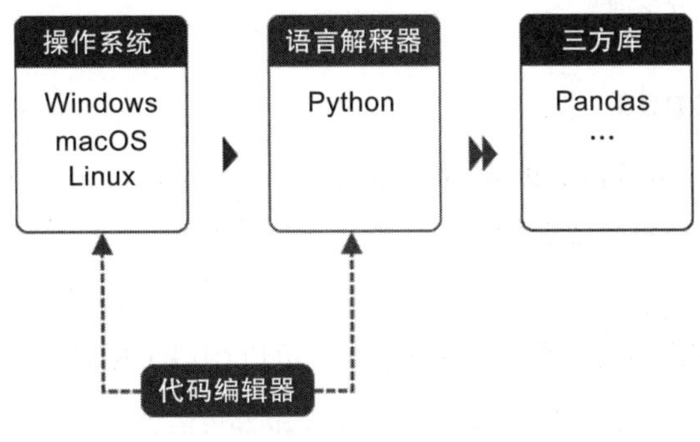

图 1-2 Pandas 安装依赖图

1.2.1 Python 环境安装

Python 作为一门编程语言，它的代码需要一个解释器来进行解释，这个解析器就是专门针对 Python 代码的，只有它才知道这些代码是什么意思。当然，你可以从 Python 的官网（https://www.python.org）的下载栏目下载安装包，下载时需要按自己实际的操作系统（Windows、macOS 等）下载相应的包，进行界面化安装。但我并不推荐这种方式，原因如下：

- 这种安装方式比较复杂，对新手不友好，比如在 Windows 中还要设置一些环境变量；
- 容易与已有的 Python 冲突，macOS 操作系统会自带 Python（注意：它是 2.x 版本，并不能直接使用）；
- 无法灵活切换 Python 版本，有时我们需要使用特定版本的 Python，需要灵活切换，而这种方式无法做到。

那么怎样避免以上问题呢？推荐使用 Anaconda，它是一个环境套件，能够解决上述问题。

1.2.2 Anaconda 简介

Anaconda（https://www.anaconda.com）是一个用于科学计算的 Python 发行版，支持 Linux、macOS 和 Windows 系统，提供了包管理与环境管理的功能，可以很方便地解决多版本 Python 并存、切换以及各种第三方包安装问题。

说到这里，先不要动手去下载安装。Anaconda 是一个大而全的套件，里面已经为大家安装好了常用的库包，并且还自带一些开发工具，这些使其变得巨大无比，安装后体积超过 1GB，运行很吃力。为了解决这个问题，miniconda 出现了。它小巧，安装包才几十兆字节，下载、安装速度快。我们可以通过清华大学建立的镜像下载站点进行下载，由于服务器在国内，速度很快。

接下来，我们一起安装吧。

1.2.3 安装 miniconda

miniconda 可以到它的官网 https://docs.conda.io/en/latest/miniconda.html 下载，也可以在清华大学提供的镜像站点（地址如下）下载，速度很快。

```
https://mirrors.tuna.tsinghua.edu.cn/anaconda/miniconda/
```

当然，如果你实在需要大而全的 Anaconda，可以用以下网址下载：

```
https://mirrors.tuna.tsinghua.edu.cn/anaconda/archive/
```

我们接着下载 miniconda，按最后一列的时间排序，或者将页面拉到最后，找到最近发布的安装包。苹果系统选择 MacOSX-x86_64.pkg 进行下载，Windows 系统选择 Windows-x86_64.exe 进行下载。py38 字样代表 Python 的版本是 3.8 版本，推荐使用最新稳定版本，如图 1-3 所示。

图 1-3 miniconda 安装包下载

下载完成后，双击安装包按界面提示进行安装。安装完成后，Windows系统的开始菜单或桌面会出现一个终端管理器（Anaconda Prompt字样），苹果系统的启动器里会出现终端（Terminal）；我们将它们统称为终端，后面会经常用到。在不同的系统中点击启动终端，会看到不同的字样。

在Windows系统中，可以看到终端界面中的如下字样，界面中的路径为你当前的操作路径。

```
(base) PS C:\Users\gairuo>_
```

macOS系统中的字样如下，gairuo是用户名，Downloads是当前所在的文件夹名称。

```
Last login: Wed Aug  8 15:28:02 on ttys001
(base) gairuo@MacBook-Pro Downloads %
```

由于miniconda支持多个Python虚拟环境，终端中的“(base)”是当前默认的环境名称。可以在终端中输入python-V后回车，查看Python的版本。需要注意的是，今后在终端执行操作时要留意是在哪个环境下。

1.2.4　多Python版本环境

目前我们已经将Python 3.8版本安装到了默认环境中，但有时候一些第三方库并不支持这个Python版本，可能只支持3.6或3.7版本，这就需要让多个Python版本在电脑中共存。还有一种需要多个Python版的情况是避免第三方库自身的版本冲突。在同一个Python环境中，一个第三方库只能存在一个版本，如果有其他两个库都依赖某个第三方库，且对Python版本的要求又不一样，就会造成麻烦。

上文我们在终端看到“(base)”就是它的默认环境，并知道了怎么查询当前环境的Python版本，如果需要多个Python版本，就需要创建新的环境，如果有则直接使用它。

注意　对于初学者或者只进行数据科学方面的学习和工作的人来说，一般默认环境就够用了，可以跳过这部分的操作。

下面是一些多环境的操作命令，在终端执行：

```
# 查看所有虚拟环境及当前环境
conda info -e
# 创建新环境，指定环境名称和Python版本
conda create -n py38data python=3.8
# 删除环境
conda remove -n py38data --all
# 进入、激活环境
conda activate py38data
# 退出环境
conda deactivate
```

1.2.5 安装编辑器

代码编辑器，即 IDE，是编写代码的工具。代码编辑器可选择的比较多，一般可使用 Jupyter Notebook（推荐）、Sublime Text、Visual Studio Code、PyCharm。

我们初学者不需要使用大型的工程项目编辑器，如 Visual Studio Code、PyCharm，因为它们的安装操作都比较复杂。这里推荐使用 Jupyter Notebook，因为它是一个基于网页、界面化、即时反馈结果的编辑器，而且后期在做数据分析、机器学习时，它的可视化功能也非常方便。

当然，如果你已经有十分中意的编辑器，也可以使用它。

1.2.6 Jupyter Notebook

Jupyter（https://jupyter.org）项目是一个非营利性开源项目，于 2014 年由 IPython 项目中诞生，它能支持所有编程语言的交互式数据科学和科学计算。它的特点是能够在网页上直接执行编写的代码，同时支持动态交互，在做数据可视化时尤其方便。

目前 Jupyter 有两个版本，Jupyter Lab 和 Jupyter Notebook，都是基于 Web 的交互式开发环境，其中 Jupyter Lab 为最新一代的产品。图 1-4 和图 1-5 分别为它们的截图。

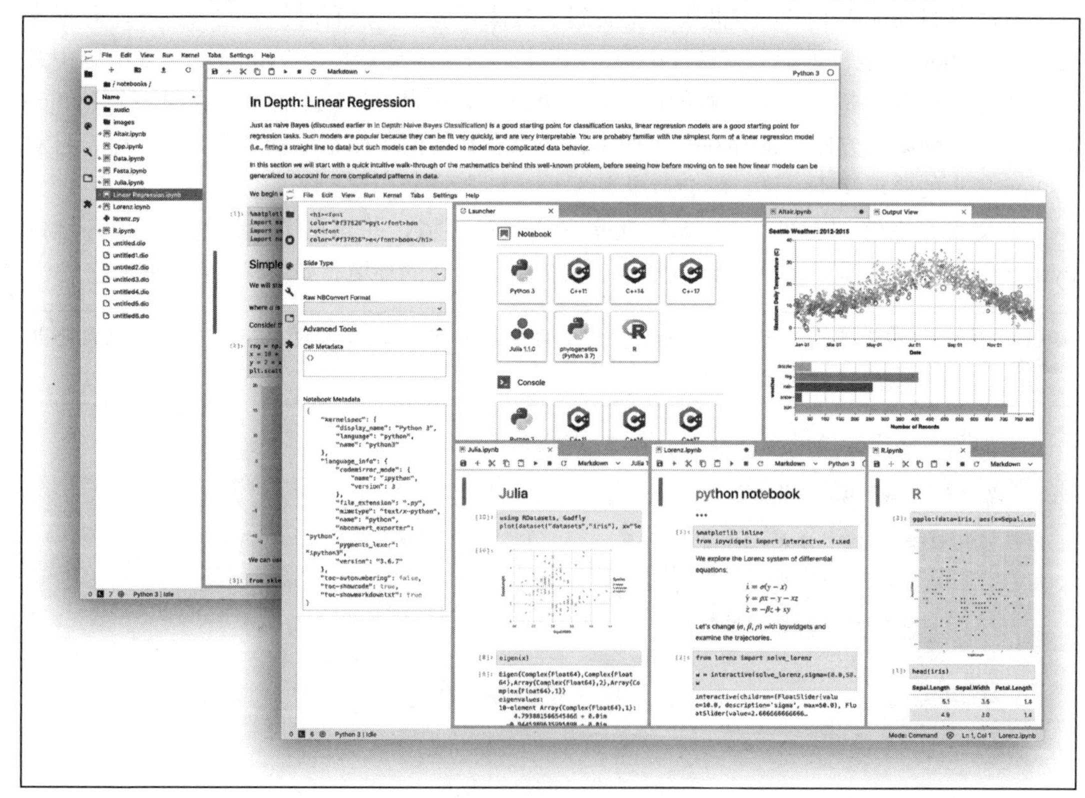

图 1-4 Jupyter Lab 截图

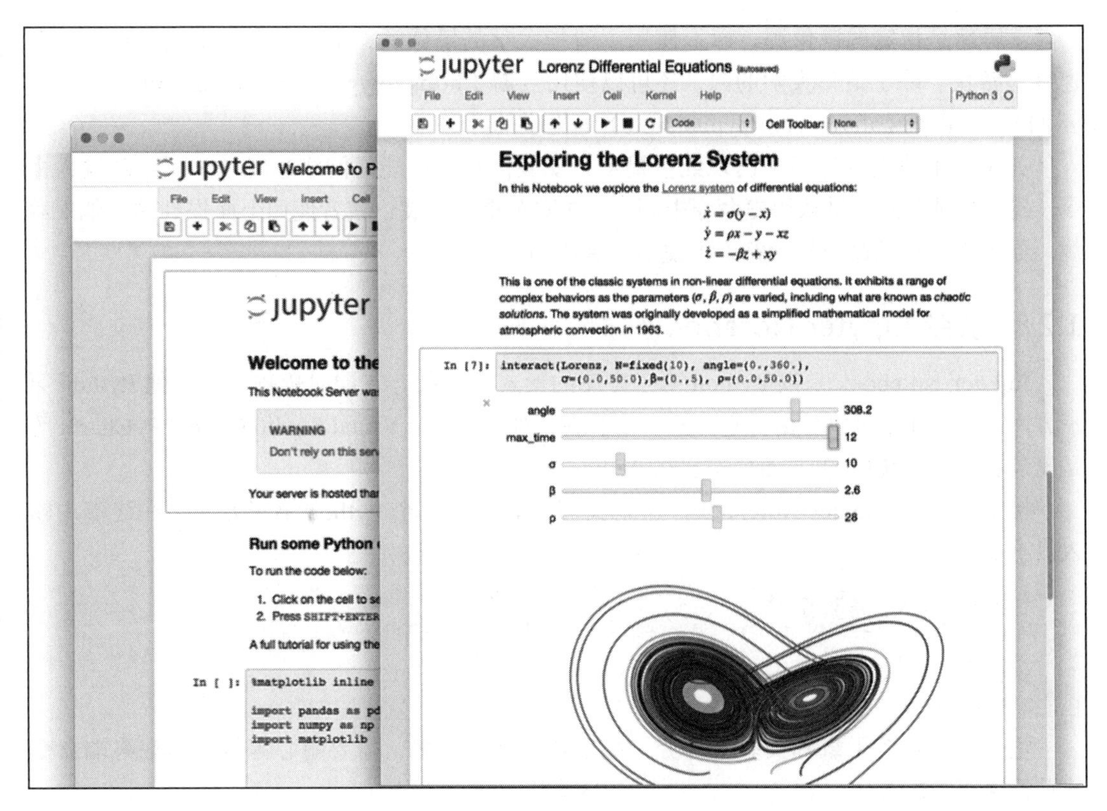

图 1-5 Jupyter Notebook 截图

不过我们推荐安装 Jupyter Notebook，因为它相对比较稳定、简洁，而且完全可以满足我们的需要。喜欢尝鲜的读者可以尝试一下 Jupyter Lab。

1.2.7 用 pip 安装三方库

在开始接下来的一系列安装工作之前，我们先来了解一下 Python 第三方库的管理工具 pip。它最常用的命令如下。

- pip list：查看当前 Python 环境安装了哪些库。
- pip install 库名：安装新库，注意三个词之间要用空格隔开。
- pip install 库名 1 库名 2 库名 3：同时安装多个库，多个库名之间用空格隔开。
- pip install 库名 -U：将库的版本升级到最新版。
- pip uninstall 库名：卸载库。

此外，由于 pip 命令中存储库文件的服务器在境外，有时候会比较慢，可以在命令后增加 -i 参数，如：

```
pip install 库名 -i https://pypi.tuna.tsinghua.edu.cn/simple
```

-i 后面是指定的镜像源，以上使用了清华大学的镜像源，由于其服务器在国内，下载速度非常快。除了清华大学的源，还可以使用豆瓣（https://pypi.douban.com/simple）、阿里云（http://mirrors.aliyun.com/pypi/simple）等提供的源。

如果在下载安装过程中出现红色提示，安装停止，可能是网络超时了，可重新输入命令（或者按键盘向上键从历史命令中调出）并回车重新安装，或者使用上面提到的其他下载源。如果出现终端命令提示符，则说明安装成功。

1.2.8 安装 Jupyter Notebook

Jupyter Notebook 是以 Python 第三方库的形式存在的，它同时依赖一些其他 Python 第三方库。由图 1-2 可以看出，它并没有安装在操作系统中（Visual Studio Code、PyCharm 等是安装在操作系统中的），而是安装在 Python 中。

接下来安装 Jupyter Notebook，这是我们安装的第一个 Python 第三方库。在终端中输入以下命令：

```
# 安装Jupyter Notebook，使用清华大学下载源加快下载速度
pip install jupyter -i https://pypi.tuna.tsinghua.edu.cn/simple

# 安装 Jupyter Lab 的命令如下
pip install jupyterlab
```

整个过程包含下载和安装两部分，由于依赖的库较多，需要耐心等待。出现终端命令提示符说明安装成功。

1.2.9 启动 Jupyter Notebook

安装完成后就可以使用 Jupyter Notebook 了。在终端中输入以下命令：

```
jupyter notebook
```

如果安装的是 Jupyter Lab，则使用以下命令：

```
jupyter lab
```

这样就会在浏览器中打开一个网页（如果没有自动打开，可将界面上提示的网址复制到浏览器中手动打开），如图 1-6 所示。

如果网页中列出的目录和文件不是自己想要的，那么可以在启动 Jupyter Notebook 前切换目录。在 Windows 系统中，可以先输入 d: 并回车，切换到 D 盘（或者指定的其他盘符），然后再输入 cd D:\gairuo\study（改为自己的实际目录）后回车，到达指定目录。在 macOS 中，可直接输入 cd 加目录，如 cd/Users/gr/Downloads，回车后 Jupyter Notebook 就默认在你指定的目录下了。

需要注意的是，在我们使用 Jupyter Notebook 和 Jupyter Lab 的过程中全程不要关闭终端窗口，否则无法提供服务。编写和执行代码过程中会随时自动保存代码和执行内容。

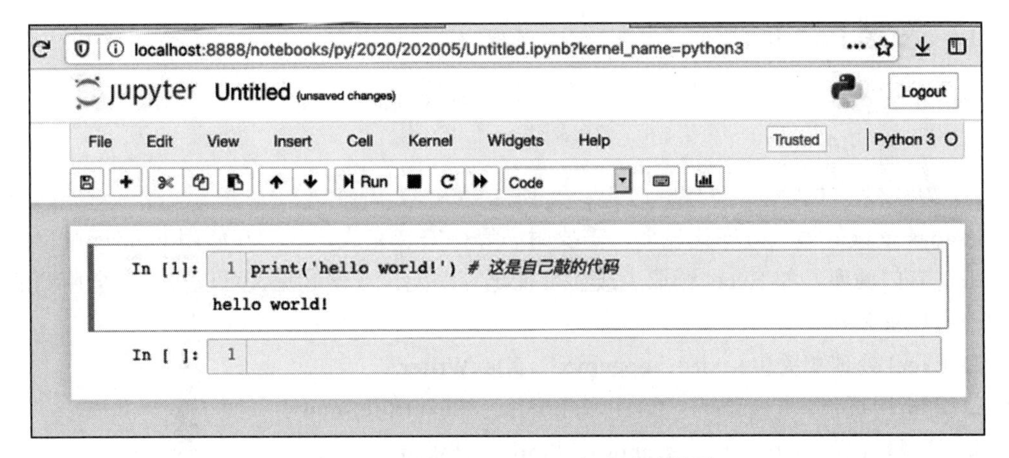

图 1-6　Jupyter Notebook 启动后的界面

1.2.10　使用 Jupyter Notebook

下面介绍 Jupyter Notebook 的使用。建议大家从一开始就整理好自己的文件目录，记住创建的文件在哪个位置，这是很重要的。进入合适的目录后，点击页面中的 New（新建）按钮并选择 Python 3 选项，这样就创建了一个代码编辑本，我们就可以在其中编写代码了。

首先修改文件名。点击页面左上角 jupyter 图标旁边的文件名，会弹出改名框，也可以选择 File（文件）菜单下的 Rename（重命名）选项进行改名。文件名最好要有规律，如带上日期、需求名之类。可以测试一下其他菜单，比如插入行、删除行、合并行、拆分行、重启服务等。

留意页面右上角 "Python 3" 旁边的圆圈，如果是实心圆，说明正在执行代码，同时代码行不会显示行执行编号，会显示星号，此时只需要等待就行。如果长时间未执行完成，可以选择 Kernel 菜单下的 Restart 进行重启。

另外需要注意的是，一个变量的值与执行顺序有关系（顺序可以参照 In [10] 字样括号中的数字），不要误认为与所在代码行的前后有关。

下面是一些快捷键，尽量使用这些快捷键来操作以提高效率。

- Tab：代码提示（输入部分代码后按 Tab 键）。
- Shift+Enter：执行本行并定位到新增的行。
- Shift+Tab（1 ~ 3 次）：查看函数方法说明（光标在函数上按住 Shift 再按 Tab 键一到三次）。
- D D：双击 D 键删除本行。
- A / B：向上 / 向下增加一行。
- M / Y：Markdown / 代码模式。

1.2.11 安装 Pandas

最后一步，安装 Pandas 库。在终端输入以下命令：

```
pip install pandas
# 如网络慢，可指定国内源快速下载安装
pip install pandas -i https://pypi.tuna.tsinghua.edu.cn/simple
```

Pandas 依赖的第三方库比较多，需要耐心等待安装完成。我们在使用 Pandas 过程中会用到一些专门的库，如 Excel 读取生成、可视化等功能，方便起见，可以将后期会用到的其他包一次性安装好。

- Excel 处理相关包：xlrd、openpyxl、XlsxWriter
- 解析网页包：Requests、lxml、html5lib、Beautiful Soup 4
- 可视化包：Matplotlib、seaborn、Plotly、Bokeh
- 计算包：SciPy、statsmodels

可以将这些包名放在一条命令中一次性安装：

```
pip install pandas xlrd openpyxl xlsxwriter requests lxml html5lib BeautifulSoup4\
matplotlib seaborn plotly bokeh scipy statsmodels -i\
https://pypi.tuna.tsinghua.edu.cn/simple
```

当然，后期还会遇到一些需要的第三方库，根据提示进行安装即可。

我们来检测一下 Pandas 是否安装成功。在 Jupyter Notebook 中输入如下代码并执行，如果出现版本号，则说明安装成功了。

```
import pandas as pd
pd.__version__

# '1.2.1'
```

1.2.12 小结

本节我们了解了环境搭建过程中的各种依赖关系，也成功安装了编写 Pandas 代码所需要的所有基础环境，接下来，可以正式开始我们的 Pandas 学习之旅了。

1.3 Pandas 快速入门

我们现在正式开始学习 Pandas。本节不介绍 Pandas 的相关原理及理论，先展示它的常用功能。

1.3.1 安装导入

首先安装 pandas 库。打开“终端”并执行以下命令：

```
pip install pandas matplotlib
# 如网络慢，可指定国内源快速下载安装
pip install pandas matplotlib -i https://pypi.tuna.tsinghua.edu.cn/simple
```

安装完成后，在终端中启动 Jupyter Notebook，给文件命名，如 pandas-01。在 Jupyter Notebook 中导入 Pandas，按惯例起别名 pd：

```
# 引入 Pandas库，按惯例起别名pd
import pandas as pd
```

这样，我们就可以使用 pd 调用 Pandas 的所有功能了。

1.3.2　准备数据集

数据集（Data set 或 dataset），又称为资料集、数据集合或资料集合，是一种由数据组成的集合，可以简单理解成一个 Excel 表格。在分析处理数据时，我们要先了解数据集。对所持有数据各字段业务意义的理解是分析数据的前提。

介绍下我们后面会经常用的数据集 team.xlsx，可以从网址 https://www.gairuo.com/file/data/dataset/team.xlsx 下载。它的内容见表 1-1。

表 1-1　team.xlsx 的部分内容

name	team	Q1	Q2	Q3	Q4
Liver	E	89	21	24	64
Arry	C	36	37	37	57
Ack	A	57	60	18	84
Eorge	C	93	96	71	78
Oah	D	65	49	61	86
…	…	…	…	…	…

这是一个学生各季度成绩总表（节选），各列说明如下。

- name：学生的姓名，这列没有重复值，一个学生一行，即一条数据，共 100 条。
- team：所在的团队、班级，这个数据会重复。
- Q1 ~ Q4：各个季度的成绩，可能会有重复值。

1.3.3　读取数据

了解了数据集的意义后，我们将数据读取到 Pandas 里，变量名用 df（DataFrame 的缩写，后续会介绍），它是 Pandas 二维数据的基础结构。

```
import pandas as pd # 引入Pandas库，按惯例起别名pd

# 以下两种效果一样，如果是网址，它会自动将数据下载到内存
df = pd.read_excel('https://www.gairuo.com/file/data/dataset/team.xlsx')
df = pd.read_excel('team.xlsx') # 文件在notebook文件同一目录下
# 如果是CSV，使用pd.read_csv()，还支持很多类型的数据读取
```

这样就把数据读取到变量 df 中，输入 df 看一下内容，在 Jupyter Notebook 中的执行效果如图 1-7 所示。

```
In [1]: 1 import pandas as pd

In [2]: 1 df = pd.read_excel('https://www.gairuo.com/file/data/dataset/team.xlsx')

In [3]: 1 df
Out[3]:
```

	name	team	Q1	Q2	Q3	Q4
0	Liver	E	89	21	24	64
1	Arry	C	36	37	37	57
2	Ack	A	57	60	18	84
3	Eorge	C	93	96	71	78
4	Oah	D	65	49	61	86
...	...	...	...	...	...	...
95	Gabriel	C	48	59	87	74
96	Austin7	C	21	31	30	43
97	Lincoln4	C	98	93	1	20
98	Eli	E	11	74	58	91
99	Ben	E	21	43	41	74

100 rows × 6 columns

图 1-7 读取数据的执行效果

其中：

- 自动增加了第一列，是 Pandas 为数据增加的索引，从 0 开始，程序不知道我们真正的业务索引，往往需要后面重新指定，使它有一定的业务意义；
- 由于数据量大，自动隐藏了中间部分，只显示前后 5 条；
- 底部显示了行数和列数。

1.3.4 查看数据

读取完数据后我们来查看一下数据：

```
df.head() # 查看前5条，括号里可以写明你想看的条数
df.tail() # 查看尾部5条
df.sample(5) # 随机查看5条
```

查看前 5 条时的结果如图 1-8 所示。

```
In [4]: 1 df.head()
Out[4]:
```

	name	team	Q1	Q2	Q3	Q4
0	Liver	E	89	21	24	64
1	Arry	C	36	37	37	57
2	Ack	A	57	60	18	84
3	Eorge	C	93	96	71	78
4	Oah	D	65	49	61	86

图 1-8 查看 df 前 5 条数据

1.3.5　验证数据

拿到数据，我们还需要验证一下数据是否加载正确，数据大小是否正常。下面是一些常用的代码，可以执行看看效果（一次执行一行）：

```
df.shape # (100, 6) 查看行数和列数
df.info() # 查看索引、数据类型和内存信息
df.describe() # 查看数值型列的汇总统计
df.dtypes # 查看各字段类型
df.axes # 显示数据行和列名
df.columns # 列名
```

df.info() 显示有数据类型、索引情况、行列数、各字段数据类型、内存占用等：

```
df.info()
<class 'pandas.core.frame.DataFrame'>
RangeIndex: 100 entries, 0 to 99
Data columns (total 6 columns):
 #   Column  Non-Null Count  Dtype
---  ------  --------------  -----
 0   name    100 non-null    object
 1   team    100 non-null    object
 2   Q1      100 non-null    int64
 3   Q2      100 non-null    int64
 4   Q3      100 non-null    int64
 5   Q4      100 non-null    int64
dtypes: int64(4), object(2)
memory usage: 4.8+ KB
```

df.describe() 会计算出各数字字段的总数（count）、平均数（mean）、标准差（std）、最小值（min）、四分位数和最大值（max）：

```
Out:
               Q1          Q2          Q3          Q4
count  100.000000  100.000000  100.000000  100.000000
mean    49.200000   52.550000   52.670000   52.780000
std     29.962603   29.845181   26.543677   27.818524
min      1.000000    1.000000    1.000000    2.000000
25%     19.500000   26.750000   29.500000   29.500000
50%     51.500000   49.500000   55.000000   53.000000
75%     74.250000   77.750000   76.250000   75.250000
max     98.000000   99.000000   99.000000   99.000000
```

1.3.6　建立索引

以上数据真正业务意义上的索引是 name 列，所以我们需要使它成为索引：

```
df.set_index('name', inplace=True) # 建立索引并生效
```

其中可选参数 inplace=True 会将指定好索引的数据再赋值给 df 使索引生效，否则索引不会生效。注意，这里并没有修改原 Excel，从我们读取数据后就已经和它没有关系了，我们处理的是内存中的 df 变量。

将 name 建立索引后，就没有从 0 开始的数字索引了，如图 1-9 所示。

```
In [6]:  1 df.head()
Out[6]:
```

	team	Q1	Q2	Q3	Q4
name					
Liver	E	89	21	24	64
Arry	C	36	37	37	57
Ack	A	57	60	18	84
Eorge	C	93	96	71	78
Oah	D	65	49	61	86

图 1-9 将 name 设置为索引的执行效果

1.3.7 数据选取

接下来，我们像 Excel 那样，对数据做一些筛选操作。

（1）选择列

选择列的方法如下：

```
# 查看指定列
df['Q1']
df.Q1 # 同上，如果列名符合Python变量名要求，可使用
```

显示如下内容：

```
name
Liver       89
Arry        36
Ack         57
Eorge       93
Oah         65
            ..
Gabriel     48
Austin7     21
Lincoln4    98
Eli         11
Ben         21
Name: Q1, Length: 100, dtype: int64
```

这里返回的是一个 Series 类型数据，可以理解为数列，它也是带索引的。之前建立的索引在这里发挥出了作用，否则我们的索引是一个数字，无法知道与之对应的是谁的数据。

选择多列的可以用以下方法：

```
# 选择多列
df[['team', 'Q1']] # 只看这两列，注意括号
df.loc[:, ['team', 'Q1']] # 和上一行效果一样
```

df.loc[x, y] 是一个非常强大的数据选择函数，其中 x 代表行，y 代表列，行和列都支持条件表达式，也支持类似列表那样的切片（如果要用自然索引，需要用 df.iloc[]）。下面的

例子中会进行演示。

（2）选择行

选择行的方法如下：

```
# 用指定索引选取
df[df.index == 'Liver'] # 指定姓名

# 用自然索引选择，类似列表的切片
df[0:3] # 取前三行
df[0:10:2] # 在前10个中每两个取一个
df.iloc[:10,:] # 前10个
```

（3）指定行和列

同时给定行和列的显示范围：

```
df.loc['Ben', 'Q1':'Q4'] # 只看Ben的四个季度成绩
df.loc['Eorge':'Alexander', 'team':'Q4'] # 指定行区间
```

（4）条件选择

按一定的条件显示数据：

```
# 单一条件
df[df.Q1 > 90] # Q1列大于90的
df[df.team == 'C'] # team列为'C'的
df[df.index == 'Oscar'] # 指定索引即原数据中的name

# 组合条件
df[(df['Q1'] > 90) & (df['team'] == 'C')] # and关系
df[df['team'] == 'C'].loc[df.Q1>90] # 多重筛选
```

1.3.8 排序

Pandas 的排序非常方便，示例如下：

```
df.sort_values(by='Q1') # 按Q1列数据升序排列
df.sort_values(by='Q1', ascending=False) # 降序

df.sort_values(['team', 'Q1'], ascending=[True, False]) # team升序，Q1降序
```

1.3.9 分组聚合

我们可以实现类似 SQL 的 groupby 那样的数据透视功能：

```
df.groupby('team').sum() # 按团队分组对应列相加
df.groupby('team').mean() # 按团队分组对应列求平均
# 不同列不同的计算方法
df.groupby('team').agg({'Q1': sum,  # 总和
                        'Q2': 'count', # 总数
                        'Q3':'mean', # 平均
                        'Q4': max}) # 最大值
```

统一聚合执行后的效果如图 1-10 所示。

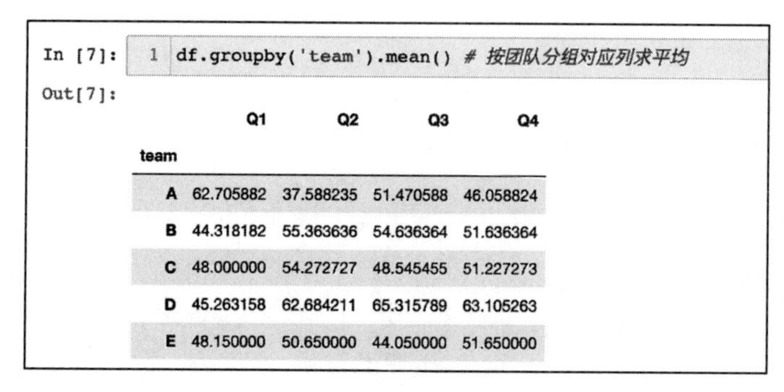
In [7]:

```
1 df.groupby('team').mean() # 按团队分组对应列求平均
```

Out[7]:

team	Q1	Q2	Q3	Q4
A	62.705882	37.588235	51.470588	46.058824
B	44.318182	55.363636	54.636364	51.636364
C	48.000000	54.272727	48.545455	51.227273
D	45.263158	62.684211	65.315789	63.105263
E	48.150000	50.650000	44.050000	51.650000

图 1-10 按 team 分组后求平均数

不同计算方法聚合执行后的效果如图 1-11 所示。

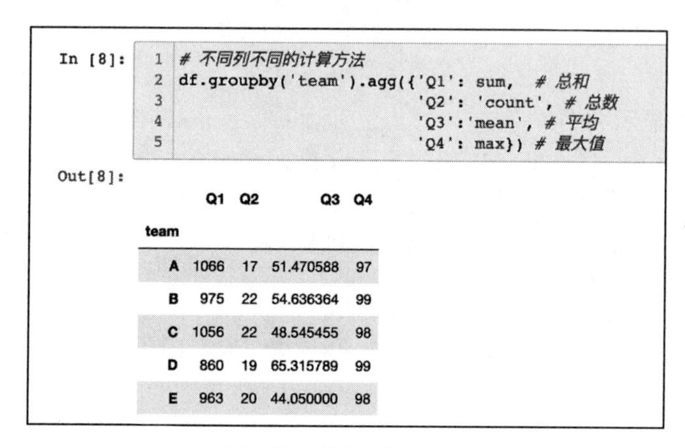
In [8]:

```
1 # 不同列不同的计算方法
2 df.groupby('team').agg({'Q1': sum,  # 总和
3                         'Q2': 'count', # 总数
4                         'Q3':'mean', # 平均
5                         'Q4': max}) # 最大值
```

Out[8]:

team	Q1	Q2	Q3	Q4
A	1066	17	51.470588	97
B	975	22	54.636364	99
C	1056	22	48.545455	98
D	860	19	65.315789	99
E	963	20	44.050000	98

图 1-11 分组后每列用不同的方法聚合计算

1.3.10 数据转换

对数据表进行转置，对类似图 1-11 中的数据以 A-Q1、E-Q4 两点连成的折线为轴对数据进行翻转，效果如图 1-12 所示，不过我们这里仅用 sum 聚合。

```
df.groupby('team').sum().T
```

In [9]:

```
1 df.groupby('team').sum().T
```

Out[9]:

team	A	B	C	D	E
Q1	1066	975	1056	860	963
Q2	639	1218	1194	1191	1013
Q3	875	1202	1068	1241	881
Q4	783	1136	1127	1199	1033

图 1-12 对聚合后的数据进行翻转

也可以试试以下代码，看有什么效果：

```
df.groupby('team').sum().stack()
df.groupby('team').sum().unstack()
```

1.3.11　增加列

用 Pandas 增加一列非常方便，就与新定义一个字典的键值一样。

```
df['one'] = 1 # 增加一个固定值的列
df['total'] = df.Q1 + df.Q2 + df.Q3 + df.Q4 # 增加总成绩列
# 将计算得来的结果赋值给新列
df['total'] = df.loc[:,'Q1':'Q4'].apply(lambda x:sum(x), axis=1)
df['total'] = df.sum(axis=1) # 可以把所有为数字的列相加
df['avg'] = df.total/4 # 增加平均成绩列
```

1.3.12　统计分析

根据你的数据分析目标，试着使用以下函数，看看能得到什么结论。

```
df.mean() # 返回所有列的均值
df.mean(1) # 返回所有行的均值，下同
df.corr() # 返回列与列之间的相关系数
df.count() # 返回每一列中的非空值的个数
df.max() # 返回每一列的最大值
df.min() # 返回每一列的最小值
df.median() # 返回每一列的中位数
df.std() # 返回每一列的标准差
df.var() # 方差
s.mode() # 众数
```

1.3.13　绘图

Pandas 利用 plot() 调用 Matplotlib 快速绘制出数据可视化图形。注意，第一次使用 plot() 时可能需要执行两次才能显示图形。如图 1-13 所示，可以使用 plot() 快速绘制折线图。

```
df['Q1'].plot() # Q1成绩的折线分布
```

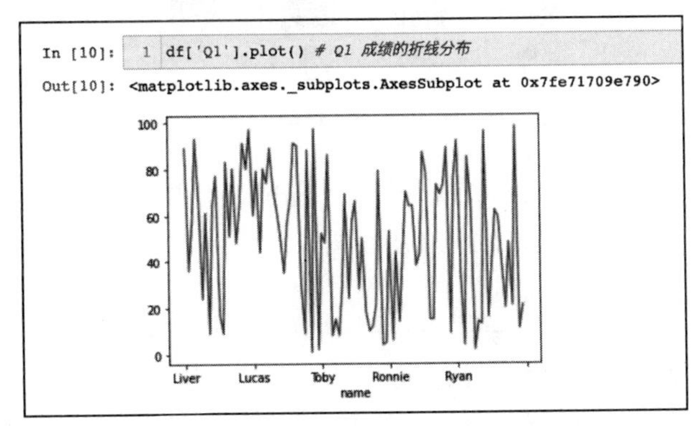

图 1-13　利用 plot() 快速绘制折线图

如图1-14所示，可以先选择要展示的数据，再绘图。

```
df.loc['Ben','Q1':'Q4'].plot() # ben四个季度的成绩变化
```

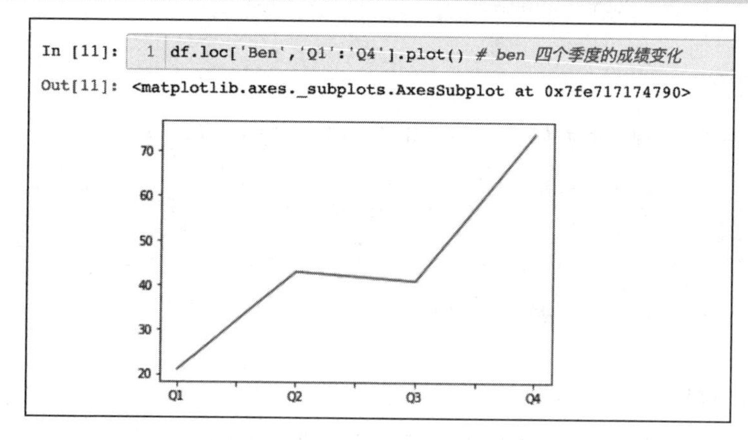

图1-14 选择部分数据绘制折线图

如图1-15所示，可以使用plot.bar绘制柱状图。

```
df.loc[ 'Ben','Q1':'Q4'].plot.bar() # 柱状图
df.loc[ 'Ben','Q1':'Q4'].plot.barh() # 横向柱状图
```

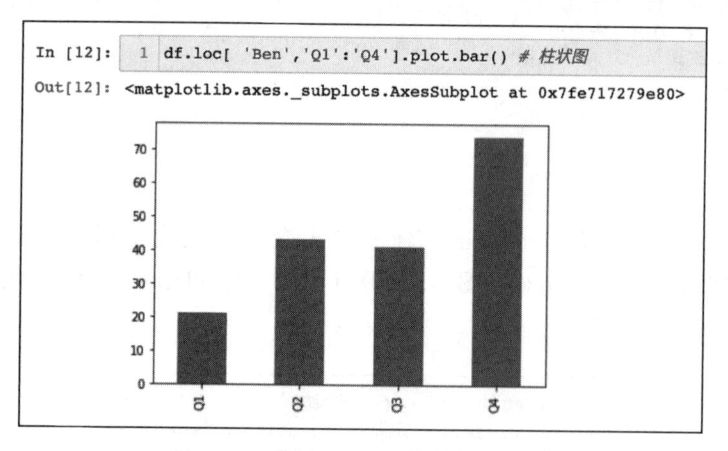

图1-15 利用plot.bar绘制的柱状图

如果想绘制横向柱状图，可以将bar更换为barh，如图1-16所示。

对数据聚合计算后，可以绘制成多条折线图，如图1-17所示。

```
# 各Team四个季度总成绩趋势
df.groupby('team').sum().T.plot()
```

也可以用pie绘制饼图，如图1-18所示。

```
# 各组人数对比
df.groupby('team').count().Q1.plot.pie()
```

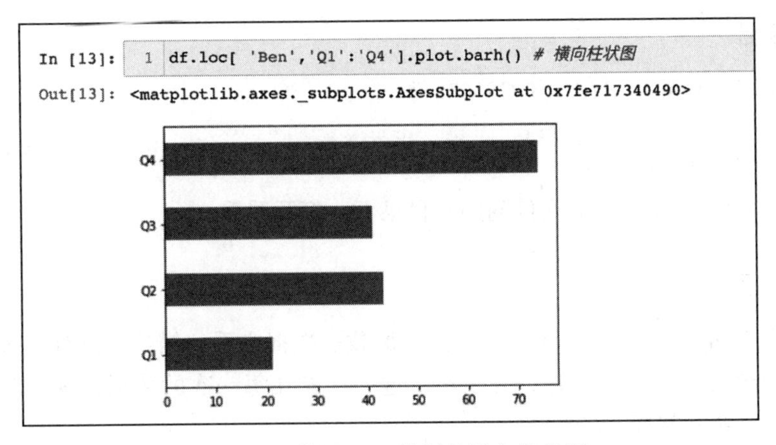

图 1-16 利用 barh 绘制的横向柱状图

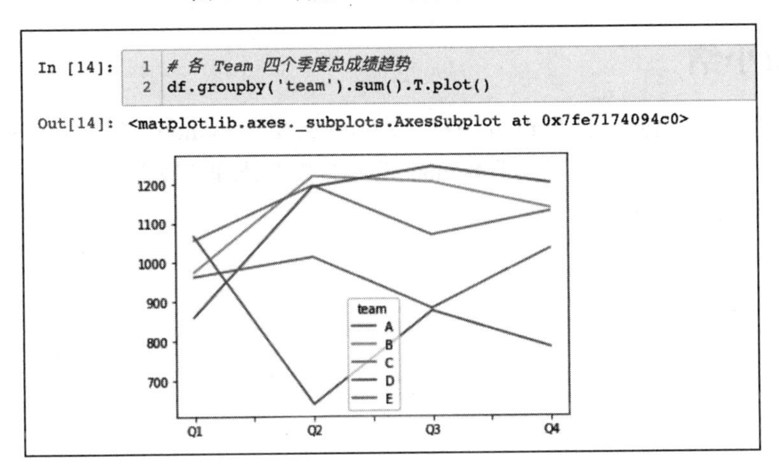

图 1-17 多条折线图

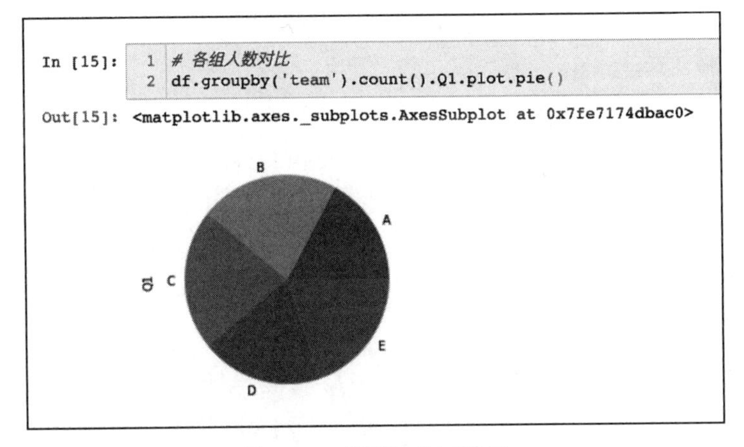

图 1-18 饼图的绘制效果

1.3.14 导出

可以非常轻松地导出 Excel 和 CSV 文件。

```
df.to_excel('team-done.xlsx') # 导出 Excel文件
df.to_csv('team-done.csv') # 导出 CSV文件
```

导出的文件位于 notebook 文件的同一目录下，打开看看。

1.3.15 小结

本节我们快速了解了 Pandas 的数据读取加载、数据查看、描述性统计、数学统计、数据筛选、数组聚合、数据可视化、导出等，这些功能在每一次的数据处理和数据分析当中都会用到，需要熟练掌握。

1.4 本章小结

本章我们了解了编程语言 Python 的特点，为什么要学 Python，Pandas 库的功能，并且安装好了开发环境，快速感受了一下 Pandas 强大的数据处理和数据分析能力。这些是我们进入数据科学领域的基础。

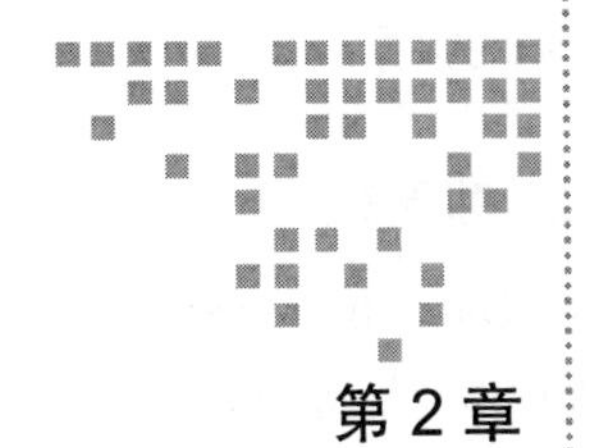

第2章 Chapter 2

数据结构

Pandas是基于强大的NumPy库开发的，它继承了NumPy中的一些数据结构，也继承了NumPy的高效计算特性。

在本章，我们将深入了解Pandas的底层数据结构及其依赖的NumPy库的基础用法，还将学习它的数据生成操作。

2.1 数据结构概述

在本节，我们将了解基础的数据和数据结构知识，进而理解Pandas是怎样将现实世界中的数据映射到它的体系中的。

2.1.1 什么是数据

数据（Data）是我们对客观世界的记录，而记录的形式是我们发明的记录符号和记录载体。记录符号包括数字、符号、图像、语音、视频等，载体包括石刻、书籍、录像带以及我们现在广泛使用的电脑、手机等智能计算设备。

这些最原始的数据信息是人们在生活和社会实践中采集的，往往需要将数据转换为有限的数据类型，并且在一个数据列中是同构的（Homogeneous），即数据类型相同。比如，一份气象数据包含了日期、城市、平均气温，平均气温必须全是数字，单位为摄氏度，不能出现如下数据形式：

```
26.2, 25.6, 热, 比昨天凉快
```

针对异构（Heterogeneous）数据，我们需要进行一些技术或者业务上的转换使其一致，

才能进行下一步的数据分析。

2.1.2 什么是数据结构

数据结构（Data structure）是组织数据、存储数据的方式。在计算机中，常见的数据结构有栈（Stack）、队列（Queue）、数组（Array）、链表（Linked List）、树（Tree）、图（Graph）等。我们日常接触最多也是数据分析中最常用的结构是数组。

数组由相同类型元素的集合组成，对每一个元素分配一个存储空间，这些存储空间是连续的。每个空间会有一个索引（index）来标识元素的存储位置。类似于 Excel 表格，列方向上用数字作为行号，即索引，可以准确找到元素。

现实数据往往会由多个数组组成，它们共用同一个行索引，组成了二维数组，对应于数学中的矩阵概念。这类似于 Excel 表格中列方向上用字母来表示一个数组，如图 2-1 所示。可以利用线性代数中矩阵的性质和计算方法对数据进行处理和计算。

Home Insert Draw Page Layout Formulas

L8 × ✓ fx

	A	B	C	D
1	1	3.14		
2	2	119		
3	3	110		
4				
5				
6				
7				

图 2-1 Excel 中的行编号和列编号

2.1.3 小结

数据结构就是把数据组织到一起的形式，计算机为了反映对客观世界的观察，设计了许多数据组织形式，但在我们日常的数据分析中最常用的就是类似于 Excel 的二维数组。在将业务问题数据化记录时，需要依照二维数组的形式进行存储，这有利于我们理解，也方便我们使用数学和技术工具进行处理和分析。接下来，我们将通过了解 Python 层面的数据结构以及 Pandas 的基础——NumPy 的数据结构，一步步理解怎样将二维数组加载、存储到 Pandas 中。

2.2 Python 的数据结构

Python 为我们提供了最基础的数据存储结构，在数据的 ETL 过程中可能需要借助 Python 原生的数据结构来处理数据。本节将讲述 Python 的几大基础数据类型和结构。

在标准的Python数据类型中，有些是可变的，有些是不可变的。不可变就意味着你不能对它进行操作，只能读取。

- 不可变数据：Number（数字）、String（字符串）、Tuple（元组）。
- 可变数据：List（列表）、Dictionary（字典）、Set（集合）。

可以用Python内置的type()函数查看数据的类型，如：

```
type(123) # 返回int
# int

a = "Hello"
type(a) # 返回str
# str
```

也可以用isinstance来判断数据是不是指定的类型：

```
isinstance(123, int) # 123是不是整型值
# True
isinstance('123', int)
# False
isinstance(True, bool)
# True
```

2.2.1　数字

Python的数字类型可以存储数学中的各种数字，包括常见的自然数、复数中的虚数、无穷大数、正负数、带小数点的数、不同进制的数等。

```
x = 1    # int, 整型
y = 1.2  # float, 浮点
z = 1j   # complex, 复数
```

可以对数字进行以下运算：

```
a = 10
b = 21
# 数值计算
a + b # 31
a - b # -11
a * b # 210
b / a # 2.1
a ** b # 表示10的21次幂
b % a # 1 (取余)
# 地板除，相除后只保留整数部分，即向下取整
# 但如果其中一个操作数为负数，则取负无穷大方向距离结果最近的整数
9//2 # 4
9.0//2.0 # 4.0
-11//3 # -4
-11.0//3 # -4.0
```

2.2.2　字符串

字符串可以是一条或多条文本信息。在Python中非常容易定义字符串，字符串的计算

处理也非常方便。

可以对字符串进行切片访问（同时适用于字符、列表、元组等）。字符串从左往右，索引从 0 开始；从右往左，索引从 -1 开始。可以取字符串中的片段，切片索引按左闭右开原则：

```
var = 'Hello World!'
# 按索引取部分内容，索引从0开始，左必须小于右
# 支持字符、列表、元组
var[0] # 'H'
# 从右往左，索引从-1开始
var[-1] # '!'
var[-3:-1] # 'ld'
var[1:7] # 'ello W'（有个空格，不包含最后一位索引7）
var[6:] # 'World!' （只指定开头，包含后面所有的字符）
var[:] # 'Hello World!'（相当于复制）
var[0:5:2] # 'Hlo'（2为步长，按2的倍数取）
var[1:7:3] # 'ello W' -> 'eo'
var[::-1] # '!dlroW olleH'（实现反转字符功能）
```

下面是一些最常用的字符操作：

```
len('good') # 4 （字符的长度）
'good'.replace('g', 'G') # 'Good' （替换字符）
'山-水-风-雨'.split('-') # ['山', '水', '风', '雨'] （用指定字符分隔，默认空格）
'好山好水好风光'.split('好') # ['', '山', '水', '风光']
'-'.join(['山','水','风','雨']) # '山-水-风-雨'
'和'.join(['诗', '远方']) # '诗和远方'
'good'.upper() # 'GOOD' （全转大写）
'GOOD'.lower() # 'good' （全转小写）
'Good Bye'.swapcase() # 'gOOD bYE' （大小写互换）
'good'.capitalize() # 'Good' （首字母转大写）
'good'.islower() # True （是否全是小写）
'good'.isupper() # False （是否全是大写）
'3月'.zfill(3) # '03月' （指定长度，如长度不够，前面补0）
```

2.2.3 布尔型

在计算机世界中，0 和 1 是基本元素，代表了开或关、真或假两种状态。在 Python 里，True 和 False 分别代表真和假，它们都属于布尔型。布尔型只有这两个值。

如果我们检测变量，以下情况会得到假，其他情况为真：

- ❑ None、False
- ❑ 数值中的 0、0.0、0j（虚数）、Decimal(0)、Fraction(0, 1)
- ❑ 空字符串 ""、空元组 ()、空列表 []
- ❑ 空字典 {}、空集合 set()
- ❑ 对象默认为 True，除非它有 bool() 方法且返回 False，或有 len() 方法且返回 0

以下是一些典型的布尔运算：

```
a = 0
b = 1
c = 2
```

```
a and b # 0（a为假，返回假的值）
b and a # 0（b为真，返回a的值）
a or b # 1 （a为假，返回b的值）
a and b or c # 2
a and (b or c) # 0 （用类似数学中的括号提高运算优先级）

# not的注意事项
not a # True
not a == b # True
not (a == b) # True（逻辑同上）
a == not b # 这条有语法错误，正确的如下：
a == (not b) # True

# and的优先级高于or。首先，'a'为真，'a' and 'b'返回'b'；然后，'' or 'b'返回'b'
'' or 'a' and 'b' # 'b'
```

2.2.4 列表

列表是用方括号组织起来的，每个元素用逗号隔开，每个具体元素可以是任意类型的内容。通常元素的类型是相同的，但也可以不相同，例如：

```
x = [] # 空列表
x = [1, 2, 3, 4, 5]
x = ['a', 'b', 'c']
x = ['a', 1.5, True, [2, 3, 4]] # 各种类型混杂
type(x) # list 类型检测
```

列表和字符串一样支持切片访问，可以将字符串中的一个字符当成列表中的一个元素。以下是一些常用的列表操作：

```
a = [1, 2, 3]
len(a) # 3（元素个数）
max(a) # 3（最大值）
min(a) # 1（最小值）
sum(a) # 6（求和）
a.index(2) # 1（指定元素位置）
a.count(1) # 1（求元素的个数）
for i in a: print(i) # 迭代元素
sorted(a) # 返回一个排序的列表，但不改变原列表
any(a) # True（是否至少有一个元素为真）
all(a) # True（是否所有元素为真）
a.append(4) # a: [1, 2, 3, 4]（增加一个元素）
a.pop() # 每执行一次，删除最后一个元素
a.extend([9,8]) # a: [1, 2, 3, 9, 8]（与其他列表合并）
a.insert(1, 'a') # a: [1, 'a', 2, 3]（在指定索引位插入元素，索引从0开始）
a.remove('a') # 删除第一个指定元素
a.clear() # []（清空）
```

另外，需要熟练掌握列表的推导式，可以由可迭代对象快速生成一个列表。推导式就是用 for 循环结合 if 表达式生成一个列表，这是一个非常方便紧凑地定义列表的方式，可以大大减少代码量。

```
# 将一个可迭代的对象展开，形成一个列表
[i for i in range(5)]
```

```
# [0, 1, 2, 3, 4]

# 可以将结果进行处理
['第'+str(i) for i in range(5)]
# ['第0', '第1', '第2', '第3', '第4']

# 可以进行条件筛选，实现取偶数
[i for i in range(5) if i%2==0]

# 拆开字符，过滤空格，全变成大写
[i.upper() for i in 'Hello world' if i != ' ']
# ['H', 'E', 'L', 'L', 'O', 'W', 'O', 'R', 'L', 'D']
```

2.2.5 元组

元组（tuple）跟列表（list）非常相似，二者之间的差异是元组不可改变，而列表是可以改变的。元组使用圆括号 ()，列表使用方括号 []。

元组的索引机制跟列表完全一样。元组是不可修改的，我们修改元素时，就会报错，但是我们可以修改混杂类型里的列表类型数据。

另外，我们需要掌握元组的解包操作，这些操作可以让我们灵活地赋值、定义函数、传参，非常方便。

```
x = (1,2,3,4,5)
a, *b = x # a占第一个，剩余的组成列表全给b
# a -> 1
# b -> [2, 3, 4, 5]
# a, b -> (1, [2, 3, 4, 5])

a, *b, c = x # a占第一个，c占最后一个，剩余的组成列表全给b
# a -> 1
# b -> [2, 3, 4]
# c -> 5
# a, b, c -> (1, [2, 3, 4], 5)
```

2.2.6 字典

字典是 Python 重要的数据结构，由键值对组成。在客观世界中，所有的事件都有它的属性和属性对应的值，比如某种花的颜色是红色，有 5 个花瓣。其中颜色和花瓣数量是属性，红色和 5 是值。我们用属性（key）和值（value）组成“键值对”（key-value）这样的数据结构。它可以用以下方法定义：

```
d = {} # 定义空字典
d = dict() # 定义空字典
d = {'a': 1, 'b': 2, 'c': 3}
d = {'a': 1, 'a': 1, 'a': 1} # {'a': 1} key不能重复，重复时取最后一个
d = {'a': 1, 'b': {'x': 3}} # 嵌套字典
d = {'a': [1,2,3], 'b': [4,5,6]} # 嵌套列表

# 以下均可定义如下结果
# {'name': 'Tom', 'age': 18, 'height': 180}
```

```
d = dict(name='Tom', age=18, height=180)
d = dict([('name', 'Tom'), ('age', 18), ('height', 180)])
d = dict(zip(['name', 'age', 'height'], ['Tom', 18, 180]))
```

访问字典的方法如下：

```
d['name']  # 'Tom'（获取键的值）
d['age'] = 20  # 将age的值更新为20
d['Female'] = 'man'  # 增加属性
d.get('height', 180)  # 180

# 嵌套取值
d = {'a': {'name': 'Tom', 'age':18}, 'b': [4,5,6]}
d['b'][1] # 5
d['a']['age'] # 18
```

常用的字典操作方法如下：

```
d.pop('name') # 'Tom'（删除指定key）
d.popitem() # 随机删除某一项
del d['name']  # 删除键值对
d.clear()  # 清空字典

# 按类型访问，可迭代
d.keys() # 列出所有键
d.values() # 列出所有值
d.items() # 列出所有键值对元组（k, v）

# 操作
d.setdefault('a', 3) # 插入一个键并给定默认值3，如不指定，则为None
d1.update(dict2) # 将字典dict2的键值对添加到字典dict
# 如果键存在，则返回其对应值；如果键不在字典中，则返回默认值
d.get('math', 100) # 100
d2 = d.copy() # 深拷贝，d变化不影响d2

d = {'a': 1, 'b': 2, 'c': 3}
max(d) # 'c'（最大的键）
min(d) # 'a'（最小的键）
len(d) # 3（字典的长度）
str(d) # "{'a': 1, 'b': 2, 'c': 3}"（字符串形式）
any(d) # True（只要一个键为True）
all(d) # True（所有键都为True）
sorted(d) # ['a', 'b', 'c']（所有键的列表排序）
```

2.2.7 集合

集合（set）是存放无顺序、无索引内容的容器。在 Python 中，集合用花括号 {} 表示。我们用集合可以消除重复的元素，也可以用它作交、差、并、补等数学运算。以下是它的定义方法：

```
s = {} # 空集合
s = {'5元', '10元', '20元'} # 定义集合
s = set() # 空集合
s = set([1,2,3,4,5]) # {1, 2, 3, 4, 5}（使用列表定义）
s = {1, True, 'a'}
s = {1, 1, 1} # {1}（去重）
```

```
type(s) # set（类型检测）
```

集合没有顺序，没有索引，所以无法指定位置去访问，但可以用 for 遍历的方式进行读取。以下是一些常用的操作：

```
s = {'a', 'b', 'c'}

# 判断是否有某个元素
'a' in s # True

# 添加元素
s.add(2) # {2, 'a', 'b', 'c'}
s.update([1,3,4]) # {1, 2, 3, 4, 'a', 'b', 'c'}

# 删除和清空元素
s.remove('a') # {'b', 'c'}（删除不存在的会报错）
s.discard('3') # 删除一个元素，无则忽略，不报错
s.clear() # set()（清空）
```

集合的数学运算如下：

```
s1 = {1,2,3}
s2 = {2,3,4}

s1 & s2 # {2, 3}（交集）
s1.intersection(s2) # {2, 3}（交集）
s1.intersection_update(s2) # {2, 3}（交集，会覆盖s1）

s1 | s2  # {1, 2, 3, 4}（并集）
s1.union(s2) # {1, 2, 3, 4}（并集）

s1.difference(s2) # {1}（差集）
s1.difference_update(s2) # {1}（差集，会覆盖s1）

s1.symmetric_difference(s2) # {1, 4}（交集之外）

s1.isdisjoint(s2) # False（是否没有交集）
s1.issubset(s2) # False （s1是否是s2的子集）
s1.issuperset(s2) # False（s1是否是s2的超集，即s1是否包含s2中的所有元素）
```

2.2.8 小结

在本节，我们学习了 Python 的几大原生数据结构，虽然 Pandas 提供了更为人性化的数据结构，方便我们进行数据的分析处理，但在一些场景下还是需要利用 Python 中这些数据结构的特点进行精细化的数据处理。

2.3 NumPy

NumPy 是 Python 的一个高性能矩阵运算的科学计算库。它的主要用途是以数组的形式进行数据操作和数学运算，数据分析、机器学习大都是进行数学计算。Pandas 依赖 NumPy，在安装它时会自动安装 NumPy。Pandas 的数据结构和运算的底层工作都交由

NumPy 来完成。但是，我们不需要过多关注 NumPy 的功能，直接使用 Pandas 的功能就可以，也不需要从 NumPy 的基础开始学习，这部分内容可以跳过，在学习过程中有需要再来查看。

2.3.1 NumPy 简介

NumPy（官网 https://numpy.org）是 Python 的科学计算包，代表 Numeric Python。NumPy 是 Python 中科学计算的基本软件包。它是一个 Python 库，提供多维数组对象以及蒙版数组和矩阵等各种派生对象，用于对数组进行快速便捷的操作，包括数学、逻辑、形状处理、排序、选择、I/O、离散傅立叶变换、基本线性代数、基本统计运算、随机模拟等。可以说，NumPy 是数据科学中必不可少的工具。

由于 NumPy 对数据进行向量化描述，没有任何显式的循环操作，所以执行速度更快，代码更加简洁优雅，出错率更低。NumPy 提供了两个基本的对象。

- ndarray：存储数据的多维数组。
- ufunc：对数组进行处理的函数。

2.3.2 数据结构

NumPy 的 ndarray 提供了一维到三维的数据结构，图 2-2 所示为同构数据多维容器，所有元素必须是相同类型。我们经常用到的是一维和二维数组。

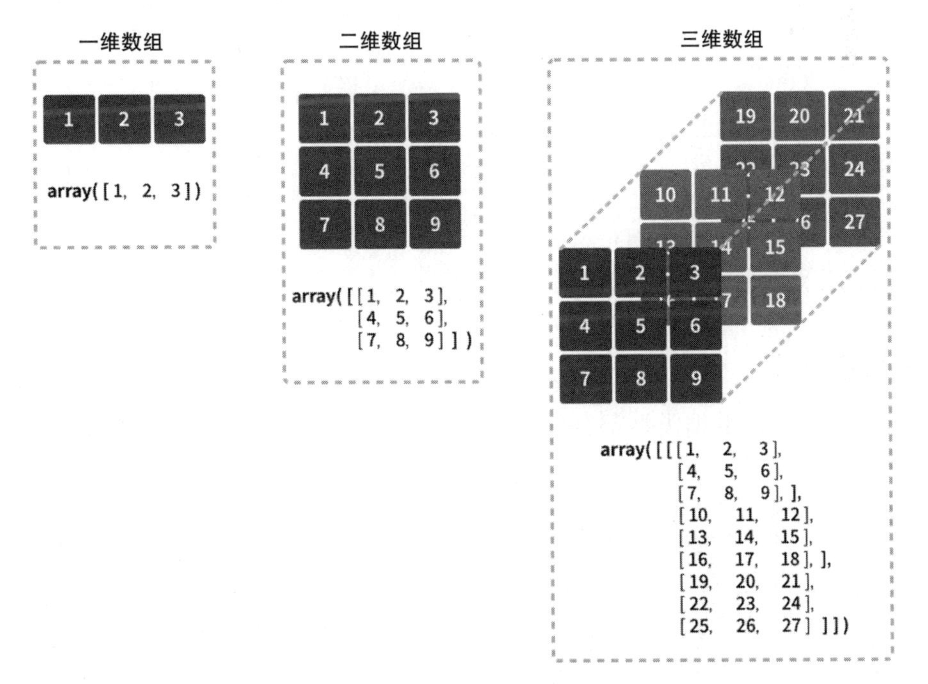

图 2-2　NumPy 的数据结构图示

ndarray 对数据向量化，利用隐式逐元素方式的广播机制进行算术运算、逻辑运算、位运算、函数调用等，可以快速、批量地处理数据。

2.3.3 创建数据

使用 NumPy 需要先导入，约定俗成地为它起别名 np。使用 np.array 可传入一个元组或列表。如果是二维数据，可以是由列表组成的列表或由元组组成的列表等形式。

```
import numpy as np

np.array([1, 2, 3])
np.array((1, 2, 3)) # 同上
# array([1, 2, 3])

np.array(((1, 2),(1, 2)))
np.array(([1, 2],[1, 2])) # 同上
'''
array([[1, 2],
       [1, 2]])
'''
```

以下是一些常见的数据生成函数。

```
np.arange(10) # 10个，不包括10，步长为1
np.arange(3, 10, 0.1) # 从3到9，步长为0.1
# 从2.0到3.0，生成均匀的5个值，不包括终值3.0
np.linspace(2.0, 3.0, num=5, endpoint=False)
 # 返回一个6×4的随机数组，浮点型
np.random.randn(6, 4)
# 指定范围、指定形状的数组，整型
np.random.randint(3, 7, size=(2, 4))
# 创建值为0的数组
np.zeros(6) # 6个浮点0.
np.zeros((5, 6), dtype=int) # 5×6整型0
np.ones(4) # 同上
np.empty(4) # 同上
 # 创建一份和目标结构相同的0值数组
np.zeros_like(np.arange(6))
np.ones_like(np.arange(6)) # 同上
np.empty_like(np.arange(6)) # 同上
```

2.3.4 数据类型

由于 Pandas 中的数据类型部分继承了 NumPy 的数据类型，所以我们需要了解一下 NumPy 的常见类型。

```
np.int64 # 有符号64位整型
np.float32 # 标准双精度浮点类型
np.complex # 由128位的浮点数组成的复数类型
np.bool # bool类型（True或False）
np.object # Python中的object类型
np.string # 固定长度的string类型
np.unicode # 固定长度的unicode类型
```

```
np.NaN # np.float的子类型
np.nan
```

2.3.5　数组信息

以下是一些获取数组信息的常用方法。

```
n.shape # 数组的形状，返回值是一个元组
n.shape = (4, 1) # 改变形状
a = n.reshape((2,2)) # 改变原数组的形状，创建一个新数组
n.dtype # 数据类型
n.ndim # 维度数
n.size # 元素数
np.typeDict # np的所有数据类型
```

2.3.6　统计计算

两个数组间的操作采用行列式的运算规则，示例如下。

```
np.array([10, 20, 30, 40])[:3] # 支持类似列表的切片
a = np.array([10, 20, 30, 40])
b = np.array([1, 2, 3, 4])
a+b # array([11, 22, 33, 44])（矩阵相加）
a-1 # array([9, 19, 29, 39])
4*np.sin(a)

# 以下是一些数学函数的例子，还支持非常多的数学函数
a.max() # 40
a.min() # 10
a.sum() # 100
a.std() # 11.180339887498949
a.all() # True
a.cumsum() # array([10, 30, 60, 100])
b.sum(axis=1) # 多维可以指定方向
```

2.3.7　小结

由于Pandas调试依赖NumPy库，我们需要了解基础的NumPy数据类型和操作。不过不用担心，Pandas已经帮助我们封装好了各种计算，可以等到遇到涉及NumPy底层功能的内容时，再来学习查询。

2.4　Pandas的数据结构

Pandas提供Series和DataFrame作为数组数据的存储框架，数据进入这两种框架后，我们就可以利用它们提供的强大处理方法进行处理。表2-1是它们的区别，后面将一一详述。

表 2-1 Series 和 DataFrame 的特点

名 称	维度数据	描 述
Series	1	带标签的一维同构数组
DataFrame	2	带标签的、大小可变的二维异构表格

需要注意的是，Pandas 之前支持的三维面板（Panel）结构现已不再支持，可以使用多层索引形式来实现。

2.4.1 Series

Series（系列、数列、序列）是一个带有标签的一维数组，这一系列连续的数据代表了一定的业务意义。如以下各国 2019 年的 GDP 就是一个典型的 Series。

```
中国  14.34
美国  21.43
日本  5.08
dtype: float64
```

其中，国家是标签（也称索引），不是具体的数据，它起到解释、定位数据的作用。如果没有标签，只有一个数字，是不具有业务意义的。Series 是 Pandas 最基础的数据结构。

2.4.2 DataFrame

DataFrame 意为数据框，它就像一个存放数据的架子，有多行多列，每个数据在一个格子里，每个格子有自己的编号。就像一个球场的座位（见图 2-3），我们在横向编成 1 排、2 排、3 排等，在纵向编成 1 号、2 号、3 号等，那么 4 排 18 号、6 排 1 号等就是具体的位置，每个人落座后就像一个具体的数据。

图 2-3 球场的座椅

DataFrame 是 Pandas 定义的一个二维数据结构，其结构如图 2-4 所示。

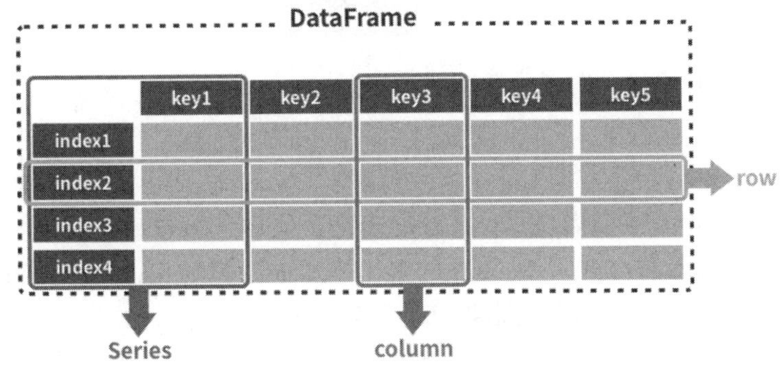

图 2-4　DataFrame 结构

我们来分析一下它的结构：

- 横向的称作行（row），我们所说的一条数据就是指其中的一行；
- 纵向的称作列（column）或者字段，是一条数据的某个值；
- 第一行是表头，或者叫字段名，类似于 Python 字典里的键，代表数据的属性；
- 第一列是索引，就是这行数据所描述的主体，也是这条数据的关键；
- 在一些场景下，表头和索引也称为列索引和行索引；
- 行索引和列索引可能会出现多层索引的情况（后面会遇到）。

我们给上例国家 GDP Series 数据中增加一列“人口”，形成一个 DataFrame：

```
      人口    GDP
中国  13.97  14.34
美国   3.28  21.43
日本   1.26   5.08
```

这就是一个典型的 DataFrame 结构，其中：

- 共有三行两列（不包含索引）数据；
- 国家所在列是这个表的索引，每一行数据的主体为这个国家；
- 每条数据（横向）有两个值，分别是人口和 GDP。

2.4.3　索引

在后续的内容中，在不同场景下可能会对索引使用以下名称。

- 索引（index）：行和列上的标签，标识二维数据坐标的行索引和列索引，默认情况下，指的是每一行的索引。如果是 Series，那只能是它行上的索引。列索引又被称为字段名、表头。
- 自然索引、数字索引：行和列的 0～n（n 为数据长度 –1）形式的索引，数据天然具有的索引形式。虽然可以指定为其他名称，但在有些方法中依然可以使用。

- ❑ 标签（label）：行索引和列索引，如果是 Series，那只能是它行上的索引。
- ❑ 轴（axis）：仅用在 DataFrame 结构中，代表数据的方向，如行和列，用 0 代表列（默认），1 代表行。

以上概念比较依赖语境，需要灵活理解和掌握。

2.4.4 小结

我们在处理数据时需要将数据录入 Excel 表格，同样，Pandas 也为我们提供了存放数据的容器。Series 和 DataFrame 是 Pandas 的两个基本的数据结构，其中 DataFrame 由多个同索引的 Series 组成，我们今后处理数据都会用到它们。

2.5 Pandas 生成数据

今后我们处理的数据基本上是 Pandas 的 DataFrame 和 Series，其中 DataFrame 是 Series 的容器，所以需要掌握数据生成方法。现在我们学习如何制造一些简单数据放入 DataFrame 和 Series，后面会单独讲解如何从文件（如 Excel）中读取和生成数据。

2.5.1 导入 Pandas

我们在使用 Pandas 时，需要先将其导入，这里我们给它取了一个别名 pd。起别名是因为 Pandas 这个单词有点长，在代码中会经常出现，这样会简单些，减少代码量。别名可以自由选择，但 pd 是 pandas 的简写，已经约定俗成，方便自己和别人看懂你的代码，所以建议不要起别的名字。

如果出现类似 ModuleNotFoundError: No module named 'pandas' 的错误，说明没有安装 Pandas 模块，可参见第 1 章进行环境搭建并使用 pip install pandas 安装。

如果执行导入库后，没有返回任何内容，说明库导入成功，可以使用 pd 来调用 Pandas 的功能了。如果需要 NumPy 的功能，则需要将其引入并起别名 np，同样 np 已经约定俗成。最终的代码为：

```
import pandas as pd
import numpy as np
```

2.5.2 创建数据

使用 pd.DataFrame() 可以创建一个 DataFrame，然后用 df 作为变量赋值给它。df 是指 DataFrame，也已约定俗成，建议尽量使用。

```
df = pd.DataFrame({'国家': ['中国', '美国', '日本'],
                   '地区': ['亚洲', '北美', '亚洲'],
                   '人口': [13.97, 3.28, 1.26],
                   'GDP': [14.34, 21.43, 5.08],
```

```
                    })
```

pd.DataFrame() 为一个字典，每条数据为一个 Series，键为表头（列索引），值为具体数据。执行变量 df 的结果如下：

```
   国家  地区    人口     GDP
0  中国  亚洲  13.97  14.34
1  美国  北美   3.28  21.43
2  日本  亚洲   1.26   5.08
```

可以看到，我们成功生成了一个 DataFrame：

- 共有 4 列数据，国家、地区、人口和 GDP；
- 4 列数据中国家和地区是文本类型，人口和 GDP 是数字；
- 共 3 行数据，系统为我们自动加了索引 0、1、2。

我们知道，DataFrame 可以容纳 Series，所以在定义 DataFrame 时可以使用 Series，也可以利用 NumPy 的方法：

```
df2 = pd.DataFrame({'A': 1.,
                    'B': pd.Timestamp('20130102'),
                    'C': pd.Series(1, index=list(range(4)), dtype='float32'),
                    'D': np.array([3] * 4, dtype='int32'),
                    'E': pd.Categorical(["test", "train", "test", "train"]),
                    'F': 'foo'})

df2
'''
     A          B    C  D      E    F
0  1.0 2013-01-02  1.0  3   test  foo
1  1.0 2013-01-02  1.0  3  train  foo
2  1.0 2013-01-02  1.0  3   test  foo
3  1.0 2013-01-02  1.0  3  train  foo
'''
```

上面 D 列使用 np.array() 方法构建了一个数量为 4 的整型数列。

从 DataFrame 中选取一列就会返回一个 Series，当然选择多列的话依然是 DataFrame。

```
df['人口']
'''
0    13.973
1     3.28
2     1.26
Name: 人口, dtype: float64
'''
```

如下单独创建一个 Series：

```
s = pd.Series([14.34, 21.43, 5.08], name='gdp')
s
'''
0    14.34
1    21.43
2     5.08
Name: gdp, dtype: float64
'''
```

使用 Python 的 type 函数可以查看数据类型：

```
type(s) # pandas.core.series.Series
type(df) # pandas.core.frame.DataFrame
```

2.5.3 生成 Series

Series 是一个带有标签的一维数组，这个数组可以由任何类型数据构成，包括整型、浮点、字符、Python 对象等。它的轴标签被称为索引，它是 Pandas 最基础的数据结构。

Series 的创建方式如下：

```
s = pd.Series(data, index=index)
```

data 可以是 Python 对象、NumPy 的 ndarray、一个标量（定值，如 8）。index 是轴上的一个列表，必须与 data 的长度相同，如果没有指定，则自动从 0 开始，表示为 [0, …, len(data)–1]。

（1）使用列表和元组

列表和元组可以直接放入 pd.Series()：

```
pd.Series(['a', 'b', 'c', 'd', 'e'])
pd.Series(('a', 'b', 'c', 'd', 'e'))
```

（2）使用 ndarray

如下使用 NumPy 的 ndarray 结构：

```
# 由索引分别为a、b、c、d、e的5个随机浮点数数组组成
s = pd.Series(np.random.randn(5), index=['a', 'b', 'c', 'd', 'e'])
s.index # 查看索引
s = pd.Series(np.random.randn(5)) # 未指定索引
```

（3）使用字典

如下使用 Python 的字典数据：

```
d = {'b': 1, 'a': 0, 'c': 2}
s = pd.Series(d)
s
'''
b    1
a    0
c    2
dtype: int64
'''

# 如果指定索引，则会按索引顺序，如有无法与索引对应的值，会产生缺失值
pd.Series(d, index=['b', 'c', 'd', 'a'])
'''
b    1.0
c    2.0
d    NaN
a    0.0
dtype: float64
'''
```

（4）使用标量

对于一个具体的值，如果不指定索引，则其长度为1；如果指定索引，则其长度为索引的数量，每个索引的值都是它。

```
pd.Series(5.)
'''
0    5.0
dtype: float64
'''

# 指定索引
pd.Series(5., index=['a', 'b', 'c', 'd', 'e'])
'''
a    5.0
b    5.0
c    5.0
d    5.0
e    5.0
dtype: float64
'''
```

2.5.4 生成DataFrame

DataFrame是二维数据结构，数据以行和列的形式排列，表达一定的数据意义。DataFrame的形式类似于CSV、Excel和SQL的结果表，有多个数据列，由多个Series组成。

DataFrame最基本的定义格式如下：

```
df = pd.DataFrame(data=None, index=None, columns=None)
```

以下是其各参数的说明。

- data：具体数据，结构化或同构的ndarray、可迭代对象、字典或DataFrame。
- index：索引，类似数组的对象，支持解包，如果没有指定，会自动生成RangeIndex (0, 1, 2, ⋯, n)。
- columns：列索引、表头，如果没有指定，会自动生成RangeIndex (0, 1, 2, ⋯, n)。

此外还可以用dtype指定数据类型，如果未指定，系统会自动推断。

大多数情况下，我们是从数据文件（如CSV、Excel）中取得数据，不过，了解这部分知识可以让我们更好地理解DataFrame的数据机制。

1. 字典

字典中的键为列名，值一般为一个列表或者元组，是具体数据。示例如下。

```
d = {'国家': ['中国', '美国', '日本'],
     '人口': [14.33, 3.29, 1.26]}
df = pd.DataFrame(d)
df
'''
   国家    人口
0  中国  13.97
1  美国   3.28
```

```
2  日本   1.26
'''
```

如果生成时指定了索引名称，会使用指定的索引名，如 a、b、c。示例如下。

```
df = pd.DataFrame(d, index=['a', 'b', 'c'])
df
'''
   国家    人口
a  中国  13.97
b  美国   3.28
c  日本   1.26
'''
```

2. Series 组成的字典

这是一种非常典型的构造数据的方法，字典里的一个键值对为一列数据，键为列名，值是一个 Series。示例如下。

```
d = {'x': pd.Series([1., 2., 3.], index=['a', 'b', 'c']),
     'y': pd.Series([1., 2., 3., 4.], index=['a', 'b', 'c', 'd'])}
df = pd.DataFrame(d)
df
'''
     x    y
a  1.0  1.0
b  2.0  2.0
c  3.0  3.0
d  NaN  4.0
'''
```

3. 字典组成的列表

由字典组成一个列表，每个字典是一行数据，指定索引后会使用指定的索引。示例如下。

```
# 定义一个字典列表
data = [{'x': 1, 'y': 2}, {'x': 3, 'y': 4, 'z': 5}]

# 生成DataFrame对象
pd.DataFrame(data)
'''
   x  y    z
0  1  2  NaN
1  3  4  5.0
'''

# 指定索引
pd.DataFrame(data, index=['a', 'b'])
'''
   x  y    z
a  1  2  NaN
b  3  4  5.0
'''
```

4. Series 生成

一个 Series 会生成只有一列的 DataFrame，示例如下。

```
s = pd.Series(['a', 'b', 'c', 'd', 'e'])
pd.DataFrame(s)
```

5. 其他方法

以下两个方法可以从字典和列表格式中取得数据。

```
# 从字典里生成
pd.DataFrame.from_dict({'国家': ['中国', '美国', '日本'],'人口': [13.97, 3.28, 1.26]})
# 从列表、元组、ndarray中生成
pd.DataFrame.from_records([('中国', '美国', '日本'), (13.97, 3.28, 1.26)])
# 列内容为一个字典
pd.json_normalize(df.col)
df.col.apply(pd.Series)
```

2.5.5　小结

本节介绍了 Pandas 的 DataFrame 和 Series 结构数据的生成，是后面编写数据分析代码的基础。在实际业务中一般不需要我们来生成数据，而是有已经采集好的数据集，直接加载到 DataFrame 即可。

2.6　Pandas 的数据类型

Pandas 数据类型是指某一列里所有数据的共性，如果全是数字，那么就是数字型；如果其中有一个不是数据，那么就不是数字型了。我们知道 Pandas 里的一列可以由 NumPy 数组组成，事实上大多 NumPy 的数据类型就是 Pandas 的类型，Pandas 也有自己特有的数据类型。

2.6.1　数据类型查看

先加载数据：

```
import pandas as pd

df = pd.read_excel('https://www.gairuo.com/file/data/dataset/team.xlsx')
```

查看 df 中各列的数据类型：

```
df.dtypes # 各字段的数据类型
'''
name    object
team    object
Q1       int64
Q2       int64
Q3       int64
Q4       int64
```

```
dtype: object
'''
```

可以看到，name 和 team 列为 object，其他列都是 int64。如下查看具体字段的类型：

```
df.team.dtype
# dtype('O')
```

df.team 是一个 Series，所以要使用 .dtype 而不是 .dtypes。

2.6.2 常见数据类型

Pandas 提供了以下常见的数据类型，默认的数据类型是 int64 和 float64，文字类型是 object。

- float
- int
- bool
- datetime64[ns]
- datetime64[ns, tz]
- timedelta64[ns]
- timedelta[ns]
- category
- object
- string

这些数据类型大多继承自 NumPy 的相应数据类型，Pandas 提供了可以进行有限的数据类型转换的方法，如将数字型转为字符型，后续章节会进行介绍。

2.6.3 数据检测

可以使用类型判断方法检测数据的类型是否与该方法中指定的类型一致，如果一致，则返回 True，注意传入的是一个 Series：

```
pd.api.types.is_bool_dtype(s)
pd.api.types.is_categorical_dtype(s)
pd.api.types.is_datetime64_any_dtype(s)
pd.api.types.is_datetime64_ns_dtype(s)
pd.api.types.is_datetime64_dtype(s)
pd.api.types.is_float_dtype(s)
pd.api.types.is_int64_dtype(s)
pd.api.types.is_numeric_dtype(s)
pd.api.types.is_object_dtype(s)
pd.api.types.is_string_dtype(s)
pd.api.types.is_timedelta64_dtype(s)
```

2.6.4　小结

本节介绍了 Pandas 数据序列的数据类型，数据类型关系到数据的计算方法。Pandas 的一些特殊的数据类型会在后续章节介绍。

2.7　本章小结

本章介绍了什么是数据结构、Python 原生的数据结构、Pandas 的依赖基础 NumPy 库的数据结构、Pandas 的数据结构。大家可以发现，通过层层的技术演化，从底层到我们的操作层，各个工具为我们解决了认知、性能等问题，为我们的数据处理打下了坚实的基础。接下来，我们将正式进入 Pandas 数据分析之旅。

第二部分 Part 2

Pandas 数据分析基础

Pandas 之所以能成为 Python 数据分析领域的事实标准库，是因为它对日常数据分析的便捷操作和全面覆盖。本部分主要讲解 Pandas 的核心功能，将介绍如何利用 Pandas 从 Excel 文件、数据库、复杂的 CSV、JSON 等数据载体中读取数据并将数据输出为这些格式，以及如何通过识别和创建行、列索引来操作数据，以帮助大家建立对数据集的整体认知。

本部分囊括了数据分析中最为常用的操作，如通过数据类型的转换操作提高数据分析的效率，通过描述性统计了解数据的集中趋势和离散程度，利用 Pandas 提供的查询、排序、位移等功能完成复杂的数据筛选，通过数据迭代、函数的应用实现批量化的数据操作。

Chapter 3 第3章

Pandas 数据读取与输出

Pandas 将数据加载到 DataFrame 后，就可以使用 DataFrame 对象的属性和方法进行操作。这些操作有的是完成数据分析中的常规统计工作，有的是对数据的加工处理。无论是在分析统计方面还是在加工处理方面，Pandas 都提供了丰富且实用的功能。

Pandas 可以将指定格式的数据读取到 DataFrame 中，并将 DataFrame 输出为指定格式的文件，如图 3-1 所示。

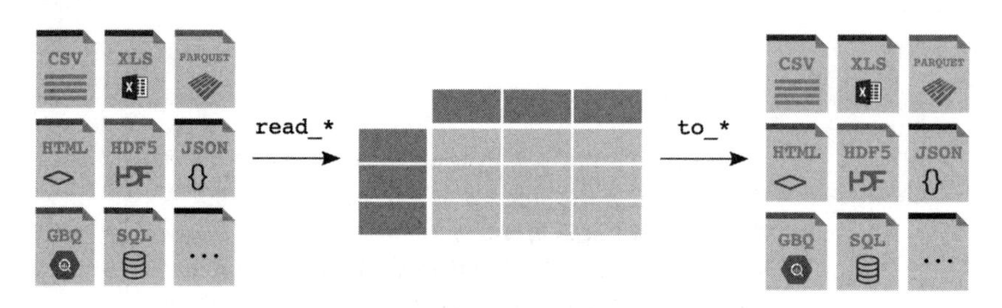

图 3-1　Pandas 数据读取与输出示意

3.1　数据读取

从常见的 Excel 和 CSV 到 JSON 及各种数据库，Pandas 几乎支持市面上所有的主流数据存储形式。

Pandas 提供了一组顶层的 I/O API，如 pandas.read_csv() 等方法，这些方法可以将众多格式的数据读取到 DataFrame 数据结构中，经过分析处理后，再通过类似 DataFrame.to_csv() 的方法导出数据。

表3-1列出了一些常见的数据格式读取和输出方法。

表3-1 Pandas中常见数据的读取和输出函数

格式	文件格式	读取函数	写入（输出）函数
binary	Excel	read_excel	to_excel
text	CSV	read_csv、read_table	to_csv
text	JSON	read_json	to_json
text	网页HTML表格	read_html	to_html
text	本地剪贴板	read_clipboard	to_clipboard
SQL	SQL查询数据库	read_sql	to_sql
text	Markdown		to_markdown

输入和输出的方法如下：

- 读取函数一般会赋值给一个变量df，df = pd.read_<xxx>()；
- 输出函数是将变量自身进行操作并输出df.to_<xxx>()。

3.1.1 CSV文件

CSV（Comma-Separated Values）是用逗号分隔值的数据形式，有时也称为字符分隔值，因为分隔字符也可以不是逗号。CSV文件的一般文件扩展名为.csv，用制表符号分隔也常用.tsv作为扩展名。CSV不仅可以是一个实体文件，还可以是字符形式，以便于在网络上传输。

CSV文件的读取方法如下（以下代码省略了赋值操作）：

```
# 文件目录
pd.read_csv('data.csv') # 如果文件与代码文件在同一目录下
pd.read_csv('data/my/data.csv') # 指定目录
pd.read_csv('data/my/my.data') # CSV文件的扩展名不一定是.csv
```

CSV文件可以存储在网络上，通过URL来访问和读取：

```
# 使用URL
pd.read_csv('https://www.gairuo.com/file/data/dataset/GDP-China.csv')
```

CSV不带数据样式，标准化较强，是最为常见的数据格式。Pandas为读取CSV数据提供了强大的功能，将在3.2节详细介绍。

3.1.2 Excel

Excel电子表格是微软公司开发的被广泛使用的电子数据表格软件，一般可以将它的使用分为两类。一类是文字或者信息的结构化，像排班表、工作日报、客户名单之类，以文字为主；另一类为统计报表，如学生成绩表、销售表等，以数字为核心。Pandas主要处理统计报表，当然也可以对文字信息类表格做整理，在新版本的Pandas中加入了非常强大的文本处理功能。

Excel虽然易于上手，功能也很强大，但在数据分析中缺点也很明显。

- 无法进行复杂的处理：有时Excel提供的函数和处理方法无法满足复杂逻辑。
- 无法支持更大的数据量：目前Excel支持的行数上限为1 048 576（2的20次方），列数上限为16 384（2的14次方，列标签为XFD），在数据分析、机器学习操作中往往会超过这个体量。
- 处理方法无法复用：Excel一般采用设定格式的公式，然后将数据再复制，但这样仍然无法对数据的处理过程进行灵活复用。
- 无法自动化：数据分析要经过一个数据输入、处理、分析和输出的过程，这些都是由人工来进行操作，无法实现自动化。

Pandas可以读取、处理大体量的数据，通过技术手段，理论上Pandas可以处理的数据体量无限大。编程可以更加自由地实现复杂的逻辑，逻辑代码可以进行封装、重复使用并可实现自动化。

Pandas也提供了非常丰富的读取操作，这些将在3.2节详细介绍。最基础的读取方法如下：

```
# 返回DataFrame
pd.read_excel('team.xlsx') # 默认读取第一个标签页Sheet
pd.read_excel('path_to_file.xlsx', sheet_name='Sheet1') # 指定Sheet
# 从URL读取
pd.read_excel('https://www.gairuo.com/file/data/dataset/team.xlsx')
```

3.1.3 JSON

JSON是互联网上非常通用的轻量级数据交换格式，是HTTP请求中数据的标准格式之一。Pandas提供的JSON读取方法在解析网络爬虫数据时，可以极大地提高效率。可如下读取JSON文件：

```
# data.json为同目录下的一个文件
pd.read_json('data.json')
```

可以解析一个JSON字符串，以下是从HTTP服务检测到的设备信息：

```
jdata='{"res":{"model":"iPhone","browser":"Safari","version":"604.1"},"status":200}'
pd.read_json(jdata)
'''
            res  status
browser  Safari     200
model    iPhone     200
version   604.1     200
'''
```

Pandas还提供了pd.json_normalize(data)方法来读取半结构化的JSON数据。

3.1.4 HTML

pd.read_html()函数可以接受HTML字符串、HTML文件、URL，并将HTML中的

<table> 标签表格数据解析为 DataFrame。如返回有多个 df 的列表，则可以通过索引取第几个。如果页面里只有一个表格，那么这个列表就只有一个 DataFrame。此方法是 Pandas 提供的一个简单实用的实现爬虫功能的方法。

```
dfs = pd.read_html('https://www.gairuo.com/p/pandas-io')
dfs[0] # 查看第一个df
# 读取网页文件，第一行为表头
dfs = pd.read_html('data.html', header=0)
# 第一列为索引
dfs = pd.read_html(url, index_col=0)
```

如果一个网页表格很多，可以指定元素来获取：

```
# id='table'的表格，注意这里仍然可能返回多个
dfs1 = pd.read_html(url, attrs={'id': 'table'})
# dfs1[0]
# class='sortable'
dfs2 = pd.read_html(url, attrs={'class': 'sortable'})
```

常用的参数与 read_csv 的基本相同。

3.1.5 剪贴板

剪贴板（Clipboard）是操作系统级的一个暂存数据的地方，它保存在内存中，可以在不同软件之间传递，非常方便。Pandas 支持读取剪贴板中的结构化数据，这就意味着我们不用将数据保存成文件，而可以直接从网页、Excel 等文件中复制，然后从操作系统的剪贴板中读取，非常方便。

```
'''
  x y z
a 1 2 3
b 4 5 6
c 7 8 9
'''

# 复制上边的数据，然后直接赋值
cdf = pd.read_clipboard()
```

变量 cdf 就是上述文本的 DataFrame 结构数据。read_clipboard 的参数使用与 read_csv 完全一样。

3.1.6 SQL

Pandas 需要引入 SQLAlchemy 库来支持 SQL，在 SQLAlchemy 的支持下，它可以实现所有常见数据库类型的查询、更新等操作。Pandas 连接数据库进行查询和更新的方法如下。

- read_sql_table(table_name, con[, schema, …])：把数据表里的数据转换成 DataFrame。
- read_sql_query(sql, con[, index_col, …])：用 sql 查询数据到 DataFrame 中。
- read_sql(sql, con[, index_col, …])：同时支持上面两个功能。
- DataFrame.to_sql(self, name, con[, schema, …])：把记录数据写到数据库里。

以下是一些代码示例：

```
# 需要安装SQLAlchemy库
from sqlalchemy import create_engine
# 创建数据库对象，SQLite内存模式
engine = create_engine('sqlite:///:memory:')
# 取出表名为data的表数据
with engine.connect() as conn, conn.begin():
    data = pd.read_sql_table('data', conn)

# data
# 将数据写入
data.to_sql('data', engine)
# 大量写入
data.to_sql('data_chunked', engine, chunksize=1000)
# 使用SQL查询
pd.read_sql_query('SELECT * FROM data', engine)
```

3.1.7 小结

Pandas 支持读取非常多的数据格式，本节仅介绍了几种常见的数据文件格式，更多格式可以在其官网（https://pandas.pydata.org/docs/user_guide/io.html）查询。其中 CSV 和 Excel 是最常见的数据文件格式，下面就来全面介绍这两种格式的读取。

3.2 读取 CSV

pandas.read_csv 接口用于读取 CSV 格式的数据文件，由于 CSV 文件使用非常频繁，功能强大，参数众多，因此在这里专门做详细介绍。

3.2.1 语法

基本语法如下，pd 为导入 Pandas 模块的别名：

```
pd.read_csv(filepath_or_buffer: Union[str, pathlib.Path, IO[~AnyStr]],
            sep=',', delimiter=None, header='infer', names=None, index_col=None,
            usecols=None, squeeze=False, prefix=None, mangle_dupe_cols=True,
            dtype=None, engine=None, converters=None, true_values=None,
            false_values=None, skipinitialspace=False, skiprows=None,
            skipfooter=0, nrows=None, na_values=None, keep_default_na=True,
            na_filter=True, verbose=False, skip_blank_lines=True,
            parse_dates=False, infer_datetime_format=False,
            keep_date_col=False, date_parser=None, dayfirst=False,
            cache_dates=True, iterator=False, chunksize=None,
            compression='infer', thousands=None, decimal: str = '.',
            lineterminator=None, quotechar='"', quoting=0,
            doublequote=True, escapechar=None, comment=None,
            encoding=None, dialect=None, error_bad_lines=True,
            warn_bad_lines=True, delim_whitespace=False,
            low_memory=True, memory_map=False, float_precision=None)
```

一般情况下，会将读取到的数据返回一个 DataFrame，当然按照参数的要求会返回指定

的类型。

3.2.2 数据内容

filepath_or_buffer 为第一个参数，没有默认值，也不能为空，根据 Python 的语法，第一个参数传参时可以不写参数名。可以传文件路径：

```
# 支持文件路径或者文件缓冲对象
# 本地相对路径
pd.read_csv('data/data.csv') # 注意目录层级
pd.read_csv('data.csv') # 如果文件与代码文件在同一目录下
pd.read_csv('data/my/my.data') # CSV文件的扩展名不一定是.csv
# 本地绝对路径
pd.read_csv('/user/gairuo/data/data.csv')
# 使用URL
pd.read_csv('https://www.gairuo.com/file/data/dataset/GDP-China.csv')
```

需要注意的是，Mac 中和 Windows 中路径的写法不一样，上例是 Mac 中的写法，Windows 中的相对路径和绝对路径需要分别换成类似 'data\data.csv' 和 'E: \data\data.csv' 的形式。另外，路径尽量不要使用中文，否则程序容易报错，这意味着你存放数据文件的目录要尽量用英文命名。

可以传数据字符串，即 CSV 中的数据字符以字符串形式直接传入：

```
from io import StringIO
data = ('col1,col2,col3\n'
        'a,b,1\n'
        'a,b,2\n'
        'c,d,3')

pd.read_csv(StringIO(data))
pd.read_csv(StringIO(data), dtype=object)
```

也可以传入字节数据：

```
from io import BytesIO
data = (b'word,length\n'
        b'Tr\xc3\xa4umen,7\n'
        b'Gr\xc3\xbc\xc3\x9fe,5')

pd.read_csv(BytesIO(data))
```

3.2.3 分隔符

sep 参数是字符型的，代表每行数据内容的分隔符号，默认是逗号，另外常见的还有制表符（\t）、空格等，根据数据的实际情况传值。

```
# 数据分隔符默认是逗号，可以指定为其他符号
pd.read_csv(data, sep='\t') # 制表符分隔tab
pd.read_table(data) # read_table 默认是制表符分隔tab
pd.read_csv(data, sep='|') # 制表符分隔tab
pd.read_csv(data,sep="(?<!a)\|(?!1)", engine='python') # 使用正则表达式
```

pd.read_csv还提供了一个参数名为delimiter的定界符，这是一个备选分隔符，是sep的别名，效果和sep一样。如果指定该参数，则sep参数失效。

3.2.4 表头

header参数支持整型和由整型组成的列表，指定第几行是表头，默认会自动推断把第一行作为表头。

```
pd.read_csv(data, header=0) # 第一行
pd.read_csv(data, header=None) # 没有表头
pd.read_csv(data, header=[0,1,3]) # 多层索引MultiIndex
```

注意 如果skip_blank_lines=True，header参数将忽略空行和注释行，因此header=0表示第一行数据而非文件的第一行。

3.2.5 列名

names用来指定列的名称，它是一个类似列表的序列，与数据一一对应。如果文件不包含列名，那么应该设置header=None，列名列表中不允许有重复值。

```
pd.read_csv(data, names=['列1', '列2']) # 指定列名列表
pd.read_csv(data, names=['列1', '列2'], header=None)
```

3.2.6 索引

index_col用来指定索引列，可以是行索引的列编号或者列名，如果给定一个序列，则有多个行索引。Pandas不会自动将第一列作为索引，不指定时会自动使用以0开始的自然索引。

```
# 支持int、str、int序列、str序列、False，默认为None
pd.read_csv(data, index_col=False) # 不再使用首列作为索引
pd.read_csv(data, index_col=0) # 第几列是索引
pd.read_csv(data, index_col='年份') # 指定列名
pd.read_csv(data, index_col=['a','b']) # 多个索引
pd.read_csv(data, index_col=[0, 3]) # 按列索引指定多个索引
```

3.2.7 使用部分列

如果只使用数据的部分列，可以用usecols来指定，这样可以加快加载速度并降低内存消耗。

```
# 支持类似列表的序列和可调用对象
# 读取部分列
pd.read_csv(data, usecols=[0,4,3]) # 按索引只读取指定列，与顺序无关
pd.read_csv(data, usecols=['列1', '列5']) # 按列名，列名必须存在
# 指定列顺序，其实是df的筛选功能
pd.read_csv(data, usecols=['列1', '列5'])[['列5', '列1']]
```

```
# 以下用callable方式迭代列名，为True的被使用
pd.read_csv(data, usecols=lambda x: x.upper() in ['COL3', 'COL1'])
```

3.2.8 返回序列

将 squeeze 设置为 True，如果文件只包含一列，则返回一个 Series，如果有多列，则还是返回 DataFrame。

```
# 布尔型，默认为False
# 下例只取一列，会返回一个Series
pd.read_csv(data, usecols=[0], squeeze=True)
# 有两列则还是df
pd.read_csv(data, usecols=[0, 2], squeeze=True)
```

3.2.9 表头前缀

如果原始数据没有列名，可以指定一个前缀加序数的名称，如 n0、n1，通过 prefix 参数指定前缀。

```
# 格式为字符型str
# 表头为c_0、c_2
pd.read_csv(data, prefix='c_', header=None)
```

3.2.10 处理重复列名

如果该参数为 True，当列名有重复时，解析列名将变为 X, X.1, …, X.N，而不是 X, …, X。如果该参数为 False，那么当列名中有重复时，前列将会被后列覆盖。

```
# 布尔型，默认为True
data = 'a,b,a\n0,1,2\n3,4,5'
pd.read_csv(StringIO(data), mangle_dupe_cols=True)
# 表头为a b a.1
# False会报ValueError错误
```

3.2.11 数据类型

dtype 可以指定各数据列的数据类型，后续章节会专门介绍。

```
# 传入类型名称，或者以列名为键、以指定类型为值的字典
pd.read_csv(data, dtype=np.float64) # 所有数据均为此数据类型
pd.read_csv(data, dtype={'c1':np.float64, 'c2': str}) # 指定字段的类型
pd.read_csv(data, dtype=[datetime, datetime, str, float]) # 依次指定
```

3.2.12 引擎

使用的分析引擎可以选择 C 或 Python。C 语言的速度最快，Python 语言的功能最为完善，一般情况下，不需要另行指定。

```
# 格式为engine=None，其中可选值有{'c', 'python'}
pd.read_csv(data, engine='c')
```

3.2.13 列数据处理

使用 converters 参数对列的数据进行转换，参数中指定列名与针对此列的处理函数，最终以字典的形式传入，字典的键可以是列名或者列的序号。

```
# 字典格式，默认为None
data = 'x,y\na,1\nb,2'
def foo(p):
    return p+'s'
# x应用函数，y使用lambda
pd.read_csv(StringIO(data), converters={'x': foo,
                                        'y': lambda x: x*3})
# 使用列索引
pd.read_csv(StringIO(data),
            converters={0: foo, 1: lambda x: x*3})
```

3.2.14 真假值转换

使用 true_values 和 false_values 将指定的文本内容转换为 True 或 False，可以用列表指定多个值。

```
# 列表，默认为None
data = ('a,b,c\n1,Yes,2\n3,No,4')
pd.read_csv(StringIO(data),
            true_values=['Yes'], false_values=['No'])
```

3.2.15 跳过指定行

如下跳过需要忽略的行数（从文件开始处算起）或需要忽略的行号列表（从 0 开始）:

```
# 类似列表的序列或者可调用对象
# 跳过前2行
pd.read_csv(data, skiprows=2)
# 跳过前2行
pd.read_csv(data, skiprows=range(2))
# 跳过指定行
pd.read_csv(data, skiprows=[24,234,141])
# 跳过指定行
pd.read_csv(data, skiprows=np.array([2, 6, 11]))
# 隔行跳过
pd.read_csv(data, skiprows=lambda x: x % 2 != 0)
```

尾部跳过，从文件尾部开始忽略，C 引擎不支持。

```
# int类型，默认为0
pd.read_csv(filename, skipfooter=1) # 最后一行不加载
```

skip_blank_lines 指定是否跳过空行，如果为 True，则跳过空行，否则数据记为 NaN。

```
# 布尔型，默认为True
# 不跳过空行
pd.read_csv(data, skip_blank_lines=False)
```

如果 skip_blank_lines=True，header 参数将忽略空行和注释行，因此 header=0 表示第一行数据而非文件的第一行。

3.2.16 读取指定行

nrows 参数用于指定需要读取的行数，从文件第一行算起，经常用于较大的数据，先取部分进行代码编写。

```
# int类型，默认为None
pd.read_csv(data, nrows=1000)
```

3.2.17 空值替换

na_values 参数的值是一组用于替换 NA/NaN 的值。如果传参，需要指定特定列的空值。以下值默认会被认定为空值：

```
['-1.#IND', '1.#QNAN', '1.#IND', '-1.#QNAN',
 '#N/A N/A', '#N/A', 'N/A', 'n/a', 'NA',
 '#NA', 'NULL', 'null', 'NaN', '-NaN',
 'nan', '-nan', '']
```

使用 na_values 时需要关注下面 keep_default_na 的配合使用和影响：

```
# 可传入标量、字符串、类似列表序列和字典，默认为None
# 5和5.0会被认为是NaN
pd.read_csv(data, na_values=[5])
# ?会被认为是NaN
pd.read_csv(data, na_values='?')
# 空值为NaN
pd.read_csv(data, keep_default_na=False, na_values=[""])
# 字符NA和字符0会被认为是NaN
pd.read_csv(data, keep_default_na=False, na_values=["NA", "0"])
# Nope会被认为是NaN
pd.read_csv(data, na_values=["Nope"])
# a、b、c均被认为是NaN，等于na_values=['a','b','c']
pd.read_csv(data, na_values='abc')
# 指定列的指定值会被认为是NaN
pd.read_csv(data, na_values={'c':3, 1:[2,5]})
```

3.2.18 保留默认空值

分析数据时是否包含默认的 NaN 值，是否自动识别。如果指定 na_values 参数，并且 keep_default_na=False，那么默认的 NaN 将被覆盖，否则添加。keep_default_na 和 na_values 的关系见表 3-2。

表 3-2 keep_default_na 和 na_values 的取值逻辑关系

keep_default_na	na_values	逻辑
TRUE	指定	na_values 的配置附加处理
TRUE	未指定	自动识别
FALSE	指定	使用 na_values 的配置
FALSE	未指定	不做处理

说明 如果 na_filter 为 False（默认为 True），那么 keep_default_na 和 na_values 参数均无效。

```
# 布尔型，默认为True
# 不自动识别空值
pd.read_csv(data, keep_default_na=False)
```

na_filter 为是否检查丢失值（空字符串或空值）。对于大文件来说，数据集中没有空值，设定 na_filter=False 可以提升读取速度。

```
# 布尔型，默认为True
pd.read_csv(data, na_filter=False) # 不检查
```

3.2.19 日期时间解析

日期时间解析器参数 date_parser 用于解析日期的函数，默认使用 dateutil.parser.parser 来做转换。如果为某些或所有列启用了 parse_dates，并且 datetime 字符串的格式都相同，则通过设置 infer_datetime_format=True，可以大大提高解析速度，pandas 将尝试推断 datetime 字符串的格式，然后使用更快的方法解析字符串，从而将解析速度提高 5 ~ 10 倍。如果无法对整列做出正确的推断解析，Pandas 将返回到正常的解析模式。

下面是一些可自动推断的日期时间字符串示例，它们都表示 2020 年 12 月 30 日 00:00:00：

- "20201230"
- "2020/12/30"
- "20201230 00:00:00"
- "12/30/2020 00:00:00"
- "30/Dec/2020 00:00:00"
- "30/December/2020 00:00:00"

```
# 解析时间的函数名，默认为None
# 指定时间解析库，默认是dateutil.parser.parser
date_parser = pd.io.date_converters.parse_date_time
date_parser = lambda x: pd.to_datetime(x, utc=True, format='%d%b%Y')
date_parser = lambda d: pd.datetime.strptime(d, '%d%b%Y')
# 使用
pd.read_csv(data, parse_dates=['年份'], date_parser=date_parser)
```

parse_dates 参数用于对时间日期进行解析。

```
# 布尔型、整型组成的列表、列表组成的列表或者字典，默认为False
pd.read_csv(data, parse_dates=True) # 自动解析日期时间格式
pd.read_csv(data, parse_dates=['年份']) # 指定日期时间字段进行解析
# 将第1、4列合并解析成名为"时间"的时间类型列
pd.read_csv(data, parse_dates={'时间':[1,4]})
```

如果 infer_datetime_format 被设定为 True 并且 parse_dates 可用，那么 Pandas 将尝试转换为日期类型。

```
# 布尔型，默认为False
pd.read_csv(data, parse_dates=True, infer_datetime_format=True)
```

如果用上文中的 parse_dates 参数将多列合并并解析成一个时间列，设置 keep_date_col 的值为 True 时，会保留这些原有的时间组成列；如果设置为 False，则不保留这些列。

```
# 布尔型，默认为False
pd.read_csv(data, parse_dates=[[1, 2], [1, 3]], keep_date_col=True)
```

对于 DD/MM 格式的日期类型，如日期 2020-01-06，如果 dayfirst=True，则会转换成 2020-06-01。

```
# 布尔型，默认为False
pd.read_csv(data, dayfirst=True, parse_dates=[0])
```

cache_dates 如果为 True，则使用唯一的转换日期缓存来应用 datetime 转换。解析重复的日期字符串，尤其是带有时区偏移的日期字符串时，可能会大大提高速度。

```
# 布尔型，默认为True
pd.read_csv(data, cache_dates=False)
```

3.2.20　文件处理

以下是一些对读取文件对象的处理方法。iterator 参数如果设置为 True，则返回一个 TextFileReader 对象，并可以对它进行迭代，以便逐块处理文件。

```
# 布尔型，默认为False
pd.read_csv(data, iterator=True)
```

chunksize 指定文件块的大小，分块处理大型 CSV 文件。

```
# 整型，默认为None
pd.read_csv(data, chunksize=100000)

# 分块处理大文件
df_iterator = pd.read_csv(file, chunksize=50000)
def process_dataframe(df):
    pass
    return processed_df

for index,df_tmp in enumerate(df_iterator):
    df_processed = process_dataframe(df_tmp)
    if index > 0:
       df_processed.to_csv(path)
    else:
       df_processed.to_csv(path, mode='a', header=False)
```

compression（压缩格式）用于对磁盘数据进行即时解压缩。如果为“infer”，且 filepath_or_buffer 是以 .gz、.bz2、.zip 或 .xz 结尾的字符串，则使用 gzip、bz2、zip 或 xz，否则不进行解压缩。如果使用 zip，则 ZIP 文件必须仅包含一个要读取的数据文件。设置为 None 将不进行解压缩。

```
# 可选值有'infer'、'gzip'、'bz2'、'zip'、'xz'和None，默认为'infer'
pd.read_csv('sample.tar.gz', compression='gzip')
```

encoding（编码）指定字符集类型，通常指定为 'utf-8'。

```
# 字符型，默认为None
pd.read_csv('gairuo.csv', encoding='utf8')
pd.read_csv("gairuo.csv",encoding="gb2312") # 常见中文
```

3.2.21 符号

以下是对文件中的一些数据符号进行的特殊识别处理。如下设置千分位分隔符thousands：

```
# 字符型，默认为None
pd.read_csv('test.csv', thousands=',') # 逗号分隔
```

小数点 decimal，识别为小数点的字符。

```
# 字符串，默认为'.'
pd.read_csv(data, decimal=",")
```

行结束符 lineterminator，将文件分成几行的字符，仅对 C 解析器有效。

```
# 长度为1的字符串，默认为None
data = 'a,b,c~1,2,3~4,5,6'
pd.read_csv(StringIO(data), lineterminator='~')
```

引号 quotechar，用于表示引用数据的开始和结束的字符。引用的项目可以包含定界符，它将被忽略。

```
# 长度为1的字符串
pd.read_csv(file, quotechar='"')
```

在 csv 模块中，数据可能会用引号等字符包裹起来，quoting 参数用来控制识别字段的引号模式，它可以是 Python csv 模块中的 csv.QUOTE_* 常量，也可以传入对应的数字。各个传入值的意义如下。

- 0 或 csv.QUOTE_MINIMAL：仅特殊字段有引号。
- 1 或 csv.QUOTE_ALL：所有字段都有引号。
- 2 或 csv.QUOTE_NONNUMERIC：所有非数字字段都有引号。
- 3 或 csv.QUOTE_NONE：所有字段都没有引号。

如果使用 csv 模块，则需要事先引入 csv 模块。

```
# 整型或者csv.QUOTE_*实例，默认为0
import csv
pd.read_csv('input_file.csv', quoting=csv.QUOTE_NONE)
```

双引号 doublequote，当单引号已经被定义，并且 quoting 参数不是 QUOTE_NONE 的时候，使用双引号表示将引号内的元素作为一个元素使用。

```
# 布尔型，默认为True
import csv
pd.read_csv('data.csv', quotechar='"', doublequote=True, quoting=csv.QUOTE_NONNUMERIC)
```

escapechar 可以传入一个转义符，用于过滤数据中的该转入符。比如，如果一行用双引

号包裹着的数据中有换行符，用以下代码可以过滤其中的换行符。

```
# 长度为1的转义字符串，默认为None
pd.read_csv(StringIO(data), escapechar='\n', encoding='utf-8')
```

注释标识 comment，指示不应分析行的部分。如果在一行的开头找到该标识，则将完全忽略该行。此参数必须是单个字符。像空行一样（只要 skip_blank_lines = True），注释的行将被参数 header 忽略，而不是被 skiprows 忽略。例如，如果 comment =' # '，则解析 header=0 的 '#empty \ na，b，c \ n1,2,3' 会将 'a，b，c' 视为 header。

```
# 字符串，默认为None
s = '# notes\na,b,c\n# more notes\n1,2,3'
pd.read_csv(StringIO(s), sep=',', comment='#', skiprows=1)
```

空格分隔符 delim_whitespace，指定是否将空格（例如 '' 或 '\ t'）用作分隔符，等效于设置 sep ='\s+'。如果此选项设置为 True，则不应该为 delimiter 参数传递任何内容。

```
# 布尔型，默认为False
pd.read_csv(StringIO(data), delim_whitespace=False)
```

3.2.22 小结

通过本节的介绍，我们了解了读取 CSV 文件的一些参数的功能，也了解了在读取 CSV 文件时可以做一些初步的数据整理工作。

3.3 读取 Excel

pandas.read_excel 接口用于读取 Excel 格式的数据文件，由于它使用非常频繁、功能强大、参数众多，因此在这里专门做详细介绍。

3.3.1 语法

pandas.read_excel 接口的语法如下：

```
pd.read_excel(io, sheet_name=0, header=0,
              names=None, index_col=None,
              usecols=None, squeeze=False,
              dtype=None, engine=None,
              converters=None, true_values=None,
              false_values=None, skiprows=None,
              nrows=None, na_values=None,
              keep_default_na=True, verbose=False,
              parse_dates=False, date_parser=None,
              thousands=None, comment=None, skipfooter=0,
              convert_float=True, mangle_dupe_cols=True, **kwds)
```

3.3.2 文件内容

io 为第一个参数，没有默认值，也不能为空，根据 Python 的语法，第一个参数传参时可以不写。可以传入本地文件名或者远程文件的 URL：

```
# 字符串、字节、Excel文件、xlrd.Book实例、路径对象或者类似文件的对象
# 本地相对路径
pd.read_excel('data/data.xlsx') # 注意目录层级
pd.read_excel('data.xls') # 如果文件与代码文件在同一目录下
# 本地绝对路径
pd.read_excel('/user/gairuo/data/data.xlsx')
# 使用URL
pd.read_excel('https://www.gairuo.com/file/data/dataset/team.xlsx')
```

与 read_csv 一样，需要注意，Mac 和 Windows 中的路径写法不一样。

3.3.3 表格

sheet_name 可以指定 Excel 文件读取哪个 sheet，如果不指定，默认读取第一个。

```
# 字符串、整型、列表、None，默认为0
pd.read_excel('tmp.xlsx', sheet_name=1) # 第二个sheet
pd.read_excel('tmp.xlsx', sheet_name='总结表') # 按sheet的名字

# 读取第一个、第二个、名为Sheet5的sheet，返回一个df组成的字典
dfs = pd.read_excel('tmp.xlsx', sheet_name=[0, 1, "Sheet5"])
dfs = pd.read_excel('tmp.xlsx', sheet_name=None) # 所有sheet
dfs['Sheet5'] # 读取时按sheet名
```

3.3.4 表头

数据的表头参数为 header，如不指定，默认为第一行。

```
# 整型、整型组成的列表，默认为 0
pd.read_excel('tmp.xlsx', header=None)  # 不设表头
pd.read_excel('tmp.xlsx', header=2)  # 第三行为表头
pd.read_excel('tmp.xlsx', header=[0, 1])  # 两层表头，多层索引
```

3.3.5 列名

用 names 指定列名，也就是表头的名称，如不指定，默认为表头的名称。

```
# 序列，默认为None
pd.read_excel('tmp.xlsx', names=['姓名', '年龄', '成绩'])
pd.read_excel('tmp.xlsx', names=c_list) # 传入列表变量
# 没有表头，需要设置为None
pd.read_excel('tmp.xlsx', header=None, names=None)
```

3.3.6 其他

其他参数与 pandas.read_csv 的同名参数功能一致，如果想使用仅 pandas.read_csv 有的参数，可以考虑将数据保存为 CSV 文件，因为 CSV 文件相对通用、读取数据快且处理方

法比较丰富。

3.3.7　小结

本节介绍了 pandas.read_excel 相对于 pandas.read_csv 专有的参数功能。由于 Excel 文件在日常工作中较为常用，所以需要熟练掌握 Excel 的数据读取功能。另外对于一些量比较小的 Excel 数据文件，在做数据临时处理时，可以复制并使用 pd.read_clipboard() 来读取，非常方便。

3.4　数据输出

任何原始格式的数据载入 DataFrame 后，都可以使用类似 DataFrame.to_csv() 的方法输出到相应格式的文件或者目标系统里。本节将介绍一些常用的数据输出目标格式。

3.4.1　CSV

DataFrame.to_csv 方法可以将 DataFrame 导出为 CSV 格式的文件，需要传入一个 CSV 文件名。

```
df.to_csv('done.csv')
df.to_csv('data/done.csv') # 可以指定文件目录路径
df.to_csv('done.csv', index=False) # 不要索引
```

另外还可以使用 sep 参数指定分隔符，columns 传入一个序列指定列名，编码用 encoding 传入。如果不需要表头，可以将 header 设为 False。如果文件较大，可以使用 compression 进行压缩：

```
# 创建一个包含out.csv的压缩文件out.zip
compression_opts = dict(method='zip',
                        archive_name='out.csv')
df.to_csv('out.zip', index=False,
          compression=compression_opts)
```

3.4.2　Excel

将 DataFrame 导出为 Excel 格式也很方便，使用 DataFrame.to_excel 方法即可。要想把 DataFrame 对象导出，首先要指定一个文件名，这个文件名必须以 .xlsx 或 .xls 为扩展名，生成的文件标签名也可以用 sheet_name 指定。

如果要导出多个 DataFrame 到一个 Excel，可以借助 ExcelWriter 对象来实现。

```
# 导出，可以指定文件路径
df.to_excel('path_to_file.xlsx')
# 指定sheet名，不要索引
df.to_excel('path_to_file.xlsx', sheet_name='Sheet1', index=False)
# 指定索引名，不合并单元格
```

```
df.to_excel('path_to_file.xlsx', index_label='label', merge_cells=False)
```

多个数据的导出如下：

```
# 将多个df分不同sheet导入一个Excel文件中
with pd.ExcelWriter('path_to_file.xlsx') as writer:
    df1.to_excel(writer, sheet_name='Sheet1')
    df2.to_excel(writer, sheet_name='Sheet2')
```

使用指定的 Excel 导出引擎如下：

```
# 指定操作引擎
df.to_excel('path_to_file.xlsx', sheet_name='Sheet1', engine='xlsxwriter')
# 在'engine'参数中设置ExcelWriter使用的引擎
writer = pd.ExcelWriter('path_to_file.xlsx', engine='xlsxwriter')
df.to_excel(writer)
writer.save()

# 设置系统引擎
from pandas import options  # noqa: E402
options.io.excel.xlsx.writer = 'xlsxwriter'
df.to_excel('path_to_file.xlsx', sheet_name='Sheet1')
```

3.4.3 HTML

DataFrame.to_html 会将 DataFrame 中的数据组装在 HTML 代码的 table 标签中，输入一个字符串，这部分 HTML 代码可以放在网页中进行展示，也可以作为邮件正文。

```
print(df.to_html())
print(df.to_html(columns=[0])) # 输出指定列
print(df.to_html(bold_rows=False)) # 表头不加粗
# 表格指定样式，支持多个
print(df.to_html(classes=['class1', 'class2']))
```

3.4.4 数据库（SQL）

将 DataFrame 中的数据保存到数据库的对应表中：

```
# 需要安装SQLAlchemy库
from sqlalchemy import create_engine
# 创建数据库对象，SQLite内存模式
engine = create_engine('sqlite:///:memory:')
# 取出表名为data的表数据
with engine.connect() as conn, conn.begin():
    data = pd.read_sql_table('data', conn)

# data
# 将数据写入
data.to_sql('data', engine)
# 大量写入
data.to_sql('data_chunked', engine, chunksize=1000)
# 使用SQL查询
pd.read_sql_query('SELECT * FROM data', engine)
```

3.4.5 Markdown

Markdown 是一种常用的技术文档编写语言，Pandas 支持输出 Markdown 格式的字符串，如下：

```
print(cdf.to_markdown())

'''
|    |   x |   y |   z |
|:---|----:|----:|----:|
| a  |   1 |   2 |   3 |
| b  |   4 |   5 |   6 |
| c  |   7 |   8 |   9 |
'''
```

3.4.6 小结

本节介绍了如何将 DataFrame 对象数据进行输出，数据经输出、持久化后会成为固定的数据资产，供我们进行归档和分析。

3.5 本章小结

本章探讨了数据的读取与输入，分别是数据分析的源点和终点。数据的读取过程同时包含了数据的清洗处理，特别是对于大量的数据一般会分片存储在不同的文件中，第 7 章会有相关介绍。

数据的输出通常还伴随着数据分析结论，包含数据文件、可视化图、分析文字等内容，有些也会以邮件的形式进行自动化，后续章节会有相关的介绍。

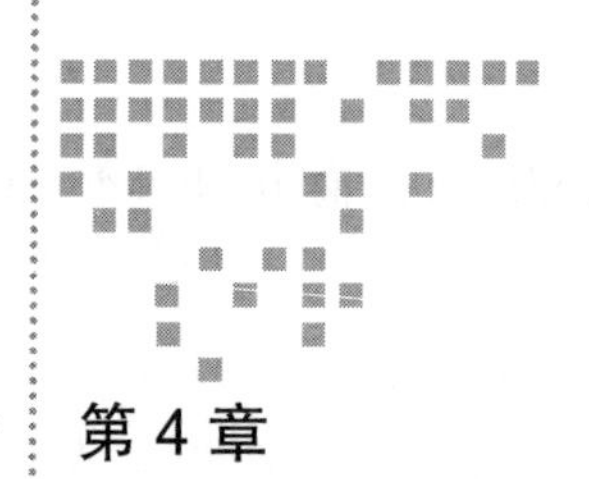

Chapter 4 第 4 章

Pandas 基础操作

本章将介绍 Pandas 对数据的基础操作，包括索引的创建和使用、数据信息的查看、数据的筛选、数据的统计、数据类型的转换、排序、添加修改、添加修改数据、使用函数等内容。这些是最为常见的操作，几乎所有数据分析工作都会涉及。

4.1　索引操作

Pandas 数据的索引就像一本书的目录，让我们可以很快地找到想要看的章节，对于大量数据，创建合理的具有业务意义的索引对我们分析数据至关重要。本节将介绍什么是索引以及如何操作索引。

4.1.1　认识索引

图 4-1 给出了一个简单的 DataFrame 中索引的示例。

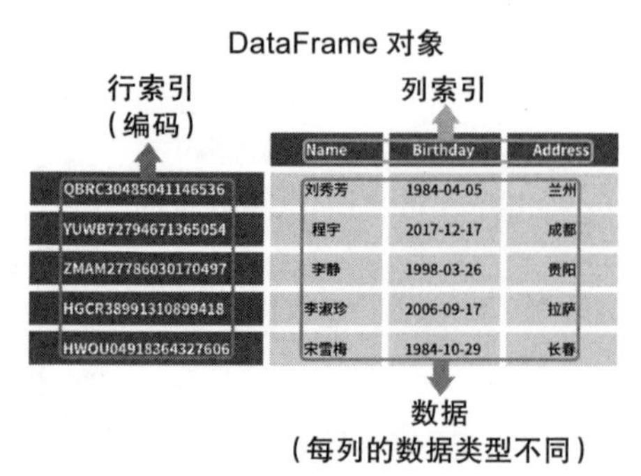

图 4-1　DataFrame 结构示例

其中：

- 行索引是数据的索引，列索引指向的是一个 Series；
- DataFrame 的索引也是系列形成的 Series 的索引；
- 建立索引让数据更加直观明确，每行数据是针对哪个主体的；
- 建立索引方便数据处理；
- 索引允许重复，但业务上一般不会让它重复。

有时一个行和列层级较多的数据会出现多层索引的情况，后续章节会介绍。

4.1.2 建立索引

建立索引可以在数据读取加载中指定索引：

```
data = 'https://www.gairuo.com/file/data/dataset/team.xlsx'
df = pd.read_excel(data, index_col='name') # 将索引设置为name
df
'''
      team  Q1  Q2  Q3  Q4
name
Liver    E  89  21  24  64
Arry     C  36  37  37  57
Ack      A  57  60  18  84
Eorge    C  93  96  71  78
Oah      D  65  49  61  86
...
'''
```

我们发现 name 成为了索引，在显示时已经不与其他列名在一行了，而是自己单独占有一行。如果加载时没有指定索引，我们可以使用 df.set_index() 指定：

```
df = pd.read_excel(data) # 读取数据不设索引
df.set_index('name') # 设置索引
```

如果需要，我们还可以设置两层索引：

```
df.set_index(['name', 'team']) # 设置两层索引
df.set_index([df.name.str[0],'name']) # 将姓名的第一个字母和姓名设置为索引
```

需要注意的是，在以上操作中，我们并没有修改原来的 df 变量中的内容，如果希望用设置索引后的数据替换原来 df 变量中的数据，可以直接进行赋值操作或者传入 inplace 参数：

```
df = df.set_index('name') # 建立索引并重写覆盖df
df.set_index('name', inplace=True) # 同上，使索引生效
```

可以将一个 Series 指定为索引：

```
s = pd.Series([i for i in range(100)])
df.set_index(s) # 指定一个索引
df.set_index([s, 'name']) # 同时指定索引和现有字段
df.set_index([s, s**2]) # 计算索引
```

以下为其他两个常用的操作：

```
df.set_index('month', drop=False) # 保留原列
df.set_index('month', append=True) # 保留原来的索引
```

4.1.3 重置索引

有时我们想取消已有的索引，可以使用 df.reset_index()，它的操作与 set_index 相反。以下是一些常用的操作：

```
df.reset_index() # 清除索引
df.set_index('month').reset_index() # 相当于什么也没做
# 删除原索引，month列没了
df.set_index('month').reset_index(drop=True)
df2.reset_index(inplace=True) # 覆盖使生效
# year一级索引取消
df.set_index(['month', 'year']).reset_index(level=1)
df2.reset_index(level='class') # 同上，使用层级索引名
df.reset_index(level='class', col_level=1) # 列索引
# 不存在层级名称的填入指定名称
df.reset_index(level='class', col_level=1, col_fill='species')
```

4.1.4 索引类型

为了适应各种业务数据的处理，索引又针对各种类型数据定义了不同的索引类型。

数字索引（NumericIndex）共有以下几种。

- ❑ RangeIndex：单调整数范围的不可变索引。
- ❑ Int64Index：64 位整型索引。
- ❑ UInt64Index：无符号整数索引。
- ❑ Float64Index：64 位浮点型索引。

示例如下：

```
pd.RangeIndex(1,100,2)
# RangeIndex(start=1, stop=100, step=2)
pd.Int64Index([1,2,3,-4], name='num')
# Int64Index([1, 2, 3, -4], dtype='int64', name='num')
pd.UInt64Index([1,2,3,4])
# UInt64Index([1, 2, 3, 4], dtype='uint64')
pd.Float64Index([1.2,2.3,3,4])
# Float64Index([1.2, 2.3, 3.0, 4.0], dtype='float64')
```

类别索引（CategoricalIndex）：类别只能包含有限数量的（通常是固定的）可能值（类别）。可以理解成枚举，比如性别只有男女，但在数据中每行都有，如果按文本处理会效率不高。类别的底层是 pandas.Categorical。类别在第 12 章会专门讲解，只有在体量非常大的数据面前才能显示其优势。

```
pd.CategoricalIndex(['a', 'b', 'a', 'b'])
# CategoricalIndex(['a', 'b', 'a', 'b'], categories=['a', 'b'], ordered=False,
    dtype='category')
```

间隔索引（IntervalIndex）代表每个数据的数值或者时间区间，一般应用于分箱数据。

```
pd.interval_range(start=0, end=5)
'''
IntervalIndex([(0, 1], (1, 2], (2, 3], (3, 4], (4, 5]],
              closed='right',
              dtype='interval[int64]')
'''
```

多层索引（MultiIndex）：多个层次且有归属关系的索引。

```
arrays = [[1, 1, 2, 2], ['red', 'blue', 'red', 'blue']]
pd.MultiIndex.from_arrays(arrays, names=('number', 'color'))
'''
MultiIndex([(1,  'red'),
            (1, 'blue'),
            (2,  'red'),
            (2, 'blue')],
           names=['number', 'color'])
'''
```

时间索引（DatetimeIndex）：时序数据的时间。

```
# 从一个日期连续到另一个日期
pd.date_range(start='1/1/2018', end='1/08/2018')
# 指定开始时间和周期
pd.date_range(start='1/1/2018', periods=8)
# 以月为周期
pd.period_range(start='2017-01-01', end='2018-01-01', freq='M')
# 周期嵌套
pd.period_range(start=pd.Period('2017Q1', freq='Q'),
                end=pd.Period('2017Q2', freq='Q'), freq='M')
```

时间差索引（TimedeltaIndex）：代表时间长度的数据。

```
pd.TimedeltaIndex(data =['06:05:01.000030', '+23:59:59.999999',
                         '22 day 2 min 3us 10ns', '+23:29:59.999999',
                         '+12:19:59.999999'])
# 使用datetime
pd.TimedeltaIndex(['1 days', '1 days, 00:00:05',
                   np.timedelta64(2, 'D'),
                   datetime.timedelta(days=2, seconds=2)])
```

周期索引（PeriodIndex）：一定频度的时间。

```
t = pd.period_range('2020-5-1 10:00:05', periods=8, freq='S')
pd.PeriodIndex(t,freq='S')
```

4.1.5 索引对象

行和列的索引在 Pandas 里其实是一个 Index 对象，以下是创建一个 Index 对象的方法：

```
pd.Index([1, 2, 3])
# Int64Index([1, 2, 3], dtype='int64')
pd.Index(list('abc'))
# Index(['a', 'b', 'c'], dtype='object')
# 可以用name指定一个索引名称
pd.Index(['e', 'd', 'a', 'b'], name='something')
```

索引对象可以传入构建数据和读取数据的操作中。

可以查看索引对象，列和行方向的索引对象如下：

```
df.index
# RangeIndex(start=0, stop=4, step=1)
df.columns
# Index(['month', 'year', 'sale'], dtype='object')
```

4.1.6 索引的属性

可以通过以下一系列操作查询索引的相关属性，以下方法也适用于 df.columns，因为它们都是 index 对象。

```
# 常用属性
df.index.name # 名称
df.index.array # array数组
df.index.dtype # 数据类型
df.index.shape # 形状
df.index.size # 元素数量
df.index.values # array数组
# 其他，不常用
df.index.empty # 是否为空
df.index.is_unique # 是否不重复
df.index.names # 名称列表
df.index.is_all_dates # 是否全是日期时间
df.index.has_duplicates # 是否有重复值
df.index.values # 索引的值array
```

4.1.7 索引的操作

以下是索引的常用操作，这些操作会在我们今后处理数据中发挥作用。以下方法也适用于 df.columns，因为都是 index 对象。

```
# 常用方法
df.index.astype('int64') # 转换类型
df.index.isin() # 是否存在，见下方示例
df.index.rename('number') # 修改索引名称
df.index.nunique() # 不重复值的数量
df.index.sort_values(ascending=False,) # 排序，倒序
df.index.map(lambda x:x+'_') # map函数处理
df.index.str.replace('_', '') # str替换
df.index.str.split('_') # 分隔
df.index.to_list() # 转为列表
df.index.to_frame(index=False, name='a') # 转成DataFrame
df.index.to_series() # 转为series
df.index.to_numpy() # 转为numpy
df.index.unique() # 去重
df.index.value_counts() # 去重及计数
df.index.where(df.index=='a') # 筛选
df.index.rename('grade', inplace=False) # 重命名索引
df.index.rename(['species', 'year']) # 多层，重命名索引
df.index.max() # 最大值
df.index.argmax() # 最大索引值
df.index.any()
df.index.all()
df.index.T # 转置，在多层索引里很有用
```

以下是一些不常用但很重要的操作：

```
# 其他，不常用
df.index.append(pd.Index([4,5])) # 追加
df.index.repeat(2) # 重复几次
df.index.inferred_type # 推测数据类型
df.index.hasnans # 有没有空值
df.index.is_monotonic_decreasing # 是否单调递减
df.index.is_monotonic # 是否有单调性
df.index.is_monotonic_increasing # 是否单调递增
df.index.nbytes # 基础数据中的字节数
df.index.ndim # 维度数，维数
df.index.nlevels # 索引层级数，通常为1
df.index.min() # 最小值
df.index.argmin() # 最小索引值
df.index.argsort() # 顺序值组成的数组
df.index.asof(2) # 返回最近的索引
# 索引类型转换
df.index.astype('int64', copy=True) # 深拷贝
# 拷贝
df.index.copy(name='new', deep=True, dtype='int64')
df.index.delete(1) # 删除指定位置
# 对比不同
df.index.difference(pd.Index([1,2,4]), sort=False)
df.index.drop('a', errors='ignore') # 删除
df.index.drop_duplicates(keep='first') # 去重值
df.index.droplevel(0) # 删除层级
df.index.dropna(how='all') # 删除空值
df.index.duplicated(keep='first') # 重复值在结果数组中为True
df.index.equals(df.index) # 与另一个索引对象是否相同
df.index.factorize() # 分解成(array:0-n, Index)
df.index.fillna(0, {0:'nan'}) # 填充空值
# 字符列表，把name值加在第一位，每个值加10
df.index.format(name=True, formatter=lambda x:x+10)

# 返回一个array，指定值的索引位数组，不在的为-1
df.index.get_indexer([2,9])
# 获取指定层级Index对象
df.index.get_level_values(0)
# 指定索引的位置，见示例
df.index.get_loc('b')
df.index.insert(2, 'f') # 在索引位2插入f
df.index.intersection(df.index) # 交集
df.index.is_(df.index) # 类似is检查
df.index.is_categorical() # 是否分类数据
df.index.is_type_compatible(df.index) # 类型是否兼容
df.index.is_type_compatible(1) # 类型是否兼容

df.index.isna() # array是否为空
df.index.isnull() # array是否缺失值
df.index.join(df.index, how='left') # 连接
df.index.notna() # 是否不存在的值
df.index.notnull() # 是否不存在的值
df.index.ravel() # 展平值的ndarray
df.index.reindex(['a','b']) # 新索引 (Index,array:0-n)
df.index.searchsorted('f') # 如果插入这个值，排序后在哪个索引位
df.index.searchsorted([0, 4]) # array([0, 3]) 多个
df.index.set_names('quarter') # 设置索引名称
```

```
df.index.set_names('species', level=0)
df.index.set_names(['kind', 'year'], inplace=True)
df.index.shift(10, freq='D') # 日期索引向前移动10天
idx1.symmetric_difference(idx2) # 两个索引不同的内容
idx1.union(idx2) # 拼接

df.add_prefix('t_') # 表头加前缀
df.add_suffix('_d') # 表头加后缀
df.first_valid_index() # 第一个有值的索引
df.last_valid_index() # 最后一个有值的索引
```

4.1.8 索引重命名

将一个数据列置为索引后，就不能再像修改列名那样修改索引的名称了，需要使用df.rename_axis 方法。它不仅可以修改索引名，还可以修改列名。需要注意的是，这里修改的是索引名称，不是索引或者列名本身。

```
s.rename_axis("student_name") # 索引重命名
df.rename_axis(["dow", "hr"]) # 多层索引修改索引名
df.rename_axis('info', axis="columns") # 修改列索引名
# 修改多层行索引名
df.rename_axis(index={'a': 'A', 'b': 'B'})
# 修改多层列索引名
df.rename_axis(columns={'name': 's_name', 'b': 'B'})
df.rename_axis(columns=str.upper) # 列索引名变大写
```

4.1.9 修改索引内容

用来修改行和列的索引名的主要函数是 df.rename 和 df.set_axis。df.rename 可以给定一个字典，键是原名称，值是想要修改的名称，还可以传入一个与原索引等长度序列进行覆盖修改，用一个函数处理原索引名。以下是一些具体的使用方法举例：

```
# 一一对应修改列索引
df.rename(columns={"A": "a", "B": "c"})
df.rename(str.lower, axis='columns')
# 修改行索引
df.rename(index={0: "x", 1: "y", 2: "z"})
df.rename({1: 2, 2: 4}, axis='index')
# 修改数据类型
df.rename(index=str)
# 重新修改索引
replacements = {l1:l2 for l1, l2 in zip(list1, list2)}
df.rename(replacements)
# 列名加前缀
df.rename(lambda x:'t_' + x, axis=1)
# 利用iter()函数的next特性修改
df.rename(lambda x, y=iter('abcdef'): next(y), axis=1)
# 修改列名，用解包形式生成新旧字段字典
df.rename(columns=dict(zip(df, list('abcd'))))
```

df.set_axis 可以将所需的索引分配给给定的轴，通过分配类似列表或索引的方式来更改列标签或行标签的索引。

```
# 修改索引
df.set_axis(['a', 'b', 'c'], axis='index')
# 修改列名
df.set_axis(list('abcd'), axis=1)
# 使修改生效
df.set_axis(['a', 'b'], axis='columns', inplace=True)
# 传入索引内容
df.set_axis(pd.Index(list('abcde')), axis=0)
```

4.1.10　小结

对索引的操作是 DataFrame 最基础的操作。为了满足业务的各种需求，索引对象支持数字、类别、时间日期、周期、时差等多个类型，Pandas 也提供了丰富的索引操作功能，这些在本节都一一做了介绍。

4.2　数据的信息

本节主要介绍 DataFrame 的基础信息和统计性信息。在我们拿到一个数据集，用 Pandas 载入后，需要做一些初步的验证，比如行名、列名是否一致，数据量是否有缺失，各列的数据类型等，让我们对数据的全貌有所了解。

本节介绍的大多数功能对 Series 也是适用的。

4.2.1　查看样本

加载完的数据可能由于量太大，我们需要查看部分样本数据，Pandas 提供了三个常用的样式查看方法。

- df.head()：前部数据，默认 5 条，可指定条数。
- df.tail()：尾部数据，默认 5 条，可指定条数。
- df.sample()：一条随机数据，可指定条数。

```
df = pd.read_excel('https://www.gairuo.com/file/data/dataset/team.xlsx')
s = df.Q1 # 取其中一列，形成Series
df.head() # 查看前5条数据
'''
    name team  Q1  Q2  Q3  Q4
0  Liver    E  89  21  24  64
1   Arry    C  36  37  37  57
2    Ack    A  57  60  18  84
3  Eorge    C  93  96  71  78
4    Oah    D  65  49  61  86
'''
```

其他方法的使用如下：

```
df.head(10) # 查看前10条数据
s.tail() # 查看后5条数据
df.tail(10) # 查看后10条数据
```

```
df.sample() # 随机查看一条数据
s.sample(3) # 随机查看3条数据
```

4.2.2 数据形状

执行 df.shape 会返回一个元组，该元组的第一个元素代表行数，第二个元素代表列数，这就是这个数据的基本形状，也是数据的大小。

```
df.shape
# (100, 6)
# 共100行6列（索引不算）

# Series 只有一个值
s.shape
# (100,)
```

4.2.3 基础信息

执行 df.info 会显示所有数据的类型、索引情况、行列数、各字段数据类型、内存占用等。Series 不支持。

```
df.info
'''
<class 'pandas.core.frame.DataFrame'>
RangeIndex: 100 entries, 0 to 99
Data columns (total 6 columns):
 #   Column  Non-Null Count  Dtype
---  ------  --------------  -----
 0   name    100 non-null    object
 1   team    100 non-null    object
 2   Q1      100 non-null    int64
 3   Q2      100 non-null    int64
 4   Q3      100 non-null    int64
 5   Q4      100 non-null    int64
dtypes: int64(4), object(2)
memory usage: 4.8+ KB
'''
```

4.2.4 数据类型

df.dtypes 会返回每个字段的数据类型及 DataFrame 整体的类型。

```
df.dtypes
'''
name    object
team    object
Q1       int64
Q2       int64
Q3       int64
Q4       int64
dtype: object
'''
```

如果是 Series，需要用 s.dtype：

```
s.dtype
# dtype('int64')
```

4.2.5　行列索引内容

df.axes 会返回一个列内容和行内容组成的列表 [行索引 , 列索引]。

```
df.axes
'''
[RangeIndex(start=0, stop=100, step=1),
 Index(['name', 'team', 'Q1', 'Q2', 'Q3', 'Q4'], dtype='object')]
'''
```

Series 显示列索引，就是它的索引：

```
s.axes
# [RangeIndex(start=0, stop=100, step=1)]
```

4.2.6　其他信息

除以上重要的几项信息外，以下信息也比较重要：

```
# 索引对象
df.index
# RangeIndex(start=0, stop=100, step=1)
# 列索引，Series不支持
df.columns
# Index(['name', 'team', 'Q1', 'Q2', 'Q3', 'Q4'], dtype='object')
df.values # array(<所有值的列表矩阵>)
df.ndim # 2 维度数
df.size # 600行×列的总数，就是总共有多少数据
# 是否为空，注意，有空值不认为是空
df.empty # False
# Series的索引，DataFrame的列名
df.keys()
```

此外，Series 独有以下方法：

```
s.name # 'Q1'
s.array # 值组成的数组 <PandasArray>
s.dtype # 类型，dtype('int64')
s.hasnans # False
```

s.name 可获取索引的名称，需要区分的是上例数据中 df.name 也能正常执行，它其实是 df 调用数据字段的方法，因为正好有名为 name 的列，如果没有就会报错，DataFrame 是没有此属性的。

4.2.7　小结

本节数据信息的操作让我们对数据有了一个全面的认识，这对数据的下一步分析至关重要，加载完数据后，推荐先进行以上操作，以便及早找到数据的质量问题。

4.3 统计计算

Pandas 可以对 Series 与 DataFrame 进行快速的描述性统计，如求和、平均数、最大值、方差等，这些是最基础也最实用的统计方法。对于 DataFrame，这些统计方法会按列进行计算，最终产出一个以列名为索引、以计算值为值的 Series。

4.3.1 描述统计

df.describe() 会返回一个有多行的所有数字列的统计表，每一行对应一个统计指标，有总数、平均数、标准差、最小值、四分位数、最大值等，这个表对我们初步了解数据很有帮助。

```
df.describe()
'''
              Q1          Q2          Q3          Q4
count  100.000000  100.000000  100.000000  100.000000
mean    49.200000   52.550000   52.670000   52.780000
std     29.962603   29.845181   26.543677   27.818524
min      1.000000    1.000000    1.000000    2.000000
25%     19.500000   26.750000   29.500000   29.500000
50%     51.500000   49.500000   55.000000   53.000000
75%     74.250000   77.750000   76.250000   75.250000
max     98.000000   99.000000   99.000000   99.000000
'''
```

如果没有数字，则会输出与字符相关的统计数据，如数量、不重复值数、最大值（字符按首字母顺序）等。示例如下。

```
pd.Series(['a', 'b', 'c', 'c']).describe()
'''
count     4
unique    3
top       c
freq      2
dtype: object
'''
```

df.describe() 也支持对时间数据的描述性统计：

```
(pd.Series(pd.date_range('2000-01-01', '2000-05-01'))
 .describe(datetime_is_numeric=True)
)
'''
count                    122
mean     2000-03-01 12:00:00
min      2000-01-01 00:00:00
25%      2000-01-31 06:00:00
50%      2000-03-01 12:00:00
75%      2000-03-31 18:00:00
max      2000-05-01 00:00:00
dtype: object
'''
```

还可以自己指定分位数（一般情况下，默认值包含中位数），指定和排除数据类型：

```
df.describe(percentiles=[.05, .25, .75, .95])
df.describe(include=[np.object, np.number]) # 指定类型
df.describe(exclude =[np.object]) # 排除类型
```

4.3.2 数学统计

Pandas 支持常用的数学统计方法，如平均数、中位数、众数、方差等，还可以结合 NumPy 使用其更加丰富的统计功能。我们先来使用 mean() 计算一下平均数，DataFrame 使用统计函数后会生成一个 Series，这个 Series 的索引为每个数字类型列的列名，值为此列的平均数。如果 DataFrame 没有任何数字类型列，则会报错。

```
df.mean()
'''
Q1    49.20
Q2    52.55
Q3    52.67
Q4    52.78
dtype: float64
'''
type(df.mean())
# pandas.core.series.Series
```

Series 应用数学统计函数一般会给出一个数字定值，直接计算出这一列的统计值：

```
df.Q1.mean()
s.mean()
# 49.2
```

如果我们希望按行计算平均数，即数据集中每个学生 Q1 到 Q4 的成绩的平均数，可以传入 axis 参数，列传 index 或 0，行传 columns 或 1：

```
df.mean(axis='columns')
df.mean(axis=1) # 效果同上
df.mean(1) # 效果同上
'''
0     49.50
1     41.75
2     54.75
3     84.50
4     65.25
      ...
95    67.00
96    31.25
97    53.00
98    58.50
99    44.75
Length: 100, dtype: float64
'''
```

它仅对数字类型的列起作用，会忽略文本等其他类型。我们发现，索引仍然是默认的自然索引，无法辨认是谁的成绩，所以可以先创建 name 为索引再进行计算：

```
# 创建name为索引，计算每行平均值，只看前5条
df.set_index('name').mean(1).head()
'''
name
Liver    49.50
Arry     41.75
Ack      54.75
Eorge    84.50
Oah      65.25
dtype: float64
'''
```

4.3.3 统计函数

上文我们介绍了平均数 mean，Pandas 提供了非常多的数学统计方法，如下：

```
df.mean() # 返回所有列的均值
df.mean(1) # 返回所有行的均值，下同
df.corr() # 返回列与列之间的相关系数
df.count() # 返回每一列中的非空值的个数
df.max() # 返回每一列的最大值
df.min() # 返回每一列的最小值
df.abs() # 绝对值
df.median() # 返回每一列的中位数
df.std() # 返回每一列的标准差，贝塞尔校正的样本标准偏差
df.var() # 无偏方差
df.sem() # 平均值的标准误差
df.mode() # 众数
df.prod() # 连乘
df.mad() # 平均绝对偏差
df.cumprod() # 累积连乘，累乘
df.cumsum(axis=0) # 累积连加，累加
df.nunique() # 去重数量，不同值的量
df.idxmax() # 每列最大值的索引名
df.idxmin() # 每列最小值的索引名
df.cummax() # 累积最大值
df.cummin() # 累积最小值
df.skew() # 样本偏度（第三阶）
df.kurt() # 样本峰度（第四阶）
df.quantile() # 样本分位数（不同 % 的值）
```

Pandas 还提供了一些特殊的用法：

```
# 很多支持指定行列（默认是axis=0列）等参数
df.mean(1) # 按行计算
# 很多函数均支持
df.sum(0, skipna=False) # 不除缺失数据
# 很多函数均支持
df.sum(level='blooded') # 索引级别
df.sum(level=0)
# 执行加法操作所需的最小有效值数
df.sum(min_count=1)
```

以上统计函数会有自己的一些特别的参数用于限制计算规则，可以在使用过程中利用 Jupyter Notebook 查看函数说明来了解。

4.3.4　非统计计算

除了简单的数学统计外，我们往往还需要对数据做非统计性计算，如去重、格式化等。接下来我们将介绍一些数据的加工处理方法。

```
df.all() # 返回所有列all()值的Series
df.any()

# 四舍五入
df.round(2) # 指定字段指定保留小数位，如有
df.round({'Q1': 2, 'Q2': 0})
df.round(-1) # 保留10位

# 每个列的去重值的数量
df.nunique()
s.nunique() # 本列的去重值

# 真假检测
df.isna() # 值的真假值替换
df.notna() # 与上相反
```

以下可以传一个值或者另一个 DataFrame，对数据进行广播方式计算，返回计算后的 DataFrame：

```
df + 1 # 等运算
df.add() # 加
df.sub() # 减
df.mul() # 乘
df.div() # 除
df.mod() # 模，除后的余数
df.pow() # 指数幂
df.dot(df2) # 矩阵运算
```

以下是 Series 专有的一些函数：

```
# 不重复的值及数量
s.value_counts()
s.value_counts(normalize=True) # 重复值的频率
s.value_counts(sort=False) # 不按频率排序

s.unique() # 去重的值 array
s.is_unique # 是否有重复

# 最大最小值
s.nlargest() # 最大的前5个
s.nlargest(15) # 最大的前15个
s.nsmallest() # 最小的前5个
s.nsmallest(15) # 最小的前15个

s.pct_change() # 计算与前一行的变化百分比
s.pct_change(periods=2) # 前两行

s1.cov(s2) # 两个序列的协方差
```

特别要掌握的是 value_counts() 和 unique()，因为它们的使用频率非常高。

4.3.5 小结

数据统计是数据分析的最基本操作，本节介绍了数据的描述性统计、数学统计及一些常用的统计函数。这些操作在今后的数据分析中经常会使用到，所以需要熟练掌握并运用。

4.4 位置计算

本节介绍几个经常到用的位置计算操作。diff() 和 shift() 经常用来计算数据的增量变化，rank() 用来生成数据的整体排名。

4.4.1 位置差值 diff()

df.diff() 可以做位移差操作，经常用来计算一个序列数据中上一个数据和下一个数据之间的差值，如增量研究。默认被减的数列下移一位，原数据在同位置上对移动后的数据相减，得到一个新的序列，第一位由于被减数下移，没有数据，所以结果为 NaN。可以传入一个数值来规定移动多少位，负数代表移动方向相反。Series 类型如果是非数字，会报错，DataFrame 会对所有数字列移动计算，同时不允许有非数字类型列。

```
pd.Series([9, 4, 6, 7, 9])
'''
0    9
1    4
2    6
3    7
4    9
dtype: int64
'''

# 后面与前面的差值
pd.Series([9, 4, 6, 7, 9]).diff()
'''
0    NaN
1   -5.0
2    2.0
3    1.0
4    2.0
dtype: float64
'''

# 后方向，移动两位求差值
pd.Series([9, 4, 6, 7, 9]).diff(-2)
'''
0    3.0
1   -3.0
2   -3.0
3    NaN
4    NaN
dtype: float64
'''
```

对于 DataFrame，还可以传入 axis=1 进行左右移动：

```
# 只筛选4个季度的5条数据
df.loc[:5,'Q1':'Q4'].diff(1, axis=1)
'''
   Q1    Q2    Q3    Q4
0 NaN -68.0   3.0  40.0
1 NaN   1.0   0.0  20.0
2 NaN   3.0 -42.0  66.0
3 NaN   3.0 -25.0   7.0
4 NaN -16.0  12.0  25.0
5 NaN -11.0  74.0 -44.0
'''
```

以上计算出了每个学生每个季度较前一个季度成绩的变化值。

4.4.2　位置移动 shift()

shift() 可以对数据进行移位，不做任何计算，也支持上下左右移动，移动后目标位置的类型无法接收的为 NaN。

```
# 整体下移一行，最顶的一行为NaN
df.shift()
df.shift(3) # 移三行
# 整体上移一行，最底的一行为NaN
df.Q1.head().shift(-1)
# 向右移动一位
df.shift(axis=1)
df.shift(3, axis=1) # 移三位
# 向左移动一位
df.shift(-1, axis=1)
# 实现了df.Q1.diff()
df.Q1 - df.Q1.shift()
```

4.4.3　位置序号 rank()

rank() 可以生成数据的排序值替换掉原来的数据值，它支持对所有类型数据进行排序，如英文会按字母顺序。使用 rank() 的典型例子有学生的成绩表，给出排名：

```
# 排名，将值变了序号
df.head().rank()
'''
   name  team   Q1   Q2   Q3   Q4
0   4.0   5.0  4.0  1.0  2.0  2.0
1   2.0   2.5  1.0  2.0  3.0  1.0
2   1.0   1.0  2.0  4.0  1.0  4.0
3   3.0   2.5  5.0  5.0  5.0  3.0
4   5.0   4.0  3.0  3.0  4.0  5.0
'''

# 横向排名
df.head().rank(axis=1)
'''
    Q1   Q2   Q3   Q4
```

```
0  4.0  1.0  2.0  3.0
1  1.0  2.5  2.5  4.0
2  2.0  3.0  1.0  4.0
3  3.0  4.0  1.0  2.0
4  3.0  1.0  2.0  4.0
'''
```

参数 pct=True 可以将序数转换成 0 到 1 的数，让我们知道数据所处的位置：

```
df.head().rank(pct=True)
'''
   name  team   Q1   Q2   Q3   Q4
0   0.8   1.0  0.8  0.2  0.4  0.4
1   0.4   0.5  0.2  0.4  0.6  0.2
2   0.2   0.2  0.4  0.8  0.2  0.8
3   0.6   0.5  1.0  1.0  1.0  0.6
4   1.0   0.8  0.6  0.6  0.8  1.0
'''
```

method 参数指定的排序过程中遇到相同值的序数计算方法，可取的值有下面几个。

- average：序号的平均值，如并列第 1 名，则按二次元计算 (1+2)/2，都显示 1.5，下个数据的值为 3。
- min：最小的序数，如并列第 1 名，则都显示 1，下个数据为 3。
- max：最大的序数，如并列第 1 名，则都显示 1，下个数据为 2。
- first：如并列第 1 名，按照索引的先后显示。
- dense：如并列第 1 名，则都显示 1，下个数据为 2。

如果遇到空值，可以传入 na_option='bottom'，把空值放在最后，值为 top 放在前面。

4.4.4 小结

本节介绍了数据的位置移动相关计算方法，shift() 移动位置，diff() 计算移动后的差值，rank() 将位置上的数据在本序列的序号计算出来。

4.5 数据选择

除了上文介绍的查看 DataFrame 样本数据外，还需要按照一定的条件对数据进行筛选。通过 Pandas 提供的方法可以模拟 Excel 对数据的筛选操作，也可以实现远比 Excel 复杂的查询操作。

本节将介绍如何选择一列、选择一行、按组合条件筛选数据等操作，让你对数据的操作得心应手，灵活地应对各种数据查询需求。表 4-1 给出了最为常用的数据查询方法，下面将进行详细介绍。

表 4-1　Pandas 常用的数据选择操作

操　作	语　法
选择列	df[col]
按索引选择行	df.loc[label]
按数字索引选择行	df.iloc[loc]
使用切片选择行	df[5:10]
用表达式筛选行	df[bool_vec]

4.5.1　选择列

以下两种方法都可以取一列数据，得到的数据类型为 Series：

```
df['name'] # 会返回本列的Series, 下同
df.name
df.Q1
'''
0     89
1     36
2     57
3     93
4     65
      ..
95    48
96    21
97    98
98    11
99    21
Name: Q1, Length: 100, dtype: int64
'''

type(df.Q1)
# pandas.core.series.Series
```

这两种操作方法效果是一样的，切片（[]）操作比较通用，当列名为一个合法的 Python 变量时，可以直接使用点操作（.name）为属性去使用。如列名为 1Q、my name 等，则无法使用点操作，因为变量不允许以数字开头或存在空格，如果想使用可以将列名处理，如将空格替换为下划线、增加字母开头前缀，如 s_1Q、my_name。

4.5.2　切片 []

我们可以像列表那样利用切片功能选择部分行的数据，但是不支持仅索引一条数据：

```
df[:2] # 前两行数据
df[4:10]
df[:] # 所有数据，一般不这么用
df[:10:2] # 按步长取
s[::-1] # 反转顺序
df[2] # 报错!
```

需要注意的是，切片的逻辑和 Python 列表的逻辑一样，不包括右边的索引值。如果切

片里是一个列名组成的列表，则可筛选出这些列：

```
df[['name','Q4']]
'''
        name  Q4
0      Liver  64
1       Arry  57
2        Ack  84
3      Eorge  78
4        Oah  86
..       ...  ..
95   Gabriel  74
96   Austin7  43
97  Lincoln4  20
98       Eli  91
99       Ben  74

[100 rows x 2 columns]
'''
```

需要区别的是，如果只有一列，则会是一个 DataFrame：

```
df[['name']] # 选择一列，返回DataFrame，注意与下例进行区分
df['name'] # 只有一列，返回Series
```

切片中支持条件表达式，可以按条件查询数据，5.1 节会详细介绍。

4.5.3 按轴标签 .loc

df.loc 的格式是 df.loc[< 行表达式 >, < 列表达式 >]，如列表达式部分不传，将返回所有列，Series 仅支持行表达式进行索引的部分。loc 操作通过索引和列的条件筛选出数据。如果仅返回一条数据，则类型为 Series（见图 4-2）。

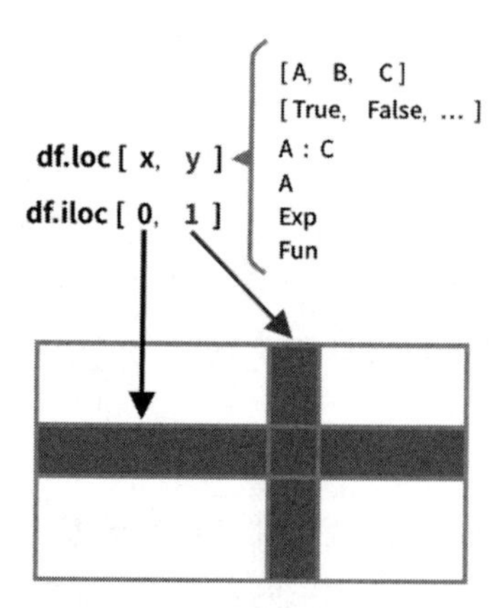

图 4-2 df.loc 的使用方法

以下示例为单个索引：

```
# 代表索引，如果是字符，需要加引号
df.loc[0] # 选择索引为0的行
```

```
df.loc[8]

# 索引为name
df.set_index('name').loc['Ben']
'''
team      E
Q1       21
Q2       43
Q3       41
Q4       74
Name: Ben, dtype: object
'''
```

以下示例为列表组成的索引：

```
df.loc[[0,5,10]] # 指定索引为0, 5, 10的行
'''
      name team  Q1  Q2  Q3  Q4
0    Liver    E  89  21  24  64
5   Harlie    C  24  13  87  43
10     Leo    B  17   4  33  79
'''

df.set_index('name').loc[['Eli', 'Ben']] # 两位学生, 索引是name
df.loc[[False, True]*50] # 为真的列显示, 隔一个显示一个
```

以下示例为带标签的切片（包括起始和停止）：

```
df.loc[0:5] # 索引切片, 代表0~5行, 包括5
df.loc['2010':'2014'] # 如果索引是时间, 可以用字符查询, 第14章会介绍
df.loc[:] # 所有
# 本方法支持Series
```

附带列筛选，必须有行筛选。列部分的表达式可以是一个由希望筛选的表名组成的列表，也可以是一个用冒号隔开的切片形式，来表示从左到右全部包含，左侧和右侧可以分别省略，表示本侧所有列。

```
df.loc[0:5, ['name', 'Q2']]
'''
     name  Q2
0   Liver  21
1    Arry  37
2     Ack  60
3   Eorge  96
4     Oah  49
5  Harlie  13
'''

df.loc[0:9, ['Q1', 'Q2']] # 前10行, Q1和Q2两列
df.loc[:, ['Q1', 'Q2']] # 所有行, Q1和Q2两列
df.loc[:10, 'Q1':] # 0~10行, Q1后边的所有列
df.loc[:, :] # 所有内容
```

以上方法可以混用在行和列表达式，.loc 中的表达式部分支持条件表达式，可以按条件查询数据，后续章节会详细介绍。

4.5.4 按数字索引 .iloc

与 loc[] 可以使用索引和列的名称不同，利用 df.iloc[< 行表达式 >, < 列表达式 >] 格式可以使用数字索引（行和列的 0 ~ n 索引）进行数据筛选，意味着 iloc[] 的两个表达式只支持数字切片形式，其他方面是相同的。

```
df.iloc[:3] # 前三行
s.iloc[:3] # 序列中的前三个
df.iloc[:] # 所有数据
df.iloc[2:20:3] # 步长为3
df.iloc[:3, [0,1]] # 前两列
df.iloc[:3, :] # 所有列
df.iloc[:3, :-2] # 从右往左第三列以左的所有列
```

以上方法可以混用在行和列表达式，.iloc 中的表达式部分支持条件表达式，可以按条件查询数据，后续章节会详细介绍。

4.5.5 取具体值 .at/.iat

如果需要取数据中一个具体的值，就像取平面直角坐标系中的一个点一样，可以使用 .at[] 来实现。.at 类似于 loc，仅取一个具体的值，结构为 df.at[< 索引 >,< 列名 >]。如果是一个 Series，可以直接值入索引取到该索引的值。

```
# 注：索引是字符，需要加引号
df.at[4, 'Q1'] # 65
df.set_index('name').at['Ben', 'Q1'] # 21 索引是name
df.at[0, 'name'] # 'Liver'
df.loc[0].at['name'] # 'Liver'
# 指定列的值对应其他列的值
df.set_index('name').at['Eorge', 'team'] # 'C'
df.set_index('name').team.at['Eorge'] # 'C'
# 指定列的对应索引的值
df.team.at[3] # 'C'
```

iat 和 iloc 一样，仅支持数字索引：

```
df.iat[4, 2] # 65
df.loc[0].iat[1] # 'E'
```

4.5.6 获取数据 .get

.get 可以做类似字典的操作，如果无值，则返回默认值（下例中是 0）。格式为 df.get(key, default=None)，如果是 DataFrame，key 需要传入列名，返回的是此列的 Series；如果是 Series，需要传入索引，返回的是一个定值：

```
df.get('name', 0) # 是name列
df.get('nameXXX', 0) # 0，返回默认值
s.get(3, 0) # 93，Series传索引返回具体值
df.name.get(99, 0) # 'Ben'
```

4.5.7 数据截取 .truncate

df.truncate() 可以对 DataFrame 和 Series 进行截取，可以将索引传入 before 和 after 参数，将这个区间以外的数据剔除。

```
df.truncate(before=2, after=4)
'''
    name team  Q1  Q2  Q3  Q4
2    Ack    A  57  60  18  84
3  Eorge    C  93  96  71  78
4    Oah    D  65  49  61  86
'''

s.truncate(before=2, after=4)
'''
0    89
1    36
2    57
3    93
4    65
Name: Q1, dtype: int64
'''
```

4.5.8 索引选择器

pd.IndexSlice 是一个专门的索引选择器，它的使用方法类似 df.loc[] 切片中的方法，常用在多层索引中，以及需要指定应用范围（subset 参数）的函数中，特别是在链式方法中。

```
df.loc[pd.IndexSlice[:, ['Q1', 'Q2']]]
# 变量化使用
idx = pd.IndexSlice
df.loc[idx[:, ['Q1', 'Q2']]]
df.loc[idx[:, 'Q1':'Q4'], :] # 多索引
```

还可以按条件查询创建复杂的选择器，以下是几个案例：

```
# 创建复杂条件选择器
selected = df.loc[(df.team=='A') & (df.Q1>90)]
idxs = pd.IndexSlice[selected.index, 'name']
# 应用选择器
df.loc[idxs]
# 选择这部分区域加样式
df.style.applymap(style_fun, subset=idxs)
```

4.5.9 小结

本节介绍了数据查询的几个常用方法，可以根据需求把所需要的行和列筛选出来。切片（[]）就像列表的索引操作一样，可以按行把数据筛选出来，如果传入一个列表，则可以按列把指定的列筛选出来。.loc[] 和 .iloc[] 中提供了行和列两个位置，可以按行和列组合筛选出数据，不同的是 .iloc[] 仅支持轴上的数字索引。

.at[] 及 .iat[] 与 .loc[] 系列一样，不过它们的两个位置都只接受一个索引，得出的是一

个具体值。.get() 是一个类似于字典的操作，可以将数据当作字典来操作，Series 的键是索引，DataFrame 的键是列名。

4.6 本章小结

本章介绍的是数据和一些基础查看、统计和查询方法，数据的处理和分析总是伴随着这些基础的操作。建立索引是为了让数据真实地对应到业务，查看数据样本是为了检测数据的加载是否完善，通过描述性统计和数学统计可以对数据做数理分析。

最后我们学习了数据的位置移动及移动后的计算，这些经常用在增量分析、对比分析中。数据选择的几个常用方法可帮助我们灵活地选择数据，做探索性分析。

接下来的章节会介绍一些更加复杂的数据查询和数据处理功能。

第 5 章 Chapter 5

Pandas 高级操作

在数据分析和数据建模的过程中需要对数据进行清洗和整理等工作，有时需要对数据增删字段。本章将介绍 Pandas 对数据的复杂查询、数据类型转换、数据排序、数据的修改、数据迭代以及函数的使用。

5.1 复杂查询

第 4 章介绍了 .loc[] 等几个简单的数据筛选操作，但实际业务需求往往需要按照一定的条件甚至复杂的组合条件来查询数据。本节将介绍如何发挥 Pandas 数据筛选的无限可能，随心所欲地取用数据。

5.1.1 逻辑运算

类似于 Python 的逻辑运算，我们以 DataFrame 其中一列进行逻辑计算，会产生一个对应的由布尔值组成的 Series，真假值由此位上的数据是否满足逻辑表达式决定。例如下例中索引为 0 的数据值为 89，大于 36，所以最后值为 True。

```
# Q1成绩大于36
df.Q1 > 36
'''
0      True
1     False
2      True
3      True
4      True
      ...
95     True
96    False
```

```
97     True
98    False
99    False
Name: Q1, Length: 100, dtype: bool
'''
```

一个针对索引的逻辑表达式会产生一个array类型数组，该数组由布尔值组成。根据逻辑表达式，只有索引为1的值为True，其余全为False。

```
# 索引等于1
df.index == 1
'''
array([False,  True, False, False, False, False, False, False, False,
       False, False, False, False, False, False, False, False, False,
       False, False, False, False, False, False, False, False, False,
       False, False, False, False, False, False, False, False, False,
       False, False, False, False, False, False, False, False, False,
       False, False, False, False, False, False, False, False, False,
       False, False, False, False, False, False, False, False, False,
       False, False, False, False, False, False, False, False, False,
       False, False, False, False, False, False, False, False, False,
       False, False, False, False, False, False, False, False, False,
       False, False, False, False, False, False, False, False, False,
       False])
'''
```

再看一下关于DataFrame的逻辑运算，判断数值部分的所有值是否大于60，满足表达式的值显示为True，不满足表达式的值显示为False。

```
# df.loc[:,'Q1':'Q4']部分只取数字部分，否则会因字符无大于运算而报错
df.loc[:,'Q1':'Q4'] > 60
'''
       Q1     Q2     Q3     Q4
0    True  False  False   True
1   False  False  False  False
2   False  False  False   True
3    True   True   True   True
4    True  False   True   True
..    ...    ...    ...    ...
95  False  False   True   True
96  False  False  False  False
97   True   True  False  False
98  False   True  False   True
99  False  False  False   True

[100 rows x 4 columns]
'''
```

除了逻辑运算，Pandas还支持组合条件的Python位运算：

```
# Q1成绩不小于60分，并且是C组成员
~(df.Q1 < 60) & (df['team'] == 'C')
'''
0     False
1     False
2     False
3      True
4     False
```

```
    ...
95    False
96    False
97     True
98    False
99    False
Length: 100, dtype: bool
'''
```

5.1.2　逻辑筛选数据

切片（[]）、.loc[] 和 .iloc[] 均支持上文所介绍的逻辑表达式。通过逻辑表达式进行复杂条件的数据筛选时需要注意，表达式输出的结果必须是一个布尔序列或者符合其格式要求的数据形式。例如，df.iloc[1+1] 和 df.iloc[lambda df: len(df)-1] 计算出一个数值，符合索引的格式，df.iloc[df.index==8] 返回的是一个布尔序列，df.iloc[df.index] 返回的是一个索引，它们都是有效的表达式。

以下是切片（[]）的一些逻辑筛选的示例：

```
df[df['Q1'] == 8] # Q1等于8
df[~(df['Q1'] == 8)] # 不等于8
df[df.name == 'Ben'] # 姓名为Ben
df[df.Q1 > df.Q2]
```

以下是 .loc[] 的一些示例：

```
# 表达式与切片一致
df.loc[df['Q1'] > 90, 'Q1']  # Q1大于90，只显示Q1
df.loc[(df.Q1 > 80) & (df.Q2 < 15)] # and关系
df.loc[(df.Q1 > 90) | (df.Q2 < 90)] # or关系
df.loc[df['Q1'] == 8] # 等于8
df.loc[df.Q1 == 8] # 等于8
df.loc[df['Q1'] > 90, 'Q1':] # Q1大于90，显示Q1及其后所有列
```

需要注意的是在进行或（|）、与（&）、非（~）运算时，各个独立逻辑表达式需要用括号括起来。

any 和 all 对逻辑计算后的布尔序列再进行判断，序列中所有值都为 True 时 all 才返回 True，序列中只要有一个值为 True 时 any 就返回 True。它们还可以传入 axis 参数的值，用于指定判断的方向，与 Pandas 的 axis 参数整体约定一样，默认为 0 列方向，传入 1 为行方向。利用这两个方法，我们可以对整体数据进行逻辑判断，例如：

```
# Q1、Q2成绩全为超过80分的
df[(df.loc[:,['Q1','Q2']] > 80).all(1)]
# Q1、Q2成绩至少有一个超过80分的
df[(df.loc[:,['Q1','Q2']] > 80).any(1)]
```

上例对两个列整体先做逻辑计算得到一个两列的布尔序列，然后用 all 和 any 在行方向上做逻辑计算。

5.1.3 函数筛选

可以在表达式处使用 lambda 函数，默认变量是其操作的对象。如果操作的对象是一个 DataFrame，那么变量就是这个 DataFrame；如果是一个 Series，那么就是这个 Series。可以看以下例子，s 就是指 df.Q1 这个 Series：

```
# 查询最大索引的值
df.Q1[lambda s: max(s.index)] # 值为21
# 计算最大值
max(df.Q1.index) # 99
df.Q1[df.index==99]
'''
99    21
Name: Q1, dtype: int64
'''
```

下面是一些示例：

```
df[lambda df: df['Q1'] == 8] # Q1为8的
df.loc[lambda df: df.Q1 == 8, 'Q1':'Q2'] # Q1为8的，显示 Q1、Q2
df.loc[:, lambda df: df.columns.str.len()==4] # 由真假值组成的序列
df.loc[:, lambda df: [i for i in df.columns if 'Q' in i]] # 列名列表
df.iloc[:3, lambda df: df.columns.str.len()==2] # 由真假值组成的序列
```

5.1.4 比较函数

Pandas 提供了一些比较函数，使我们可以将逻辑表达式替换为函数形式。

```
# 以下相当于 df[df.Q1 == 60]
df[df.Q1.eq(60)]
'''
     name team  Q1  Q2  Q3  Q4
20  Lucas    A  60  41  77  62
'''
```

除了 .eq()，还有：

```
df.ne() # 不等于 !=
df.le() # 小于等于 <=
df.lt() # 小于 <
df.ge() # 大于等于 >=
df.gt() # 大于 >
```

使用示例如下：

```
df[df.Q1.ne(89)] # Q1不等于89
df.loc[df.Q1.gt(90) & df.Q2.lt(90)] # and关系，Q1>90，Q2<90
```

这些函数可以传入一个定值、数列、布尔序列、Series 或 DataFrame，来与原数据比较。

另外还有一个 . isin() 函数，用于判断数据是否包含指定内容。可以传入一个列表，原数据只需要满足其中一个存在即可；也可以传入一个字典，键为列名，值为需要匹配的值，以实现按列个性化匹配存在值。

```
# isin
```

```
df[df.team.isin(['A','B'])] # 包含A、B两组的
df[df.isin({'team': ['C', 'D'], 'Q1':[36,93]})] # 复杂查询，其他值为NaN
```

5.1.5　查询 df.query()

df.query(expr) 使用布尔表达式查询 DataFrame 的列，表达式是一个字符串，类似于 SQL 中的 where 从句，不过它相当灵活。

```
df.query('Q1 > Q2 > 90') # 直接写类型SQL where语句
df.query('Q1 + Q2 > 180')
df.query('Q1 == Q2')
df.query('(Q1<50) & (Q2>40) and (Q3>90)')
df.query('Q1 > Q2 > Q3 > Q4')
df.query('team != "C"')
df.query('team not in ("E","A","B")')
# 对于名称中带有空格的列，可以使用反引号引起来
df.query('B == `team name`')
```

还支持使用 @ 符引入变量：

```
# 支持传入变量，如大于平均分40分的
a = df.Q1.mean()
df.query('Q1 > @a+40')
df.query('Q1 > `Q2`+@a')
```

df.eval() 与 df.query() 类似，也可以用于表达式筛选：

```
# df.eval()用法与df.query类似
df[df.eval("Q1 > 90 > Q3 > 10")]
df[df.eval("Q1 > `Q2`+@a")]
```

5.1.6　筛选 df.filter()

df.filter() 可以对行名和列名进行筛选，支持模糊匹配、正则表达式。

```
df.filter(items=['Q1', 'Q2']) # 选择两列
df.filter(regex='Q', axis=1) # 列名包含Q的列
df.filter(regex='e$', axis=1) # 以e结尾的列
df.filter(regex='1$', axis=0) # 正则，索引名以1结尾
df.filter(like='2', axis=0) # 索引中有2的
# 索引中以2开头、列名有Q的
df.filter(regex='^2', axis=0).filter(like='Q', axis=1)
```

5.1.7　按数据类型查询

Pandas 提供了一个按列数据类型筛选的功能 df.select_dtypes(include=None, exclude=None)，它可以指定包含和不包含的数据类型，如果只有一个类型，传入字符；如果有多个类型，传入列表。

```
df.select_dtypes(include=['float64']) # 选择float64型数据
df.select_dtypes(include='bool')
df.select_dtypes(include=['number']) # 只取数字型
df.select_dtypes(exclude=['int']) # 排除int类型
df.select_dtypes(exclude=['datetime64'])
```

如果没有满足条件的数据，会返回一个仅有索引的 DataFrame。

5.1.8 小结

本节介绍了如何实现复杂逻辑的数据查询需求，复杂的数据查询功能是 Pandas 的杀手锏，这些功能 Excel 实现起来会比较困难，有些甚至无法实现，这正是 Pandas 的优势所在。

5.2 数据类型转换

在开始数据分析前，我们需要为数据分配好合适的类型，这样才能够高效地处理数据。不同的数据类型适用于不同的处理方法。之前的章节中介绍过，加载数据时可以指定数据各列的类型：

```
# 对所有字段指定统一类型
df = pd.DataFrame(data, dtype='float32')
# 对每个字段分别指定
df = pd.read_excel(data, dtype={'team': 'string', 'Q1': 'int32'})
```

本节来介绍如何把数据转换成我们所期望的类型。

5.2.1 推断类型

Pandas 可以用以下方法智能地推断各列的数据类型，会返回一个按推断修改后的 DataFrame。如果需要使用这些类型的数据，可以赋值替换。

```
# 自动转换合适的数据类型
df.infer_objects() # 推断后的DataFrame
df.infer_objects().dtypes
'''
name    object
team    object
Q1       int64
Q2       int64
Q3       int64
Q4       int64
dtype: object
'''

# 推荐这个新方法，它支持string类型
df.convert_dtypes() # 推断后的DataFrame
df.convert_dtypes().dtypes
'''
name    string
team    string
Q1       Int64
Q2       Int64
Q3       Int64
Q4       Int64
dtype: object
'''
```

5.2.2　指定类型

pd.to_XXX 系统方法可以将数据安全转换，errors 参数可以实现无法转换则转换为兜底类型：

```
# 按大体类型推定
m = ['1', 2, 3]
s = pd.to_numeric(m) # 转成数字
pd.to_datetime(m) # 转成时间
pd.to_timedelta(m) # 转成时间差
pd.to_datetime(m, errors='coerce') # 错误处理
pd.to_numeric(m, errors='ignore')
pd.to_numeric(m errors='coerce').fillna(0) # 兜底填充
pd.to_datetime(df[['year', 'month', 'day']]) # 组合成日期
```

转换为数字类型时，默认返回的 dtype 是 float64 还是 int64 取决于提供的数据。使用 downcast 参数获得向下转换后的其他类型。

```
# 最低期望
pd.to_numeric(m, downcast='integer') # 至少为有符号int数据类型
# array([1, 2, 3], dtype=int8)
pd.to_numeric(m, downcast='signed') # 同上
# array([1, 2, 3], dtype=int8)
pd.to_numeric(m, downcast='unsigned') # 至少为无符号int数据类型
# array([1, 2, 3], dtype=uint8)
pd.to_numeric(m, downcast='float') # 至少为float浮点类型
# array([1., 2., 3.], dtype=float32)
```

可以应用在函数中：

```
df = df.select_dtypes(include='number')
# 应用函数
df.apply(pd.to_numeric)
```

5.2.3　类型转换 astype()

astype() 是最常见也是最通用的数据类型转换方法，一般我们使用 astype() 操作数据转换就可以了。

```
df.Q1.astype('int32').dtypes
# dtype('int32')
df.astype({'Q1': 'int32','Q2': 'int32'}).dtypes
'''
Q1    int32
Q2    int32
Q3    int64
Q4    int64
dtype: object
'''
```

以下是一些使用示例：

```
df.index.astype('int64') # 索引类型转换
df.astype('int32') # 所有数据转换为int32
df.astype({'col1': 'int32'}) # 指定字段转指定类型
```

```
s.astype('int64')
s.astype('int64', copy=False) # 不与原数据关联
s.astype(np.uint8)
df['name'].astype('object')
data['Q4'].astype('float')
s.astype('datetime64[ns]')
data['状态'].astype('bool')
```

当数据的格式不具备转换为目标类型的条件时，需要先对数据进行处理。例如 "89.3%" 是一个字符串，要转换为数字，要先去掉百分号：

```
# 将"89.3%"这样的文本转为浮点数
data.rate.apply(lambda x: x.replace('%', '')).astype('float')/100
```

5.2.4 转为时间类型

我们通常使用 pd.to_datetime() 和 s.astype('datetime64[ns]') 来做时间类型转换，第 14 章会专门介绍这两个函数。

```
t = pd.Series(['20200801', '20200802'])
t
'''
0    20200801
1    20200802
dtype: object
'''
pd.to_datetime(t)
'''
0   2020-08-01
1   2020-08-02
dtype: datetime64[ns]
'''
t.astype('datetime64[ns]')
'''
0   2020-08-01
1   2020-08-02
dtype: datetime64[ns]
'''
```

5.2.5 小结

本节介绍的数据类型匹配和转换是高效处理数据的前提。每种数据类型都有自己独有的方法和属性，所以数据类型的转换是非常有必要的。

5.3 数据排序

数据排序是指按一定的顺序将数据重新排列，帮助使用者发现数据的变化趋势，同时提供一定的业务线索，还具有对数据纠错、分类等作用。本节将介绍一些 Pandas 用来进行数据排序的方法。

5.3.1 索引排序

df.sort_index() 实现按索引排序，默认以从小到大的升序方式排列。如希望按降序排序，传入 ascending=False：

```
# 索引降序
df.sort_index(ascending=False)
'''
        name team  Q1  Q2  Q3  Q4
99       Ben    E  21  43  41  74
98       Eli    E  11  74  58  91
97  Lincoln4    C  98  93   1  20
96   Austin7    C  21  31  30  43
95   Gabriel    C  48  59  87  74
..       ...  ...  ..  ..  ..  ..
4        Oah    D  65  49  61  86
3      Eorge    C  93  96  71  78
2        Ack    A  57  60  18  84
1       Arry    C  36  37  37  57
0      Liver    E  89  21  24  64

[100 rows x 6 columns]
'''
```

按列索引名排序：

```
# 在列索引方向上排序
df.sort_index(axis=1, ascending=False)
'''
   team      name  Q4  Q3  Q2  Q1
0     E     Liver  64  24  21  89
1     C      Arry  57  37  37  36
2     A       Ack  84  18  60  57
3     C     Eorge  78  71  96  93
4     D       Oah  86  61  49  65
..  ...       ...  ..  ..  ..  ..
95    C   Gabriel  74  87  59  48
96    C   Austin7  43  30  31  21
97    C  Lincoln4  20   1  93  98
98    E       Eli  91  58  74  11
99    E       Ben  74  41  43  21

[100 rows x 6 columns]
'''
```

更多方法如下：

```
s.sort_index() # 升序排列
df.sort_index() # df也是按索引进行排序
df.team.sort_index()
s.sort_index(ascending=False) # 降序排列
s.sort_index(inplace=True) # 排序后生效，改变原数据
# 索引重新0-(n-1)排，很有用，可以得到它的排序号
s.sort_index(ignore_index=True)
s.sort_index(na_position='first') # 空值在前，另'last'表示空值在后
s.sort_index(level=1) # 如果多层，排一级
s.sort_index(level=1, sort_remaining=False) # 这层不排
```

```
# 行索引排序，表头排序
df.sort_index(axis=1) # 会把列按列名顺序排列
```

df.reindex() 指定自己定义顺序的索引，实现行和列的顺序重新定义：

```
df = pd.DataFrame({
    'A': [1,2,4],
    'B': [3,5,6]
}, index=['a', 'b', 'c'])
df
'''
   A  B
a  1  3
b  2  5
c  4  6
'''

# 按要求重新指定索引顺序
df.reindex(['c', 'b', 'a'])
'''
   A  B
c  4  6
b  2  5
a  1  3
'''

# 指定列顺序
df.reindex(['B', 'A'], axis=1)
'''
   B  A
a  3  1
b  5  2
c  6  4
'''
```

5.3.2 数值排序

数据值的排序主要使用 sort_values()，数字按大小顺序，字符按字母顺序。Series 和 DataFrame 都支持此方法：

```
df.Q1.sort_values()
'''
37     1
39     2
85     2
58     4
82     4
      ..
3     93
88    96
38    97
19    97
97    98
Name: Q1, Length: 100, dtype: int64
'''
```

DataFrame 需要传入一个或多个排序的列名：

```
df.sort_values('Q4')
'''
        name team  Q1  Q2  Q3  Q4
56     David    B  21  47  99   2
19       Max    E  97  75  41   3
90      Leon    E  38  60  31   7
6       Acob    B  61  95  94   8
88     Aaron    A  96  75  55   8
..       ...  ...  ..  ..  ..  ..
75   Stanley    A  69  71  39  97
36     Jaxon    E  88  98  19  98
62   Matthew    C  44  33  41  98
72     Luke6    D  15  97  95  99
60    Ronnie    B  53  13  34  99

[100 rows x 6 columns]
'''
```

默认排序是升序，但可以指定排序方式，下例先按 team 升序排列，如遇到相同的 team 再按 name 降序排列。

```
df.sort_values(by=['team', 'name'], ascending=[True, False])
'''
        name team  Q1  Q2  Q3  Q4
79     Tyler    A  75  16  44  63
40      Toby    A  52  27  17  68
75   Stanley    A  69  71  39  97
34   Reggie1    A  30  12  23   9
9      Oscar    A  77   9  26  67
..       ...  ...  ..  ..  ..  ..
82      Finn    E   4   1  55  32
98       Eli    E  11  74  58  91
76    Dexter    E  73  94  53  20
99       Ben    E  21  43  41  74
41     Arlo8    E  48  34  52  51

[100 rows x 6 columns]
'''
```

其他常用方法如下：

```
s.sort_values(ascending=False) # 降序
s.sort_values(inplace=True) # 修改生效
s.sort_values(na_position='first') # 空值在前
# df按指定字段排列
df.sort_values(by=['team'])
df.sort_values('Q1')
# 按多个字段，先排team，在同team内再看Q1
df.sort_values(by=['team', 'Q1'])
# 全降序
df.sort_values(by=['team', 'Q1'], ascending=False)
# 对应指定team升Q1降
df.sort_values(by=['team', 'Q1'], ascending=[True, False])
# 索引重新0-(n-1)排
df.sort_values('team', ignore_index=True)
```

5.3.3 混合排序

有时候需要用索引和数据值混合排序。下例中假如name是索引，我们需要先按team排名，再按索引排名：

```
df.set_index('name', inplace=True) # 设置name为索引
df.index.names = ['s_name'] # 给索引起名
df.sort_values(by=['s_name', 'team']) # 排序
'''
         team  Q1  Q2  Q3  Q4
name
Aaron       A  96  75  55   8
Ack         A  57  60  18  84
Acob        B  61  95  94   8
Adam        C  90  32  47  39
Aiden       D  20  31  62  68
...       ...  ..  ..  ..  ..
Toby        A  52  27  17  68
Tommy       C  29  44  28  76
Tyler       A  75  16  44  63
William     C  80  68   3  26
Zachary     E  12  71  85  93

[100 rows x 5 columns]
'''
```

以下方法也可以实现上述需求，不过要注意顺序：

```
# 设置索引，按team排序，再按索引排序
df.set_index('name').sort_values('team').sort_index()
```

另外，还可以使用df.reindex()，通过给定新的索引方式来排名，按照这个思路可以实现人工指定任意顺序。

```
# 按姓名排序后取出排名后的索引列表
df.name.sort_values().index
'''
Int64Index([88,  2,  6, 33, 94, 83, 57, 63, 32, 12, 41,  1, 22, 96, 99, 44, 71,
            52, 67, 86, 49, 91, 28, 56, 76, 42, 30, 98, 38, 73, 78, 81,  3, 21,
            89, 27, 82, 53, 95, 92, 39,  5, 25, 64, 17, 51, 68, 24, 61, 47, 15,
            93, 36, 66, 50, 31, 16, 43, 84, 10, 90, 58,  7, 85, 97,  0, 11, 48,
            87, 59, 20, 72, 23, 62, 19, 77, 70,  4, 54,  9,  8, 34, 65, 29, 74,
            60, 45, 80, 35, 37, 75, 26, 13, 69, 14, 40, 46, 79, 18, 55],
           dtype='int64')
'''
# 将新的索引应用到数据中
df.reindex(df.name.sort_values().index)
'''
       name team  Q1  Q2  Q3  Q4
88    Aaron    A  96  75  55   8
2       Ack    A  57  60  18  84
6      Acob    B  61  95  94   8
33     Adam    C  90  32  47  39
94    Aiden    D  20  31  62  68
..      ...  ...  ..  ..  ..  ..
40     Toby    A  52  27  17  68
46    Tommy    C  29  44  28  76
```

```
79     Tyler    A  75  16  44  63
18   William    C  80  68   3  26
55   Zachary    E  12  71  85  93

[100 rows x 6 columns]
'''
```

5.3.4　按值大小排序

nsmallest() 和 nlargest() 用来实现数字列的排序，并可指定返回的个数：

```
# 先按Q1最小在前，如果相同，Q2小的在前
df.nsmallest(5, ['Q1', 'Q2'])
'''
         name team  Q1  Q2  Q3  Q4
37  Sebastian    C   1  14  68  48
85       Liam    B   2  80  24  25
39     Harley    B   2  99  12  13
82       Finn    E   4   1  55  32
58      Lewis    B   4  34  77  28
'''
```

以上显示了前5个最小的值，仅支持数字类型的排序。下面是几个其他示例：

```
s.nsmallest(3) # 最小的3个
s.nlargest(3) # 最大的3个
# 指定列
df.nlargest(3, 'Q1')
df.nlargest(5, ['Q1', 'Q2'])
df.nsmallest(5, ['Q1', 'Q2'])
```

5.3.5　小结

本节介绍了索引的排序、数值的排序以及索引和数值混合的排序方法。在实际需求中，更加复杂的排序可能需要通过计算增加辅助列来实现。

5.4　添加修改

对数据的修改、增加和删除在数据整理过程中时常发生。修改的情况一般是修改错误，还有一种情况是格式转换，如把中文数字修改为阿拉伯数字。修改也会涉及数据的类型修改。

删除一般会通过筛选的方式，筛选完成后将最终的结果重新赋值给变量，达到删除的目的。增加行和列是最为常见的操作，数据分析过程中会计算出新的指标以新列展示。

5.4.1　修改数值

在Pandas中修改数值非常简单，先筛选出需要修改的数值范围，再为这个范围重新赋值。

```
df.iloc[0,0] # 查询值
# 'Liver'
df.iloc[0,0] = 'Lily' # 修改值
df.iloc[0,0] # 查看结果
# 'Lily'
```

以上修改了一个具体的数值，还可以修改更大范围的值：

```
# 将小于60分的成绩修改为60
df[df.Q1 < 60] = 60
# 查看
df.Q1
'''
0     89
1     60
2     60
3     93
4     65
      ..
95    60
96    60
97    98
98    60
99    60
Name: Q1, Length: 100, dtype: int64
'''
```

以上操作df变量的内容被修改，这里指定的是一个定值，所有满足条件的数据均被修改为这个定值。还可以传一个同样形状的数据来修改值：

```
# 生成一个长度为100的列表
v = [1, 3, 5, 7, 9] * 20
v
'''
[1, 3, 5, 7, 9, 1, 3, 5, 7, 9, 1, 3, 5, 7, 9, 1, 3, 5, 7, 9, 1, 3, 5, 7, 9, 1, 3,
    5, 7, 9, 1, 3, 5, 7, 9, 1, 3, 5, 7, 9, 1, 3, 5, 7, 9, 1, 3, 5, 7, 9, 1, 3, 5,
    7, 9, 1, 3, 5, 7, 9, 1, 3, 5, 7, 9, 1, 3, 5, 7, 9, 1, 3, 5, 7, 9, 1, 3, 5, 7,
    9, 1, 3, 5, 7, 9, 1, 3, 5, 7, 9, 1, 3, 5, 7, 9, 1, 3, 5, 7, 9]
'''
# 修改
df.Q1 = v
# 查看新值
df.Q1
'''
0     1
1     3
2     5
3     7
4     9
     ..
95    1
96    3
97    5
98    7
99    9
Name: Q1, Length: 100, dtype: int64
'''
```

对于修改 DataFrame，会按对应的索引位进行修改：

```
# 筛选数据
df.loc[1:3, 'Q1':'Q2']
'''
    Q1  Q2
1   60  60
2   60  60
3   93  96
'''
# 指定修改的目的数据
df1 = pd.DataFrame({'Q1':[1,2,3],'Q2':[4,5,6]})
df1
'''
   Q1  Q2
0   1   4
1   2   5
2   3   6
'''
# 执行修改
df.loc[1:3, 'Q1':'Q2'] = df1
# 查看结果
# 执行修改
df.loc[1:3, 'Q1':'Q2']
'''
    Q1   Q2
1  2.0  5.0
2  3.0  6.0
3  NaN  NaN
'''
```

5.4.2　替换数据

replace 方法可以对数据进行批量替换：

```
s.replace(0, 5) # 将列数据中的0换为5
df.replace(0, 5) # 将数据中的所有0换为5
df.replace([0, 1, 2, 3], 4) # 将0~3全换成4
df.replace([0, 1, 2, 3], [4, 3, 2, 1]) # 对应修改
# {'pad', 'ffill', 'bfill', None} 试试
s.replace([1, 2], method='bfill') # 向下填充
df.replace({0: 10, 1: 100}) # 字典对应修改
df.replace({'Q1': 0, 'Q2': 5}, 100) # 将指定字段的指定值修改为100
df.replace({'Q1': {0: 100, 4: 400}}) # 将指定列里的指定值替换为另一个指定的值
# 使用正则表达式
df.replace(to_replace=r'^ba.$', value='new', regex=True)
df.replace({'A': r'^ba.$'}, {'A': 'new'}, regex=True)
df.replace(regex={r'^ba.$': 'new', 'foo': 'xyz'})
df.replace(regex=[r'^ba.$', 'foo'], value='new')
```

5.4.3　填充空值

fillna 对空值填入指定数据，通常应用于数据清洗。还有一种做法是删除有空值的数据，后文会介绍。

```
df.fillna(0) # 将空值全修改为0
# {'backfill', 'bfill', 'pad', 'ffill', None}, 默认为None
df.fillna(method='ffill') # 将空值都修改为其前一个值
values = {'A': 0, 'B': 1, 'C': 2, 'D': 3}
df.fillna(value=values) # 为各列填充不同的值
df.fillna(value=values, limit=1) # 只替换第一个
```

5.4.4 修改索引名

修改索引名最简单也最常用的办法就是将df.index和df.columns重新赋值为一个类似于列表的序列值，这会将其覆盖为指定序列中的名称。使用df.rename和df.rename_axis对轴名称进行修改。以下案例将列名team修改为class：

```
df.rename(columns={'team':'class'})
'''
        name class   Q1    Q2  Q3  Q4
0       Lily     E  1.0  21.0  24  64
1         60    60  2.0   5.0  60  60
2         60    60  3.0   6.0  60  60
3      Eorge     C  NaN   NaN  71  78
4        Oah     D  9.0  49.0  61  86
..       ...   ...  ...   ...  ..  ..
95        60    60  1.0  60.0  60  60
96        60    60  3.0  60.0  60  60
97  Lincoln4     C  5.0  93.0   1  20
98        60    60  7.0  60.0  60  60
99        60    60  9.0  60.0  60  60

[100 rows x 6 columns]
'''
```

常用方法如下：

```
df.rename(columns={"Q1": "a", "Q2": "b"}) # 对表头进行修改
df.rename(index={0: "x", 1: "y", 2: "z"}) # 对索引进行修改

df.rename(index=str) # 对类型进行修改
df.rename(str.lower, axis='columns') # 传索引类型
df.rename({1: 2, 2: 4}, axis='index')

# 对索引名进行修改
s.rename_axis("animal")
df.rename_axis("animal") # 默认是列索引
df.rename_axis("limbs", axis="columns") # 指定行索引
# 索引为多层索引时可以将type修改为class
df.rename_axis(index={'type': 'class'})

# 可以用set_axis进行设置修改
s.set_axis(['a', 'b', 'c'], axis=0)
df.set_axis(['I', 'II'], axis='columns')
df.set_axis(['i', 'ii'], axis='columns', inplace=True)
```

5.4.5 增加列

增加列是数据处理中最常见的操作，Pandas可以像定义一个变量一样定义DataFrame

中新的列，新定义的列是实时生效的。与数据修改的逻辑一样，新列可以是一个定值，所有行都为此值，也可以是一个同等长度的序列数据，各行有不同的值。接下来我们增加总成绩 total 列：

```
# 四个季度的成绩相加为总成绩
df['total'] = df.Q1 + df.Q2 + df.Q3 + df.Q4
df['total'] = df.sum(1) # 与以上代码效果相同
df
'''
        name team  Q1  Q2  Q3  Q4  total
0      Liver    E  89  21  24  64    198
1       Arry    C  36  37  37  57    167
2        Ack    A  57  60  18  84    219
3      Eorge    C  93  96  71  78    338
4        Oah    D  65  49  61  86    261
..       ...  ...  ..  ..  ..  ..    ...
95   Gabriel    C  48  59  87  74    268
96   Austin7    C  21  31  30  43    125
97  Lincoln4    C  98  93   1  20    212
98       Eli    E  11  74  58  91    234
99       Ben    E  21  43  41  74    179

[100 rows x 7 columns]
'''
```

还可以在筛选数据时传入一个不存在的列，并为其赋值以增加新列，如 df.loc[:, 'QQ'] = 10，QQ 列不存在，但我们赋值为 10，就会新增加一个名为 QQ、值全是 10 的列。以下是一些更加复杂的案例：

```
df['foo'] = 100 # 增加一列foo，所有值都是100
df['foo'] = df.Q1 + df.Q2 # 新列为两列相加
df['foo'] = df['Q1'] + df['Q2'] # 同上
# 把所有为数字的值加起来
df['total'] = df.select_dtypes(include=['int']).sum(1)
df['total'] = df.loc[:,'Q1':'Q4'].apply(lambda x: sum(x), axis='columns')
df.loc[:, 'Q10'] = '我是新来的' # 也可以
# 增加一列并赋值，不满足条件的为NaN
df.loc[df.num >= 60, '成绩'] = '合格'
df.loc[df.num < 60, '成绩'] = '不合格'
```

5.4.6 插入列 df.insert()

Pandas 提供了 insert() 方法来为 DataFrame 插入一个新列。insert() 方法可以传入三个主要参数：loc 是一个数字，代表新列所在的位置，使用列的数字索引，如 0 为第一列；第二个参数 column 为新的列名；最后一个参数 value 为列的值，一般是一个 Series。

```
# 在第三列的位置上插入新列total列，值为每行的总成绩
df.insert(2, 'total', df.sum(1))
'''
     name team  total  Q1  Q2  Q3  Q4
0   Liver    E    198  89  21  24  64
1    Arry    C    167  36  37  37  57
2     Ack    A    219  57  60  18  84
```

```
3      Eorge    C    338  93  96  71  78
4        Oah    D    261  65  49  61  86
..       ...  ...    ...  ..  ..  ..  ..
95   Gabriel    C    268  48  59  87  74
96   Austin7    C    125  21  31  30  43
97  Lincoln4    C    212  98  93   1  20
98       Eli    E    234  11  74  58  91
99       Ben    E    179  21  43  41  74

[100 rows x 7 columns]
'''
```

如果已经存在相同的数据列，会报错，可传入 allow_duplicates=True 插入一个同名的列。如果希望新列位于最后，可以在第一个参数位 loc 传入 len(df.columns)。

5.4.7 指定列 df.assign()

df.assign(k=v) 为指定一个新列的操作，k 为新列的列名，v 为此列的值，v 必须是一个与原数据同索引的 Series。今后我们会频繁用到它，它在链式编程技术中相当重要，因此这里专门介绍一下。我们平时在做数据探索分析时会增加一些临时列，如果新列全部使用赋值的方式生成，则会造成原数据混乱，因此就需要一个方法来让我们不用赋值也可以创建一个临时的列。这种思路适用于所有对原数据的操作，建议在未最终确定数据处理方案时，除了必要的数据整理工作，均使用链式方法，我们在学习完所有的常用功能后会专门介绍这个技术。

我们把上面的增加总分 total 列的例子用它来实现一下：

```
# 增加total列
df.assign(total=df.sum(1))
'''
        name team  Q1  Q2  Q3  Q4  total
0      Liver    E  89  21  24  64    198
1       Arry    C  36  37  37  57    167
2        Ack    A  57  60  18  84    219
3      Eorge    C  93  96  71  78    338
4        Oah    D  65  49  61  86    261
..       ...  ...  ..  ..  ..  ..    ...
95   Gabriel    C  48  59  87  74    268
96   Austin7    C  21  31  30  43    125
97  Lincoln4    C  98  93   1  20    212
98       Eli    E  11  74  58  91    234
99       Ben    E  21  43  41  74    179

[100 rows x 7 columns]
'''
# 原数据没有变化
df
'''
        name team  Q1  Q2  Q3  Q4
0      Liver    E  89  21  24  64
1       Arry    C  36  37  37  57
2        Ack    A  57  60  18  84
3      Eorge    C  93  96  71  78
```

```
4        Oah    D  65  49  61  86
..       ...  ...  ..  ..  ..  ..
95   Gabriel    C  48  59  87  74
96   Austin7    C  21  31  30  43
97  Lincoln4    C  98  93   1  20
98       Eli    E  11  74  58  91
99       Ben    E  21  43  41  74

[100 rows x 6 columns]
'''
```

再增加一个Q列，它的元素均为定值100，用逗号分隔再增加一个表达式，或者在语句后继续使用assign方法：

```
# 增加两列
df.assign(total=df.sum(1), Q=100)
df.assign(total=df.sum(1)).assign(Q=100) # 效果同上
'''
        name team  Q1  Q2  Q3  Q4  total    Q
0      Liver    E  89  21  24  64    198  100
1       Arry    C  36  37  37  57    167  100
2        Ack    A  57  60  18  84    219  100
3      Eorge    C  93  96  71  78    338  100
4        Oah    D  65  49  61  86    261  100
..       ...  ...  ..  ..  ..  ..    ...  ...
95   Gabriel    C  48  59  87  74    268  100
96   Austin7    C  21  31  30  43    125  100
97  Lincoln4    C  98  93   1  20    212  100
98       Eli    E  11  74  58  91    234  100
99       Ben    E  21  43  41  74    179  100
'''
```

我们再增加两列name_len和avg，name_len值为name的长度，avg为平均分。这时有了过多的assign语句，为了美观整齐，将代码放在括号里：

```
# 使用了链式方法
(
    df.assign(total=df.sum(1)) # 总成绩
    .assign(Q=100) # 目标满分值
    .assign(name_len=df.name.str.len()) # 姓名长度
    .assign(avg=df.mean(1)) # 平均值
    .assign(avg2=lambda d: d.total/4) # 平均值2
)
'''
        name team  Q1  Q2  Q3  Q4  total    Q  name_len    avg   avg2
0      Liver    E  89  21  24  64    198  100         5  49.50  49.50
1       Arry    C  36  37  37  57    167  100         4  41.75  41.75
2        Ack    A  57  60  18  84    219  100         3  54.75  54.75
3      Eorge    C  93  96  71  78    338  100         5  84.50  84.50
4        Oah    D  65  49  61  86    261  100         3  65.25  65.25
..       ...  ...  ..  ..  ..  ..    ...  ...       ...    ...    ...
95   Gabriel    C  48  59  87  74    268  100         7  67.00  67.00
96   Austin7    C  21  31  30  43    125  100         7  31.25  31.25
97  Lincoln4    C  98  93   1  20    212  100         8  53.00  53.00
98       Eli    E  11  74  58  91    234  100         3  58.50  58.50
99       Ben    E  21  43  41  74    179  100         3  44.75  44.75
```

```
[100 rows x 11 columns]
'''
```

以上是使用了链式方法的典型代码形式，后期会以这种风格进行代码编写。特别要说明的是 avg2 列的计算过程，因为 df 实际是没有 total 这一列的，如果我们需要使用 total 列，就需要用 lambda 来调用。lambda 中第一个变量 d 是代码执行到本行前的 DataFrame 内容，可以认为是一个虚拟的 DataFrame 实体，然后用变量 d 使用这个 DataFrame 的数据。作为变量名，d 可以替换为其他任意合法的名称，但为了代码可读性，建议使用 d，代表它是一个 DataFrame。如果是 Series，建议使用 s。

以下是其他一些使用示例：

```
df.assign(Q5=[100]*100) # 新增加一列Q5
df = df.assign(Q5=[100]*100) # 赋值生效
df.assign(Q6=df.Q2/df.Q1) # 计算并增加Q6
df.assign(Q7=lambda d: d.Q1 * 9 / 5 + 32) # 使用lambda
# 添加一列，值为表达式结果：True或False
df.assign(tag=df.Q1>df.Q2)
# 比较计算，True为1，False为0
df.assign(tag=(df.Q1>df.Q2).astype(int))
# 映射文案
df.assign(tag=(df.Q1>60).map({True:'及格',False:'不及格'}))
# 增加多个
df.assign(Q8=lambda d: d.Q1*5,
          Q9=lambda d: d.Q8+1) # Q8没有生效，不能直接用df.Q8
```

5.4.8 执行表达式 df.eval()

df.eval() 与之前介绍过的 df.query() 一样，可以以字符的形式传入表达式，增加列数据。下面以增加总分为例：

```
# 传入求总分表达式
df.eval('total = Q1+Q3+Q3+Q4')
'''
        name team  Q1  Q2  Q3  Q4  total
0      Liver    E  89  21  24  64    201
1       Arry    C  36  37  37  57    167
2        Ack    A  57  60  18  84    177
3      Eorge    C  93  96  71  78    313
4        Oah    D  65  49  61  86    273
..       ...  ...  ..  ..  ..  ..    ...
95   Gabriel    C  48  59  87  74    296
96   Austin7    C  21  31  30  43    124
97  Lincoln4    C  98  93   1  20    120
98       Eli    E  11  74  58  91    218
99       Ben    E  21  43  41  74    177

[100 rows x 7 columns]
'''
```

其他常用方法如下：

```
df['C1'] = df.eval('Q2 + Q3')
df.eval('C2 = Q2 + Q3') # 计算
```

```
a = df.Q1.mean()
df.eval("C3 = `Q3`+@a") # 使用变量
df.eval("C3 = Q2 > (`Q3`+@a)") # 加一个布尔值
df.eval('C4 = name + team', inplace=True) # 立即生效
```

5.4.9　增加行

可以使用 loc[] 指定索引给出所有列的值来增加一行数据。目前我们的 df 最大索引是 99，增加一条索引为 100 的数据：

```
# 新增索引为100的数据
df.loc[100] = ['tom', 'A', 88, 88, 88, 88]
df
'''
        name team  Q1  Q2  Q3  Q4
0      Liver    E  89  21  24  64
1       Arry    C  36  37  37  57
2        Ack    A  57  60  18  84
3      Eorge    C  93  96  71  78
4        Oah    D  65  49  61  86
..       ...  ...  ..  ..  ..  ..
96   Austin7    C  21  31  30  43
97  Lincoln4    C  98  93   1  20
98       Eli    E  11  74  58  91
99       Ben    E  21  43  41  74
100      tom    A  88  88  88  88

[101 rows x 6 columns]
'''
```

成功增加了一行，数据变为 101 行。以下是一些其他用法：

```
df.loc[101]={'Q1':88,'Q2':99} # 指定列，无数据列值为NaN
df.loc[df.shape[0]+1] = {'Q1':88,'Q2':99} # 自动增加索引
df.loc[len(df)+1] = {'Q1':88,'Q2':99}
# 批量操作，可以使用迭代
rows = [[1,2],[3,4],[5,6]]
for row in rows:
    df.loc[len(df)] = row
```

5.4.10　追加合并

增加行数据的使用场景相对较少，一般是采用数据追加的模式。数据追加会在后续章节中介绍。

df.append() 可以追加一个新行：

```
df = pd.DataFrame([[1, 2], [3, 4]], columns=list('AB'))
df2 = pd.DataFrame([[5, 6], [7, 8]], columns=list('AB'))
df.append(df2)
```

pd.concat([s1, s2]) 可以将两个 df 或 s 连接起来：

```
s1 = pd.Series(['a', 'b'])
s2 = pd.Series(['c', 'd'])
```

```
pd.concat([s1, s2])
pd.concat([s1, s2], ignore_index=True) # 索引重新编

# 原数索引不变，增加一个一层索引（keys里的内容），变成多层索引
pd.concat([s1, s2], keys=['s1', 's2'])
pd.concat([s1, s2], keys=['s1', 's2'],
          names=['Series name', 'Row ID'])
# df同理
pd.concat([df1, df2])
pd.concat([df1, df3], sort=False)
pd.concat([df1, df3], join="inner") # 只连相同列
pd.concat([df1, df4], axis=1) # 连接列
```

5.4.11 删除

删除有两种方法，一种是使用 pop() 函数。使用 pop()，Series 会删除指定索引的数据同时返回这个被删除的值，DataFrame 会删除指定列并返回这个被删除的列。以上操作都是实时生效的。

```
# 删除索引为3的数据
s.pop(3)
# 93
s
'''
0      89
1      36
2      57
4      65
5      24
       ..
95     48
96     21
97     98
98     11
99     21
Name: Q1, Length: 99, dtype: int64
'''
# 删除Q1列
df.pop('Q1')
'''
0       89
1       36
2       57
3       93
4       65
        ..
100     88
101     88
103     88
104     88
105     88
Name: Q1, Length: 105, dtype: int64
'''
df
'''
        name team  Q2  Q3  Q4
```

```
0      Liver   E  21  24  64
1       Arry   C  37  37  57
2        Ack   A  60  18  84
3      Eorge   C  96  71  78
4        Oah   D  49  61  86
..       ...  ...  ..  ..  ..
95   Gabriel   C  59  87  74
96   Austin7   C  31  30  43
97  Lincoln4   C  93   1  20
98       Eli   E  74  58  91
99       Ben   E  43  41  74

[100 rows x 5 columns]
'''
```

还有一种方法是使用反选法，将需要的数据筛选出来赋值给原变量，最终实现删除。

5.4.12　删除空值

在一些情况下会删除有空值、缺失不全的数据，df.dropna 可以执行这种操作：

```
df.dropna() # 一行中有一个缺失值就删除
df.dropna(axis='columns') # 只保留全有值的列
df.dropna(how='all') # 行或列全没值才删除
df.dropna(thresh=2, axis=0) # 不足两个非空值时删除
df.dropna(inplace=True) # 删除并使替换生效
```

5.4.13　小结

我们可以利用数据查询的功能，确定未知的数据位置并将其作为变量，再将数据内容赋值给它，从而完成数据的添加。数据修改也类似，它通过查询的已知的数据位置，重新赋值以覆盖原有数据。

以上操作会让原数据变量发生改变，但在数据探索阶段存在各种操作实验，原数据变量变化会造成频繁的撤销操作，带来不便，所以 Pandas 引入了 df.assign() 等操作。

5.5　高级过滤

本节介绍几个非常好用的数据过滤输出方法，它们经常用在一些复杂的数据处理过程中。df.where() 和 df.mask() 通过给定的条件对原数据是否满足条件进行筛选，最终返回与原数据形状相同的数据。为了方便讲解，我们仅取我们的数据集的数字部分，即只有 Q1 到 Q4 列：

```
# 只保留数字类型列
df = df.select_dtypes(include='number')
```

5.5.1　df.where()

df.where() 中可以传入一个布尔表达式、布尔值的 Series/DataFrame、序列或者可调用

的对象，然后与原数据做对比，返回一个行索引与列索引与原数据相同的数据，且在满足条件的位置保留原值，在不满足条件的位置填充 NaN。

```
# 数值大于70
df.where(df > 70)
'''
      Q1    Q2    Q3    Q4
0   89.0   NaN   NaN   NaN
1    NaN   NaN   NaN   NaN
2    NaN   NaN   NaN  84.0
3   93.0  96.0  71.0  78.0
4    NaN   NaN   NaN  86.0
..   ...   ...   ...   ...
95   NaN   NaN  87.0  74.0
96   NaN   NaN   NaN   NaN
97  98.0  93.0   NaN   NaN
98   NaN  74.0   NaN  91.0
99   NaN   NaN   NaN  74.0

[100 rows x 4 columns]
'''
```

传入一个可调用对象，这里我们用 lambda：

```
# Q1列大于50
df.where(lambda d: d.Q1>50)
'''
      Q1    Q2    Q3    Q4
0   89.0  21.0  24.0  64.0
1    NaN   NaN   NaN   NaN
2   57.0  60.0  18.0  84.0
3   93.0  96.0  71.0  78.0
4   65.0  49.0  61.0  86.0
..   ...   ...   ...   ...
95   NaN   NaN   NaN   NaN
96   NaN   NaN   NaN   NaN
97  98.0  93.0   1.0  20.0
98   NaN   NaN   NaN   NaN
99   NaN   NaN   NaN   NaN

[100 rows x 4 columns]
'''
```

条件为一个布尔值的 Series：

```
# 传入布尔值Series，前三个为真
df.Q1.where(pd.Series([True]*3))
'''
0      89.0
1      36.0
2      57.0
3       NaN
4       NaN
       ...
95      NaN
96      NaN
97      NaN
98      NaN
```

```
99      NaN
Name: Q1, Length: 100, dtype: float64
'''
```

上例中不满足条件的都返回为 NaN，我们可以指定一个值或者算法来替换 NaN：

```
# 大于等于60分的显示成绩，小于的显示“不及格”
df.where(df>=60, '不及格')
'''
      Q1     Q2     Q3     Q4
0     89  不及格  不及格     64
1   不及格  不及格  不及格  不及格
2   不及格     60  不及格     84
3     93     96     71     78
4     65  不及格     61     86
..   ...    ...    ...    ...
95  不及格  不及格     87     74
96  不及格  不及格  不及格  不及格
97    98     93  不及格  不及格
98  不及格     74  不及格     91
99  不及格  不及格  不及格     74

[100 rows x 4 columns]
'''
```

给定一个算法：

```
# c 定义一个数是否为偶数的表达式
c = df%2 == 0
# 传入c，为偶数时显示原值减去20后的相反数
df.where(~c, -(df-20))
'''
    Q1  Q2  Q3  Q4
0   89  21  -4 -44
1  -16  37  37  57
2   57 -40   2 -64
3   93 -76  71 -58
4   65  49  61 -66
..  ..  ..  ..  ..
95 -28  59  87 -54
96  21  31 -10  43
97 -78  93   1   0
98  11 -54 -38  91
99  21  43  41 -54

[100 rows x 4 columns]
'''
```

5.5.2　np.where()

np.where() 是 NumPy 的一个功能，虽然不是 Pandas 提供的，但可以弥补 df.where() 的不足，所以有必要一起介绍。df.where() 方法可以将满足条件的值筛选出来，将不满足的值替换为另一个值，但无法对满足条件的值进行替换，而 np.where() 就实现了这种功能，达到 SQL 中 if（条件，条件为真的值，条件为假的值）的效果。

np.where() 返回的是一个二维 array：

```
# 小于60分为不及格
np.where(df>=60, '合格', '不合格')
'''
array([['合格', '不合格', '不合格', '合格'],
       ['不合格', '不合格', '不合格', '不合格'],
       ['不合格', '合格', '不合格', '合格'],
       ['合格', '合格', '合格', '合格'],
       ['合格', '不合格', '合格', '合格'],
       ....
       ['不合格', '不合格', '不合格', '不合格'],
       ['合格', '合格', '不合格', '不合格'],
       ['不合格', '合格', '不合格', '合格'],
       ['不合格', '不合格', '不合格', '合格']], dtype='<U3')
'''
```

可以使用 df.where() 来应用它：

```
# 让df.where()中的条件为假，从而应用np.where()的计算结果
df.where(df==9999999, np.where(df>=60, '合格', '不合格'))
'''
     Q1    Q2    Q3    Q4
0    合格  不合格  不合格   合格
1   不合格  不合格  不合格  不合格
2   不合格   合格  不合格   合格
3    合格   合格   合格   合格
4    合格  不合格   合格   合格
..   ...   ...   ...   ...
95  不合格  不合格   合格   合格
96  不合格  不合格  不合格  不合格
97   合格   合格  不合格  不合格
98  不合格   合格  不合格   合格
99  不合格  不合格  不合格   合格

[100 rows x 4 columns]
'''
```

下例是 np.where() 对一个 Series（d.avg 为计算出来的虚拟列）进行判断，返回一个包含是、否结果的 Series。

```
(
    df.assign(avg=df.mean(1)) # 计算一个平均数
    # 通过np.where()及判断平均分是否及格
    .assign(及格=lambda d: np.where(d.avg>=60, '是', '否'))
)
'''
    Q1  Q2  Q3  Q4    avg 及格
0   89  21  24  64  49.50  否
1   36  37  37  57  41.75  否
2   57  60  18  84  54.75  否
3   93  96  71  78  84.50  是
4   65  49  61  86  65.25  是
..  ..  ..  ..  ..    ... ..
95  48  59  87  74  67.00  是
96  21  31  30  43  31.25  否
97  98  93   1  20  53.00  否
98  11  74  58  91  58.50  否
99  21  43  41  74  44.75  否
```

```
[100 rows x 6 columns]
'''
```

5.5.3　df.mask()

df.mask() 的用法和 df.where() 基本相同，唯一的区别是 df.mask() 将满足条件的位置填充为 NaN。

```
# 符合条件的为NaN
df.mask(s > 80)
'''
     Q1    Q2    Q3    Q4
0    NaN   NaN   NaN   NaN
1   36.0  37.0  37.0  57.0
2   57.0  60.0  18.0  84.0
3    NaN   NaN   NaN   NaN
4   65.0  49.0  61.0  86.0
..   ...   ...   ...   ...
95  48.0  59.0  87.0  74.0
96  21.0  31.0  30.0  43.0
97   NaN   NaN   NaN   NaN
98  11.0  74.0  58.0  91.0
99  21.0  43.0  41.0  74.0

[100 rows x 4 columns]
'''
```

可以指定填充值：

```
# 对满足条件的位置指定填充值
df.Q1.mask(s > 80, '优秀')
'''
0     优秀
1     36
2     57
3     优秀
4     65
      ..
95    48
96    21
97    优秀
98    11
99    21
Name: Q1, Length: 100, dtype: object
'''
```

df.mask() 和 df.where() 还可以通过数据筛选返回布尔序列：

```
# 返回布尔序列，符合条件的行值为True
(df.where((df.team=='A') & (df.Q1>60)) == df).Q1

# 返回布尔序列，符合条件的行值为False
(df.mask((df.team=='A') & (df.Q1>60)) == df).Q1
```

5.5.4 df.lookup()

语法为 df.lookup（行标签，列标签），返回一个 numpy.ndarray，标签必须是一个序列。

```
# 行列相同数量，返回一个array
df.lookup([1,3,4], ['Q1','Q2','Q3']) # array([36, 96, 61])
df.lookup([1], ['Q1']) # array([36])
```

5.5.5 小结

本节介绍了几个非常实用的数据过滤函数，df.where() 与 df.mask() 都可以按条件筛选数据，df.where() 将不满足条件的值替换为 NaN，df.mask() 将满足条件的值替换为 NaN。np.where() 是 NumPy 的一个方法，在满足条件和不满足条件的情况下都可指定填充值。

5.6 数据迭代

数据迭代和数据遍历都是按照某种顺序逐个对数据进行访问和操作，在 Python 中大多由 for 语句来引导。Pandas 中的迭代操作可以将数据按行或者按列遍历，我们可以进行更加细化、个性化的数据处理。

5.6.1 迭代 Series

Series 本身是一个可迭代对象，Series df.name.values 返回 array 结构数据可用于迭代，不过可直接对 Series 使用 for 语句来遍历它的值：

```
# 迭代指定的列
for i in df.name:
    print(i)
'''
Liver
Arry
Ack
Eorge
Oah
Harlie
Acob
Lfie
...
'''
```

迭代索引和指定的多列，使用 Python 内置的 zip 函数将其打包为可迭代的 zip 对象：

```
# 迭代索引和指定的两列
for i,n,q in zip(df.index, df.name, df.Q1):
    print(i, n, q)
'''
0 Liver 89
1 Arry 36
2 Ack 57
3 Eorge 93
```

```
4 Oah 65
5 Harlie 24
6 Acob 61
7 Lfie 9
8 Reddie 64
...
'''
```

5.6.2　df.iterrows()

df.iterrows() 生成一个可迭代对象，将 DataFrame 行作为 (索引 , 行数据) 组成的 Series 数据对进行迭代。在 for 语句中需要两个变量来承接数据：一个为索引变量，即使索引在迭代中不会使用（这种情况可用 useless 作为变量名）；另一个为数据变量，读取具体列时，可以使用字典的方法和对象属性的方法。

```
# 迭代，使用name、Q1数据
for index, row in df.iterrows():
    print(index, row['name'], row.Q1)
'''
0 Liver 89
1 Arry 36
2 Ack 57
3 Eorge 93
4 Oah 65
5 Harlie 24
6 Acob 61
7 Lfie 9
...
'''
```

df.iterrows() 是最常用、最方便的按行迭代方法。

5.6.3　df.itertuples()

df.itertuples() 生成一个 namedtuples 类型数据，name 默认名为 Pandas，可以在参数中指定。

```
for row in df.itertuples():
    print(row)
'''
Pandas(Index=0, name='Liver', team='E', Q1=89, Q2=21, Q3=24, Q4=64)
Pandas(Index=1, name='Arry', team='C', Q1=36, Q2=37, Q3=37, Q4=57)
Pandas(Index=2, name='Ack', team='A', Q1=57, Q2=60, Q3=18, Q4=84)
Pandas(Index=3, name='Eorge', team='C', Q1=93, Q2=96, Q3=71, Q4=78)
...
'''
```

以下是一些使用方法示例：

```
# 不包含索引数据
for row in df.itertuples(index=False):
    print(row)
# Pandas(name='Liver', team='E', Q1=89, Q2=21, Q3=24, Q4=64)
```

```
# 自定义name
for row in df.itertuples(index=False, name='Gairuo'): # namedtuples
    print(row)
# Gairuo(name='Liver', team='E', Q1=89, Q2=21, Q3=24, Q4=64)
```

```
# 使用数据
for row in df.itertuples():
    print(row.Index, row.name)
'''
0 Liver
1 Arry
2 Ack
3 Eorge
4 Oah
5 Harlie
6 Acob
...
'''
```

5.6.4 df.items()

df.items() 和 df.iteritems() 功能相同，它迭代时返回一个（列名，本列的 Series 结构数据），实现对列的迭代：

```
# Series取前三个
for label, ser in df.items():
    print(label)
    print(ser[:3], end='\n\n')
'''
name
0    Liver
1     Arry
2      Ack
Name: name, dtype: object

team
0    E
1    C
2    A
Name: team, dtype: object

Q1
0    89
1    36
2    57
Name: Q1, dtype: int64

Q2
0    21
1    37
2    60
Name: Q2, dtype: int64

Q3
0    24
1    37
```

```
2    18
Name: Q3, dtype: int64

Q4
0    64
1    57
2    84
Name: Q4, dtype: int64
'''
```

如果需要对 Series 的数据再进行迭代，可嵌套 for 循环。

5.6.5　按列迭代

除了 df.items()，如需要迭代一个 DataFrame 的列，可以直接对 DataFrame 迭代，会循环得到列名：

```
# 直接对DataFrame迭代
for column in df:
    print(column)
'''
name
team
Q1
Q2
Q3
Q4
'''
```

再利用 df[列名] 的方法迭代列：

```
# 依次取出每个列
for column in df:
    print(df[column])

# 可对每个列的内容进行迭代
for column in df:
    for i in df[column]:
        print(i)

# 可以迭代指定列
for i in df.name:
    print(i)

# 只迭代想要的列
l = ['name', 'Q1']
cols = df.columns.intersection(l)
for col in cols:
    print (col)
```

5.6.6　小结

本节介绍了 Pandas 各个维度的数据迭代方法，DataFrame 和 Series 本身就是可迭代对象，以上专门的迭代函数为我们提供了十分方便的迭代功能。与 df.iterrows() 相比，df.itertuples() 运行速度会更快一些，推荐在数据量庞大的情况下优先使用。

迭代的优势是可以把大量重复的事务按规定的逻辑依次处理，处理逻辑部分的也能随心所欲地去发挥，同时它简单清晰，初学者也很容易理解。如果需要再提升代码的执行效率，就要将逻辑处理代码写成函数，使用Pandas的调用函数方法迭代调用。下节我们将介绍如何调用函数。

5.7 函数应用

我们知道，函数可以让复杂的常用操作模块化，既能在需要使用时直接调用，达到复用的目的，也能简化代码。Pandas提供了几个常用的调用函数的方法。

- pipe()：应用在整个DataFrame或Series上。
- apply()：应用在DataFrame的行或列中，默认为列。
- applymap()：应用在DataFrame的每个元素中。
- map()：应用在Series或DataFrame的一列的每个元素中。

5.7.1 pipe()

Pandas提供的pipe()叫作管道方法，它可以让我们写的分析过程标准化、流水线化，达到复用目标，它也是最近非常流行的链式方法的重要代表。DataFrame和Series都支持pipe()方法。pipe()的语法结构为df.pipe(<函数名>, <传给函数的参数列表或字典>)。它将DataFrame或Series作为函数的第一个参数（见图5-1），可以根据需求返回自己定义的任意类型数据。

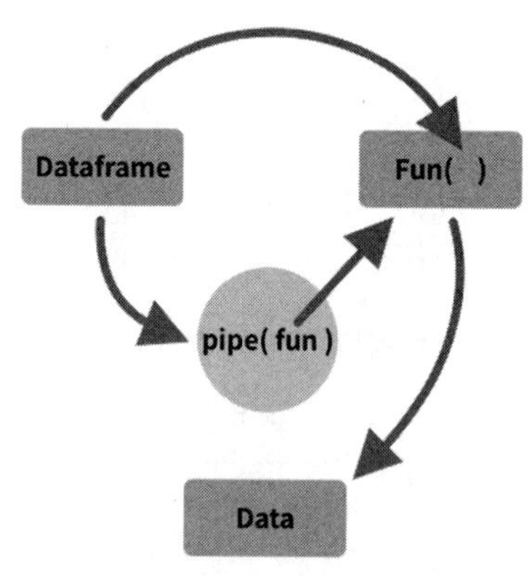

图5-1 df.pipe()的逻辑示例

pipe()可以将复杂的调用简化，看下面的例子：

```
# 对df多重应用多个函数
f(g(h(df), arg1=a), arg2=b, arg3=c)

# 用pipe可以把它们连接起来
(df.pipe(h)
   .pipe(g, arg1=a)
   .pipe(f, arg2=b, arg3=c)
)

# 以下是将'arg2'参数传给函数f，然后作为函数整体接受后面的参数
(df.pipe(h)
   .pipe(g, arg1=a)
   .pipe((f, 'arg2'), arg1=a, arg3=c)
 )
```

函数h传入df的值返回的结果作为函数g的第一个参数值，g同时还传入了参数arg1；再将返回结果作为函数f的第一个参数，最终得到计算结果，这个调用过程显得异常复杂。使用pipe改造后代码逻辑复杂度大大降低，通过链式调用pipe()方法，对数据进行层层处

理，大大提高代码的可读性。

接下来我们看一下实际案例：

```
# 定义一个函数，给所有季度的成绩加n，然后增加平均数
# 其中n中要加的值为必传参数
def add_mean(rdf, n):
    df = rdf.copy()
    df = df.loc[:,'Q1':'Q4'].applymap(lambda x: x+n)
    df['avg'] = df.loc[:,'Q1':'Q4'].mean(1)
    return df
# 调用
df.pipe(add_mean, 100)
'''
     Q1   Q2   Q3   Q4     avg
0   189  121  124  164  149.50
1   136  137  137  157  141.75
2   157  160  118  184  154.75
3   193  196  171  178  184.50
4   165  149  161  186  165.25
..  ...  ...  ...  ...     ...
95  148  159  187  174  167.00
96  121  131  130  143  131.25
97  198  193  101  120  153.00
98  111  174  158  191  158.50
99  121  143  141  174  144.75

[100 rows x 5 columns]
'''
```

函数部分可以使用 lambda。下例完成了一个数据筛选需求，lambda 的第一个参数为 self，即使用前的数据本身，后面的参数可以在逻辑代码中使用。

```
# 筛选出Q1大于等于80且Q2大于等于90的数据
df.pipe(lambda df_, x, y: df_[(df_.Q1 >= x) & (df_.Q2 >= y)], 80, 90)
'''
        name team  Q1  Q2  Q3  Q4
3      Eorge    C  93  96  71  78
23     Mason    D  80  96  26  49
36     Jaxon    E  88  98  19  98
97  Lincoln4    C  98  93   1  20
'''
```

5.7.2 apply()

apply() 可以对 DataFrame 按行和列（默认）进行函数处理，也支持 Series。如果是 Series，逐个传入具体值，DataFrame 逐行或逐列传入，如图 5-2 所示。

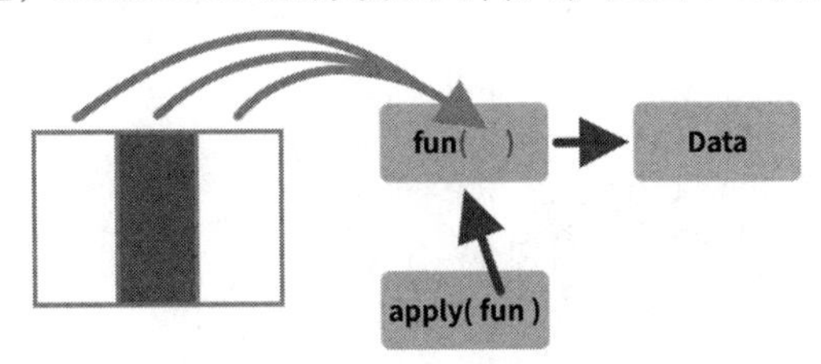

图 5-2　apply() 的逻辑示例

下例中的函数使用了 lambda，将文本转换为全小写：

```
# 将name全部变为小写
df.name.apply(lambda x: x.lower())
'''
0        liver
1         arry
2          ack
3        eorge
4          oah
         ...
95     gabriel
96     austin7
97    lincoln4
98         eli
99         ben
Name: name, Length: 100, dtype: object
'''
```

下面看一个 DataFrame 的例子。我们需要计算每个季度的平均成绩，计算方法为去掉一个最高分和一个最低分，剩余成绩的平均值为最终的平均分。

```
# 去掉一个最高分和一个最低分再算出平均分
def my_mean(s):
    max_min_ser = pd.Series([-s.max(), -s.min()])
    return s.append(max_min_ser).sum()/(s.count()-2)

# 对数字列应用函数
df.select_dtypes(include='number').apply(my_mean)
'''
Q1    49.193878
Q2    52.602041
Q3    52.724490
Q4    52.826531
dtype: float64
'''
```

分析一下代码：函数 my_mean 接收一个 Series，从此 Series 中取出最大值和最小值的负值组成一个需要减去的负值 Series；传入的 Series 追加此负值 Series，最后对 Series 求和，求和过程中就减去了两个极值；由于去掉了两个值，分母不能取 Series 的长度，需要减去 2，最终计算出结果。这是函数的代码逻辑。

应用函数时，我们只选择数字类型的列，再使用 apply 调用函数 my_mean，执行后，结果返回了每个季度的平均分。

希望以此算法计算每个学生的平均成绩，在 apply 中传入 axis=1 则每行的数据组成一个 Series 传入自定义函数中。

```
# 同样的算法以学生为维度计算
(
    df.set_index('name') # 设定name为索引
    .select_dtypes(include='number')
    .apply(my_mean, axis=1) # 横向计算
)

'''
name
```

```
Liver         44.0
Arry          37.0
Ack           58.5
Eorge         85.5
Oah           63.0
              ...
Gabriel       66.5
Austin7       30.5
Lincoln4      56.5
Eli           66.0
Ben           42.0
Length: 100, dtype: float64
'''
```

由上面的案例可见，直接调用 lambda 函数非常方便。在今后的数据处理中，我们会经常使用这种操作。

以下是一个判断一列数据是否包含在另一列数据中的案例。

```
# 判断一个值是否在另一个类似列表的列中
df.apply(lambda d: d.s in d.s_list, axis=1) # 布尔序列
df.apply(lambda d: d.s in d.s_list, axis=1).astype(int) # 0 和 1 序列
```

它常被用来与 NumPy 库中的 np.where() 方法配合使用，如下例：

```
# 函数，将大于90分数标记为good
fun = lambda x: np.where(x.team=='A' and x.Q1>90, 'good' ,'other')
df.apply(fun, axis=1)
# 同上效果
(df.apply(lambda x: x.team=='A' and x.Q1>90, axis=1)
 .map({True:'good', False:'other'})
)
df.apply(lambda x: 'good' if x.team=='A' and x.Q1>90 else '', axis=1)
```

总结一下，apply() 可以应用的函数类型如下：

```
df.apply(fun) # 自定义
df.apply(max) # Python内置函数
df.apply(lambda x: x*2) # lambda
df.apply(np.mean) # NumPy等其他库的函数
df.apply(pd.Series.first_valid_index) # Pandas自己的函数
```

后面介绍到的其他调用函数的方法也适用这个规则。

5.7.3 applymap()

df.applymap() 可实现元素级函数应用，即对 DataFrame 中所有的元素（不包含索引）应用函数处理，如图 5-3 所示。

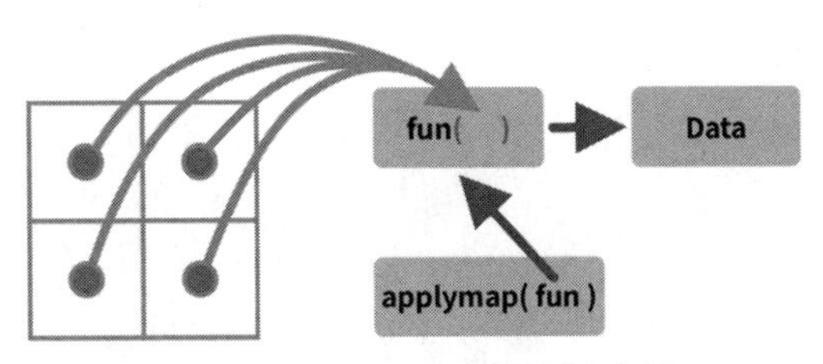

图 5-3　applymap() 的逻辑示例

使用lambda时，变量是指每一个具体的值。

```
# 计算数据的长度
def mylen(x):
    return len(str(x))

df.applymap(lambda x:mylen(x)) # 应用函数
df.applymap(mylen) # 效果同上
'''
    name  team  Q1  Q2  Q3  Q4
0      5     1   2   2   2   2
1      4     1   2   2   2   2
2      3     1   2   2   2   2
3      5     1   2   2   2   2
4      3     1   2   2   2   2
..   ...   ...  ..  ..  ..  ..
95     7     1   2   2   2   2
96     7     1   2   2   2   2
97     8     1   2   2   1   2
98     3     1   2   2   2   2
99     3     1   2   2   2   2

[100 rows x 6 columns]
'''
```

5.7.4 map()

map()根据输入对应关系映射值返回最终数据，用于Series对象或DataFrame对象的一列。传入的值可以是一个字典，键为原数据值，值为替换后的值。可以传入一个函数（参数为Series的每个值），还可以传入一个字符格式化表达式来格式化数据内容。

```
df.team.map({'A':'一班', 'B':'二班','C':'三班', 'D':'四班',}) # 枚举替换
df.team.map('I am a {}'.format)
df.team.map('I am a {}'.format, na_action='ignore')
t = pd.Series({'six': 6., 'seven': 7.})
s.map(t)
# 应用函数
def f(x):
    return len(str(x))

df['name'].map(f)
```

5.7.5 agg()

agg()一般用于使用指定轴上的一项或多项操作进行汇总，可以传入一个函数或函数的字符，还可以用列表的形式传入多个函数。

```
# 每列的最大值
df.agg('max')
# 将所有列聚合产生sum和min两行
df.agg(['sum', 'min'])
# 序列多个聚合
df.agg({'Q1' : ['sum', 'min'], 'Q2' : ['min', 'max']})
# 分组后聚合
```

```
df.groupby('team').agg('max')
df.Q1.agg(['sum', 'mean'])

def mymean(x):
    return x.mean()

df.Q2.agg(['sum', mymean])
```

另外，agg() 还支持传入函数的位置参数和关键字参数，支持每个列分别用不同的方法聚合，支持指定轴的方向。

```
# 每列使用不同的方法进行聚合
df.agg(a=('Q1', max),
       b=('Q2', 'min'),
       c=('Q3', np.mean),
       d=('Q4', lambda s:s.sum()+1)
      )
# 按行聚合
df.loc[:,'Q1':].agg("mean", axis="columns")
# 利用pd.Series.add方法对所有数据加分，other是add方法的参数
df.loc[:,'Q1':].agg(pd.Series.add, other=10)
```

agg() 的用法整体上与 apply() 极为相似。

5.7.6 transform()

DataFrame 或 Series 自身调用函数并返回一个与自身长度相同的数据。

```
df.transform(lambda x: x*2) # 应用匿名函数
df.transform([np.sqrt, np.exp]) # 调用多个函数
df.transform([np.abs, lambda x: x + 1])
df.transform({'A': np.abs, 'B': lambda x: x + 1})
df.transform('abs')
df.transform(lambda x: x.abs())
```

可以对比下面两个操作：

```
df.groupby('team').sum()
'''
        Q1    Q2    Q3    Q4
team
A     1066   639   875   783
B      975  1218  1202  1136
C     1056  1194  1068  1127
D      860  1191  1241  1199
E      963  1013   881  1033
'''

df.groupby('team').transform(sum)
'''
                                                name    Q1    Q2    Q3    Q4
0   LiverJamesMaxIsaacTeddyRileyJosephJaxonArlo8Ju...   963  1013   881  1033
1   ArryEorgeHarlieArchieTheoWilliamDanielAlexande...  1056  1194  1068  1127
2   AckLfieOscarJoshuaHenryLucasArthurReggie1TobyD...  1066   639   875   783
3   ArryEorgeHarlieArchieTheoWilliamDanielAlexande...  1056  1194  1068  1127
4   OahReddieEthanMasonFinleyBenjaminLouieCarter7B...   860  1191  1241  1199
..                                                ...   ...   ...   ...   ...
```

```
95  ArryEorgeHarlieArchieTheoWilliamDanielAlexande...  1056  1194  1068  1127
96  ArryEorgeHarlieArchieTheoWilliamDanielAlexande...  1056  1194  1068  1127
97  ArryEorgeHarlieArchieTheoWilliamDanielAlexande...  1056  1194  1068  1127
98  LiverJamesMaxIsaacTeddyRileyJosephJaxonArlo8Ju...   963  1013   881  1033
99  LiverJamesMaxIsaacTeddyRileyJosephJaxonArlo8Ju...   963  1013   881  1033

[100 rows x 5 columns]
'''
```

分组后，直接使用计算函数并按分组显示合计数据。使用 transform() 调用计算函数，返回的是原数据的结构，但在指定位置上显示聚合计算后的结果，这样方便我们了解数据所在组的情况。

5.7.7 copy()

类似于 Python 中 copy() 函数，df.copy() 方法可以返回一个新对象，这个新对象与原对象没有关系。

当 deep = True(默认) 时，将创建一个新对象，其中包含调用对象的数据和索引的副本。对副本数据或索引的修改不会反映在原始对象中。当 deep = False 时，将创建一个新对象而不复制调用对象的数据或索引（仅复制对数据和索引的引用）。原始数据的任何更改都将对浅拷贝的副本进行同步更改，反之亦然。

```
s = pd.Series([1, 2], index=["a", "b"])
s_1 = s
s_copy = s.copy()
s_1 is s # True
s_copy is s # False
```

5.7.8 小结

本节介绍了一些非常实用的 DataFrame 和 Series 函数，大量使用自定义函数是我们对 Pandas 掌握程度的一次升级。熟练使用函数可以帮助我们抽象问题，复用解决方案，同时大大减少代码量。

5.8 本章小结

本章信息量较大，主要介绍了 Pandas 的一些高级应用功能。我们可以利用本章介绍的高级筛选技巧对数据进行任意逻辑的查询；利用类型转换功能，将数据转换为方便使用的类型；对数据进行个性化排序，探索数据的变化规律；对数据进行增删修改操作，对异常数据进行修正；以迭代形成编写复杂的数据处理逻辑；利用函数完成重复工作，让代码更加高效。

到此，我们已经具备了较为完善的 Pandas 使用技能，可以解决数据分析中遇到的大多数问题。后续章节中的案例将大量使用这些操作方法。

第三部分 Part 3

数据形式变化

在数据分析中，数据形式变化是常见的操作。通过数据形式的变化，我们能够洞察数据表达的现实意义。本部分将介绍数据的分组、维度变化、数据透视、数据重塑、数据转置等操作，以及利用多层索引对数据进行升降维。

掌握对数据形式的变化操作有利于我们从多个视角、多个维度理解数据。

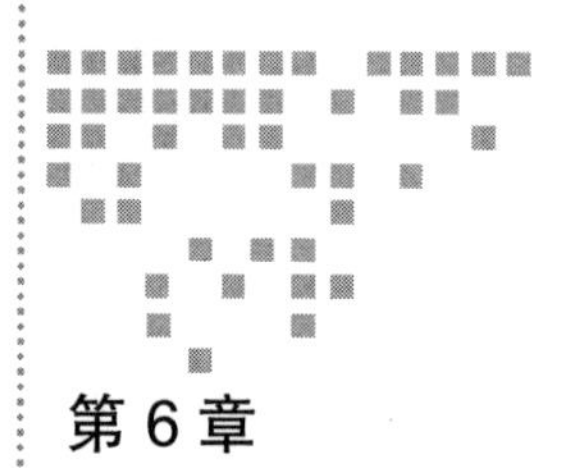

Chapter 6 第 6 章

Pandas 分组聚合

分组聚合非常常见，我们的数据是扁平化的，没有任何分组信息。比如我们一周多次去一家便利店，每次会产生一条购买记录，便利店要想统计每个人这周的购买情况，就需要以人来进行分组，然后将每个人的所有金额相加。

如同数据库的 SQL 一样，Pandas 也提供了强大的 groupby 方法，能够方便地对数据做分组聚合操作，能完成比 SQL 分组复杂得多的计算工作。本章将介绍 Pandas 如何对数据进行分组并聚合计算。

6.1 概述

在常规的数据探索方法中，我们将数据集按一定的粒度进行划分，然后以此粒度的聚合数据来了解数据的聚集趋势，以便解决问题。本节将介绍数据分组的原理及简单操作。

6.1.1 原理

新西兰统计学家、数据科学家哈德利·威克姆（Hadley Wickham，众多热门 R 语言包的作者）在其知名论文“The Split-Apply-Combine Strategy for Data Analysis”[⊖]中阐述了“拆分–应用–合并”（Split-Apply-Combine）策略在数据分析中的应用，Pandas 按照这个思路给出了最佳实践。

图 6-1 所示为一个典型的数据分组聚合过程。

⊖ https://www.jstatsoft.org/article/view/v040i01/v40i01.pdf

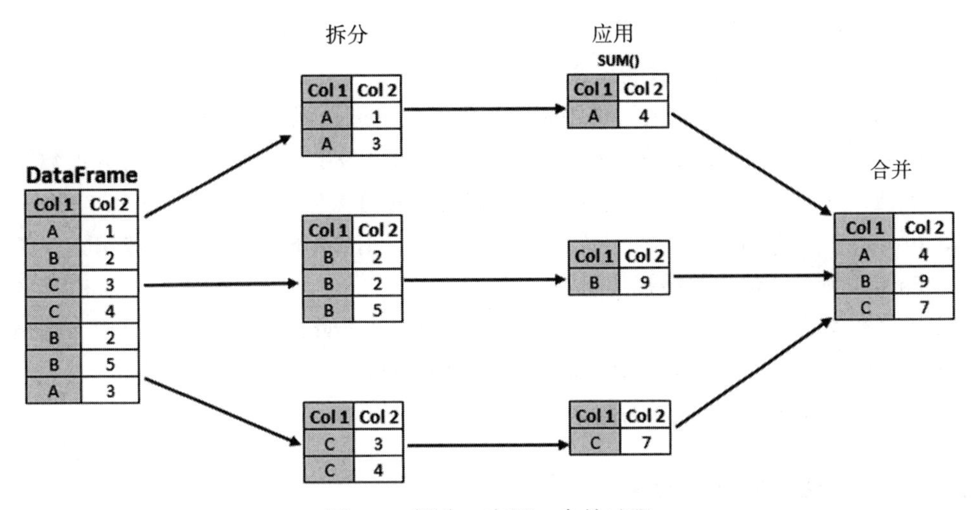

图 6-1 拆分 – 应用 – 合并过程

在图 6-1 中对一个 DataFrame 按第一列进行了分组，分成 A、B、C 三个组，接着对各个组内部全部进行了求和计算，最后将结果组合成一个新的 DataFrame，这样就完成了拆分 – 应用 – 合并的全部工作。

6.1.2 groupby 语法

df.groupby() 方法可以按指定字段对 DataFrame 进行分组，生成一个分组器对象。它的基本语法如下：

```
df.groupby(by=None, axis=0, level=None,
    as_index: bool = True, sort: bool = True,
    group_keys: bool = True, observed: bool = False,
    dropna: bool = True,
) -> 'DataFrameGroupBy'
```

分组操作会按指定的规则对数据进行拆分，groupby 完成的就是拆分工作。groupby 也能对 Series 完成分组操作。各个参数的意义如下。

- by：代表分组的依据和方法。如果 by 是一个函数，则会在数据的索引的每个值去调用它，从而产生值，按这些值进行分组。如果传递 dict 或 Series，则将使用 dict 或 Series 的值来确定组；如果传递 ndarray，则按原样使用这些值来确定组。传入字典，键为原索引名，值为分组名。
- axis：沿行（0）或列（1）进行拆分。也可传入 index 或 columns，默认是 0。
- level：如果轴是多层索引（MultiIndex），则按一个或多个特定的层级进行拆分，支持数字、层名及序列。
- as_index：数据分组聚合输出，默认返回带有组标签的对象作为索引，传 False 则不会。

- sort：是否对分组进行排序。默认会排序，传 False 会让数据分组中第一个出现的值在前，同时会提高分组性能。
- group_keys：调用函数时，将组键添加到索引中进行识别。
- observed：仅当分组是分类数据时才适用。如果为 True，仅显示分类分组数据的显示值；如果为 False，显示分类分组数据的所有值。
- dropna：如果为 True，并且组键包含 NA 值，则 NA 值及行 / 列将被删除；如果为 False，则 NA 值也将被视为组中的键。

以上大多参数对于 Series 也是适用的，如果对 DataFrame 进行分组会返回 DataFrameGroupBy 对象，对 Series 分组会返回 SeriesGroupBy 对象。

接下来，我们介绍 groupby 的基本用法。

6.1.3 DataFrame 应用分组

在下例中，我们对 df 按 team 进行了分组，然后对各分组求和：

```
# 按team分组对应列并相加
df.groupby('team').sum()
'''
        Q1    Q2    Q3    Q4
team
A     1066   639   875   783
B      975  1218  1202  1136
C     1056  1194  1068  1127
D      860  1191  1241  1199
E      963  1013   881  1033
'''
```

如果想对不同列采用不同的聚合计算方式，可以对分组对象使用 agg 方法：

```
# 对不同列使用不同的计算方法
df.groupby('team').agg({'Q1': sum,  # 总和
                        'Q2': 'count', # 总数
                        'Q3':'mean', # 平均
                        'Q4': max}) # 最大值
'''
        Q1  Q2         Q3  Q4
team
A     1066  17  51.470588  97
B      975  22  54.636364  99
C     1056  22  48.545455  98
D      860  19  65.315789  99
E      963  20  44.050000  98
'''
```

还可以对同一列使用不同的计算方法：

```
# 对同一列使用不同的计算方法
df.groupby('team').agg({'Q1': [sum, 'std', max],  # 使用三个方法
                        'Q2': 'count', # 总数
                        'Q3':'mean', # 平均
                        'Q4': max}) # 最大值
```

```
'''
           Q1                        Q2            Q3  Q4
          sum        std max count      mean max
team
A        1066  24.155136  96    17  51.470588  97
B         975  32.607896  97    22  54.636364  99
C        1056  31.000768  98    22  48.545455  98
D         860  25.886166  80    19  65.315789  99
E         963  33.242767  97    20  44.050000  98
'''
```

6.1.4 Series 应用分组

对 Series 也可以使用分组聚合，但相对来说场景比较少。在下例中，df.Q1 是一个 Series，它的分组依据是 df.team。根据 groupby 的语法，如果给 by 参数传入一个 Series，此 Series 与被分组数据的索引对齐后，按 Series 的值进行分组。

```
# 对Series df.Q1按team分组，求和
df.Q1.groupby(df.team).sum()
'''
team
A    1066
B     975
C    1056
D     860
E     963
Name: Q1, dtype: int64
'''
```

6.1.5 小结

本节介绍了数据分组的理论基础、groupby 的语法和简单的使用案例。Pandas 的 groupby 比 SQL 中的相应语句更加明确，更加简洁，功能也更加强大，是未来我们进行数据探索的强大武器。

接下来将详细讲解数据的分组过程和聚合计算过程。

6.2 分组

df.groupby() 方法可以先按指定字段对 DataFrame 进行分组，生成一个分组器对象，然后把这个对象的各个字段按一定的聚合方法输出。本节将针对分组对象介绍什么是分组对象，分组对象的创建可以使用哪些方法。

6.2.1 分组对象

前文讲到 groupby 方法最终输出的是一个分组对象，DataFrameGroupBy 和 SeriesGroupBy 都是分组对象，它们分别由 DataFrame 和 Series 应用 groupby 方法而产生。分组对象是聚合

统计操作的基础。

以下生成了一个 DataFrameGroupBy：

```
df.groupby('team')
# <pandas.core.groupby.generic.DataFrameGroupBy object at 0x7ff597fda640>
```

以下生成了一个 SeriesGroupBy：

```
df.Q1.groupby(df.team)
# <pandas.core.groupby.generic.SeriesGroupBy object at 0x7ff597fda160>
```

接下来介绍创建分组对象的一些方法。

6.2.2 按标签分组

最简单的分组方法是指定 DataFrame 中的一列，按这列的去重数据分组。也可以指定多列，按这几列的排列组合去重进行分组。示例如下：

```
grouped = df.groupby('col') # 单列
grouped = df.groupby('col', axis='columns') # 按行
grouped = df.groupby(['col1', 'col2']) # 多列
```

可以使用 get_group() 查看分组对象单个分组的内容：

```
# 分组
grouped = df.groupby('team')
# 查看D组
grouped.get_group('D')
'''
        name team  Q1  Q2  Q3  Q4
4        Oah    D  65  49  61  86
8     Reddie    D  64  93  57  72
21     Ethan    D  79  45  89  88
23     Mason    D  80  96  26  49
27    Finley    D  62  73  84  68
44  Benjamin    D  15  88  52  25
48     Louie    D  24  84  54  11
49   Carter7    D  57  52  77  50
52   Bobby1    D  50  55  60  59
57    Albie1    D  79  82  56  96
59      Luca    D   5  40  91  83
...
'''
```

6.2.3 表达式

通过行和列的表达式，生成一个布尔数据的序列，从而将数据分为 True 和 False 两组。

```
# 索引值是否为偶数，分成两组
df.groupby(lambda x:x%2==0).sum()
df.groupby(df.index%2==0).sum() # 同上
'''
         Q1    Q2    Q3    Q4
False  2322  2449  2823  2699
True   2598  2806  2444  2579
'''
```

以下为按索引值是否大于等于50为标准分为两组：

```
# 按索引是否大于或等于50分为True和False两组
df.groupby(lambda x:x>=50)
df.groupby(df.index>=50).sum() # 同上
'''
        Q1    Q2    Q3    Q4
False  2766  2628  2509  2613
True   2154  2627  2758  2665
'''
```

以下为按列名是否包含字母Q分成两列：

```
# 列名包含Q的分成一组
df.groupby(lambda x:'Q' in x, axis=1).sum()
'''
        False  True
0      LiverE   198
1       ArryC   167
2        AckA   219
3      EorgeC   338
4        OahD   261
..        ...   ...
95   GabrielC   268
96    Austin7C  125
97  Lincoln4C   212
98       EliE   234
99       BenE   179

[100 rows x 2 columns]
'''
```

此外，我们还可以使用之前介绍的在查询中用到的筛选条件函数对数据进行分组：

```
# 按索引奇偶行分为True和False两组
df.groupby(df.index%2==0) # 同上例
# 按姓名首字母分组
df.groupby(df.name.str[0])
# 按A及B、其他团队分组
df.groupby(df.team.isin(['A','B']))
# 按姓名第一个字母和第二个字母分组
df.groupby([df.name.str[0], df.name.str[1]])
# 按日期和小时分组
df.groupby([df.time.date, df.time.hour])
```

6.2.4　函数分组

by参数可以调用一个函数来通过计算返回一个分组依据。假如我们有一个时间列，如果按年进行分组，可以简单使用lambda提取年份，如：

```
# 从时间列time中提取年份来分组
df.groupby(df.time.apply(lambda x:x.year)).count()
```

如果DataFrame和Series函数接收到的参数是数值，想传入其他列的值，可以与上例一样使用列的apply来调用。接下来，我们实现一个按姓名的首字母为元音、辅音分组的案例。

```
# 按姓名首字母为元音、辅音分组
def get_letter_type(letter):
    if letter[0].lower() in 'aeiou':
        return '元音'
    else:
        return '辅音'

# 使用函数
df.set_index('name').groupby(get_letter_type).sum()

'''
      Q1    Q2    Q3    Q4
元音  1462  1440  1410  1574
辅音  3458  3815  3857  3704
'''
```

6.2.5 多种方法混合

由于分组可以按多个依据，在同一次分组中可以混合使用不同的分组方法。下例中，我们先按 team 分组，接着调用函数按是否元音字母分组。

```
# 按team、姓名首字母是否为元音分组
df.groupby(['team', df.name.apply(get_letter_type)]).sum()
'''
             Q1   Q2   Q3   Q4
team name
A    元音    274  197  141  199
     辅音    792  442  734  584
B    元音    309  291  269  218
     辅音    666  927  933  918
C    元音    473  488  453  464
     辅音    583  706  615  663
D    元音    273  333  409  486
     辅音    587  858  832  713
E    元音    133  131  138  207
     辅音    830  882  743  826
'''
```

6.2.6 用 pipe 调用分组方法

我们之前了解过 df.pipe() 管道方法，可以调用一个函数对 DataFrame 进行处理，我们发现 Pandas 的 groupby 是一个函数——pd.DataFrame.groupby：

```
pd.DataFrame.groupby
# <function pandas.core.frame.DataFrame.groupby(self, by=None, axis=0, level=None,
    as_index: bool = True, sort: bool = True, group_keys: bool = True, squeeze:
    bool = <object object at 0x7ff5934290b0>, observed: bool = False, dropna: bool
    = True) -> 'DataFrameGroupBy'>
```

尝试以下操作：

```
# 使用pipe调用分组函数
df.pipe(pd.DataFrame.groupby, 'team').sum()
'''
        Q1    Q2    Q3    Q4
```

```
team
A     1066   639   875   783
B      975  1218  1202  1136
C     1056  1194  1068  1127
D      860  1191  1241  1199
E      963  1013   881  1033
'''
```

我们将参数传入了 pd.DataFrame.groupby，依此类推，可以传入更多参数，也能完成数据的分组聚合操作。

6.2.7 分组器Grouper

Pandas 提供了一个分组器 pd.Grouper()，它也能帮助我们完成数据分组的工作。有了分组器，我们可以复用分组工作。

```
# 分组器语法
pandas.Grouper(key=None, level=None, freq=None, axis=0, sort=False)

df.groupby(pd.Grouper('team'))
# <pandas.core.groupby.generic.DataFrameGroupBy object at 0x7ff5980a2550>
```

以下为一些使用案例。

```
# df.groupby('team')
df.groupby(pd.Grouper('team')).sum()
# 如果是时间，可以60秒一分组
df.groupby(Grouper(key='date', freq='60s'))

# 轴方向
df.groupby(Grouper(level='date', freq='60s', axis=1))
# 按索引
df.groupby(pd.Grouper(level=1)).sum()
# 多列
df.groupby([pd.Grouper(freq='1M', key='Date'), 'Buyer']).sum()
df.groupby([pd.Grouper('dt', freq='D'),
            pd.Grouper('other_column')
           ])

# 按轴层级
df.groupby([pd.Grouper(level='second'), 'A']).sum()
df.groupby([pd.Grouper(level=1), 'A']).sum()

# 按时间周期分组
df['column_name'] = pd.to_datetime(df['column_name'])
df.groupby(pd.Grouper(key='column_name', freq="M")).mean()

# 10年一个周期
df.groupby(pd.cut(df.date,
                  pd.date_range('1970', '2020', freq='10YS'),
                  right=False)
          ).mean()
```

6.2.8 索引

groupby操作后分组字段会成为索引，如果不想让它成为索引，可以使用as_index=False进行设置：

```
df.groupby('team', as_index=False).sum()
'''
  team    Q1    Q2    Q3    Q4
0    A  1066   639   875   783
1    B   975  1218  1202  1136
2    C  1056  1194  1068  1127
3    D   860  1191  1241  1199
4    E   963  1013   881  1033
'''
```

6.2.9 排序

groupby操作后分组字段会成为索引，数据会对索引进行排序，如果不想排序，可以使用sort=False进行设置。不排序的情况下会按索引出现的顺序排列：

```
# 不对索引进行排序
df.groupby('team', sort=False).sum()
'''
        Q1    Q2    Q3    Q4
team
E      963  1013   881  1033
C     1056  1194  1068  1127
A     1066   639   875   783
D      860  1191  1241  1199
B      975  1218  1202  1136
'''
```

6.2.10 小结

groupby可以简单总结为拆开数据、应用数据和合并数据。通过本节的介绍，大家可能已经发现，Pandas提供了多种多样的分组方法，能够让我们灵活自由地对数据进行分组，这是传统数据分析工具所不具备的。

另外，对于时序数据的分组，Pandas提供了一个df.resample()方法，该方法功能十分强大，将在第14章中介绍。

6.3 分组对象的操作

上一节完成了分组对象的创建，分组对象包含数据的分组情况，接下来就来对分组对象进行操作，获取其相关信息，为最后的数据聚合统计打好基础。

先创建一个分组对象：

```
# 分组，为了方便案例介绍，删去name列，分组后全为数字
```

```
grouped = df.drop('name', axis=1).groupby('team')
grouped
# <pandas.core.groupby.generic.DataFrameGroupBy object at 0x7fe96d2a2880>
```

为了方便看到分组，应用一个分组对象的聚合方法：

```
# 应用聚合函数
grouped.sum()
'''
        Q1    Q2    Q3    Q4
team
A     1066   639   875   783
B      975  1218  1202  1136
C     1056  1194  1068  1127
D      860  1191  1241  1199
E      963  1013   881  1033
'''
```

我们发现数据被分成 A 到 E 五组。

6.3.1　选择分组

分组对象的 groups 方法会生成一个字典（其实是 Pandas 定义的 PrettyDict），这个字典包含分组的名称和分组的内容索引列表，然后我们可以使用字典的 .keys() 方法取出分组名称：

```
# 查看分组内容
df.groupby('team').groups
'''
{'A': [2, 7, 9, 16, 17, 20, 22, 34, 40, 42, 51, 67, 70, 71, 75, 79, 88], 'B': [6,
    10, 11, 14, 25, 30, 35, 38, 39, 50, 53, 56, 58, 60, 64, 77, 78, 83, 84, 85,
    92, 93], 'C': [1, 3, 5, 12, 13, 18, 28, 32, 33, 37, 46, 47, 54, 62, 73, 81,
    86, 87, 91, 95, 96, 97], 'D': [4, 8, 21, 23, 27, 44, 48, 49, 52, 57, 59, 63,
    65, 66, 68, 69, 72, 89, 94], 'E': [0, 15, 19, 24, 26, 29, 31, 36, 41, 43, 45,
    55, 61, 74, 76, 80, 82, 90, 98, 99]}
'''

# 查看分组名
df.groupby('team').groups.keys()
'''
dict_keys(['A', 'B', 'C', 'D', 'E'])
'''
```

如果是多层索引的话，可以使用以下方法：

```
# 用团队和姓名首字母分组
grouped2 = df.groupby(['team', df.name.str[0]])
# 选择B组、姓名以A开头的数据
grouped2.get_group(('B', 'A'))
'''
       name team  Q1  Q2  Q3  Q4
6      Acob    B  61  95  94   8
83  Albert0    B  85  38  41  17
'''
```

grouped.indices 返回一个字典，其键为组名，值为本组索引的 array 格式，可以实现对单分组数据的选取：

```
# 获取分组字典数据
grouped.indices
'''
{'A': array([2,  7,  9, 16, 17, 20, 22, 34, 40, 42, 51, 67, 70, 71, 75, 79, 88]),
 'B': array([6, 10, 11, 14, 25, 30, 35, 38, 39, 50, 53, 56, 58, 60, 64, 77, 78,
        83, 84, 85, 92, 93]),
 'C': array([1,  3,  5, 12, 13, 18, 28, 32, 33, 37, 46, 47, 54, 62, 73, 81, 86,
        87, 91, 95, 96, 97]),
 'D': array([4,  8, 21, 23, 27, 44, 48, 49, 52, 57, 59, 63, 65, 66, 68, 69, 72,
        89, 94]),
 'E': array([0, 15, 19, 24, 26, 29, 31, 36, 41, 43, 45, 55, 61, 74, 76, 80, 82,
        90, 98, 99])}
'''

# 选择A组
grouped.indices['A']
# array([2,  7,  9, 16, 17, 20, 22, 34, 40, 42, 51, 67, 70, 71, 75, 79, 88])
```

6.3.2 迭代分组

我们对分组对象 grouped 进行迭代，看每个元素是什么数据类型：

```
# 迭代
for g in grouped:
    print(type(g))
'''
<class 'tuple'>
<class 'tuple'>
<class 'tuple'>
<class 'tuple'>
<class 'tuple'>
'''
```

每个迭代元素是一个元组，再将迭代结果增加 print(type(g))，最终发现，它的每个元素原来是一个由分组名和分组数据内容组成的元组：

```
# 迭代元素的数据类型
for name, group in grouped:
    print(type(name))
    print(type(group))
'''
<class 'str'>
<class 'pandas.core.frame.DataFrame'>
<class 'str'>
<class 'pandas.core.frame.DataFrame'>
<class 'str'>
<class 'pandas.core.frame.DataFrame'>
<class 'str'>
<class 'pandas.core.frame.DataFrame'>
<class 'str'>
<class 'pandas.core.frame.DataFrame'>
'''
```

因此我们可以通过以上方式迭代分组对象。

6.3.3 选择列

对数据分组后，如果需要选择各组中的某一列，可以像DataFrame选择列一样操作：

```
# 选择分组后的某一列
grouped.Q1
grouped['Q1'] # 同上
# <pandas.core.groupby.generic.SeriesGroupBy object at 0x7fe96d9cc040>
'''
team
A    1066
B     975
C    1056
D     860
E     963
Name: Q1, dtype: int64
'''
```

如果需要选择多列：

```
# 选择多列
grouped[['Q1','Q2']]
# <pandas.core.groupby.generic.DataFrameGroupBy object at 0x7fe96d9cc0a0>
# 对多列进行聚合计算
grouped[['Q1','Q2']].sum()
'''
        Q1    Q2
team
A     1066   639
B      975  1218
C     1056  1194
D      860  1191
E      963  1013
'''
```

6.3.4 应用函数apply()

分组对象使用apply()调用一个函数，传入的是DataFrame，返回一个经过函数计算后的DataFrame、Series或标量，然后再把数据组合。

如将数据中的所有元素乘以2：

```
# 将所有元素乘以2
df.groupby('team').apply(lambda x: x*2)
'''
                name team   Q1   Q2   Q3   Q4
0         LiverLiver   EE  178   42   48  128
1           ArryArry   CC   72   74   74  114
2             AckAck   AA  114  120   36  168
3         EorgeEorge   CC  186  192  142  156
4             OahOah   DD  130   98  122  172
..               ...  ...  ...  ...  ...  ...
95    GabrielGabriel   CC   96  118  174  148
96    Austin7Austin7   CC   42   62   60   86
97  Lincoln4Lincoln4   CC  196  186    2   40
98            EliEli   EE   22  148  116  182
99            BenBen   EE   42   86   82  148
```

```
[100 rows x 6 columns]
'''
```

如下实现 Hive SQL 中的 collect_list 函数功能，即将分组中的一列输出为列表：

```
# 按分组将一列输出为列表
df.groupby('team').apply(lambda x: x['name'].to_list())
'''
team
A    [Ack, Lfie, Oscar, Joshua, Henry, Lucas, Arthu...
B    [Acob, Leo, Logan, Thomas, Harrison, Edward, S...
C    [Arry, Eorge, Harlie, Archie, Theo, William, D...
D    [Oah, Reddie, Ethan, Mason, Finley, Benjamin, ...
E    [Liver, James, Max, Isaac, Teddy, Riley, Josep...
dtype: object
'''

# 查看某个组
df.groupby('team').apply(lambda x: x['name'].to_list()).A
'''
['Ack',
 'Lfie',
 'Oscar',
 'Joshua',
 'Henry',
 'Lucas',
 'Arthur',
 'Reggie1',
 'Toby',
 'Dylan',
 'Hugo0',
 'Caleb',
 'Nathan',
 'Blake',
 'Stanley',
 'Tyler',
 'Aaron']
'''
```

调用函数，实现每组 Q1 成绩最高的前三个：

```
# 各组Q1（为参数）成绩最高的前三个
def first_3(df_, c):
    return df_[c].sort_values(ascending=False).head(3)

# 调用函数
df.set_index('name').groupby('team').apply(first_3, 'Q1')
'''
team  name
A     Aaron        96
      Henry        91
      Nathan       87
B     Elijah       97
      Harrison     89
      Michael      89
C     Lincoln4     98
      Eorge        93
      Alexander    91
```

```
D     Mason        80
      Albiel       79
      Ethan        79
E     Max          97
      Ryan         92
      Liver        89
Name: Q1, dtype: int64
'''

# 通过设置group_keys，可以使分组字段不作为索引
(
    df.set_index('name')
    .groupby('team', group_keys=False)
    .apply(first_3, 'Q1')
)
'''
name
Aaron        96
Henry        91
Nathan       87
Elijah       97
Harrison     89
Michael      89
Lincoln4     98
Eorge        93
Alexander    91
Mason        80
Albiel       79
Ethan        79
Max          97
Ryan         92
Liver        89
Name: Q1, dtype: int64
'''
```

传入一个Series，映射系列不同的聚合统计算法：

```
(
    df.groupby('team')
    .apply(lambda x: pd.Series({
        'Q1_sum'       : x['Q1'].sum(),
        'Q1_max'       : x['Q1'].max(),
        'Q2_mean'      : x['Q2'].mean(),
        'Q4_prodsum'   : (x['Q4'] * x['Q4']).sum()
    }))
)

# 定义一个函数
def f_mi(x):
        d = []
        d.append(x['Q1'].sum())
        d.append(x['Q2'].max())
        d.append(x['Q3'].mean())
        d.append((x['Q4'] * x['Q4']).sum())
        return pd.Series(d, index=[['Q1', 'Q2', 'Q3', 'Q4'],
                                   ['sum', 'max', 'mean', 'prodsum']])

# 使用函数
```

```
df.groupby('team').apply(f_mi)

# 输出结果
'''
      Q1_sum  Q1_max    Q2_mean  Q4_prodsum
team
A     1066.0    96.0  37.588235     51129.0
B      975.0    97.0  55.363636     76696.0
C     1056.0    98.0  54.272727     68571.0
D      860.0    80.0  62.684211     87473.0
E      963.0    97.0  50.650000     71317.0
'''
```

以上方法在复杂需求下非常有用。

6.3.5 管道方法 pipe()

类似于 DataFrame 的管道方法，分组对象的管道方法是接收之前的分组对象，将同组的所有数据应用在方法中，最后返回的是经过函数处理过的返回数据格式。

```
# 每组最大值和最小值之和
df.groupby('team').pipe(lambda x: x.max() + x.min())
'''
                 name   Q1   Q2   Q3   Q4
team
A         TylerAaron  105   91  113  105
B         ThomasAcob   99  103  111  101
C        WilliamAdam   99  109   88  118
D     Theodore3Aiden   85  104  105  110
E       ZacharyArlo8  101   99  100  101
'''
```

使用函数，通过计算，最终返回的是一个 Series：

```
# 定义了A组和B组平均值的差值
def mean_diff(x):
    return x.get_group('A').mean() - x.get_group('B').mean()

# 使用函数
df.groupby('team').pipe(mean_diff)
'''
Q1    18.387701
Q2   -17.775401
Q3    -3.165775
Q4    -5.577540
dtype: float64
'''
```

6.3.6 转换方法 transform()

transform() 类似于 agg()，但与 agg() 不同的是它返回的是一个与原始数据相同形状的 DataFrame，会将每个数据原来的值一一替换成统计后的值。例如按组计算平均成绩，那么返回的新 DataFrame 中每个学生的成绩就是它所在组的平均成绩。

```
# 将所有数据替换成分组中的平均成绩
df.groupby('team').transform(np.mean)
'''
           Q1         Q2         Q3         Q4
0   48.150000  50.650000  44.050000  51.650000
1   48.000000  54.272727  48.545455  51.227273
2   62.705882  37.588235  51.470588  46.058824
3   48.000000  54.272727  48.545455  51.227273
4   45.263158  62.684211  65.315789  63.105263
..        ...        ...        ...        ...
95  48.000000  54.272727  48.545455  51.227273
96  48.000000  54.272727  48.545455  51.227273
97  48.000000  54.272727  48.545455  51.227273
98  48.150000  50.650000  44.050000  51.650000
99  48.150000  50.650000  44.050000  51.650000

[100 rows x 4 columns]
'''
```

使用函数时，分别传入每个分组的子DataFrame的每一列，经过计算后每列返回一个结果，然后再将每组的这列所有值都替换为此计算结果，最后以原DataFrame形式显示所有数据。以下是一些其他的使用方法。

```
df.groupby('team').transform(max) # 最大值
df.groupby('team').transform(np.std) # 标准差
# 使用函数，和上一个学生的差值（没有处理姓名列）
df.groupby('team').transform(lambda x: x.diff(1))
# 函数
def score(gb):
    return (gb - gb.mean()) / gb.std()*10
# 调用
grouped.transform(score)
```

也可以用它来进行按组筛选：

```
# Q1成绩大于60的组的所有成员
df[df.groupby('team').transform('mean').Q1 > 60]
'''
       name team  Q1  Q2  Q3  Q4
2       Ack    A  57  60  18  84
7      Lfie    A   9  10  99  37
9     Oscar    A  77   9  26  67
16   Joshua    A  63   4  80  30
17    Henry    A  91  15  75  17
20    Lucas    A  60  41  77  62
22   Arthur    A  44  53  42  40
34  Reggiel    A  30  12  23   9
40     Toby    A  52  27  17  68
42    Dylan    A  86  87  65  20
51    Hugo0    A  28  25  14  71
67    Caleb    A  64  34  46  88
70   Nathan    A  87  77  62  13
71    Blake    A  78  23  93   9
75  Stanley    A  69  71  39  97
79    Tyler    A  75  16  44  63
88    Aaron    A  96  75  55   8
'''
```

6.3.7 筛选方法 filter()

使用 filter() 对组作为整体进行筛选，如果满足条件，则整个组会被显示。传入它调用函数中的默认变量为每个分组的 DataFrame，经过计算，最终返回一个布尔值（不是布尔序列），为真的 DataFrame 全部显示。

我们来看这样一个需求，按团队分组，然后每组的每个季度成绩为本季度的平均分，全年的成绩又是这个季度平均分的平均分，最终需要筛选出团队中分数高于 51 的所有成员。

```
# 每组每个季度的平均分
df.groupby('team').mean()
'''
             Q1         Q2         Q3         Q4
team
A     62.705882  37.588235  51.470588  46.058824
B     44.318182  55.363636  54.636364  51.636364
C     48.000000  54.272727  48.545455  51.227273
D     45.263158  62.684211  65.315789  63.105263
E     48.150000  50.650000  44.050000  51.650000
'''

# 每组4个季度的平均分的平均分为本组的总平均分
df.groupby('team').mean().mean(1)
'''
team
A    49.455882
B    51.488636
C    50.511364
D    59.092105
E    48.625000
dtype: float64
'''

# 筛选出所在组总平均分大于51的成员
df.groupby('team').filter(lambda x: x.mean(1).mean()>51)
'''
        name team  Q1  Q2  Q3  Q4
4        Oah    D  65  49  61  86
6       Acob    B  61  95  94   8
8     Reddie    D  64  93  57  72
10       Leo    B  17   4  33  79
11     Logan    B   9  89  35  65
14    Thomas    B  80  48  56  41
21     Ethan    D  79  45  89  88
23     Mason    D  80  96  26  49
25  Harrison    B  89  13  18  75
27    Finley    D  62  73  84  68
30    Edward    B  57  38  86  87
35    Samuel    B   9  38  88  66
38    Elijah    B  97  89  15  46
39    Harley    B   2  99  12  13
44  Benjamin    D  15  88  52  25
48     Louie    D  24  84  54  11
49   Carter7    D  57  52  77  50
```

```
50      Jenson    B  66  77  88  74
52      Bobby1    D  50  55  60  59
53     Frankie    B  18  62  52  33
...
'''
```

下面是其他的一些案例。

```
# Q1成绩至少有一个大于97的组
df.groupby(['team']).filter(lambda x: (x['Q1'] > 97).any())
# 所有成员平均成绩大于60的组
df.groupby(['team']).filter(lambda x: (x.mean() >= 60).all())
# Q1所有成员成绩之和超过1060的组
df.groupby('team').filter(lambda g: g.Q1.sum() > 1060)
```

6.3.8 其他功能

以下为一些常用的其他功能：

```
df.groupby('team').first() # 组内第一个
df.groupby('team').last() # 组内最后一个
df.groupby('team').ngroups # 5（分组数）
df.groupby('team').ngroup() # 分组序号

grouped.backfill()
grouped.bfill()
df.groupby('team').head() # 每组显示前5个
grouped.tail(1) # 每组最后一个
grouped.rank() # 排序值
grouped.fillna(0)
grouped.indices() # 组名:索引序列组成的字典

# 分组中的第几个值
gp.nth(1) # 第一个
gp.nth(-1) # 最后一个
gp.nth([-2, -1])
# 第n个非空项
gp.nth(0, dropna='all')
gp.nth(0, dropna='any')

df.groupby('team').shift(-1) # 组内移动
grouped.tshift(1) # 按时间周期移动

df.groupby('team').any()
df.groupby('team').all()

df.groupby('team').rank() # 在组内的排名


# 仅 SeriesGroupBy 可用
df.groupby("team").Q1.nlargest(2) # 每组最大的两个
df.groupby("team").Q1.nsmallest(2) # 每组最小的两个
df.groupby("team").Q1.nunique() # 每组去重数量
df.groupby("team").Q1.unique() #  每组去重值
df.groupby("team").Q1.value_counts() #  每组去重值及数量
df.groupby("team").Q1.is_monotonic_increasing # 每组值是否单调递增
df.groupby("team").Q1.is_monotonic_decreasing # 每组值是否单调递减
```

```
# 仅 DataFrameGroupBy 可用
df.groupby("team").corrwith(df2) # 相关性
```

6.3.9 小结

本节介绍了对分组的基本操作和一些函数方法，特别要注意分辨以下三个方法。

- apply()：最为灵活的处理方法，可以对数据完成操作后返回各种形式的数据。
- transform()：对数据处理完后返回原型形状的数据，可以类比为对一个汽车不改变结构，只重新进行涂装。
- filter()：每个分组传入后，通过计算返回这个分组的真假值，所有为真的留下，作为最终的结果。

其中 transform() 和 filter() 计算的都是每个分组的整体结果。

6.4 聚合统计

本节主要介绍对分组完的数据的统计工作，这是分组聚合的最后一步。通过最终数据的输出，可以观察到业务的变化情况，体现数据的价值。

6.4.1 描述统计

分组对象如同 df.describe()，也支持 .describe()，用来对数据的总体进行描述：

```
# 描述统计
df.groupby('team').describe()
# 由于列过多，我们进行转置
df.groupby('team').describe().T
'''
team                A          B          C          D          E
Q1 count    17.000000  22.000000  22.000000  19.000000  20.000000
   mean     62.705882  44.318182  48.000000  45.263158  48.150000
   std      24.155136  32.607896  31.000768  25.886166  33.242767
   min       9.000000   2.000000   1.000000   5.000000   4.000000
   25%      52.000000  11.000000  21.750000  18.000000  11.750000
   50%      64.000000  48.000000  46.000000  50.000000  48.000000
   75%      78.000000  66.000000  77.250000  64.500000  73.250000
   max      96.000000  97.000000  98.000000  80.000000  97.000000
Q2 count    17.000000  22.000000  22.000000  19.000000  20.000000
   mean     37.588235  55.363636  54.272727  62.684211  50.650000
   std      27.495588  30.418581  29.127277  26.136506  32.826939
   min       4.000000   4.000000  13.000000   7.000000   1.000000
   25%      15.000000  35.000000  32.250000  47.000000  22.500000

...
'''
```

6.4.2 统计函数

对分组对象直接使用统计函数，对分组内的所有数据进行此计算，最终以 DataFrame 形式显示数据。如下计算组中的平均数：

```
# 各组平均数
grouped.mean()
'''
            Q1          Q2          Q3          Q4
team
A      62.705882   37.588235   51.470588   46.058824
B      44.318182   55.363636   54.636364   51.636364
C      48.000000   54.272727   48.545455   51.227273
D      45.263158   62.684211   65.315789   63.105263
E      48.150000   50.650000   44.050000   51.650000
'''
```

还支持以下常用的统计方法：

```
df.groupby('team').describe() # 描述性统计
df.groupby('team').sum() # 求和
df.groupby('team').count() # 每组数量，不包括缺失值
df.groupby('team').max() # 求最大值
df.groupby('team').min() # 求最小值
df.groupby('team').size() # 分组数量
df.groupby('team').mean() # 平均值
df.groupby('team').median() # 中位数
df.groupby('team').std() # 标准差
df.groupby('team').var() # 方差
grouped.corr() # 相关性系数
grouped.sem() # 标准误差
grouped.prod() # 乘积
grouped.cummax() # 每组的累计最大值
grouped.cumsum() # 累加
grouped.mad() # 平均绝对偏差
```

6.4.3 聚合方法 agg()

分组对象的方法 .aggregate() 简写为 .agg()。它的作用是将分组后的对象给定统计方法，也支持按字段分别给定不同的统计方法。

单个统计方法实现与上个小节相同的功能：

```
# 所有列使用一个计算方法
df.groupby('team').aggregate(sum)
df.groupby('team').agg(sum)
grouped.agg(np.size)
grouped['Q1'].agg(np.mean)
```

我们使用它主要是为了实现一个字段使用多种统计方法，不同字段使用不同方法：

```
# 每个字段使用多个计算方法
grouped[['Q1','Q3']].agg([np.sum, np.mean, np.std])
'''
        Q1                          Q3
       sum        mean        std   sum        mean         std
```

```
team
A     1066  62.705882  24.155136   875  51.470588  27.171027
B      975  44.318182  32.607896  1202  54.636364  29.981813
C     1056  48.000000  31.000768  1068  48.545455  27.921194
D      860  45.263158  25.886166  1241  65.315789  21.916642
E      963  48.150000  33.242767   881  44.050000  21.808919
'''
```

不同列使用不同计算方法，且一个列用多个计算方法：

```
df.groupby('team').agg({'Q1': ['min', 'max'], 'Q2': 'sum'})
'''
        Q1         Q2
       min max    sum
team
A        9  96    639
B        2  97   1218
C        1  98   1194
D        5  80   1191
E        4  97   1013
'''
```

类似于我们之前学过的增加新列的方法 df.assign()，agg() 可以指定新列的名字：

```
# 指定列名，列表是为原列和方法
df.groupby('team').Q1.agg(Mean='mean', Sum='sum')
df.groupby('team').agg(Mean=('Q1', 'mean'), Sum=('Q2', 'sum'))
df.groupby('team').agg(
    Q1_max=pd.NamedAgg(column='Q1', aggfunc='max'),
    Q2_min=pd.NamedAgg(column='Q2', aggfunc='min')
)
```

如果列名不是有效的 Python 变量格式，则可以用以下方法：

```
df.groupby('team').agg(**{
    '1_max':pd.NamedAgg(column='Q1', aggfunc='max')})
'''
      1_max
team
A        96
B        97
C        98
D        80
E        97
'''
```

统计方法可以使用函数。在使用函数时，分别传入每个分组后的子 DataFrame，会按子 DataFrame 把这组的所有列组成的序列传到函数里进行计算，最终返回一个固定值。

```
# 聚合结果使用函数
# lambda/函数，所有方法都可以用
def max_min(x):
    return x.max() - x.min()
# 定义函数
df.groupby('team').Q1.agg(Mean='mean',
                          Sum='sum',
                          Diff=lambda x: x.max() - x.min(),
                          Max_min=max_min
                         )
```

如果对全列使用同一函数，直接写函数名即可：

```
# 调用函数
df.groupby('team').agg(max_min)
```

6.4.4 时序重采样方法 resample()

针对时间序列数据，resample() 将分组后的时间索引按周期进行聚合统计。我们先看这一组数据：

```
idx = pd.date_range('1/1/2020', periods=100, freq='T')
df2 = pd.DataFrame(data={'a':[0, 1]*50, 'b':1},
                   index=idx)
df2
'''
                     a  b
2020-01-01 00:00:00  0  1
2020-01-01 00:01:00  1  1
2020-01-01 00:02:00  0  1
2020-01-01 00:03:00  1  1
2020-01-01 00:04:00  0  1
...                 .. ..
2020-01-01 01:35:00  1  1
2020-01-01 01:36:00  0  1
2020-01-01 01:37:00  1  1
2020-01-01 01:38:00  0  1
2020-01-01 01:39:00  1  1

[100 rows x 2 columns]
'''
```

索引为一个时序数据，按下来，我们按 a 列进行分组，然后按每 20 分钟（由于 1 分钟是一个周期 T，我们传入 20T）对 b 进行求和计算：

```
# 每20分钟聚合一次
df2.groupby('a').resample('20T').sum()
'''
                        a   b
a
0 2020-01-01 00:00:00   0  10
  2020-01-01 00:20:00   0  10
  2020-01-01 00:40:00   0  10
  2020-01-01 01:00:00   0  10
  2020-01-01 01:20:00   0  10
1 2020-01-01 00:00:00  10  10
  2020-01-01 00:20:00  10  10
  2020-01-01 00:40:00  10  10
  2020-01-01 01:00:00  10  10
  2020-01-01 01:20:00  10  10
'''
```

其他的案例如下：

```
# 三个周期一聚合（一分钟一个周期）
df.groupby('a').resample('3T').sum()
# 30秒一分组
```

```
df.groupby('a').resample('30S').sum()
# 每月
df.groupby('a').resample('M').sum()
# 以右边时间点为标识
df.groupby('a').resample('3T', closed='right').sum()
```

时间序列的相关背景知识及操作会在第 14 章详细讲解。

6.4.5 组内头尾值

在一个组内，如果希望取第一个值和最后一个值，可以使用以下方法。当然，定义第一个和最后一个是你需要事先完成的工作。

```
# 每组第一个
df.groupby('team').first()
'''
        name  Q1  Q2  Q3  Q4
team
A        Ack  57  60  18  84
B       Acob  61  95  94   8
C       Arry  36  37  37  57
D        Oah  65  49  61  86
E      Liver  89  21  24  64
'''

# 每组最后一个
df.groupby('team').last()
'''
           name  Q1  Q2  Q3  Q4
team
A         Aaron  96  75  55   8
B       Jamie0  39  97  84  55
C     Lincoln4  98  93   1  20
D         Aiden  20  31  62  68
E           Ben  21  43  41  74
'''
```

6.4.6 组内分位数

我们经常使用中位数，它是分位数的一个特殊情形，为二分位。如果在分组中需要看指定分位数据，可以使用 .quantile() 来实现。

```
# 二分位数，即中位数
df.groupby('team').median() # 同下
df.groupby('team').quantile()
df.groupby('team').quantile(0.5)
'''
        Q1    Q2    Q3    Q4
team
A     64.0  27.0  46.0  40.0
B     48.0  47.5  54.0  51.5
C     46.0  47.0  49.0  44.5
D     50.0  70.0  62.0  68.0
E     48.0  52.5  46.5  49.5
'''
```

常用的还有三分位 quantile(0.33)、四分位 quantile(0.25) 等。

6.4.7　组内差值

和 DataFrame 的 diff() 一样，分组对象的 diff() 方法会在组内进行前后数据的差值计算，并以原 DataFrame 形状返回数据：

```
# grouped为全数字列，计算在组内的前后差值
grouped.diff()
'''
      Q1    Q2    Q3    Q4
0    NaN   NaN   NaN   NaN
1    NaN   NaN   NaN   NaN
2    NaN   NaN   NaN   NaN
3   57.0  59.0  34.0  21.0
4    NaN   NaN   NaN   NaN
..   ...   ...   ...   ...
95 -14.0  21.0  24.0  28.0
96 -27.0 -28.0 -57.0 -31.0
97  77.0  62.0 -29.0 -23.0
98 -27.0  14.0  27.0  84.0
99  10.0 -31.0 -17.0 -17.0

[100 rows x 4 columns]
'''
```

6.4.8　小结

本节介绍的功能是将分组的结果最终统计并展示出来。我们需要掌握常见的数学统计函数，另外也可以使用 NumPy 的大量统计方法。特别是要熟练使用 agg() 方法，它功能强大，显示功能完备，是在我们今后的数据分析中最后的数据分组聚合工具。

6.5　数据分箱

数据分箱（data binning，也称为离散组合或数据分桶）是一种数据预处理技术，它将原始数据分成几个小区间，即 bin（小箱子），是一种量子化的形式。数据分箱可以最大限度减小观察误差的影响。落入给定区间的原始数据值被代表该区间的值（通常是中心值）替换。然后将其替换为针对该区间计算的常规值。这具有平滑输入数据的作用，并且在小数据集的情况下还可以减少过拟合。

Pandas 主要基于以两个函数实现连续数据的离散化处理。

- pandas.cut：根据指定分界点对连续数据进行分箱处理。
- pandas.qcut：根据指定区间数量对连续数据进行等宽分箱处理。所谓等宽，指的是每个区间中的数据量是相同的。

6.5.1 定界分箱 pd.cut()

pd.cut() 可以指定区间将数字进行划分。以下例子中的 0、60、100 三个值将数据划分成两个区间，从而将及格或者不及格分数进行划分：

```
# 将Q1成绩换60分及以上、60分以下进行分类
pd.cut(df.Q1, bins=[0, 60, 100])
'''
0     (60, 100]
1       (0, 60]
2       (0, 60]
3     (60, 100]
4     (60, 100]
        ...
95      (0, 60]
96      (0, 60]
97    (60, 100]
98      (0, 60]
99      (0, 60]
Name: Q1, Length: 100, dtype: category
Categories (2, interval[int64]): [(0, 60] < (60, 100]]
'''
```

将分箱结果应用到 groupby 分组中：

```
# Series使用
df.Q1.groupby(pd.cut(df.Q1, bins=[0, 60, 100])).count()
'''
Q1
(0, 60]      57
(60, 100]    43
Name: Q1, dtype: int64
'''

# DataFrame使用
df.groupby(pd.cut(df.Q1, bins=[0, 60, 100])).count()
'''
           name  team  Q1  Q2  Q3  Q4
Q1
(0, 60]      57    57  57  57  57  57
(60, 100]    43    43  43  43  43  43
'''
```

以下显示了每个分组的数据。其他参数示例如下：

```
# 不显示区间，使用数字作为每个箱子的标签，形式如0, 1, 2, n等
pd.cut(df.Q1, bins=[0, 60, 100],labels=False)
# 指定标签名
pd.cut(df.Q1, bins=[0, 60, 100],labels=['不及格','及格',])
# 包含最低部分
pd.cut(df.Q1, bins=[0, 60, 100], include_lowest=True)
# 是否为右闭区间，下例为[89, 100)
pd.cut(df.Q1, bins=[0, 89, 100], right=False)
```

6.5.2 等宽分箱 pd.qcut()

pd.qcut() 可以指定所分区间的数量，Pandas 会自动进行分箱：

```
# 按Q1成绩分为两组
pd.qcut(df.Q1,q=2)
'''
0      (51.5, 98.0]
1     (0.999, 51.5]
2      (51.5, 98.0]
3      (51.5, 98.0]
4      (51.5, 98.0]
           ...
95    (0.999, 51.5]
96    (0.999, 51.5]
97     (51.5, 98.0]
98    (0.999, 51.5]
99    (0.999, 51.5]
Name: Q1, Length: 100, dtype: category
Categories (2, interval[float64]): [(0.999, 51.5] < (51.5, 98.0]]
'''

# 查看分组区间
pd.qcut(df.Q1,q=2).unique()
'''
[(51.5, 98.0], (0.999, 51.5]]
Categories (2, interval[float64]): [(0.999, 51.5] < (51.5, 98.0]]
'''
```

应用到分组中：

```
# Series使用
df.Q1.groupby(pd.qcut(df.Q1,q=2)).count()
'''
Q1
(0.999, 51.5]    50
(51.5, 98.0]     50
Name: Q1, dtype: int64
'''

# DataFrame使用
df.groupby(pd.qcut(df.Q1,q=2)).max()
'''
                  name team  Q1  Q2  Q3  Q4
Q1
(0.999, 51.5]  Zachary    E  51  99  99  99
(51.5, 98.0]   William    E  98  98  94  99
'''
```

其他参数如下：

```
pd.qcut(range(5), 4)
pd.qcut(range(5), 4, labels=False)
# 指定标签名
pd.qcut(range(5), 3, labels=["good", "medium", "bad"])
# 返回箱子标签 array([1. , 51.5, 98.]))
pd.qcut(df.Q1, q=2, retbins=True)
# 分箱位小数位数
pd.qcut(df.Q1, q=2, precision=3)
# 排名分3个层次
pd.qcut(df.Q1.rank(method='first'), 3)
```

6.5.3 小结

本节介绍的分箱也是一种数据分组方式，经常用在数据建模、机器学习中，与传统的分组相比，它更适合离散数据。

6.6 分组可视化

Pandas 为我们提供了几个简单的、与分组相关的可视化方法，这些可视化方法能够提高我们对聚合数据的视觉直观认识，本节就来做一些介绍。

6.6.1 绘图方法 plot()

在 1.3 节中我们介绍过 plot() 方法，它能够为我们绘制出我们想要的常见图形。数据分组对象也支持 plot()，不过它以分组对象中每个 DataFrame 或 Series 为对象，绘制出所有分组的图形。默认情况下，它绘制的是折线图，示例代码如下。

```
# 分组，设置索引为name
grouped = df.set_index('name').groupby('team')
# 绘制图形
grouped.plot()
'''
team
A    AxesSubplot(0.125,0.125;0.775x0.755)
B    AxesSubplot(0.125,0.125;0.775x0.755)
C    AxesSubplot(0.125,0.125;0.775x0.755)
D    AxesSubplot(0.125,0.125;0.775x0.755)
E    AxesSubplot(0.125,0.125;0.775x0.755)
dtype: object
'''
```

执行以上代码将生成如图 6-2 所示的图形。

还可以通过 plot.x() 或者 plot(kind='x') 的形式调用其他形状的图形，比如：

- plot.line：折线图
- plot.pie：饼图
- plot.bar：柱状图
- plot.hist：直方图
- plot.box：箱形图
- plot.area：面积图
- plot.scatter：散点图
- plot.hexbin：六边形分箱图

plot() 可传入丰富的参数来控制图形的样式，可参阅第 16 章。

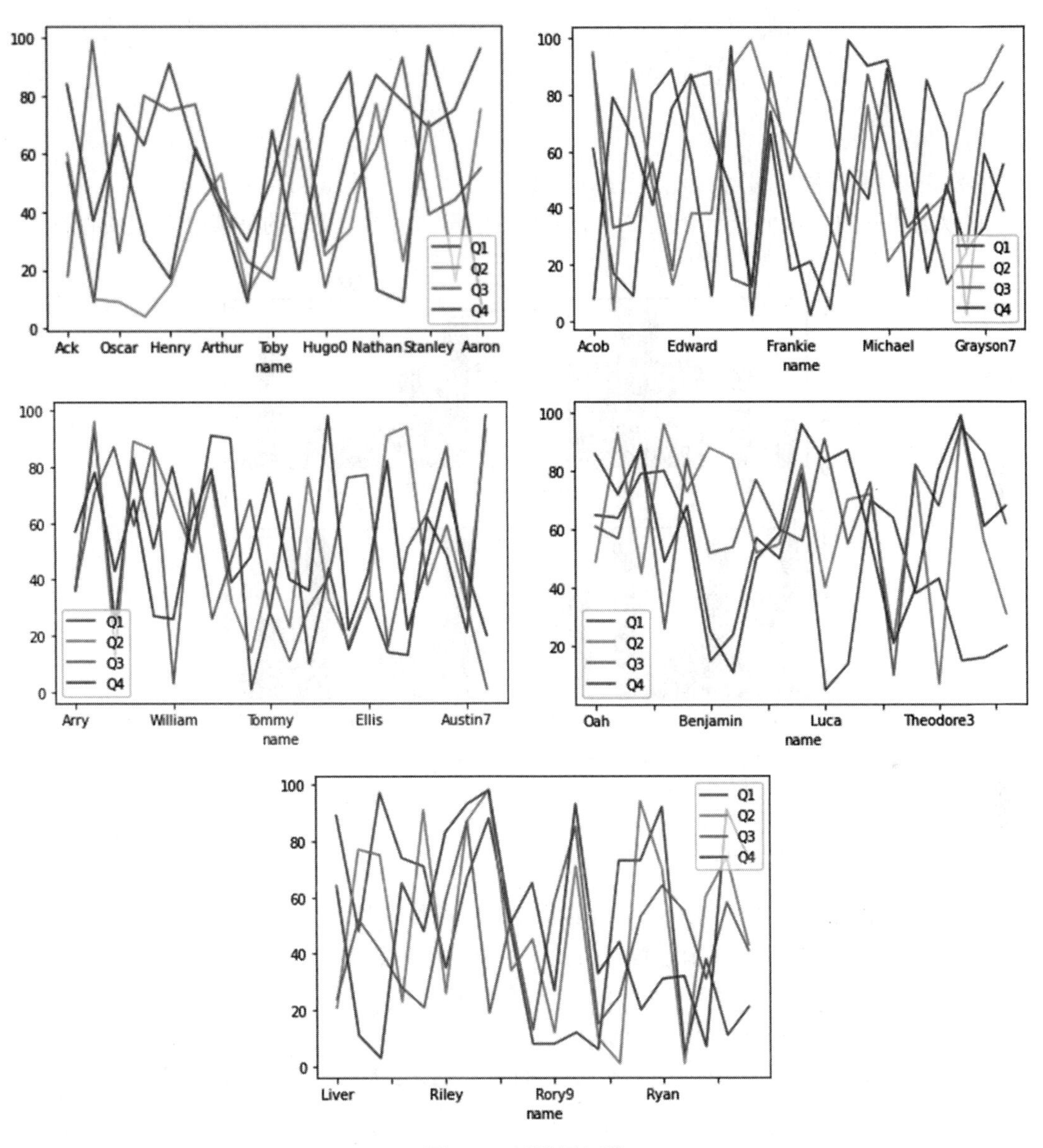

图 6-2　折线图矩阵

6.6.2　直方图 hist()

分组对象的 hist() 可以绘制出每个分组的直方图矩阵，每个矩阵为一个分组：

```
# 绘制直方图
grouped.hist()
'''
team
A    [[AxesSubplot(0.125,0.551739;0.336957x0.328261...
```

```
B     [[AxesSubplot(0.125,0.551739;0.336957x0.328261...
C     [[AxesSubplot(0.125,0.551739;0.336957x0.328261...
D     [[AxesSubplot(0.125,0.551739;0.336957x0.328261...
E     [[AxesSubplot(0.125,0.551739;0.336957x0.328261...
dtype: object
'''
# 共生成5组直方图
```

在以上代码中，每个分组会生成一个直方图矩阵，图 6-3 所示的是其中 A 组的直方图。

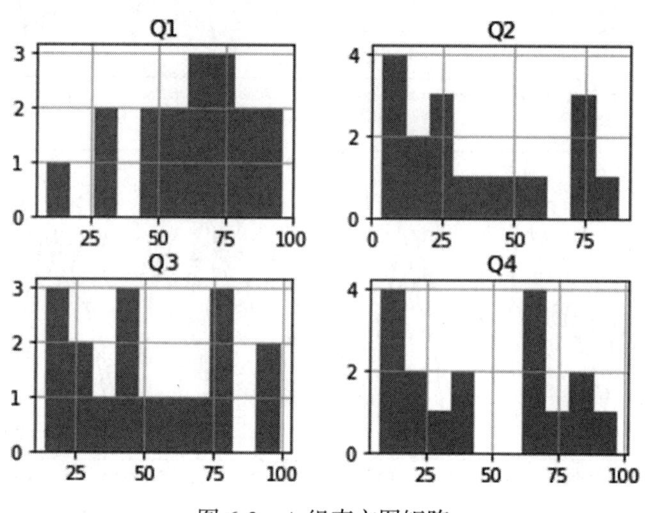

图 6-3 A 组直方图矩阵

6.6.3 箱线图 boxplot()

分组的 boxplot() 方法绘制出每个组的箱线图。箱线图展示了各个字段的最大值、最小值、分位数等信息，为我们展示了数据的大体形象，代码如下。

```
# 分组箱线图
grouped.boxplot(figsize=(15,12))
'''
A          AxesSubplot(0.1,0.679412;0.363636x0.220588)
B     AxesSubplot(0.536364,0.679412;0.363636x0.220588)
C          AxesSubplot(0.1,0.414706;0.363636x0.220588)
D     AxesSubplot(0.536364,0.414706;0.363636x0.220588)
E             AxesSubplot(0.1,0.15;0.363636x0.220588)
dtype: object
'''
```

以上代码将按组显示一个箱线图矩阵，如图 6-4 所示。

另外，DataFrame 的 boxplot() 方法可以传入分组字段，可以绘制出每个字段在不同分组中的数据图像，代码如下。

```
# 分组箱线图
df.boxplot(by="team", figsize=(15,10))
'''
```

```
array([[<matplotlib.axes._subplots.AxesSubplot object at 0x7fa3e4c904c0>,
        <matplotlib.axes._subplots.AxesSubplot object at 0x7fa3e4c9bb80>],
       [<matplotlib.axes._subplots.AxesSubplot object at 0x7fa3e4cbeb20>,
        <matplotlib.axes._subplots.AxesSubplot object at 0x7fa3e4ced9d0>]],
      dtype=object)
'''
```

以上代码会按 team 分组并返回箱线图，如图 6-5 所示。

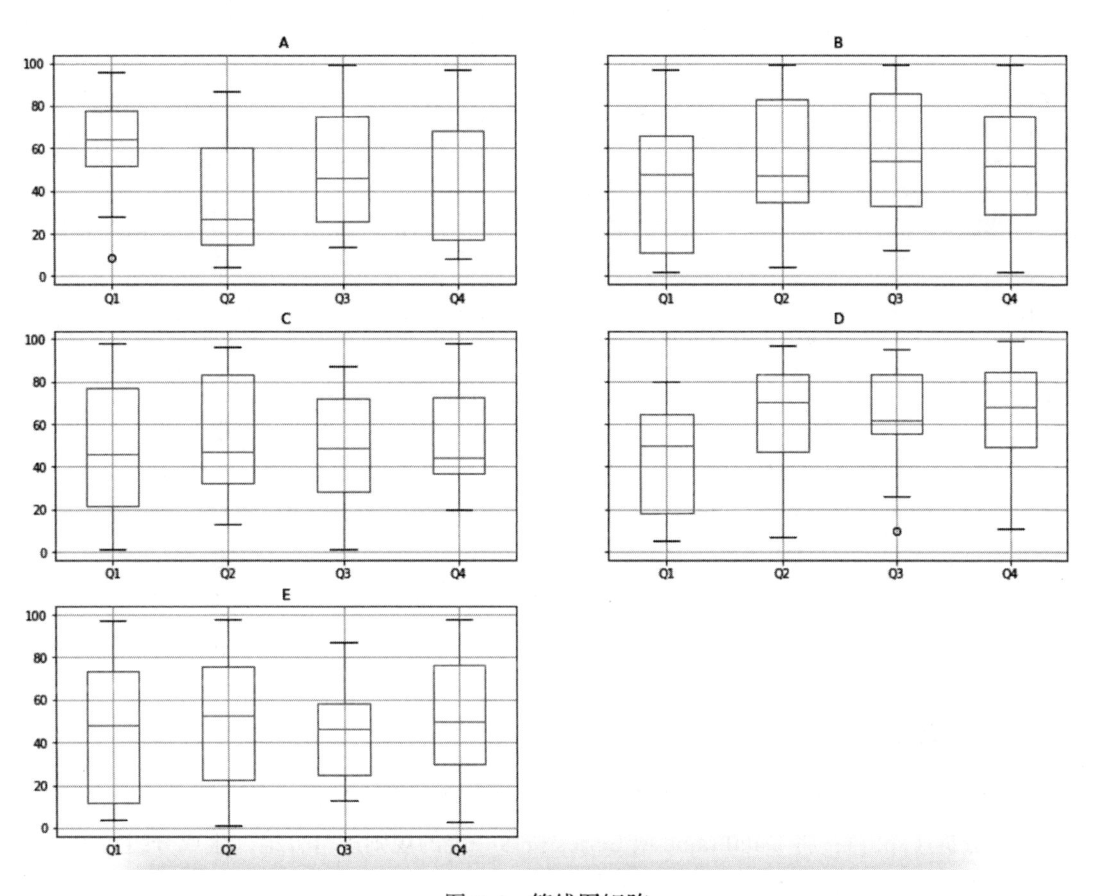

图 6-4　箱线图矩阵

6.6.4　小结

本节介绍了关于分组的可视化方法，它们会将一个分组对象中的各组数据进行分别展示，便于我们比较，从不同角度发现数据的变化规律，从而得出分析结果。

这些操作都是在分拆应用之后进行的，合并后数据的可视化并没有什么特殊的，第 16 章将对数据可视化进行统一讲解。

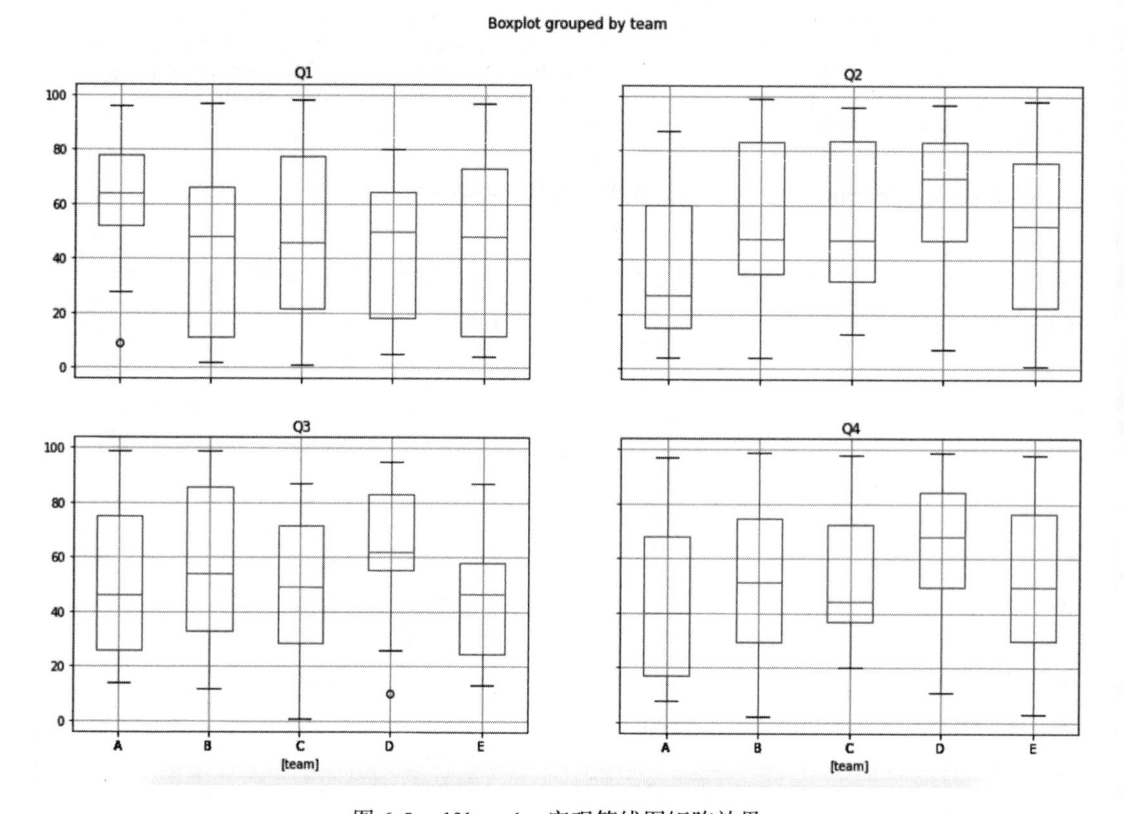

图 6-5 df.boxplot 实现箱线图矩阵效果

6.7 本章小结

本章全面介绍了分组聚合的数据操作原理，依次可以分为以下部分。

- 分拆（split）：将 DataFrame 或 Series 按照一定的规则进行分组，生成分组对象，分组对象中包含多个子 DataFrame 或 Series。
- 应用（apply）：对每个组进行操作或数据统计，如算平均数据、求方差、取中位数，还可以使用函数进行复杂的操作和计算。
- 合并（combine）：将每组的计算结果再拼合起来，最终得到一个 DataFrame 或 Series，或者直接进行可视化显现。

数据的分组聚合是数据分析的常规手段，旨在将有共性的事物进行分组统计，最终对各组进行比较，从而发现规律。希望大家在使用中能够准确掌握，灵活运用。

第 7 章 Chapter 7

Pandas 数据合并与对比

在实际的应用中，数据可能分散在不同的文件、不同的数据库表中，也可能有不同的存储形式，为了方便分析，需要将它们拼合在一起。一般有这样几种情况：一是两份数据的列名完全相同，把其中一份数据追加到另一份的后面；二是两份数据的列名有些不同，把这些列组合在一起形成多列；三是以上两种情况混合。同时，在合并过程中还需要做些计算。Pandas 提供的各种功能能够轻而易举地完成这些工作。

7.1 数据追加 df.append

有这样一种场景，我们从数据库或后台系统的页面中导出数据，由于单次操作数据量太大，会相当耗时，也容易超时失败，这时可以分多次导出，然后再进行合并。df.append() 可以将其他 DataFrame 附加到调用方的末尾，并返回一个新对象。它是最简单、最常用的数据合并方式。

7.1.1 基本语法

df.append() 的基本语法如下：

```
# 语法结构
df.append(self, other, ignore_index=False,
          verify_integrity=False, sort=False)
```

其中的各个参数说明如下。

- other：调用方要追加的其他 DataFrame 或者类似序列内容。可以放入一个由 DataFrame 组成的列表，将所有 DataFrame 追加起来。

- ❑ ignore_index：如果为 True，则重新进行自然索引。
- ❑ verify_integrity：如果为 True，则遇到重复索引内容时报错。
- ❑ sort：进行排序。

7.1.2 相同结构

如果数据的字段相同，直接使用第一个 DataFrame 的 append() 方法，传入第二个 DataFrame。如果需要追加多个 DataFrame，可以将它们组成一个列表再传入。append() 方法的操作效果如图 7-1 所示。

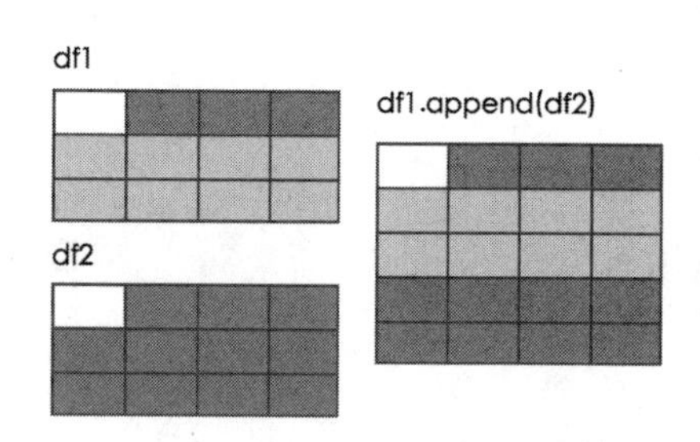

图 7-1 df.append() 操作示意

以下为代码示例：

```
df1 = pd.DataFrame({'x': [1,2], 'y': [3, 4]})
df1
'''
   x  y
0  1  3
1  2  4
'''

df2 = pd.DataFrame({'x': [5,6], 'y': [7, 8]})
df2
'''
   x  y
0  5  7
1  6  8
'''

# 追加合并
df1.append(df2)
'''
   x  y
0  1  3
1  2  4
0  5  7
1  6  8
'''
```

以下为追加多个数据：

```
# 追加多个数据
df1.append([df2, df2, df2])
'''
   x  y
0  1  3
1  2  4
0  5  7
1  6  8
0  5  7
1  6  8
0  5  7
1  6  8
'''
```

7.1.3　不同结构

对于不同结构的追加，一方有而另一方没有的列会增加，没有内容的位置会用 NaN 填充，如图 7-2 所示。

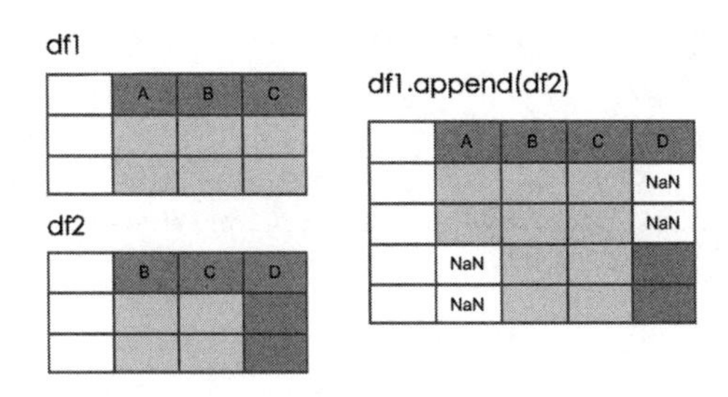

图 7-2　df.append() 操作不相同列数据的示意

下例中，y 为原有的列，实现了追加，z 为原数据没有的列，操作后增加了此列，在没有值的位置上值以 NaN 填充：

```
df3 = pd.DataFrame({'y': [5,6], 'z': [7, 8]})
df3
'''
   y  z
0  5  7
1  6  8
'''

# 追加合并
df1.append(df3)
'''
     x  y    z
0  1.0  3  NaN
1  2.0  4  NaN
0  NaN  5  7.0
1  NaN  6  8.0
'''
```

7.1.4　忽略索引

追加操作索引默认为原数据的，不会改变，如果需要忽略，可以传入 ignore_index=True：

```
# 忽略索引
df1.append(df2, ignore_index=True)
'''
   x  y
0  1  3
1  2  4
2  5  7
3  6  8
'''
```

或者，可以根据自己的需要重新设置索引。对索引的操作前面介绍过。

7.1.5 重复内容

重复内容默认是可以追加的，如果传入 verify_integrity=True 参数和值，则会检测追加内容是否重复，如有重复会报错。如下例合并两个相同的内容：

```
df1.append([df2, df2], verify_integrity=True)
'''
---------------
ValueError   Traceback (most recent call last)
....
ValueError: Indexes have overlapping values: Int64Index([0, 1], dtype='int64')
'''
```

7.1.6 追加序列

append() 除了追加 DataFrame 外，还可以追加一个 Series，经常用于数据添加更新场景。以下我们追加一名新同学的信息：

```
df.tail()
'''
        name team  Q1  Q2  Q3  Q4
95   Gabriel    C  48  59  87  74
96   Austin7    C  21  31  30  43
97  Lincoln4    C  98  93   1  20
98       Eli    E  11  74  58  91
99       Ben    E  21  43  41  74
'''

# 定义新同学的信息
lily = pd.Series(['lily', 'C', 55, 56, 57, 58],
                 index=['name', 'team', 'Q1', 'Q2', 'Q3', 'Q4'])

lily
'''
name    lily
team       C
Q1        55
Q2        56
Q3        57
Q4        58
dtype: object
'''

# 追加
df = df.append(lily, ignore_index=True)

df.tail()
'''
         name team  Q1  Q2  Q3  Q4
96    Austin7    C  21  31  30  43
97   Lincoln4    C  98  93   1  20
98        Eli    E  11  74  58  91
99        Ben    E  21  43  41  74
100      lily    C  55  56  57  58
'''
```

7.1.7　追加字典

append() 还可以追加字典。我们可以将上面的学生信息定义为一个字典，然后进行追加：

```
# 将学生信息定义为一个字典
lily = {'name': 'lily', 'team': 'C', 'Q1':55, 'Q2':56, 'Q3':57, 'Q4':58}
df = df.append(lily, ignore_index=True)
```

以上操作更加直观简洁，推荐在需要增加单条数据的时候使用。

7.1.8　小结

df.append() 方法可以轻松实现数据的追加和拼接。如果列名相同，会追加一行到数据后面；如果列名不同，会将新的列添加到原数据。数据的追加是 Pandas 数据合并操作中最基础、最简单的功能，需要熟练掌握。

7.2　数据连接 pd.concat

Pandas 数据可以实现纵向和横向连接，将数据连接后会形成一个新对象——Series 或 DataFrame。连接是最常用的多个数据合并操作。pd.concat() 是专门用于数据连接合并的函数，它可以沿着行或者列进行操作，同时可以指定非合并轴的合并方式（如合集、交集等）。

7.2.1　基本语法

以下为 pd.concat() 的基本语法：

```
# 语法
pd.concat(objs, axis=0, join='outer',
          ignore_index=False, keys=None,
          levels=None, names=None, sort=False,
          verify_integrity=False, copy=True)
```

其中主要的参数如下。

- objs：需要连接的数据，可以是多个 DataFrame 或者 Series。它是必传参数。
- axis：连接轴的方法，默认值是 0，即按列连接，追加在行后面。值为 1 时追加到列后面。
- join：合并方式，其他轴上的数据是按交集（inner）还是并集（outer）进行合并。
- ignore_index：是否保留原来的索引。
- keys：连接关系，使用传递的键作为最外层级别来构造层次结构索引，就是给每个表指定一个一级索引。
- names：索引的名称，包括多层索引。
- verify_integrity：是否检测内容重复。参数为 True 时，如果合并的数据与原数据包含索引相同的行，则会报错。

- copy：如果为 False，则不要深拷贝。

pd.concat() 会返回一个合并后的 DataFrame。

7.2.2 简单连接

pd.concat() 的基本操作可以实现前文讲的 df.append() 功能，示例代码如下。

```
pd.concat([df1, df2])
'''
   x  y
0  1  3
1  2  4
0  5  7
1  6  8
'''

# 效果同上
df1.append(df2)
```

操作中 ignore_index 和 sort 参数的作用一样。

7.2.3 按列连接

如果要将多个 DataFrame 按列拼接在一起，可以传入 axis=1 参数，这会将不同的数据追加到列的后面，索引无法对应的位置上将值填充为 NaN，如图 7-3 所示。

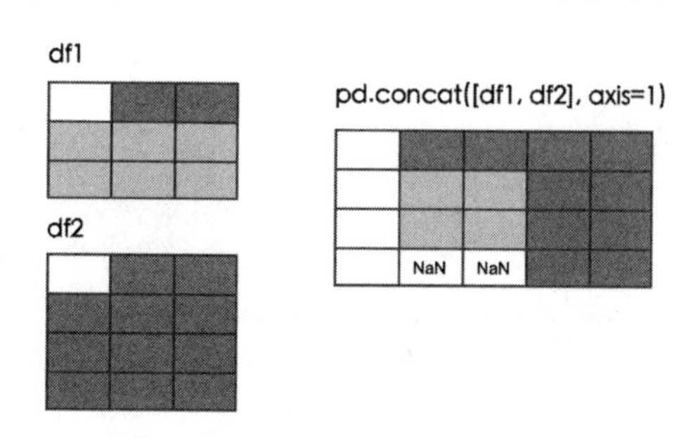

图 7-3 pd.concat() 按列合并示例

代码示例如下：

```
df2 = pd.DataFrame({'x': [5, 6, 0], 'y': [7, 8, 0]})
df2
'''
   x  y
0  5  7
1  6  8
2  0  0
'''

# 按列连接
pd.concat([df1, df2], axis=1)
```

```
'''
     x    y  x  y
0  1.0  3.0  5  7
1  2.0  4.0  6  8
2  NaN  NaN  0  0
'''
```

上例中，df2 的行数比 df1 多一行，合并后 df1 的部分为 NaN。

7.2.4　合并交集

以上连接操作会得到两个表内容的并集（默认是 join ='outer'），那如果我们需要交集呢？

```
# 按列合并交集
pd.concat([df1, df2], axis=1, join='inner')
'''
   x  y  x  y
0  1  3  5  7
1  2  4  6  8
'''
```

传入 join='inner' 取得两个 DataFrame 的共有部分，去除了 df1 没有的第三行内容。另外，我们可以通过 reindex() 方法实现以上取交集功能：

```
# 两种方法
pd.concat([df1, df2], axis=1).reindex(df1.index)
pd.concat([df1, df2.reindex(df1.index)], axis=1)
```

7.2.5　与序列合并

如同 df.append() 一样，DataFrame 也可以用以下方法与 Series 合并：

```
z = pd.Series([9, 9], name='z')
# 将序列加到新列
pd.concat([df1, z], axis=1)
'''
   x  y  z
0  1  3  9
1  2  4  9
'''
```

但是，还是建议使用 df.assign() 来定义一个新列，逻辑会更加简单：

```
# 增加新列
df1.assign(z=z)
'''
   x  y  z
0  1  3  9
1  2  4  9
'''
```

7.2.6 指定索引

我们可以再给每个表一个一级索引，形成多层索引，这样可以清晰地看到合成后的数据分别来自哪个 DataFrame。

```
# 指定索引名
pd.concat([df1, df2], keys=['a', 'b'])
'''
     x  y
a 0  1  3
  1  2  4
b 0  5  7
  1  6  8
'''

# 以字典形式传入
pieces = {'a': df1, 'b': df2}
pd.concat(pieces)
'''
     x  y
a 0  1  3
  1  2  4
b 0  5  7
  1  6  8
'''

# 横向合并，指定索引
pd.concat([df1, df2], axis=1, keys=['a', 'b'])
'''
   a     b
   x  y  x  y
0  1  3  5  7
1  2  4  6  8
'''
```

7.2.7 多文件合并

多文件合并在实际工作中比较常见，汇总表往往费时费力，如果用代码来实现就会省力很多，而且还可以复用，从而节省大量时间。最简单的方法是先把数据一个个地取出来，然后进行合并：

```
# 通过各种方式读取数据
df1 = pd.DataFrame(data1)
df2 = pd.read_excel('tmp.xlsx')
df3 = pd.read_csv('tmp.csv')

# 合并数据
merged_df = pd.concat([df1, df2, df3])
```

注意，不要一个表格用一次 concat，这样性能会很差，可以先把所有表格加到列表里，然后一次性合并：

```
# process_your_file(f)方法将文件读取为DataFrame
frames = [process_your_file(f) for f in files]
```

```
# 合并
result = pd.concat(frames)
```

7.2.8　目录文件合并

有时会将体量比较大的数据分片放到同一个硬盘目录下，在使用时进行合并。可以使用 Python 的官方库 glob 来识别目录文件：

```
import glob
# 取出目录下所有XLSX格式的文件
files = glob.glob("data/*.xlsx")
cols = ['ID', '时间', '名称'] # 只取这些列
# 列表推导出对象
dflist = [pd.read_excel(i, usecols=cols) for i in files]
df = pd.concat(dflist) # 合并
```

使用 Python 内置 map 函数进行操作：

```
# 使用pd.read_csv逐一读取文件，然后合并
pd.concat(map(pd.read_csv, ['data/d1.csv',
                            'data/d2.csv',
                            'data/d3.csv']))

# 使用pd.read_excel逐一读取文件，然后合并
pd.concat(map(pd.read_excel, ['data/d1.xlsx',
                              'data/d2.xlsx',
                              'data/d3.xlsx']))
```

以下是一些其他方法。

```
# 目录下的所有文件
from os import listdir
filepaths = [f for f in listdir("./data") if f.endswith('.csv')]
df = pd.concat(map(pd.read_csv, filepaths))

# 其他方法
import glob
df = pd.concat(map(pd.read_csv, glob.glob('data/*.csv')))
df = pd.concat(map(pd.read_excel, glob.glob('data/*.xlsx')))
```

在实际使用中，熟练掌握其中一个方法即可。

7.2.9　小结

相比 pd.append()，pd.concat() 的功能更为丰富，它是 Pandas 的一个通用方法，可以灵活地合并 DataFrame 的各种序列数据，从而方便地取交集和并集数据。这个方法在多文件数据合并方面也能让人得心应手。

7.3　数据合并 pd.merge

Pandas 提供了一个 pd.merge() 方法，可以实现类似 SQL 的 join 操作，功能更全、性能

更优。通过 pd.merge() 方法可以自由灵活地操作各种逻辑的数据连接、合并等操作。

7.3.1 基本语法

pd.merge() 的基本语法如下。

```
# 基本语法
pd.merge(left, right, how='inner', on=None, left_on=None, right_on=None,
         left_index=False, right_index=False, sort=True,
         suffixes=('_x', '_y'), copy=True, indicator=False,
         validate=None)
```

可以将两个 DataFrame 或 Series 合并，最终返回一个合并后的 DataFrame。其中的主要参数如下。

- left、right：需要连接的两个 DataFrame 或 Series，一左一右。
- how：两个数据连接方式，默认为 inner，可设置为 inner、outer、left 或 right。
- on：作为连接键的字段，左右数据中都必须存在，否则需要用 left_on 和 right_on 来指定。
- left_on：左表的连接键字段。
- right_on：右表的连接键字段。
- left_index：为 True 时将左表的索引作为连接键，默认为 False。
- right_index：为 True 时将右表的索引作为连接键，默认为 False。
- suffixes：如果左右数据出现重复列，新数据表头会用此后缀进行区分，默认为 _x 和 _y。

7.3.2 连接键

在数据连接时，如果没有指定根据哪一列（连接键）进行连接，Pandas 会自动找到相同列名的列进行连接，并按左边数据的顺序取交集数据。为了代码的可阅读性和严谨性，推荐通过 on 参数指定连接键，其逻辑如图 7-4 所示。

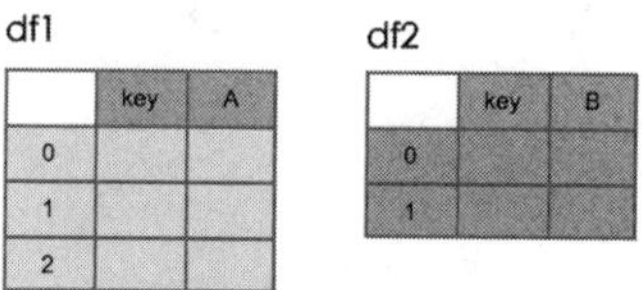

图 7-4 pd. merge() 连接键示例

代码示例如下：

```
df1 = pd.DataFrame({'a': [1, 2], 'x': [5, 6]})
df1
'''
   a  x
0  1  5
1  2  6
'''

df2 = pd.DataFrame({'a': [2, 1, 0],  'y': [6, 7, 8]})
df2
'''
   a  y
0  2  6
```

```
1  1  7
2  0  8
'''

pd.merge(df1, df2, on='a')
'''
   a  x  y
0  1  5  7
1  2  6  6
'''
```

以上按 a 列进行连接，数据顺序取了 df1 的顺序。

7.3.3　索引连接

可以直接按索引进行连接，将 left_index 和 right_index 设置为 True，会以两个表的索引作为连接键，示例代码如下。

```
pd.merge(df1, df2,
         left_index=True,
         right_index=True,
         suffixes=('_1', '_2')
        )
'''
   a_1  x  a_2  y
0    1  5    2  6
1    2  6    1  7
'''
```

本例中，两个表都有同名的 a 列，用 suffixes 参数设置了后缀来区分。

7.3.4　多连接键

如果在合并数据时需要用多个连接键，可以以列表的形式将这些连接键传入 on 中，示例代码如下。

```
df3 = pd.DataFrame({'a': [1, 2], 'b': [3, 4], 'x': [5, 6]})
df3
'''
   a  b  x
0  1  3  5
1  2  4  6
'''

df4 = pd.DataFrame({'a': [1, 2, 3], 'b': [3, 4, 5],  'y': [6, 7, 8]})
df4
'''
   a  b  y
0  1  3  6
1  2  4  7
2  3  5  8
'''

pd.merge(df3, df4, on=['a','b'])
'''
```

```
   a  b  x  y
0  1  3  5  6
1  2  4  6  7
'''
```

本例中，a 和 b 列中的（1, 3）和（2，4）作为连接键将两个数据进行了连接。

7.3.5 连接方法

how 参数可以指定数据用哪种方法进行合并，可以设置为 inner、outer、left 或 right，实现类似 SQL 的 join 操作。

默认的方式是 inner join，取交集，也就是保留左右表的共同内容；如果是 left join，左边表中所有的内容都会保留；如果是 right join，右表全部保留；如果是 outer join，则左右表全部保留。关联不上的内容为 NaN。

```
# 以左表为基表
pd.merge(df3, df4, how='left', on=['a', 'b'])
'''
   a  b  x  y
0  1  3  5  6
1  2  4  6  7
'''

# 以右表为基表
pd.merge(df3, df4, how='right', on=['a', 'b'])
'''
   a  b    x  y
0  1  3  5.0  6
1  2  4  6.0  7
2  3  5  NaN  8
'''
```

以下是一些其他的案例。

```
# 取两个表的并集
pd.merge(left, right, how='outer', on=['key1', 'key2'])

# 取两个表的交集
pd.merge(left, right, how='inner', on=['key1', 'key2'])

# 一个有重复连接键的例子
left = pd.DataFrame({'A': [1, 2], 'B': [2, 2]})
right = pd.DataFrame({'A': [4, 5, 6], 'B': [2, 2, 2]})
pd.merge(left, right, on='B', how='outer')
```

7.3.6 连接指示

如果想知道数据连接后是左表内容还是右表内容，可以使用 indicator 参数显示连接方式。如果将 indicator 设置为 True，则会增加名为 _merge 的列，显示这列是从何而来。_merge 列有以下三个取值。

- left_only：只在左表中。

- right_only：只在右表中。
- both：两个表中都有。

例如以下代码中，第三行数据只在右表中存在。

```
# 显示连接指示列
pd.merge(df1, df2, on='a', how='outer', indicator=True)
'''
   a    x  y       _merge
0  1  5.0  7         both
1  2  6.0  6         both
2  0  NaN  8   right_only
'''
```

7.3.7 小结

pd. merge() 方法非常强大，可以实现 SQL 的 join 操作。可以用它来进行复杂的数据合并和连接操作，但不建议用它来进行简单的追加、拼接操作，因为理解起来有一定的难度。

7.4 按元素合并

在数据合并过程中需要对对应位置的数值进行计算，比如相加、平均、对空值补齐等，Pandas 提供了 df.combine_first() 和 df.combine() 等方法进行这些操作。

7.4.1 df.combine_first()

使用相同位置的值更新空元素，只有在 df1 有空元素时才能替换值。如果数据结构不一致，所得 DataFrame 的行索引和列索引将是两者的并集。示例代码如下。

```
df1 = pd.DataFrame({'A': [None, 1], 'B': [None, 2]})
'''
     A    B
0  NaN  NaN
1  1.0  2.0
'''

df2 = pd.DataFrame({'A': [3, 3], 'B': [4, 4]})
'''
   A  B
0  3  4
1  3  4
'''

# 合并
df1.combine_first(df2)
'''
     A    B
0  3.0  4.0
1  1.0  2.0
'''
```

在上例中，df1 中的 A 和 B 的空值被 df2 中相同位置的值替换。下面是另一个示例。

```
df1 = pd.DataFrame({'A': [None, 1], 'B': [2, None]})
'''
     A    B
0  NaN  2.0
1  1.0  NaN
'''

df2 = pd.DataFrame({'A': [3, 3], 'C': [4, 4]}, index=[1, 2])
'''
   A  C
1  3  4
2  3  4
'''

# 合并
df1.combine_first(df2)
'''
     A    B    C
0  NaN  2.0  NaN
1  1.0  NaN  4.0
2  3.0  NaN  4.0
'''
```

在上例中，df1 中的 A 中的空值由于没有 B 中相同位置的值来替换，仍然为空。

7.4.2 df.combine()

可以与另一个 DataFrame 进行按列组合。使用函数通过计算将一个 DataFrame 与其他 DataFrame 合并，以逐元素方式合并列。所得 DataFrame 的行索引和列索引将是两者的并集。这个函数中有两个参数，分别是两个 df 中对应的 Series，计算后返回一个 Series 或者标量。

下例中，合并时取对应位置大的值作为合并结果。

```
df1 = pd.DataFrame({'A': [1, 2], 'B': [3, 4]})
'''
   A  B
0  1  3
1  2  4
'''

df2 = pd.DataFrame({'A': [0, 3], 'B': [2, 1]})
'''
   A  B
0  0  2
1  3  1
'''

# 合并，方法为：s1和s2对应位置上哪个值大就返回哪个值
df1.combine(df2, lambda s1, s2: np.where(s1>s2, s1, s2))
'''
   A  B
0  1  3
1  3  4
'''
```

也可以直接使用 NumPy 的函数：

```
# 取最大值，即上例的实现
df1.combine(df2, np.maximum)
# 取对应最小值
df1.combine(df2, np.minimum)
```

7.4.3　df.update()

利用 update() 方法，可以使用来自另一个 DataFrame 的非 NaN 值来修改 DataFrame，而原 DataFrame 被更新，示例代码如下。

```
df1 = pd.DataFrame({'a': [None, 2], 'b': [5, 6]})
'''
     a  b
0  NaN  5
1  2.0  6
'''

df2 = pd.DataFrame({'a': [0, 2], 'b': [None, 7]})
'''
   a    b
0  0  NaN
1  2  7.0
'''

# 合并，所有空值被对应位置的值替换
df1.update(df2)
df1
'''
     a    b
0  0.0  5.0
1  2.0  7.0
'''
```

上例中，如果不想让 df1 被更新，可以传入参数 overwrite=False。

7.4.4　小结

之前我们了解的都是对数据整体性的合并，而本节我们介绍的几个方法是真正的元素级的合并，它们可以按照复杂的规则对两个数据进行合并。

7.5　数据对比 df.compare

df.compare() 和 s.compare() 方法分别用于比较两个 DataFrame 和 Series，并总结它们之间的差异。Pandas 在 V1.1.0 版本中添加了此功能，如果想使用它，需要先将 Pandas 升级到此版本及以上。

7.5.1 简单对比

在 DataFrame 上使用 compare() 传入对比的 DataFrame 可进行数据对比，如：

```
df1 = pd.DataFrame({'a': [1, 2], 'b': [5, 6]})
df2 = pd.DataFrame({'a': [0, 2], 'b': [5, 7]})
# 对比数据
df1.compare(df2)
'''
     a          b
  self other self other
0  1.0   0.0  NaN   NaN
1  NaN   NaN  6.0   7.0
'''
```

上例中，由于两个表的 a 列第一行和 b 列第二行数值有差异，故在各列二级索引中用 self 和 other 分别显示数值用于对比；对于相同的部分，由于不用关心，用 NaN 表示。

再看一个例子：

```
df1 = pd.DataFrame({'a': [1, 2], 'b': [5, 6]})
df2 = pd.DataFrame({'a': [1, 2], 'b': [5, 7]})
# 对比数据
df1.compare(df2)
'''
     b
  self other
1  6.0   7.0
'''
```

上例中，a 列数据相同，不显示，仅显示不同的 b 列第二行。另外请注意，只能对比形状相同的两个数据。

7.5.2 对齐方式

默认情况下，将不同的数据显示在列方向上，我们还可以传入参数 align_axis=0 将不同的数据显示在行方向上，示例代码如下：

```
df1 = pd.DataFrame({'a': [1, 2], 'b': [5, 6]})
df2 = pd.DataFrame({'a': [0, 2], 'b': [5, 7]})
# 对比数据
df1.compare(df2, align_axis=0)
'''
           a    b
0 self   1.0  NaN
  other  0.0  NaN
1 self   NaN  6.0
  other  NaN  7.0
'''
```

7.5.3 显示相同值

在对比时也可以将相同的值显示出来，方法是传入参数 keep_equal=True，示例代码如下：

```
df1 = pd.DataFrame({'a': [1, 2], 'b': [5, 6]})
df2 = pd.DataFrame({'a': [0, 2], 'b': [5, 7]})
# 对比数据
df1.compare(df2, keep_equal=True)
'''
     a          b
  self other self other
0    1     0    5     5
1    2     2    6     7
'''
```

这样，对比结果数据即使相同，也会显示出来。

7.5.4 保持形状

对比时，为了方便知道不同的数据在什么位置，可以用 keep_shape=True 来显示原来数据的形态，不过相同的数据会被替换为 NaN 进行占位：

```
df1 = pd.DataFrame({'a': [1, 2], 'b': [5, 6]})
df2 = pd.DataFrame({'a': [1, 2], 'b': [5, 7]})
# 对比数据
df1.compare(df2, keep_shape=True)
'''
     a          b
  self other self other
0  NaN   NaN  NaN   NaN
1  NaN   NaN  6.0   7.0
'''
```

如果想看到原始值，可同时传入 keep_equal=True：

```
# 对比数据
df1.compare(df2, keep_shape=True, keep_equal=True)
'''
     a          b
  self other self other
0    1     1    5     5
1    2     2    6     7
'''
```

7.5.5 小结

对比数据非常有用，我们在日常办公、数据分析时需要核对数据，可以使用它来帮助我们自动处理，特别是在数据量比较大的场景，这样能够大大节省人力资源。

7.6 本章小结

本章介绍了数据的合并和对比操作。对比相对简单，用 df.compare() 操作进行对比后，能清晰地看到两个数据之间的差异。合并有 df.append()、pd.concat() 和 pd.merge() 三个方法：df.append() 适合在原数据上做简单的追加，一般用于数据内容的追加；pd.concat() 既可以合并多个数据，也可以合并多个数据文件；pd.merge() 可以做类似 SQL 语句中的 join 操作，功能最为丰富。

以上几个方法可以帮助我们对多个数据进行整理并合并成一个完整的 DataFrame，以便于我们对数据进行整体分析。

第 8 章 Chapter 8

Pandas 多层索引

截至目前，我们处理的数据基本都是一列索引和一行表头，但在实际业务中会存在有多层索引的情况。多层索引（Hierarchical indexing）又叫多级索引，它为一些非常复杂的数据分析和操作（特别是处理高维数据）提供了方法。从本质上讲，它使你可以在 Series（一维）和 DataFrame（二维）等较低维度的数据结构中存储和处理更高维度的数据。

8.1 概述

本节介绍多层数据的一些基本概念和使用场景，以及如何创建多层索引数据。理解了多层数据的基本概念和使用场景，我们就能更好地应用它的特性来解决实际数据分析中的问题。

8.1.1 什么是多层索引

我们先来看一些数据，如图 8-1 所示。

此示例图为某年级各班每半年男生和女生身高的测量记录数据，在两个方向的轴上，索引均有两层。在行方向上，一条数据需要由班级和性别来共同决定；在列方向上，一个指定的列由年份和上下半年来确定。这样的数据在我们的工作生活中很常见，它们可以使表格条理清晰，使数据指向更为明确。

多层数据可以只有在行上为多层，可以只有在列上为多层，也可以在两个方向都为多层，理论上层数是没有上限的。除了原生的数据为多层外，在做数据分组聚合等操作时也会产生多层数据。本质上，这其实是一个以低维的形式展示的多维数据。我们可以以这种形式处理高维数据。

学生身高统计表（示例）					
		2019		2020	
		上半年	下半年	上半年	下半年
1班	男	156	158	160	162
	女	155	157	159	161
2班	男	156	158	160	162
	女	155	157	159	161
3班	男	156	158	160	162
	女	155	157	159	161

图 8-1 多层数据示例

8.1.2 通过分组产生多层索引

在之前讲过的数据分组案例中，多个分组条件会产生多层索引的情况，如：

```
# 按团队分组，各团队中平均成绩及格的人数
df.groupby(['team', df.mean(1)>=60]).count()
'''
              name  Q1  Q2  Q3  Q4
team
A    False      14  14  14  14  14
     True        3   3   3   3   3
B    False      14  14  14  14  14
     True        8   8   8   8   8
C    False      17  17  17  17  17
     True        5   5   5   5   5
D    False      10  10  10  10  10
     True        9   9   9   9   9
E    False      15  15  15  15  15
     True        5   5   5   5   5
'''
```

上例中，我们先将数据先按团队分组，接着按 4 个季度平均分是否及格分组，最后计算出数量。在这个过程中我们给了两个分组条件，最终数据在行上产生了两层索引：第一层是团队，第二层是此团队平均成绩及格和不及格。

另外，如果对一列应用多个聚合计算方法，也会产生多层索引：

```
'''
           name           Q1      Q2      Q3      Q4
            max     min max min max min max min max min
team
A         Tyler   Aaron  96   9  87   4  99  14  97   8
B        Thomas    Acob  97   2  99   4  99  12  99   2
C       William    Adam  98   1  96  13  87   1  98  20
D     Theodore3   Aiden  80   5  97   7  95  10  99  11
E       Zachary   Arlo8  97   4  98   1  87  13  98   3

'''
```

以上为每个季度的最大值和最小值，在行上有两层索引，这样就清晰地表达了业务意义。在处理复杂数据时常常会出现多层索引，相当于我们对 Excel 同样值的表头进行了合并单元格。

8.1.3　由序列创建多层索引

MultiIndex 对象是 Pandas 标准 Index 的子类，由它来表示多层索引业务。可以将 MultiIndex 视为一个元组对序列，其中每个元组对都是唯一的。可以通过以下方式生成一个索引对象。

序列数据：

```
# 定义一个序列
arrays = [[1, 1, 2, 2], ['A', 'B', 'A', 'B']]
# 生成多层索引
index = pd.MultiIndex.from_arrays(arrays, names=('class', 'team'))
index
'''
MultiIndex([(1, 'A'),
            (1, 'B'),
            (2, 'A'),
            (2, 'B')],
           names=['class', 'team'])
'''
```

可以用这个多层索引对象生成 DataFrame：

```
# 指定的索引是多层索引
pd.DataFrame([{'Q1':60, 'Q2':70}], index=index)
'''
            Q1  Q2
class team
1     A     60  70
      B     60  70
2     A     60  70
      B     60  70
'''
```

8.1.4　由元组创建多层索引

可以使用 pd.MultiIndex.from_tuples() 将由元组组成的序列转换为多层索引，如：

```
# 定义一个两层的序列
arrays = [[1, 1, 2, 2], ['A', 'B', 'A', 'B']]
# 转换为元组
tuples = list(zip(*arrays))
tuples
# [(1, 'A'), (1, 'B'), (2, 'A'), (2, 'B')]
# 将元组转换为多层索引对象
index = pd.MultiIndex.from_tuples(tuples, names=['class', 'team'])
# 使用多层索引对象
pd.Series(np.random.randn(4), index=index)
'''
class  team
1      A       1.385282
       B      -0.408095
2      A      -0.229540
       B      -2.558624
dtype: float64
'''
```

8.1.5 可迭代对象的笛卡儿积

使用上述方法时我们要将所有层的所有值都写出来，而 pd.MultiIndex.from_product() 可以做笛卡儿积计算，将所有情况排列组合出来，如：

```
_class = [1, 2]
team = ['A', 'B']
# 生成多层索引对象
index = pd.MultiIndex.from_product([_class, team],
                                   names=['class', 'team'])
# Series应用多层索引对象
pd.Series(np.random.randn(4), index=index)
'''
class  team
1      A      -0.056137
       B      -1.409241
2      A      -0.353324
       B       0.080787
dtype: float64
'''
```

8.1.6 将 DataFrame 转为多层索引对象

pd.MultiIndex.from_frame() 可以将 DataFrame 的数据转换为多层索引对象，如：

```
df_i = pd.DataFrame([['1', 'A'], ['1', 'B'],
                     ['2', 'B'], ['2', 'B']],
                    columns=['class', 'team'])
'''
  class team
0     1    A
1     1    B
2     2    B
3     2    B
'''
# 将DataFrame中的数据转换成多层索引对象
index = pd.MultiIndex.from_frame(df_i)
# 应用多层对象
pd.Series(np.random.randn(4), index=index)
'''
class  team
1      A      -2.208943
       B      -1.549576
2      B       0.680631
       B      -0.341022
dtype: float64
'''
```

8.1.7 小结

多层索引最为常见的业务场景是数据分组聚合，它一般会产生多层索引的数据。本节介绍了什么是多层索引、多层索引的业务意义，以及如果创建多层索引，如何将多层索引应用到 DataFrame 和 Series 上。

8.2　多层索引操作

索引的常规操作也适用于多层索引，但多层索引还有一些特定的操作需要我们熟练掌握，以便更加灵活地运用它。

8.2.1　生成数据

在介绍多层索引的创建时，我们也将多层索引对象应用到了 DataFrame 和 Series 上，使其成为一个多层索引的 DataFrame 或 Series。以下是一个典型的多层索引数据的生成过程。

```
# 索引
index_arrays = [[1, 1, 2, 2], ['男', '女', '男', '女']]
# 列名
columns_arrays = [['2019', '2019', '2020', '2020'],
                  ['上半年', '下半年', '上半年', '下半年',]]
# 索引转换为多层
index = pd.MultiIndex.from_arrays(index_arrays,
                                  names=('班级', '性别'))
# 列名转换为多层
columns = pd.MultiIndex.from_arrays(columns_arrays,
                                    names=('年份', '学期'))
# 应用到DataFrame中
df = pd.DataFrame([(88,99,88,99),(77,88,97,98),
                   (67,89,54,78),(34,67,89,54)],
                  columns=columns, index=index)
df
```

执行以上代码的结果如图 8-2 所示。

	年份	2019		2020	
	学期	上半年	下半年	上半年	下半年
班级	性别				
1	男	88	99	88	99
	女	77	88	97	98
2	男	67	89	54	78
	女	34	67	89	54

图 8-2　生成多层索引的结果

在行和列上可以分别定义多层索引。

8.2.2　索引信息

和普通索引一样，多层索引也可以查看行、列及行与列的名称。示例代码如下。

```
df.index # 索引，是一个MultiIndex
'''
```

```
MultiIndex([(1, '男'),
            (1, '女'),
            (2, '男'),
            (2, '女')],
           names=['班级', '性别'])
'''

df.columns # 列索引，也是一个MultiIndex
'''
MultiIndex([('2019', '上半年'),
            ('2019', '下半年'),
            ('2020', '上半年'),
            ('2020', '下半年')],
           names=['年份', '学期'])
'''

# 查看行索引的名称
df.index.names
# FrozenList(['班级', '性别'])

# 查看列索引的名称
df.columns.names
# FrozenList(['年份', '学期'])
```

8.2.3 查看层级

多层索引由于层级较多，在数据分析时需要查看它共有多少个层级。示例代码如下。

```
df.index.nlevels # 行层级数
# 2

df.index.levels # 行的层级
# FrozenList([[1, 2], ['女', '男']])

df.columns.nlevels  # 列层级数
# 2

df.columns.levels # 列的层级
# FrozenList([['2019', '2020'], ['上半年', '下半年']])

df[['2019','2020']].index.levels # 筛选后的层级
# df[['2019','2020']].index.levels
```

8.2.4 索引内容

可以取指定层级的索引内容，也可以按索引名取索引内容：

```
# 获取索引第2层内容
df.index.get_level_values(1)
# Index(['男', '女', '男', '女'], dtype='object', name='性别')
# 获取列索引第1层内容
df.columns.get_level_values(0)
# Index(['2019', '2019', '2020', '2020'], dtype='object', name='年份')

# 按索引名称取索引内容
df.index.get_level_values('班级')
```

```
# Int64Index([1, 1, 2, 2], dtype='int64', name='班级')
df.columns.get_level_values('年份')
# Index(['2019', '2019', '2020', '2020'], dtype='object', name='年份')
```

8.2.5　排序

多层索引可以根据需要实现较为复杂的排序操作：

```
# 使用索引名可进行排序，可以指定具体的列
df.sort_values(by=['性别', ('2020','下半年')])
df.index.reorder_levels([1,0]) # 等级顺序，互换
idx.set_codes([1, 1, 0, 0], level='foo') # 设置顺序
df.index.sortlevel(level=0, ascending=True) # 按指定级别排序
df.index.reindex(df.index[::-1]) # 更换顺序，或者指定一个顺序
```

8.2.6　其他操作

以下是一些其他操作：

```
df.index.to_numpy() # 生成一个笛卡儿积的元组对序列
# array([(1, '男'), (1, '女'), (2, '男'), (2, '女')], dtype=object)
df.index.remove_unused_levels() # 返回没有使用的层级
df.swaplevel(0, 2) # 交换索引
df.to_frame() # 转为DataFrame
idx.set_levels(['a', 'b'], level='bar') # 设置新的索引内容
idx.set_levels([['a', 'b', 'c'], [1, 2, 3, 4]], level=[0, 1])
idx.to_flat_index() # 转为元组对序列
df.index.droplevel(0) # 删除指定等级
df.index.get_locs((2, '女'))  # 返回索引的位置
```

8.2.7　小结

多层索引的基础操作与普通索引的操作一样。本节介绍了多层索引的一些特殊操作，如查看索引的信息、索引内容、索引的层级及排序等。在 Pandas 中，大多数方法都针对多层索引进行了适配，可传入类似 level 的参数对指定层级进行操作。

8.3　数据查询

多层索引组成的数据相对复杂，在确定需求后我们要清晰判断是哪个层级下的数据，并充分运用本节的内容进行各角度的数据筛选。需要注意的是，如果行或列中有一个是单层索引，那么与之前介绍过的单层索引一样操作。本节中的行和列全是多层索引。

8.3.1　查询行

还是使用在多层索引操作中生成的 DataFrame，我们需要查询第一层级的某个索引下的所有内容，可以直接使用 df.loc[] 传入它的索引值：

```
# 从图8-2的数据中查看一班的数据
df.loc[1]
```

执行结果如图 8-3 所示，仅显示了一班的数据。

年份	2019		2020	
学期	上半年	下半年	上半年	下半年
性别				
男	88	99	88	99
女	77	88	97	98

图 8-3 选择一班的数据

此外，切片（如 df.loc[1:2] 查询 1 班和 2 班的数据）也适用。

如果我们要同时根据一二级索引查询，可以将需要查询的索引条件组成一个元组：

```
# 1班男生
df.loc[(1, '男')]
'''
年份    学期
2019  上半年    88
      下半年    99
2020  上半年    88
      下半年    99
Name: (1, 男), dtype: int64
'''
```

8.3.2 查询列

查询列时，可以直接用切片选择需要查询的列，使用元组指定相关的层级数据：

```
df['2020'] # 整个一级索引下，结果见图8-4
df[('2020','上半年')] # 指定二级索引
df['2020']['上半年'] # 同上
'''
班级  性别
1   男    88
    女    97
2   男    54
    女    89
Name: (2020, 上半年), dtype: int64
'''
```

	学期	上半年	下半年
班级	性别		
1	男	88	99
	女	97	98
2	男	54	78
	女	89	54

图 8-4 选择 2020 年的数据

8.3.3 行列查询

行列查询和单层索引一样，指定层内容也用元组表示。slice(None) 可以在元组中占位，表示本层所有内容：

```
df.loc[(1, '男'), '2020'] # 只显示2020年1班男生
'''
学期
上半年     88
下半年     99
Name: (1, 男), dtype: int64
'''
df.loc[:, (slice(None), '下半年')] # 只看下半年，结果见图8-5
df.loc[(slice(None), '女'),:] # 只看女生，结果见图8-6
df.loc[1, (slice(None)),:] # 只看一班
df.loc[:, ('2020', slice(None))] # 只看2020年的数据
```

	年份	2019	2020
	学期	下半年	下半年
班级	性别		
1	男	99	99
	女	88	98
2	男	89	78
	女	67	54

图 8-5　下半年数据

	年份	2019		2020	
	学期	上半年	下半年	上半年	下半年
班级	性别				
1	女	77	88	97	98
2	女	34	67	89	54

图 8-6　女生数据

8.3.4 条件查询

按照一定的条件查询数据，和单层索引的数据查询一样，不过在选择列上要按多层的规则。

```
# 2020 年上半年大于80数据
df[df[('2020','上半年')] > 80]
```

执行结果如图 8-7 所示。

	年份	2019		2020	
	学期	上半年	下半年	上半年	下半年
班级	性别				
1	男	88	99	88	99
	女	77	88	97	98
2	女	34	67	89	54

图 8-7　2020 年上半年成绩高于 80 分的数据

8.3.5 用 pd.IndexSlice 索引数据

pd.IndexSlice 可以创建一个切片对象，轻松执行复杂的索引切片操作：

```
idx = pd.IndexSlice
idx[0]               # 0
idx[:]               # slice(None, None, None)
idx[0,'x']           # (0, 'x')
idx[0:3]             # slice(0, 3, None)
idx[0.1:1.5]         # slice(0.1, 1.5, None)
idx[0:5,'x':'y']     # (slice(0, 5, None), slice('x', 'y', None))
```

应用在查询中：

```
idx = pd.IndexSlice
df.loc[idx[:,['男']],:] # 只显示男生
df.loc[:,idx[:,['上半年']]] # 只显示上半年
```

8.3.6 df.xs()

使用 df.xs() 方法采用索引内容作为参数来选择多层索引数据中特定级别的数据：

```
df.xs((1, '男')) # 1班男生
df.xs('2020', axis=1) # 2020年
df.xs('男', level=1) # 所有男生
```

8.3.7 小结

本节介绍了多层索引的数据查询操作，这些操作让我们可以方便地对于复杂的多层数据按需求进行查询。和单层索引数据一样，多层索引数据也可以使用切片、loc、iloc 等操作，只是需要用元组表达出层级。

8.4 本章小结

多层数据是基于业务需要产生的，它能够让数据的逻辑和归属更加清晰明确，对于数据的展示和分析操作有重要意义。

在 Pandas 中，很多函数和方法都支持 level 参数，可以对指定层级的数据进行操作。在使用时，可以通过查看函数说明进行了解。

但是，我们要尽量避免让数据多层级化，以免使数据处理起来特别复杂，可以先将数据筛选完成，再创建索引，保持一层索引。

第 9 章 Chapter 9

Pandas 数据重塑与透视

在数据处理和数据分析过程中，除了之前介绍的将多个数据合并形成新的数据外，由数据自身变换计算得到我们期望的形式也很常见，其中涉及数据的分组、维度变化、数据透视、数据重塑、数据转置、归一化等一系列操作。数据的重塑不是简单的形式变换，而是数据的表达从一个逻辑转变为另一个逻辑，透视则是非常常用的数据重塑手段。在本章中，我们一起了解一下 Pandas 提供的几个数据变换方法以及如何使用它们快速实现数据分析。

9.1 数据透视

数据透视表，顾名思义，是指它有“透视”数据的能力，可以找出大量复杂无关的数据的内在关系，将数据转化为有意义、有价值的信息，从而看到它所代表的事物的规律和本质。

数据透视是最常用的数据汇总工具，Excel 中经常会做数据透视，它可以根据一个或多个指定的维度来聚合数据。Pandas 也提供了数据透视函数来实现这些功能。

9.1.1 整理透视

要实现基础的透视操作，可以使用 df.pivot() 返回按给定的索引、列值重新组织整理后的 DataFrame。df.pivot() 有 3 个参数，其逻辑如图 9-1 所示。

这些参数传入的值是原数据的列名，作用分别如下。

- index：作为新 DataFrame 的索引，取分组去重的值；如果不传入，则取现有索引。
- columns：作为新 DataFrame 的列，取去重的值，当列和索引的组合有多个值时会报错，需要使用 pd.pivot_table() 进行操作。

- values：作为新 DataFrame 的值，如果指定多个，会形成多层索引；如果不指定，会默认为所有剩余的列。

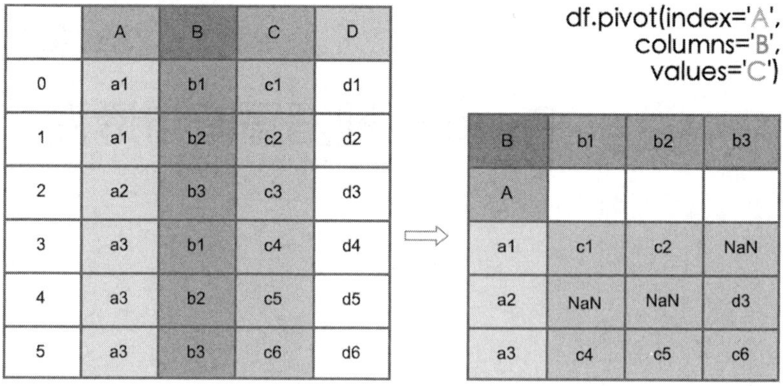

	A	B	C	D
0	a1	b1	c1	d1
1	a1	b2	c2	d2
2	a2	b3	c3	d3
3	a3	b1	c4	d4
4	a3	b2	c5	d5
5	a3	b3	c6	d6

df.pivot(index='A',
columns='B',
values='C')

B	b1	b2	b3
A			
a1	c1	c2	NaN
a2	NaN	NaN	d3
a3	c4	c5	c6

图 9-1 df.pivot() 逻辑图示

9.1.2 整理透视操作

接下来，我们通过代码实现数据的透视：

```
# 构造数据
df = pd.DataFrame({
    'A':['a1', 'a1', 'a2', 'a3', 'a3', 'a3'],
    'B':['b1', 'b2', 'b3', 'b1', 'b2', 'b3'],
    'C':['c1', 'c2', 'c3', 'c4', 'c5', 'c6'],
    'D':['d1', 'd2', 'd3', 'd4', 'd5', 'd6'],
})

# 查看数据
df
'''
   A   B   C   D
0  a1  b1  c1  d1
1  a1  b2  c2  d2
2  a2  b3  c3  d3
3  a3  b1  c4  d4
4  a3  b2  c5  d5
5  a3  b3  c6  d6
'''
```

以上数据是一个典型的展示数据。通过透视，我们想知道 A 和 B 列组合后对应的值：

```
# 透视，指定索引、列、值
df.pivot(index='A', columns='B', values='C')
'''
B    b1   b2   b3
A
a1   c1   c2  NaN
```

```
a2   c4  NaN   c3
a3  NaN   c5   c6
'''
```

上面的代码取 A 列的去重值作为索引，取 B 列的去重值作为列，取 C 列内容作为具体数据值。两个轴交叉处的取值方法是原表中 A 与 B 对应 C 列的值，如果无值则显示 NaN。

如果需要除了索引和列外的所有值，可以不传入 values：

```
# 不指定值内容
df.pivot(index='A', columns='B')
'''
       C                D
B    b1   b2   b3   b1   b2   b3
A
a1    c1   c2  NaN   d1   d2  NaN
a2    c4  NaN   c3   d4  NaN   d3
a3   NaN   c5   c6  NaN   d5   d6
'''
```

其效果和以下代码相同：

```
# 指定多列值
df.pivot(index='A', columns='B', values=['C', 'D'])
'''
       C                D
B    b1   b2   b3   b1   b2   b3
A
a1    c1   c2  NaN   d1   d2  NaN
a2    c4  NaN   c3   d4  NaN   d3
a3   NaN   c5   c6  NaN   d5   d6
'''
```

9.1.3　聚合透视

df.pivot() 只是对原数据的结构、显示形式做了变换，在实现业务中，往往还需要在数据透视过程中对值进行计算，这时候就要用到 pd.pivot_table()。它可以实现类似 Excel 那样的高级数据透视功能，逻辑如图 9-2 所示。

pd.pivot_table() 有以下几个关键参数。

- data：要透视的 DataFrame 对象。
- index：在数据透视表索引上进行分组的列。
- values：要聚合的一列或多列。
- columns：在数据透视表列上进行分组的列。
- aggfunc：用于聚合的函数，默认是平均数 mean。
- fill_value：透视会以空值填充值。
- margins：是否增加汇总行列。

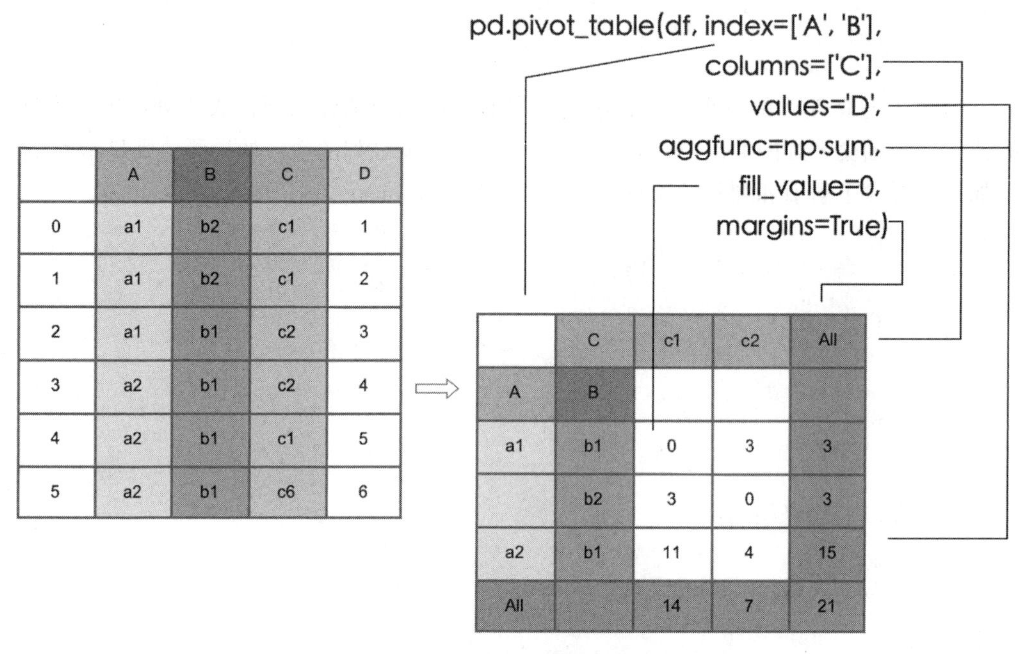

图 9-2 pd.pivot_table() 逻辑图示

9.1.4 聚合透视操作

接下来进行聚合透视操作，我们看以下数据集：

```
df = pd.DataFrame({
    'A':['a1', 'a1', 'a1', 'a2', 'a2', 'a2'],
    'B':['b2', 'b2', 'b1', 'b1', 'b1', 'b1'],
    'C':['c1', 'c1', 'c2', 'c2', 'c1', 'c1'],
    'D':[1, 2, 3, 4, 5, 6]
})
df
'''
    A   B   C  D
0  a1  b2  c1  1
1  a1  b2  c1  2
2  a1  b1  c2  3
3  a2  b1  c2  4
4  a2  b1  c1  5
5  a2  b1  c1  6
'''
```

如果对以上数据进行以 A 为索引、以 B 为列的整理透视 df.pivot() 操作，会报错，因为索引和列组合后有重复数据。需要将这些重复数据按一定的算法计算出来，pd.pivot_table() 默认的算法是取平均值。

```
# 透视
pd.pivot_table(df, index='A', columns='B', values='D')
```

```
'''
B    b1   b2
A
a1  3.0  1.5
a2  5.0  NaN
'''
```

我们验证一下 a2 和 b1 的对应值：

```
# 筛选a2和b1的数据
df.loc[(df.A=='a2') & (df.B=='b1')]
'''
   A   B   C  D
3  a2  b1  c2  4
4  a2  b1  c1  5
5  a2  b1  c1  6
'''

# 对D求平均数
df.loc[(df.A=='a2') & (df.B=='b1')].D.mean()
# 5.0
```

最终得到结果 5.0，这就是聚合透视背后所做的操作。

9.1.5 聚合透视高级操作

以下是一个更为复杂的聚合透视操作：

```
# 高级聚合
pd.pivot_table(df, index=['A', 'B'], # 指定多个索引
               columns=['C'], # 指定列
               values='D', # 指定数据值
               aggfunc=np.sum, # 指定聚合方法为求和
               fill_value=0, # 将聚合为空的值填充为0
               margins=True # 增加行列汇总
              )
'''
C        c1  c2  All
A   B
a1  b1    0   3    3
    b2    3   0    3
a2  b1   11   4   15
All      14   7   21
'''
```

还可以使用多个计算方法：

```
# 使用多个聚合计算
pd.pivot_table(df, index=['A', 'B'], # 指定多个索引
               columns=['C'], # 指定列
               values='D', # 指定数据值
               aggfunc=[np.mean, np.sum]
              )
'''
      mean        sum
C       c1   c2    c1   c2
A  B
a1 b1  NaN  3.0   NaN  3.0
```

```
   b2  1.5  NaN   3.0  NaN
a2 b1  5.5  4.0  11.0  4.0
'''
```

如果有多个数据列，可以为每一列指定不同的计算方法：

```
df = pd.DataFrame({
     'A':['a1', 'a1', 'a1', 'a2', 'a2', 'a2'],
     'B':['b2', 'b2', 'b1', 'b1', 'b1', 'b1'],
     'C':['c1', 'c1', 'c2', 'c2', 'c1', 'c1'],
     'D':[1, 2, 3, 4, 5, 6],
     'E':[9, 8, 7, 6, 5, 4]
})
df
'''
    A   B   C  D  E
0  a1  b2  c1  1  9
1  a1  b2  c1  2  8
2  a1  b1  c2  3  7
3  a2  b1  c2  4  6
4  a2  b1  c1  5  5
5  a2  b1  c1  6  4
'''

# 为各列分别指定计算方法
pd.pivot_table(df, index=['A', 'B'],
               columns=['C'],
               aggfunc={'D':np.mean, 'E':np.sum}
              )
'''
         D          E
C       c1   c2    c1   c2
A  B
a1 b1  NaN  3.0   NaN  7.0
   b2  1.5  NaN  17.0  NaN
a2 b1  5.5  4.0   9.0  6.0
'''
```

最终形成的数据，D 列取平均，E 列取和。

9.1.6 小结

本节介绍了 Pandas 如何进行透视操作。df.pivot() 是对数据进行整理，变换显示方式，而 pd.pivot_table() 会在整理的基础上对重复的数据进行相应的计算。Pandas 透视表功能和 Excel 类似，但 Pandas 对数据的聚合方法更加灵活，能够实现更加复杂的需求，特别是在处理庞大的数据时更能展现威力。

9.2 数据堆叠

数据的堆叠也是数据处理的一种常见方法。在多层索引的数据中，通常为了方便查看、对比，会将所有数据呈现在一列中；相反，对于层级过多的数据，我们可以实施解堆操作，让它呈现多列的状态。本节将介绍数据堆叠的原理和操作。

9.2.1　理解堆叠

数据堆叠可以简单理解成将多列数据转为一列数据（见图 9-3）。如果原始数据有多个数据列，堆叠（stack）的过程表示将这些数据列的所有数据表全部旋转到行上；类似地，解堆（unstack）的过程表示将在行上的索引旋转到列上。解堆是堆叠的相反操作。

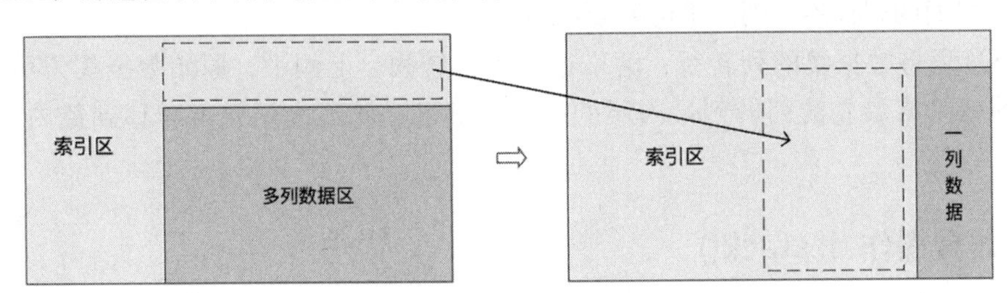

图 9-3　数据堆叠示意

图 9-4 和图 9-5 很好地说明了堆叠和解堆的操作原理。

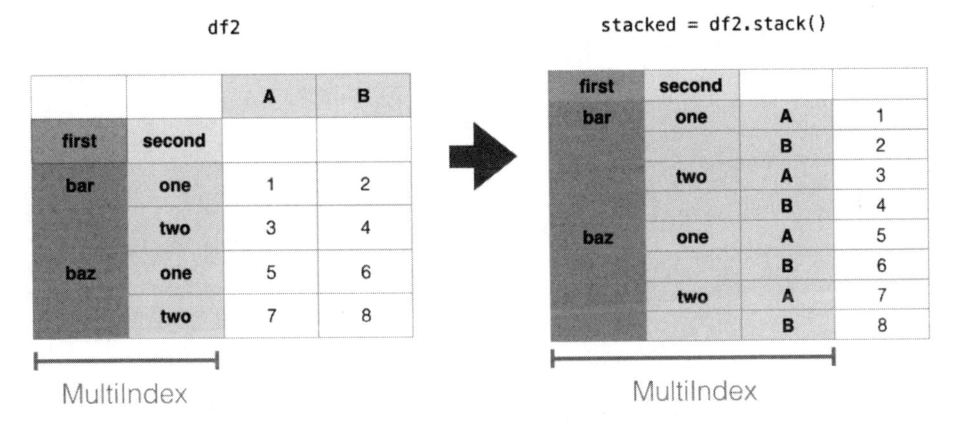

		A	B
first	second		
bar	one	1	2
	two	3	4
baz	one	5	6
	two	7	8

first	second		
bar	one	A	1
		B	2
	two	A	3
		B	4
baz	one	A	5
		B	6
	two	A	7
		B	8

图 9-4　数据堆叠案例图示

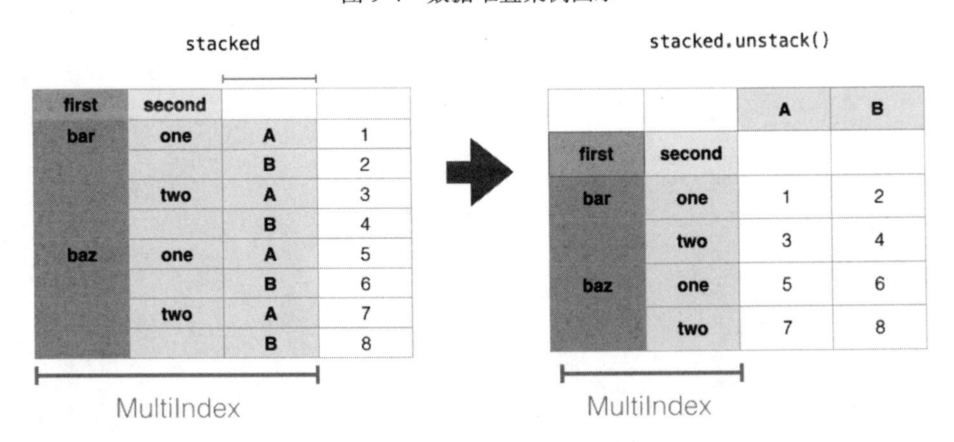

first	second		
bar	one	A	1
		B	2
	two	A	3
		B	4
baz	one	A	5
		B	6
	two	A	7
		B	8

		A	B
first	second		
bar	one	1	2
	two	3	4
baz	one	5	6
	two	7	8

图 9-5　数据解堆案例图示

堆叠和解堆的本质如下。

- 堆叠："透视"某个级别的（可能是多层的）列标签，返回带有索引的 DataFrame，该索引带有一个新的行标签，这个新标签在原有索引的最右边。
- 解堆：将（可能是多层的）行索引的某个级别"透视"到列轴，从而生成具有新的最里面的列标签级别的重构的 DataFrame。

堆叠过程将数据集的列转行，解堆过程为行转列。上例中，原始数据集索引有两层，堆叠过程就是将最左的列转到最内层的行上，解堆是将最内层的行转移到最内层的列索引中。

9.2.2 堆叠操作 df.stack()

下面我们来操作一下数据的堆叠。首先构造数据：

```
df = pd.DataFrame({
    'A':['a1', 'a1', 'a2', 'a2'],
    'B':['b1', 'b2', 'b1', 'b2'],
    'C':[1, 2, 3, 4],
    'D':[5, 6, 7, 8],
    'E':[5, 6, 7, 8]
})

# 设置多层索引
df.set_index(['A', 'B'], inplace=True)
'''
       C  D  E
A  B
a1 b1  1  5  5
   b2  2  6  6
a2 b1  3  7  7
   b2  4  8  8
'''
```

以上构造了一个 A、B 两层的多层索引数据，接下来我们进行堆叠操作：

```
# 堆叠
df.stack()
'''
A   B
a1  b1  C    1
        D    5
        E    5
    b2  C    2
        D    6
        E    6
a2  b1  C    3
        D    7
        E    7
    b2  C    4
        D    8
        E    8
dtype: int64
'''
```

```
# 查看类型
type(df.stack())
# pandas.core.series.Series
```

我们看到生成了一个 Series，所有的列都透视在了多层索引的新增列中。

9.2.3 解堆操作 df.unstack()

解堆是堆叠的相反操作。

```
# 将原来的数据堆叠并赋值给s
s = df.stack()
s
'''
A   B
a1  b1  C    1
        D    5
        E    5
    b2  C    2
        D    6
        E    6
a2  b1  C    3
        D    7
        E    7
    b2  C    4
        D    8
        E    8
dtype: int64
'''

# 操作解堆
s.unstack()
'''
       C  D  E
A  B
a1 b1  1  5  5
   b2  2  6  6
a2 b1  3  7  7
   b2  4  8  8
'''
```

解堆后生成的是一个 DataFrame。

9.2.4 小结

数据的堆叠和解堆分别用来解决数据的展开和收缩问题。堆叠让数据变成一维数据，可以让我们从不同维度来观察和使用数据。解堆和堆叠互为相反操作。

9.3 交叉表

交叉表（cross tabulation）是一个很有用的分析工具，是用于统计分组频率的特殊透视表。简单来说，交叉表就是将两列或多列中不重复的元素组成一个新的 DataFrame，新数据的行和列交叉部分的值为其组合在原数据中的数量。

9.3.1 基本语法

交叉表的基本语法如下：

```
# 基本语法
pd.crosstab(index, columns, values=None, rownames=None,
            colnames=None, aggfunc=None, margins=False,
            margins_name: str = 'All', dropna: bool = True,
            normalize=False)
```

参数说明如下。

- index：传入列，如 df['A']，作为新数据的索引。
- columns：传入列，作为新数据的列，新数据的列为此列的去重值。
- values：可选，传入列，根据此列的数值进行计算，计算方法取 aggfunc 参数指定的方法，此时 aggfunc 为必传。
- aggfunc：函数，values 列计算使用的计算方法。
- rownames：新数据和行名，一个序列，默认值为 None，必须与传递的行数、组数匹配。
- colnames：新数据和列名，一个序列，默认值为 None；如果传递，则必须与传递的列数、组数匹配。
- margins：布尔值，默认值为 False，添加行 / 列边距（小计）。
- normalize：布尔值，{'all', 'index', 'columns'} 或 {0,1}，默认值为 False。通过将所有值除以值的总和进行归一化。

9.3.2 生成交叉表

下例为根据原数据生成交叉表：

```
# 原数据
df = pd.DataFrame({
    'A':['a1', 'a1', 'a2', 'a2', 'a1'],
    'B':['b2', 'b1', 'b2', 'b2', 'b1'],
    'C':[1, 2, 3, 4, 5],
})

df
'''
    A   B  C
0  a1  b2  1
1  a1  b1  2
2  a2  b2  3
3  a2  b2  4
4  a1  b1  5
'''
```

```
# 生成交叉表
pd.crosstab(df['A'], df['B'])
'''
B   b1  b2
A
a1   2   1
a2   0   2
'''
```

在上例中，A、B 两列进行交叉，A 有不重复的值 a1 和 a2，B 有不重复的值 b1 和 b2。交叉后组成了新的数据，行和列的索引分别是 a1、a2 和 b1、b2，它们交叉位上对应的值为此组合的数量，如 a1、b1 组合有两个，所以它们的交叉位上的值为 2；没有 a2、b1 组合，所以对应的值为 0。

也可以对分类数据做交叉：

```
# 对分类数据做交叉
one = pd.Categorical(['a', 'b'], categories=['a', 'b', 'c'])
two = pd.Categorical(['d', 'e'], categories=['d', 'e', 'f'])
pd.crosstab(one, two)
'''
col_0  d  e
row_0
a      1  0
b      0  1
'''
```

分类数据是 Pandas 的一种数据类型，后续章节会介绍。

9.3.3　归一化

normalize 参数可以帮助我们实现数据归一化，算法为对应值除以所有值的总和，让数据处于 0～1 的范围，方便我们观察此位置上的数据在全体中的地位。

```
pd.crosstab(df['A'], df['B'])
'''
B   b1  b2
A
a1   2   1
a2   0   2
'''

# 交叉表，归一化
pd.crosstab(df['A'], df['B'], normalize=True)
'''
B    b1   b2
A
a1  0.4  0.2
a2  0.0  0.4
'''
```

分析一下结果，如在 a1 和 b1 交叉位上，值为 2/(2+1+0+2)=2/5=0.4。由上述代码结果可以清晰看到每个交叉位上的数据在全体中的地位。

下面是一个对列归一化的例子：

```
pd.crosstab(df['A'], df['B'])
'''
B   b1  b2
A
a1   2   1
a2   0   2
'''

# 交叉表，按列归一化
pd.crosstab(df['A'], df['B'], normalize='columns')
'''
B    b1        b2
A
a1  1.0  0.333333
a2  0.0  0.666667
'''
```

分析一下，a1 和 b2，1/(1+2)=1/3=0.333 333…，我们可以清晰看到此交叉位在所在列的位置。

9.3.4 指定聚合方法

用 aggfunc 指定聚合方法对 values 指定的列进行计算：

```
df
'''
    A   B  C
0  a1  b2  1
1  a1  b1  2
2  a2  b2  3
3  a2  b2  4
4  a1  b1  5
'''

# 交叉表，按C列的和进行求和聚合
pd.crosstab(df['A'], df['B'], values=df['C'], aggfunc=np.sum)
'''
B    b1   b2
A
a1  7.0  1.0
a2  NaN  7.0
'''
```

分析一下 a2 和 b2 位的计算来源。在原 df 中 A、B 两列 a2 和 b2 组合有索引 2（对应 C 列值为 3）、索引 3（对应 C 列值为 4），对应 C 列值相加的和为 7，故 a2 和 b2 交叉位值为 7.0。

9.3.5 汇总

margins=True 可以增加行和列的汇总，按照行列方向对数据求和，类似 margins_name='total' 可以定义这个汇总行和列的名称：

```
df
'''
    A   B  C
0  a1  b2  1
1  a1  b1  2
2  a2  b2  3
3  a2  b2  4
4  a1  b1  5
'''

# 交叉表，增加汇总
pd.crosstab(df['A'], df['B'],
            values=df['C'],
            aggfunc=np.sum,
            margins=True,
            margins_name='total')
'''
B        b1   b2  total
A
a1      7.0  1.0      8
a2      NaN  7.0      7
total   7.0  8.0     15
'''
```

9.3.6 小结

交叉表将原始数据中的两个列铺开，形成这两列所有不重复值的交叉位，在交叉位上填充这个值在原始数据中的组合数。交叉表可以帮助我们了解标签数据的构成情况。

9.4 数据转置 df.T

数据的转置是指将数据的行与列进行互换，它会使数据的形状和逻辑发生变化。Pandas 提供了非常便捷的 df.T 操作来进行转置。

9.4.1 理解转置

在数据处理分析过程中，为了充分利用行列的关系表达，我们需要将原数据的行与列进行互换。转置其实是将数据沿着左上与右下形成的对角线进行翻转，如图 9-6 所示。

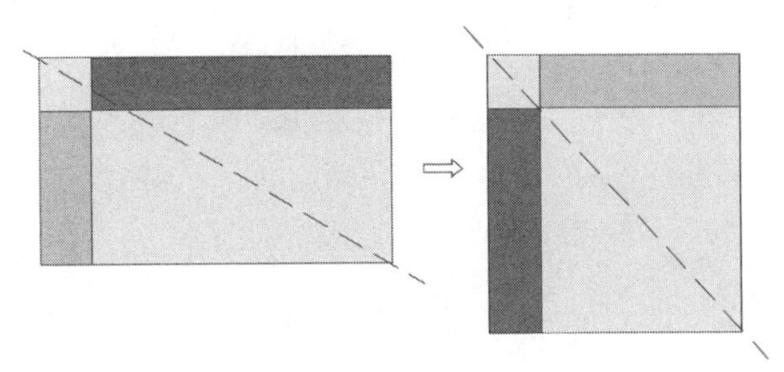

图 9-6 数据转置示意

9.4.2 转置操作

df.T 属性是 df.transpose() 方法的简写形式，我们只要记住 .T 就可以快速进行转置操作。

```
# 原数据
df = pd.DataFrame({
    'A':['a1', 'a2', 'a3', 'a4', 'a5'],
    'B':['b1', 'b2', 'b3', 'b4', 'b5'],
    'C':[1, 2, 3, 4, 5],
})

df
'''
    A   B  C
0  a1  b1  1
1  a2  b2  2
2  a3  b3  3
3  a4  b4  4
4  a5  b5  5
'''

# 转置
df.T
'''
    0   1   2   3   4
A  a1  a2  a3  a4  a5
B  b1  b2  b3  b4  b5
C   1   2   3   4   5
'''
```

我们观察到，a1 和 5 这两个值始终在左上和右下，以它们连成的对角线作为折线对数据进行了翻转，让列成为了行，行成为了列。

Series 也支持转置，不过它返回的是它自己，没有变化。

9.4.3 类型变化

一般情况下数据转置后，列的数据类型会发生变化：

```
# 原始数据的数据类型
df.dtypes
'''
A    object
B    object
C     int64
dtype: object
'''

# 转置后的数据类型
df.T.dtypes
'''
0    object
1    object
2    object
3    object
```

```
4    object
dtype: object
'''
```

这是因为，数据结构带来的巨大变化会让数据类型重新得到确定。

9.4.4　轴交换 df.swapaxes()

Pandas 提供了 df.swapaxes(axis1, axis2, copy=True) 方法，该方法用来进行轴（行列）交换，如果是进行行列交换，它就相当于 df.T。

以下是一些功能示例：

```
df.swapaxes("index", "columns") # 行列交换，相当于df.T
df.swapaxes("columns", "index") # 同上
df.swapaxes("index", "columns", copy=True) # 使生效
df.swapaxes("columns", "columns") # 无变化
df.swapaxes("index", "index") # 无变化
```

9.4.5　小结

转置操作让我们能够以另一个角度看数据。随着行列的交换，数据的意义也会发生变化，让数据的内涵表达增添了一种可能性。

9.5　数据融合

数据融合 df.melt() 是 df.pivot() 的逆操作函数，简单来说，它是将指定的列铺开，放到行上名为 variable（可指定）、值为 value（可指定）列。

9.5.1　基本语法

图 9-7 演示了一个数据融合的过程。

df3

	first	last	height	weight
0	John	Doe	5.5	130
1	Mary	Bo	6.0	150

df3.melt(id_vars=['first', 'last'])

	first	last	variable	value
0	John	Doe	height	5.5
1	Mary	Bo	height	6.0
2	John	Doe	weight	130
3	Mary	Bo	weight	150

图 9-7　数据融合操作示意

具体的语法结构如下：

```
pd.melt(frame: pandas.core.frame.DataFrame,
        id_vars=None, value_vars=None,
        var_name='variable', value_name='value',
        col_level=None)
```

其中的参数说明如下。

- id_vars：tuple、list 或 ndarray（可选），用作标识变量的列。
- value_vars：tuple、list 或 ndarray（可选），要取消透视的列。如果未指定，则使用未设置为 id_vars 的所有列。
- var_name：scalar，用于“变量”列的名称。如果为 None，则使用 frame.columns.name 或“variable”。
- value_name：scalar，默认为“value”，用于“value”列的名称。
- col_level：int 或 str（可选），如果列是多层索引，则使用此级别来融合。

9.5.2 融合操作

接下来我们使用 df.melt() 方法来进行融合操作：

```
# 原数据
df = pd.DataFrame({
    'A':['a1', 'a2', 'a3', 'a4', 'a5'],
    'B':['b1', 'b2', 'b3', 'b4', 'b5'],
    'C':[1, 2, 3, 4, 5],
})

df
'''
   A   B  C
0  a1  b1  1
1  a2  b2  2
2  a3  b3  3
3  a4  b4  4
4  a5  b5  5
'''

# 数据融合
pd.melt(df)
'''
   variable value
0         A    a1
1         A    a2
2         A    a3
3         A    a4
4         A    a5
5         B    b1
6         B    b2
7         B    b3
8         B    b4
9         B    b5
10        C     1
```

```
11        C    2
12        C    3
13        C    4
14        C    5
'''
```

以上操作将 A、B、C 三列的标识和值展开，一列为标签，默认列名 variable，另一列为值，默认列名为 value。

9.5.3 标识和值

数据融合时，可以指定标识，下例指定 A、B 两列作为融合操作后的标识，保持不变，对其余列（C 列）展开数据：

```
# 原数据
df
'''
    A   B  C
0  a1  b1  1
1  a2  b2  2
2  a3  b3  3
3  a4  b4  4
4  a5  b5  5
'''

# 数据融合，指定标识
pd.melt(df, id_vars=['A','B'])
'''
    A   B variable  value
0  a1  b1        C      1
1  a2  b2        C      2
2  a3  b3        C      3
3  a4  b4        C      4
4  a5  b5        C      5
'''
```

指定值列，下例指定取 B、C 列的值，其余列会被省略：

```
# 原数据
df
'''
    A   B  C
0  a1  b1  1
1  a2  b2  2
2  a3  b3  3
3  a4  b4  4
4  a5  b5  5
'''

# 数据融合，指定值列
pd.melt(df, value_vars=['B', 'C'])
'''
  variable value
0        B    b1
1        B    b2
2        B    b3
```

```
3         B    b4
4         B    b5
5         C     1
6         C     2
7         C     3
8         C     4
9         C     5
'''
```

如果想保留标识，可以使用 id_vars 同时指定。

9.5.4 指定名称

标识的名称和值的名称默认分别是 variable 和 value，我们可以指定它们的名称：

```
# 原数据
df
'''
    A   B  C
0  a1  b1  1
1  a2  b2  2
2  a3  b3  3
3  a4  b4  4
4  a5  b5  5
'''

# 指定标识和值列的名称
pd.melt(df, id_vars=['A'], value_vars=['B'],
        var_name='B_lable', value_name='B_value')
'''
    A B_lable B_value
0  a1       B      b1
1  a2       B      b2
2  a3       B      b3
3  a4       B      b4
4  a5       B      b5
'''
```

9.5.5 小结

数据融合让数据无限度地铺开，它是透视的反向操作。另外，对于原始数据是多层索引的，可以使用 col_level=0 参数指定融合时的层级。

9.6 虚拟变量

虚拟变量（Dummy Variable）又称虚设变量、名义变量或哑变量，是一个用来反映质的属性的人工变量，是量化了的自变量，通常取值为 0 或 1，常被用于 one-hot 特征提取。

9.6.1 语法结构

简单来说，生成虚拟变量的方法 pd.get_dummies() 是将一列或多列的去重值作为新表的列，每列的值由 0 和 1 组成：如果原来位置的值与列名相同，则在新表中该位置的值为 1，否则为 0。这样就形成了一个由 0 和 1 组成的特征矩阵。

操作虚拟变量的语法为：

```
# 基本语法
pd.get_dummies(data, prefix=None,
               prefix_sep='_', dummy_na=False,
               columns=None, sparse=False,
               drop_first=False, dtype=None)
```

其中主要的参数如下。

- data：被操作的数据，DataFrame 或者 Series。
- prefix：新列的前缀。
- prefix_sep：新列前缀的连接符。

9.6.2 生成虚拟变量

以下将原始数据的 a 列生成了一个虚拟变量数据：

```
# 原数据
df = pd.DataFrame({'a': list('adcb'),
                   'b': list('fehg'),
                   'a1': range(4),
                   'b1': range(4,8)})

df
'''
   a  b  a1  b1
0  a  f   0   4
1  d  e   1   5
2  c  h   2   6
3  b  g   3   7
'''

# 生成虚拟变量
pd.get_dummies(df.a)
'''
   a  b  c  d
0  1  0  0  0
1  0  0  0  1
2  0  0  1  0
3  0  1  0  0
'''
```

分析一下执行结果，只关注 df.a 列：a 列共有 a、b、c、d 四个值，故新数据有此四列；索引和列名交叉的位置如果为 1，说明此索引位上的值为列名，为 0 则表示不为列名。例如，在索引 2 上，1 在 c 列，对比原数据发现 df.loc[2, ‘a’] 为 c。

9.6.3 列前缀

有的原数据的部分列（如下例中的 a1 列）值为纯数字，为了方便使用，需要给生成虚拟变量的列名增加一个前缀，用 prefix 来定义：

```
# 原数据
df
'''
   a  b  a1  b1
0  a  f   0   4
1  d  e   1   5
2  c  h   2   6
3  b  g   3   7
'''

pd.get_dummies(df['a1'], prefix='a1')
'''
   a1_0  a1_1  a1_2  a1_3
0     1     0     0     0
1     0     1     0     0
2     0     0     1     0
3     0     0     0     1
'''
```

9.6.4 从 DataFrame 生成

可以直接对 DataFrame 生成虚拟变量，会将所有非数字列生成虚拟变量（数字列保持不变）：

```
# 原数据
df
'''
   a  b  a1  b1
0  a  f   0   4
1  d  e   1   5
2  c  h   2   6
3  b  g   3   7
'''

# 生成虚拟变量
pd.get_dummies(df)
'''
   a1  b1  a_a  a_b  a_c  a_d  b_e  b_f  b_g  b_h
0   0   4    1    0    0    0    0    1    0    0
1   1   5    0    0    0    1    1    0    0    0
2   2   6    0    0    1    0    0    0    0    1
3   3   7    0    1    0    0    0    0    1    0
'''
```

只指定一列：

```
# 只生成b列的虚拟变量
pd.get_dummies(df, columns=['b'])
'''
   a  a1  b1  b_e  b_f  b_g  b_h
0  a   0   4    0    1    0    0
1  d   1   5    1    0    0    0
2  c   2   6    0    0    0    1
3  b   3   7    0    0    1    0
'''
```

9.6.5　小结

虚拟变量生成操作将数据进行变形，形成一个索引与值（变形后成为列）的二维矩阵，在对应交叉位上用 1 表示有此值，0 表示无此值。虚拟变量经常用于与特征提取相关的机器学习场景。

9.7　因子化

因子化是指将一个存在大量重复值的一维数据解析成枚举值的过程，这样可以方便我们进行分辨。factorize 既可以用作顶层函数 pd.factorize()，也可以用作 Series.factorize() 和 Index.factorize() 方法。

9.7.1　基本方法

对数据因子化后返回两个值，一个是因子化后的编码列表，另一个是原数据的去重值列表：

```
# 数据
data = ['b', 'b', 'a', 'c', 'b']

# 因子化
codes, uniques = pd.factorize(data)

# 编码
codes
# array([0, 0, 1, 2, 0])

# 去重值
uniques
# array(['b', 'a', 'c'], dtype=object)
```

上例中，我们将列表 data 进行了因子化，返回一个由两个元素组成的元组，我们用 codes 和 uniques 分别来承接这个元组的元素。

- codes：数字编码表，将第一个元素编为 0，其后依次用 1、2 等表示，但遇到相同元素使用相同编码。这个编码表的长度与原始数据相同，用编码对原始数据进行一一映射。
- uniques：去重值，就是因子。

以上数据都是可迭代的 array 类型，需要注意的是 codes 和 uniques 是我们定义的变量名，强烈推荐大家这么命名，这样代码会变得容易理解。

对 Series 操作后唯一值将生成一个 index 对象：

```
cat = pd.Series(['a', 'a', 'c'])
codes, uniques = pd.factorize(cat)
codes
# array([0, 0, 1])
```

```
uniques
# Index(['a', 'c'], dtype='object')
```

9.7.2 排序

使用 sort=True 参数后将对唯一值进行排序，编码列表将继续与原值保持对应关系，但从值的大小上将体现出顺序。

```
codes, uniques = pd.factorize(['b', 'b', 'a', 'c', 'b'], sort=True)
codes
# array([1, 1, 0, 2, 1])
uniques
# array(['a', 'b', 'c'], dtype=object)
```

9.7.3 缺失值

缺失值不会出现在唯一值列表中，在编码中将为 –1：

```
codes, uniques = pd.factorize(['b', None, 'a', 'c', 'b'])
codes
# array([ 0, -1,  1,  2,  0])
uniques
# array(['b', 'a', 'c'], dtype=object)
```

9.7.4 枚举类型

Pandas 的枚举类型数据（Categorical）也可以使用此方法：

```
cat = pd.Categorical(['a', 'a', 'c'], categories=['a', 'b', 'c'])
codes, uniques = pd.factorize(cat)
codes
# array([0, 0, 1])
uniques
# [a, c]
# Categories (3, object): [a, b, c]
```

9.7.5 小结

简单来说，因子化方法 pd.factorize() 做了两件事：一是对数据进行数字编码，二是对数据进行去重。在大序列数据中，因子化能帮助我们抽取数据特征，将数据变成类别数据再进行分析。

9.8 爆炸列表

爆炸这个词非常形象，在这里是指将类似列表的每个元素转换为一行，索引值是相同的。这在我们处理一些需要展示的数据时非常有用。

9.8.1 基本功能

下面的两行数据中有类似列表的值，我们将它们炸开后，它们排好了队，但是依然使用原来的索引：

```
# 原始数据
s = pd.Series([[1, 2, 3], 'foo', [], [3, 4]])
s
'''
0    [1, 2, 3]
1          foo
2           []
3       [3, 4]
dtype: object
'''

# 爆炸列
s.explode()
'''
0      1
0      2
0      3
1    foo
2    NaN
3      3
3      4
dtype: object
'''
```

注意观察会发现，每行列表中的元素都独自占用了一行，而索引保持不变，空列表值变成了NaN，非列表的元素没有变化。这就是爆炸的作用，像一颗炸弹一样，将列表打散。

9.8.2 DataFrame的爆炸

DataFrame可以对指定列实施爆炸：

```
# 原始数据
df = pd.DataFrame({'A': [[1, 2, 3], 'foo', [], [3, 4]], 'B': range(4)})
df
'''
           A  B
0  [1, 2, 3]  0
1        foo  1
2         []  2
3     [3, 4]  3
'''

# 爆炸指定列
df.explode('A')
'''
     A  B
0    1  0
0    2  0
0    3  0
1  foo  1
2  NaN  2
```

```
3    3  3
3    4  3
'''
```

在 DataFrame 中爆炸指定列后，其他列的值会保持不变。

9.8.3 非列表格式

对于不是列表但具有列表特质的数据，我们也可以在处理之后让其完成爆炸，如下面的数据：

```
# 原数据
df = pd.DataFrame([{'var1': 'a,b,c', 'var2': 1},
                   {'var1': 'd,e,f', 'var2': 2}])
df
'''
    var1  var2
0  a,b,c     1
1  d,e,f     2
'''
```

var1 列的数据虽然是按逗号隔开的，但它不是列表，这时候我们先将其处理成列表，再实施爆炸：

```
# 使用指定同名列的方式对列进行修改
df.assign(var1=df.var1.str.split(',')).explode('var1')
'''
  var1  var2
0    a     1
0    b     1
0    c     1
1    d     2
1    e     2
1    f     2
'''
```

9.8.4 小结

在实际的数据处理和办公环境中，经常会遇到用指定符号隔开的数据，我们分析之前要先进行数据的二维化。Pandas 提供的 s.explode() 列表爆炸功能可以方便地实施这一操作，我们需要灵活掌握。

9.9 本章小结

本章介绍了 Pandas 提供的数据变换操作，通过这些数据变换，可以观察数据的另一面，探究数据反映出的深层次的业务意义。另外一些操作（如虚拟变量、因子化等）可帮助我们提取出数据的特征，为下一步数据建模、数据分析、机器学习等操作打下良好基础。

第四部分 *Part 4*

数据清洗

数据分析工程中会有大量的数据清洗工作，主要涉及缺失值和重复值的识别、删除、填充等操作，数据的替换与格式转换，文本的提取、连接、匹配、切分、替换、格式化、虚拟变量化等。

数据清洗如同沙里淘金，只有按业务逻辑对数据完成清洗，提高数据的质量，才能得出科学的结论。本部分将介绍如何进行数据清洗工作，以及分类数据的应用场景和操作方法。

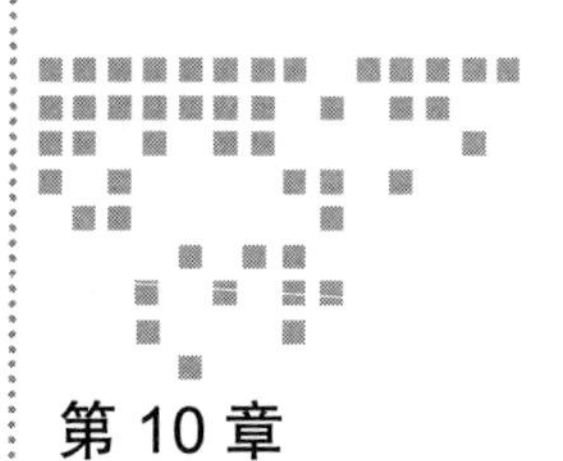

Chapter 10　第 10 章

Pandas 数据清洗

数据清洗是数据分析的一个重要步骤，关系到数据的质量，而数据的质量又关系到数据分析的效果。数据清洗一般包括缺失值填充、冗余数据删除、数据格式化、异常值处理、逻辑错误数据检测、数据一致性校验、重复值过滤、数据质量评估等。Pandas 提供了一系列操作方法帮助我们轻松完成这些操作。

10.1　缺失值的认定

由于数据来源的复杂性与不确定性，数据中难免会存在字段值不全、缺失等情况，本节将介绍 Pandas 如何找出这些缺失的值。

10.1.1　缺失值类型

一般使用特殊类型 NaN 代表缺失值，可以用 NumPy 定义为 np.NaN 或 np.nan。在 Pandas 1.0 以后的版本中，实验性地使用标量 pd.NA 来代表。

```
# 原数据
df = pd.DataFrame({
    'A':['a1', 'a1', 'a2', 'a2'],
    'B':['b1', 'b2', None, 'b2'],
    'C':[1, 2, 3, 4],
    'D':[5, 6, None, 8],
    'E':[5, None, 7, 8]
})

df
'''
    A    B  C    D    E
```

```
0  a1    b1  1  5.0  5.0
1  a1    b2  2  6.0  NaN
2  a2  None  3  NaN  7.0
3  a2    b2  4  8.0  8.0
'''
```

以上数据中，2B、2D、1E 为缺失值。如果想把正负无穷也当作缺失值，可以通过以下全局配置来设定：

```
# 将无穷值设置为缺失值
pd.options.mode.use_inf_as_na = True
```

10.1.2 缺失值判断

df.isna() 及其别名 df.isnull() 是 Pandas 中判断缺失值的主要方法。对整个数据进行缺失值判断，True 为缺失：

```
# 检测缺失值
df.isna()
'''
       A      B      C      D      E
0  False  False  False  False  False
1  False  False  False  False   True
2  False   True  False   True  False
3  False  False  False  False  False
'''
```

对某个列也可以进行检测：

```
# 检测缺失值
df.D.isna()
'''
0    False
1    False
2     True
3    False
Name: D, dtype: bool
'''
```

相反地，df.notna() 可以让非缺失值显示为 True，让缺失值显示为 False：

```
# 检测非缺失值
df.notna()
'''
      A      B     C      D      E
0  True   True  True   True   True
1  True   True  True   True  False
2  True  False  True  False   True
3  True   True  True   True   True
'''


# 检测某列非缺失值
df.D.notna()
'''
0     True
```

```
1     True
2    False
3     True
Name: D, dtype: bool
'''
```

10.1.3 缺失值统计

如果需要统计一个数据中有多少个缺失值，可利用 sum 计算，计算时将 False 当作 0、将 True 当作 1 的特性：

```
# 布尔值的求和
pd.Series([True, True, False]).sum()
# 2
```

如果需要计算数据中的缺失值情况，可以使用以下方法：

```
# 每列有多少个缺失值
df.isnull().sum()
'''
A    0
B    1
C    0
D    1
E    1
dtype: int64
'''

# 每行有多少个缺失值
df.isnull().sum(1)
'''
0    0
1    1
2    2
3    0
dtype: int64
'''

# 总共有多少个缺失值
df.isna().sum().sum()
# 3
```

10.1.4 缺失值筛选

如果需要知道缺失值的位置，可以使用前面介绍过的数据筛选方法。首先我们筛选出有缺失值的行：

```
df
'''
    A     B  C    D    E
0  a1    b1  1  5.0  5.0
1  a1    b2  2  6.0  NaN
2  a2  None  3  NaN  7.0
3  a2    b2  4  8.0  8.0
'''
```

```
# 有缺失值的行
df.loc[df.isna().any(1)]
'''
    A     B  C    D    E
1  a1    b2  2  6.0  NaN
2  a2  None  3  NaN  7.0
'''
```

如果要筛选列的话，就要将表达式放到 loc 的列位上：

```
# 有缺失值的列
df.loc[:,df.isna().any()]
'''
      B    D    E
0    b1  5.0  5.0
1    b2  6.0  NaN
2  None  NaN  7.0
3    b2  8.0  8.0
'''
```

如果要查询没有缺失值的行和列，可以对表达式取反：

```
# 没有缺失值的行
df.loc[~(df.isna().any(1))]
'''
    A   B  C    D    E
0  a1  b1  1  5.0  5.0
3  a2  b2  4  8.0  8.0
'''

# 没有缺失值的列
df.loc[:,~(df.isna().any())]
'''    A  C
0  a1  1
1  a1  2
2  a2  3
3  a2  4
'''
```

10.1.5　NA 标量

Pandas 1.0 以后的版本中引入了一个专门表示缺失值的标量 pd.NA，它代表空整数、空布尔、空字符，这个功能目前处于实验阶段。pd.NA 的目标是提供一个"缺失值"指示器，该指示器可以在各种数据类型中一致使用（而不是 np.nan、None 或 pd.NaT，具体取决于数据类型）。

```
s = pd.Series([1, 2, None, 4], dtype="Int64")
s
'''
0       1
1       2
2    <NA>
3       4
dtype: Int64
'''
```

```
s[2]
# <NA>

s[2] is pd.NA
# True
```

pd.NA 本身是一个缺失值：

```
pd.isna(pd.NA)
# True
```

如果你的 Pandas 版本尚未使用 NA 数据类型（在创建 DataFrame 或 Series 时，或在读取数据时），你就需要明确指定对应的数据类型（dtype）。另外，df.convert_dtypes() 可以自动推断合适的数据类型。

以下是 pd.NA 参与运算的一些逻辑示例：

```
# 加法
pd.NA + 1
# <NA>
# 乘法
'a' * pd.NA
# <NA>
pd.NA ** 0
# 1
1 ** pd.NA
# 1
```

以下是其比较运算的示例：

```
pd.NA == 1
# <NA>
pd.NA == pd.NA
# <NA>
pd.NA < 2.5
# <NA>
```

10.1.6 时间数据中的缺失值

对于时间数据中的缺失值，Pandas 提供了一个 NaT 来表示，并且 NaT 和 NaN 是兼容的：

```
# 时间数据中的缺失值
pd.Series([pd.Timestamp('20200101'), None, pd.Timestamp('20200103')])
'''
0   2020-01-01
1          NaT
2   2020-01-03
dtype: datetime64[ns]
'''
```

10.1.7 整型数据中的缺失值

由于 NaN 是浮点型，因此缺少一个整数的列可以转换为整型。

```
type(df.at[2,'D'])
# numpy.float64

pd.Series([1, 2, np.nan, 4], dtype=pd.Int64Dtype())
'''
0       1
1       2
2    <NA>
3       4
dtype: Int64
'''
```

10.1.8　插入缺失值

如同修改数据一样，我们可以通过以下方式将缺失值插入数据中：

```
# 修改为缺失值
df.loc[0] = None
df.loc[1] = np.nan
df.A = pd.NA
df
'''
      A     B    C    D    E
0  <NA>  None  NaN  NaN  NaN
1  <NA>   NaN  NaN  NaN  NaN
2  <NA>  None  3.0  NaN  7.0
3  <NA>    b2  4.0  8.0  8.0
'''
```

10.1.9　小结

本节我们介绍了数据中的 None、np.nan 和 pd.NA，它们都是缺失值的类型，对缺失值的识别和判定非常关键。只有有效识别出数据的缺失部分，我们才能对这些缺失值进行处理。

10.2　缺失值的操作

对于缺失值，我们通常会根据业务需要进行修补，但对于缺失严重的数据，会直接将其删除。本节将介绍如何对缺失值进行一些常规的操作。

10.2.1　缺失值填充

对于缺失值，我们常用的一个办法是利用一定的算法去填充它。这样虽然不是特别准确，但对于较大的数据来说，不会对结果产生太大影响。df.fillna(x) 可以将缺失值填充为指定的值：

```
# 原数据
df = pd.DataFrame({
```

```
    'A':['a1', 'a1', 'a2', 'a2'],
    'B':['b1', 'b2', None, 'b2'],
    'C':[1, 2, 3, 4],
    'D':[5, 6, None, 8],
    'E':[5, None, 7, 8]
})

df
'''
    A     B  C    D    E
0  a1    b1  1  5.0  5.0
1  a1    b2  2  6.0  NaN
2  a2  None  3  NaN  7.0
3  a2    b2  4  8.0  8.0
'''

# 将缺失值填充为0
df.fillna(0)
'''
    A   B  C    D    E
0  a1  b1  1  5.0  5.0
1  a1  b2  2  6.0  0.0
2  a2   0  3  0.0  7.0
3  a2  b2  4  8.0  8.0
'''
```

常用的方法还有以下几个：

```
# 填充为 0
df.fillna(0)
# 填充为指定字符
df.fillna('missing')
df.fillna('暂无')
df.fillna('待补充')
# 指定字段填充
df.one.fillna('暂无')
# 指定字段填充
df.one.fillna(0, inplace=True)
# 只替换第一个
df.fillna(0, limit=1)
# 将不同列的缺失值替换为不同的值
values = {'A': 0, 'B': 1, 'C': 2, 'D': 3}
df.fillna(value=values)
```

需要注意的是，如果想让填充马上生效，需要重新为 df 赋值或者传入参数 inplace=True。

有时候我们不能填入固定值，而要按照一定的方法填充。df.fillna() 提供了一个 method 参数，可以指定以下几个方法。

- pad / ffill：向前填充，使用前一个有效值填充，df.fillna(method='ffill') 可以简写为 df.ffill()。
- bfill / backfill：向后填充，使用后一个有效值填充，df.fillna(method='bfill') 可以简写为 df.bfill()。

以下是案例：

```
df
```

```
'''
    A     B  C    D    E
0  a1    b1  1  5.0  5.0
1  a1    b2  2  6.0  NaN
2  a2  None  3  NaN  7.0
3  a2    b2  4  8.0  8.0
'''


# 取后一个有效值填充
df.fillna(method='bfill')
'''
    A   B  C    D    E
0  a1  b1  1  5.0  5.0
1  a1  b2  2  6.0  7.0
2  a2  b2  3  8.0  7.0
3  a2  b2  4  8.0  8.0
'''

# 取前一个有效值填充
df.fillna(method='ffill')
'''
    A   B  C    D    E
0  a1  b1  1  5.0  5.0
1  a1  b2  2  6.0  5.0
2  a2  b2  3  6.0  7.0
3  a2  b2  4  8.0  8.0
'''
```

除了取前后值，还可以取经过计算得到的值，比如常用的平均值填充法：

```
# 填充列的平均值
df.fillna(dff.mean())
# 对指定列填充平均值
df.fillna(dff.mean()['B':'C'])
# 另一种填充列的平均值的方法
df.where(pd.notna(df), dff.mean(), axis='columns')
```

缺失值填充的另一个思路是使用替换方法 df.replace()：

```
# 将指定列的空值替换成指定值
df.replace({'toy': {np.nan: 100}})
```

后面会详细介绍替换方法。

10.2.2　插值填充

插值（interpolate）是离散函数拟合的重要方法，利用它可根据函数在有限个点处的取值状况，估算出函数在其他点处的近似值。Series 和 DataFrame 对象都有 interpolate() 方法，默认情况下，该方法在缺失值处执行线性插值。它利用数学方法来估计缺失点的值，对于较大的数据非常有用。

以下是一个非常简单的示例，其中一个值是缺失的，我们对它进行插值：

```
s = pd.Series([0, 1, np.nan, 3])
```

```
# 插值填充
s.interpolate()
'''
0    0.0
1    1.0
2    2.0
3    3.0
dtype: float64
'''
```

其中默认 method ='linear'，即使用线性方法，认为数据呈一条直线。method 方法指定的是插值的算法。

如果你的数据增长速率越来越快，可以选择 method='quadratic' 二次插值；如果数据集呈现出累计分布的样子，推荐选择 method='pchip'；如果需要填补默认值，以平滑绘图为目标，推荐选择 method='akima'。这些都需要你的环境中安装了 SciPy 库。

更多插值内容的介绍可以参考 https://www.gairuo.com/p/pandas-interpolation。

10.2.3 缺失值删除

如果数据对完整性要求比较高，只要有缺失值，就会认为数据是无效的。比如一份问卷的回答比例过低，那么就认为它是无效的，就需要整行整列删除。我们使用 df.dropna() 方法来删除缺失值：

```
# 原数据
df
'''
    A     B  C    D    E
0  a1    b1  1  5.0  5.0
1  a1    b2  2  6.0  NaN
2  a2  None  3  NaN  7.0
3  a2    b2  4  8.0  8.0
'''

# 删除有缺失值的行
df.dropna()
'''
    A   B  C    D    E
0  a1  b1  1  5.0  5.0
3  a2  b2  4  8.0  8.0
'''

# 删除有缺失值的列
df.dropna(1)
'''
    A  C
0  a1  1
1  a1  2
2  a2  3
3  a2  4
'''
```

以下是一些常见操作：

```
# 删除所有有缺失值的行
df.dropna()
# 删除所有有缺失值的列
df.dropna(axis='columns')
df.dropna(axis=1)
# 删除所有值都缺失的行
df.dropna(how='all')
# 删除至少有两个缺失值的行
df.dropna(thresh=2)
# 指定判断缺失值的列范围
df.dropna(subset=['name', 'born'])
# 使删除的结果生效
df.dropna(inplace=True)
# 指定列的缺失值删除
df.col.dropna()
```

需要注意的是，df.dropna() 操作不能替换原来的数据。若需要替换，可以重新赋值或者传入参数 inplace=True。

10.2.4 缺失值参与计算

缺失值会按什么逻辑参与各种计算呢？接下来介绍它在参与各种运算中的逻辑。我们先看看加法：

```
# 原数据
df
'''
    A     B  C    D    E
0  a1    b1  1  5.0  5.0
1  a1    b2  2  6.0  NaN
2  a2  None  3  NaN  7.0
3  a2    b2  4  8.0  8.0
'''

# 对所有列求和
df.sum()
'''
A    a1a1a2a2
C          10
D          19
E          20
dtype: object
'''
```

加法会忽略缺失值，或者将其按 0 处理，再试试累加：

```
# 累加
df.D.cumsum()
'''
0     5.0
1    11.0
2     NaN
3    19.0
Name: D, dtype: float64
'''
```

cumsum() 和 cumprod() 会忽略 NA 值，但值会保留在序列中，可以使用 skipna=False

跳过有缺失值的计算并返回缺失值：

```
# 累加，跳过空值
df.D.cumsum(skipna=False)
'''
0     5.0
1    11.0
2     NaN
3     NaN
Name: D, dtype: float64
'''
```

df.count() 在统计时，缺失值不计数：

```
# 缺失值不计数
df.count()
'''
A    4
B    3
C    4
D    3
E    3
dtype: int64
'''
```

再看看缺失值在做聚合分组操作时的情况，如果聚合分组的列里有空值，则会自动忽略这些值（当它不存在）：

```
# 原数据
df
'''
    A     B  C    D    E
0  a1    b1  1  5.0  5.0
1  a1    b2  2  6.0  NaN
2  a2  None  3  NaN  7.0
3  a2    b2  4  8.0  8.0
'''

# 聚合时，空值忽略
df.groupby('B').sum()
'''
    C     D    E
B
b1  1   5.0  5.0
b2  6  14.0  8.0
'''
```

如果需要计入有空值的分组，可将 dropna=False 传给 df.groupby()：

```
# 聚合计入缺失值
df.groupby('B', dropna=False).sum()
'''
     C     D    E
B
b1   1   5.0  5.0
b2   6  14.0  8.0
NaN  3   0.0  7.0
'''
```

10.2.5　小结

本节介绍了缺失值的填充方法。如果数据质量有瑕疵，在不影响分析结果的前提下，可以用固定值填充、插值填充。对于质量较差的数据可以直接丢弃。

10.3　数据替换

Pandas 中数据替换的方法包含数值、文本、缺失值等替换，经常用于数据清洗与整理、枚举转换、数据修正等情形。Series 和 DataFrame 中的 replace() 都提供了一种高效而灵活的方法。

10.3.1　指定值替换

以下是在 Series 中将 0 替换为 5：

```
ser = pd.Series([0., 1., 2., 3., 4.])
ser.replace(0, 5)
```

也可以批量替换：

```
# 一一对应进行替换
ser.replace([0, 1, 2, 3, 4], [4, 3, 2, 1, 0])
# 用字典映射对应替换值
ser.replace({0: 10, 1: 100})
# 将a列的0、b列中的5替换为100
df.replace({'a': 0, 'b': 5}, 100)
#  指定列里的替换规则
df.replace({'a': {0: 100, 4: 400}})
```

10.3.2　使用替换方式

除了给定指定值进行替换，我们还可以指定一些替换的方法：

```
# 将 1，2，3 替换为它们前一个值
ser.replace([1, 2, 3], method='pad') # ffill是它同义词
# 将 1，2，3 替换为它们后一个值
ser.replace([1, 2, 3], method='bfill')
```

如果指定的要替换的值不存在，则不起作用，也不会报错。以上的替换也适用于字符类型数据。

10.3.3　字符替换

替换方法默认没有开启正则匹配模式，直接按原字符匹配替换，如果遇到字符规则比较复杂的内容，可使用正则表达式进行匹配：

```
# 把bat替换为new，不使用正则表达式
df.replace(to_replace='bat', value='new')
# 利用正则表达式将ba开头的值替换为new
```

```
df.replace(to_replace=r'^ba.$', value='new', regex=True)
# 如果多列规则不一，可以按以下格式对应传入
df.replace({'A': r'^ba.$'}, {'A': 'new'}, regex=True)
# 多个规则均替换为同样的值
df.replace(regex=[r'^ba.$', 'foo'], value='new')
# 多个正则及对应的替换内容
df.replace(regex={r'^ba.$': 'new', 'foo': 'xyz'})
```

10.3.4 缺失值替换

替换可以处理缺失值相关的问题，例如我们可以先将无效的值替换为nan，再进行缺失值处理：

```
d = {'a': list(range(4)),
     'b': list('ab..'),
     'c': ['a', 'b', np.nan, 'd']
    }
df = pd.DataFrame(d)
# 将.替换为NaN
df.replace('.', np.nan)
# 使用正则表达式，将空格等替换为NaN
df.replace(r'\s*\.\s*', np.nan, regex=True)
# 对应替换，a换b，点换NaN
df.replace(['a', '.'], ['b', np.nan])
# 点换dot，a换astuff
df.replace([r'\.', r'(a)'], ['dot', r'\1stuff'], regex=True)
# b中的点要替换，将b替换为NaN，可以多列
df.replace({'b': '.'}, {'b': np.nan})
# 使用正则表达式
df.replace({'b': r'\s*\.\s*'}, {'b': np.nan}, regex=True)
# b列的b值换为空
df.replace({'b': {'b': r''}}, regex=True)
# b列的点、空格等替换为NaN
df.replace(regex={'b': {r'\s*\.\s*': np.nan}})
# 在b列的点后加ty，即.ty
df.replace({'b': r'\s*(\.)\s*'},
           {'b': r'\1ty'},
           regex=True)
# 多个正则规则
df.replace([r'\s*\.\s*', r'a|b'], np.nan, regex=True)
# 用参数名传参
df.replace(regex=[r'\s*\.\s*', r'a|b'], value=np.nan)
```

替换为None：

```
s = pd.Series([10, 'a', 'a', 'b', 'a'])
# 将a换为None
s.replace({'a': None})
# 会使用前一个值，前两个为10，最后一个为b
s.replace('a', None)
```

10.3.5 数字替换

以下将相关数字替换为缺失值：

```
# 生成数据
df = pd.DataFrame(np.random.randn(10, 2))
df[np.random.rand(df.shape[0]) > 0.5] = 1.5
df
'''
          0         1
0  0.035009  1.213740
1 -1.519730 -0.359842
2 -0.086606  0.033417
3  1.500000  1.500000
4  0.993541 -1.213902
5  1.500000  1.500000
6  0.606816 -0.519282
7  1.500000  1.500000
8  1.500000  1.500000
9 -1.003511  0.024797
'''

# 将1.5替换为NaN
df.replace(1.5, np.nan)
'''
          0         1
0  0.035009  1.213740
1 -1.519730 -0.359842
2 -0.086606  0.033417
3       NaN       NaN
4  0.993541 -1.213902
5       NaN       NaN
6  0.606816 -0.519282
7       NaN       NaN
8       NaN       NaN
9 -1.003511  0.024797
'''

# 将1.5换为NaN，同时将左上角的值换为a
df.replace([1.5, df.iloc[0, 0]], [np.nan, 'a'])
# 使替换生效
df.replace(1.5, np.nan, inplace=True)
```

10.3.6 数据修剪

对于数据中存在的极端值，过大或者过小，可以使用 df.clip(lower, upper) 来修剪。当数据大于 upper 时使用 upper 的值，小于 lower 时用 lower 的值，这和 numpy.clip 方法一样。

```
# 包含极端值的数据
df = pd.DataFrame({'a': [-1, 2, 5], 'b': [6, 1, -3]})
df
'''
   a  b
0 -1  6
1  2  1
2  5 -3
'''

# 修剪成最大为3，最小为0
```

```
df.clip(0,3)
'''
   a  b
0  0  3
1  2  1
2  3  0
'''

# 按列指定下限和上限阈值进行修剪，如下例中数据按同索引位的c值和c对应值+1进行修剪
c = pd.Series([-1, 1, 3])
df.clip(c, c+1, axis=0)
'''
   a  b
0 -1  0
1  2  1
2  4  3
'''
```

10.3.7 小结

替换数据是数据清洗的一项很普遍的操作，同时也是修补数据的一种有效方法。df.replace() 方法功能强大，在本节中，我们了解了它实现定值替换、定列替换、广播替换、运算替换等功能。

10.4 重复值及删除数据

数据在收集、处理过程中会产生重复值，包括行和列，既有完全重复，又有部分字段重复。重复的数据会影响数据的质量，特别是在它们参与统计计算时。本节介绍 Pandas 如何识别重复值、删除重复值，以及如何删除指定的数据。

10.4.1 重复值识别

df.duplicated() 是 Pandas 用来检测重复值的方法，语法为：

```
# 检测重复值语法
df.duplicated(subset=None, keep='first')
```

它可以返回表示重复行的布尔值序列，默认为一行的所有内容，subset 可以指定列。keep 参数用来确定要标记的重复值，可选的值有：

- first：将除第一次出现的重复值标记为 True，默认。
- last：将除最后一次出现的重复值标记为 True。
- False：将所有重复值标记为 True。

接下来，我们看一些操作示例：

```
# 原数据
df = pd.DataFrame({
    'A': ['x', 'x', 'z'],
```

```
    'B': ['x', 'x', 'x'],
    'C': [1, 1, 2]
})

df
'''
   A  B  C
0  x  x  1
1  x  x  1
2  z  x  2
'''

# 全行检测，除第一次出现的外，重复的为True
df.duplicated()
'''
0    False
1     True
2    False
dtype: bool
'''

# 除最后一次出现的外，重复的为True
df.duplicated(keep='last')
'''
0     True
1    False
2    False
dtype: bool
'''

# 所有重复的都为True
df.duplicated(keep=False)
'''
0     True
1     True
2    False
dtype: bool
'''

# 指定列检测
df.duplicated(subset=['B'], keep=False)
'''
0    True
1    True
2    True
dtype: bool
'''
```

重复值的检测可用于数据的查询和筛选，示例如下：

```
# 筛选出重复内容
df[df.duplicated()]
'''
   A  B  C
1  x  x  1
'''
```

10.4.2 删除重复值

删除重复值的语法如下：

```
# 删除重复值语法
df.drop_duplicates(subset=None,
                   keep='first',
                   inplace=False,
                   ignore_index=False)
```

参数说明如下。

- subset：指定的标签或标签序列，仅删除这些列重复值，默认情况为所有列。
- keep：确定要保留的重复值，有以下可选项。
  - first：保留第一次出现的重复值，默认。
  - last：保留最后一次出现的重复值。
  - False：删除所有重复值。
- inplace：是否生效。
- ignore_index：如果为 True，则重新分配自然索引（0, 1, …, n–1）。

使用案例：

```
df
'''
   A  B  C
0  x  x  1
1  x  x  1
2  z  x  2
'''

# 删除重复行
df.drop_duplicates()
'''
   A  B  C
0  x  x  1
2  z  x  2
'''

# 删除指定列
df.drop_duplicates(subset=['A'])
'''
   A  B  C
0  x  x  1
2  z  x  2
'''

# 保留最后一个
df.drop_duplicates(subset=['A'], keep='last')
'''
   A  B  C
1  x  x  1
2  z  x  2
'''
```

10.4.3　删除数据

df.drop() 通过指定标签名称和相应的轴，或直接给定索引或列名称来删除行或列。使用多层索引时，可以通过指定级别来删除不同级别上的标签。

```
# 语法
df.drop(labels=None, axis=0,
        index=None, columns=None,
        level=None, inplace=False,
        errors='raise')
```

其中的参数说明如下。

- labels：要删除的列或者行，如果要删除多个，传入列表。
- axis：轴的方向，0 为行，1 为列，默认为 0。
- index：指定的一行或多行。
- column：指定的一列或多列。
- level：索引层级，将删除此层级。
- inplace：布尔值，是否生效。
- errors：ignore 或者 raise，默认为 raise，如果为 ignore，则容忍错误，仅删除现有标签。

以下是两个案例：

```
df
'''
   A  B  C
0  x  x  1
1  x  x  1
2  z  x  2
'''

# 删除指定行
df.drop([0, 1])
'''
   A  B  C
2  z  x  2
'''

# 删除指定列
df.drop(['B', 'C'], axis=1)
df.drop(columns=['B', 'C']) # 同上
'''
   A
0  x
1  x
2  z
'''
```

10.4.4　小结

本节介绍了三个重要的数据清洗工具：df.duplicated() 能够识别出重复值，返回一个

布尔序列，用于查询和筛选重复值；df.drop_duplicates() 可以直接删除指定的重复数据；df.drop() 能够灵活地按行或列删除指定的数据，可以通过计算得到异常值所在的列和行再执行删除。

10.5 NumPy 格式转换

2.5 节介绍过可以将一个 NumPy 数据转换为 DataFrame 或者 Series 数据。在特征处理和数据建模中，很多库使用的是 NumPy 中的 ndarray 数据类型，Pandas 在对数据进行处理后，要将其应用到上述场景，就需要将类型转为 NumPy 的 ndarray。本节就来介绍一下如何将 Pandas 的数据类型转换为 NumPy 的类型。

10.5.1 转换方法

Pandas 0.24.0 引入了两种从 Pandas 对象中获取 NumPy 数组的新方法。

- ds.to_numpy()：可以用在 Index、Series 和 DataFrame 对象；
- s.array：为 PandasArray，用在 Index 和 Series，它封装了 numpy.ndarray 接口。

有了以上方法，不再推荐使用 Pandas 的 values 和 as_matrix()。上述这两个函数旨在提高 API 的一致性，是 Pandas 官方未来支持的方向，values 和 as_matrix() 虽然在近期的版本中不会被弃用，但可能会在将来的某个版本中被取消，因此官方建议用户尽快迁移到较新的 API。

10.5.2 DataFrame 转为 ndarray

df.values 和 df.to_numpy() 返回的是一个 array 类型：

```
df.values # 不推荐
df.to_numpy()
'''
array([['Liver', 'E', 89, 21, 24, 64],
       ['Arry', 'C', 36, 37, 37, 57],
       ['Ack', 'A', 57, 60, 18, 84],
       ...
       ['Eli', 'E', 11, 74, 58, 91],
       ['Ben', 'E', 21, 43, 41, 74]], dtype=object)
'''
type(df.to_numpy())
# numpy.ndarray
df.to_numpy().dtype
# dtype('O')
type(df.to_numpy().dtype)
# numpy.dtype

# 转换指定的列
df[['name', 'Q1']].to_numpy()
```

10.5.3 Series 转为 ndarray

对 Series 使用 s.values 和 s.to_numpy() 返回的是一个 array 类型：

```
df.Q1.values # 不推荐
df.Q1.to_numpy()
'''
array([89, 36, 57, 93, 65, 24, 61 ...
       91, 80, 97, 60, 79, 44, 80 ...
       ...
       28, 50, 18, 10, 12, 21, 79...
       38, 43, 87, 78, 15, 15, 73...
        2, 14, 13, 96, 16, 38, 62...])
'''
type(df.Q1.to_numpy())
# numpy.ndarray
df.Q1.to_numpy().dtype
# dtype('int64')
type(df.Q1.to_numpy().dtype)
# numpy.dtype
type(df.Q1.to_numpy())
# pandas.core.arrays.numpy_.PandasArray

df.Q1.array
type(df.Q1.array)
# pandas.core.arrays.numpy_.PandasArray
```

10.5.4 df.to_records()

可以使用 to_records() 方法，但是如果数据类型不是你想要的，则必须对它们进行一些处理。

```
# 转为NumPy record array
df.to_records()
'''
rec.array([( 0, 'Liver', 'E', 89, 21, 24, 64),
           ( 1, 'Arry', 'C', 36, 37, 37, 57),
           ( 2, 'Ack', 'A', 57, 60, 18, 84),
           ......
           (99, 'Ben', 'E', 21, 43, 41, 74)],
          dtype=[('index', '<i8'), ('name', 'O'), ('team', 'O'), ('Q1', '<i8'),
                 ('Q2', '<i8'), ('Q3', '<i8'), ('Q4', '<i8')])
'''
type(df.to_records()) # numpy.recarray
np.array(df.to_records()) # 转为array
```

上例中，to_records() 将数据转为了 NumPy 的 record array 类型，然后再用 NumPy 的 np.array 读取一下，转为 array 类型。

10.5.5 np.array 读取

可以用 np.array 直接读取 DataFrame 或者 Series 数据，最终也会转换为 array 类型：

```
np.array(df) # Dataframe转
```

```
np.array(df.Q1) # 直接转
np.array(df.Q1.array) # PandasArray转
np.array(df.to_records().view(type=np.matrix)) # 转为矩阵
```

10.5.6 小结

本节介绍了如何将Pandas的两大数据类型DataFrame和Series转为NumPy的格式，推荐使用to_numpy()方法。关于NumPy的更多操作可以访问笔者的NumPy在线教程，地址为https://www.gairuo.com/p/numpy-tutorial。

10.6 本章小结

数据清洗是我们获取到数据集后要做的第一件事，处理缺失数据和缺失值是数据清洗中最棘手的部分。只有保证数据的高质量才有可能得出高质量的分析结论，一些数据建模和机器学习的场景对数据质量有严格的要求，甚至不允许有缺失值。

本章介绍了在Pandas中缺失值的表示方法以及如何找到缺失值，重复值的筛选方法以及如何对它们进行删除、替换和填充等操作。完成这些工作，将得到一个高质量的数据集，为下一步数据分析做好准备。

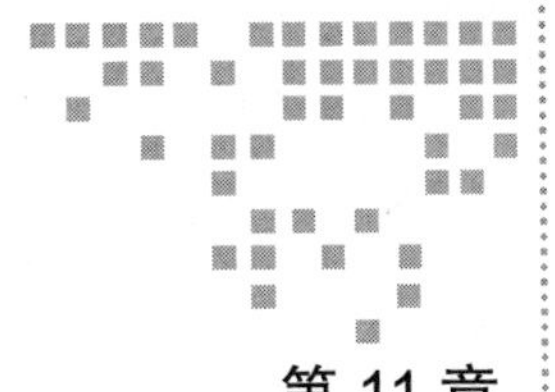

第 11 章 Chapter 11

Pandas 文本处理

我们知道 Pandas 能够非常好地处理数值信息，对文本信息也有良好的处理能力。我们日常接触到的大量信息为文本信息，可以在文本中解析出数据信息，然后再进行计算分析。

文本信息是我们在日常办公中遇到的主要数据类型，在做业务表格时也会有大量的文本信息，对这些文本的加工处理是一件令人头疼的事。本章，我们就来一起看看 Pandas 是如何解决这些文本处理的问题的。

11.1 数据类型

object 和 StringDtype 是 Pandas 的两个文本类型。在 1.0 版本之前，object 是唯一文本类型，Pandas 会将混杂各种类型的一列数据归为 object，不过在 1.0 版本之后，使用官方推荐新的数据类型 StringDtype，这样会使代码更加清晰，处理更加高效。本节，我们就来认识一下文本的数据类型。

11.1.1 文本数据类型

默认情况下，文本数据会被推断为 object 类型：

```
# 原数据
df = pd.DataFrame({
    'A':['a1', 'a1', 'a2', 'a2'],
    'B':['b1', 'b2', None, 'b2'],
    'C':[1, 2, 3, 4],
    'D':[5, 6, None, 8],
    'E':[5, None, 7, 8]
})
```

```
# 查看数据类型
df.dtypes
'''
A     object
B     object
C      int64
D    float64
E    float64
dtype: object
'''
```

如果想使用 string 类型，需要专门指定：

```
# 指定数据类型
pd.Series(['a', 'b', 'c'], dtype="string")
pd.Series(['a', 'b', 'c'], dtype=pd.StringDtype())
'''
0    a
1    b
2    c
dtype: string
'''
```

11.1.2 类型转换

关于将类型转换为 string 类型，推荐使用以下转换方法，它能智能地将数据类型转换为最新支持的合适类型：

```
# 类型转换，支持string类型
df.convert_dtypes().dtypes
'''
A    string
B    string
C     Int64
D     Int64
E     Int64
dtype: object
'''
```

当然也可以使用之前介绍过的 astype() 进行转换：

```
s = pd.Series(['a', 'b', 'c'])
s.astype("object") # 转换为object
s.astype("string") # 转换为string
```

11.1.3 类型异同

StringDtype 在操作上与 object 有所不同。对于 StringDtype，返回数值输出的字符串访问器（.str 操作，11.2 节会介绍）方法将始终返回可为 null 的整数 dtype，而不是 int 或 float dtype，具体取决于 NA 值的存在，返回布尔输出的方法将返回可为 null 的布尔数据类型。示例如下：

```
# 数值为Int64
pd.Series(["a", None, "b"]).str.count("a") # dtype: float64
```

```
pd.Series(["a", None, "b"], dtype="string").str.count("a") # dtype: Int64

# 逻辑判断为boolean
pd.Series(["a", None, "b"]).str.isdigit() # dtype: object
pd.Series(["a", None, "b"], dtype="string").str.isdigit() # dtype: boolean
```

在这方面，StringDtype 更加符合我们的实际需要。

另外，Series.str.decode() 在 StringDtype 上不可用，因为 StringArray 只保存字符串，而不是字节。

最后，在比较操作中，基于 StringArray 的 arrays.StringArray 和 Series 将返回一个 BooleanDtype 对象。

对于其余的方法，string 和 object 的操作都相同。综合以上原因，推荐使用 StringDtype。

11.1.4　小结

string 和 object 都是 Pandas 的字符文本数据类型，在往后的版本中，Pandas 将逐渐提升 string 类型的重要性，可能将它作为各个场景下的默认字符数据类型。由于 string 类型性能更好，功能更丰富，所以推荐大家尽量使用 string 类型。

11.2　字符的操作

Series 和 Index 都有一些字符串处理方法，可以方便地进行操作，这些方法会自动排除缺失值和 NA 值。可以通过 str 属性访问它的方法，进行操作。

11.2.1　.str 访问器

可以使用 .str.<method> 访问器（Accessor）来对内容进行字符操作：

```
# 原数据
s = pd.Series(['A', 'Boy', 'C', np.nan], dtype="string")
# 转为小写
s.str.lower()
'''
0       a
1     boy
2       c
3    <NA>
dtype: string
'''
```

对于非字符类型，可以先转换再使用：

```
# 转为object
df.Q1.astype(str).str
# 转为StringDtype
df.team.astype("string").str
df.Q1.astype(str).astype("string").str
```

大多数操作也适用于 df.index、df.columns 索引类型：

```
# 对索引进行操作
df.index.str.lower()
# 对表头、列名进行操作
df.columns.str.lower()
```

如果对数据连续进行字符操作，则每个操作都要使用 .str 方法：

```
# 移除字符串头尾空格&小写&替换下划线
df.columns.str.strip().str.lower().str.replace(' ', '_')
```

通过 .str 这个桥梁能让数据获得非常多的字符操作能力。

11.2.2 文本格式

以下是一些对文本的格式操作：

```
s = pd.Series(['lower', 'CAPITALS', 'this is a sentence', 'SwApCaSe'])
s.str.lower() # 转为小写
s.str.upper() # 转为大写
s.str.title() # 标题格式，每个单词大写
s.str.capitalize() # 首字母大写
s.str.swapcase() # 大小写互换
s.str.casefold() # 转为小写，支持其他语言（如德语）
```

支持大多数 Python 对字符串的操作。

11.2.3 文本对齐

以下是文本显示方面的操作方法：

```
# 居中对齐，宽度为10，用'-'填充
s.str.center(10, fillchar='-')
# 左对齐
s.str.ljust(10, fillchar='-')
# 右对齐
s.str.rjust(10, fillchar='-')
# 指定宽度，填充内容对齐方式，填充内容
# 参数side可取值为left、right或both}，默认值为left
s.str.pad(width=10, side='left', fillchar='-')
# 填充对齐
s.str.zfill(3) # 生成字符，不足3位的在前面加0
```

11.2.4 计数和编码

以下是文本的计数和内容编码方法：

```
# 字符串中指定字母的数量
s.str.count('a')
# 字符串长度
s.str.len()
# 编码
s.str.encode('utf-8')
# 解码
```

```
s.str.decode('utf-8')
# 字符串的Unicode普通格式
# form{'NFC', 'NFKC', 'NFD', 'NFKD'}
s.str.normalize('NFC')
```

11.2.5 格式判定

以下是与文本格式相关的判断：

```
s.str.isalpha # 是否为字母
s.str.isnumeric # 是否为数字0～9
s.str.isalnum # 是否由字母或数字组成
s.str.isdigit # 是否为数字
s.str.isdecimal # 是否为小数
s.str.isspace # 是否为空格
s.str.islower # 是否小写
s.str.isupper # 是否大写
s.str.istitle # 是否标题格式
```

11.2.6 小结

文本类型的数据都支持 .str.<method> 访问器，访问器给文本带来了大量的实用功能，.str.<method> 访问器几乎支持 Python 所有对字符的操作。

11.3 文本高级处理

上节介绍了一些常用的文本操作，这些文本操作和 Python 原生的字符操作基本相同。本节介绍 Pandas 的 .str 访问器处理文本的一些高级方法，结合使用这些方法，可以完成复杂的文本信息处理和分析。

11.3.1 文本分隔

对文本的分隔和替换是最常用的文本处理方式。对文本分隔后会生成一个列表，我们对列表进行切片操作，可以找到我们想要的内容。分隔后还可以将分隔内容展开，形成单独的行。下例以下划线对内容进行了分隔，分隔后每个内容都成为一个列表。分隔对空值不起作用。

```
# 构造数据
s = pd.Series(['天_地_人', '你_我_他', np.nan, '风_水_火'], dtype="string")
s
'''
0    天_地_人
1    你_我_他
2     <NA>
3    风_水_火
dtype: string
'''
```

```
# 用下划线分隔
s.str.split('_')
'''
0    [天, 地, 人]
1    [你, 我, 他]
2           <NA>
3    [风, 水, 火]
dtype: object
'''
```

分隔后可以使用 get 或者 [] 来取出相应内容，不过 [] 是 Python 列表切片操作，更加灵活，不仅可以取出单个内容，也可以取出由多个内容组成的片段。

```
# 取出每行第二个
s.str.split('_').str[1]
# get只能传一个值
s.str.split('_').str.get(1)
'''
0       地
1       我
2    <NA>
3       水
dtype: object
'''

# []可以使用切片操作
s.str.split('_').str[1:3]
s.str.split('_').str[:-2]
# 如果不指定分隔符，会按空格进行分隔
s.str.split()
# 限制分隔的次数，从左开始，剩余的不分隔
s.str.split(n=2)
```

11.3.2 字符分隔展开

在用 .str.split() 将数据分隔为列表后，如果想让列表共同索引位上的值在同一列，形成一个 DataFrame，可以传入 expand=True，还可以通过 n 参数指定分隔索引位来控制形成几列，见下例：

```
# 分隔后展开为DataFrame
s.str.split('_', expand=True)
'''
      0     1     2
0     天    地    人
1     你    我    他
2  <NA>  <NA>  <NA>
3     风    水    火
'''

# 指定展开列数，n为切片右值
s2.str.split('_', expand=True, n=1)
'''
      0    1
0     天   地_人
1     你   我_他
```

```
2  <NA>  <NA>
3     风   水_火
'''
```

rsplit 和 split 一样，只不过它是从右边开始分隔。如果没有 n 参数，rsplit 和 split 的输出是相同的。

```
# 从右分隔为两部分后展开为DataFrame
s.str.rsplit('_', expand=True, n=1)
'''
      0     1
0   天_地      人
1   你_我      他
2  <NA>  <NA>
3   风_水      火
'''
```

对于比较复杂的规则，分隔符处可以传入正则表达式：

```
# 数据
s = pd.Series(["你和我及他"])
# 用正则表达式代表分隔位
s.str.split(r"\和|及", expand=True)
'''
   0  1  2
0  你  我  他
'''
```

11.3.3　文本切片选择

使用 .str.slice() 将指定的内容切除掉，不过还是推荐使用 s.str[] 来实现，这样我们只学一套内容就可以了：

```
s = pd.Series(["sun", "moon", "star"])
'''
0     sun
1    moon
2    star
dtype: object
'''

# 以下切掉第一个字符
s.str.slice(1)
s.str.slice(start=1)
'''
0     un
1    oon
2    tar
dtype: object
'''
```

以下是一些其他用法的示例：

```
s.str.slice() # 不做任何事
# 切除最后一个以前的，留下最后一个
s.str.slice(start=-1) # s.str[-1]
```

```
# 切除第二位以后的
s.str.slice(stop=2) # s.str[:2]
# 切除步长为2的内容
s.str.slice(step=2) # s.str[::2]
# 切除从头开始，第4位以后并且步长为3的内容
# 同s.str[0:5:3]
s.str.slice(start=0, stop=5, step=3)
```

11.3.4 文本划分

.str.partition 可以将文本按分隔符号划分为三个部分，形成一个新的 DataFrame 或者相关数据类型。

```
# 构造数据
s = pd.Series(['How are you', 'What are you doing'])
'''
0           How are you
1    What are you doing
dtype: object
'''

# 划分为三列DataFrame
s.str.partition()
'''
      0  1             2
0   How          are you
1  What    are you doing
'''
```

其他的操作方法如下：

```
# 从右开始划分
s.str.rpartition()
'''
              0  1      2
0       How are       you
1  What are you     doing
'''

# 指定字符
s.str.partition("are")
'''
      0    1          2
0   How  are        you
1  What  are  you doing
'''

# 划分为一个元组列
s.str.partition("you", expand=False)
'''
0           (How are , you, )
1    (What are , you,  doing)
dtype: object
'''

# 对索引进行划分
idx = pd.Index(['A 123', 'B 345'])
```

```
idx.str.partition()
'''
MultiIndex([('A', ' ', '123'),
            ('B', ' ', '345')],
          )
'''
```

11.3.5　文本替换

在进行数据处理时我们可以使用替换功能剔除我们不想要的内容，换成想要的内容。这在数据处理中经常使用，因为经过人工整理的数据往往不理想，需要进行替换操作。我们使用 .str.replace() 方法来完成这一操作。

例如，对于以下一些金额数据，我们想去除货币符号，为后续转换为数字类型做准备，因为非数字元素的字符无法转换为数字类型：

```
# 带有货币符的数据
s = pd.Series(['10', '-¥20', '¥3,000'], dtype="string")
# 将人民币符号替换为空
s.str.replace('¥', '')
'''
0       10
1      -20
2    3,000
dtype: string
'''

# 如果需要数字类型，还需要将逗号剔除
s.str.replace(r'¥|,','')
'''
0      10
1     -20
2    3000
dtype: string
'''
```

注意，.str.replace() 方法的两个基本参数中，第一个是旧内容（希望被替换的已有内容），第二个是新内容（替换成的新内容）。替换字符默认是支持正则表达式的，如果被替换内容是一个正则表达式，可以使用 regex=False 关闭对正则表达式的支持。在被替换字符位还可以传入一个定义好的函数或者直接使用 lambda。

另外，替换工作也可以使用 df.replace() 和 s.replace() 完成。

11.3.6　指定替换

str.slice_replace() 可实现保留选定内容，替换剩余内容：

```
# 构造数据
s = pd.Series(['ax', 'bxy', 'cxyz'])

# 保留第一个字符，其他的替换或者追加T
s.str.slice_replace(1, repl='T')
'''
```

```
0    aT
1    bT
2    cT
dtype: object
'''

# 指定位置前删除并用T替换
s.str.slice_replace(stop=2, repl='T')
'''
0      T
1     Ty
2    Tyz
dtype: object
'''

# 指定区间的内容被替换
s.str.slice_replace(start=1, stop=3, repl='T')
'''
0      aT
1     bTy
2    cTyz
dtype: object
'''
```

11.3.7 重复替换

可以使用 .str.repeat() 方法让原有文本内容重复：

```
# 将整体重复两次
pd.Series(['a', 'b', 'c']).repeat(repeats=2)
'''
0    a
0    a
1    b
1    b
2    c
2    c
dtype: object
'''

# 将每一行的内容重复两次
pd.Series(['a', 'b', 'c']).str.repeat(repeats=2)
'''
0    aa
1    bb
2    cc
dtype: object
'''

# 指定每行重复几次
pd.Series(['a', 'b', 'c']).str.repeat(repeats=[1, 2, 3])
'''
0      a
1     bb
2    ccc
dtype: object
'''
```

11.3.8　文本连接

方法 s.str.cat() 具有文本连接的功能，可以将序列连接成一个文本或者将两个文本序列连接在一起。

```
# 文本序列
s = pd.Series(['x', 'y', 'z'], dtype="string")

# 默认无符号连接
s.str.cat()
# 'xyz'

# 用逗号连接
s.str.cat(sep=',')
# 'x,y,z'
```

如果序列中有空值，会默认忽略空值，也可以指定空值的占位符号：

```
# 包含空值的文本序列
t = pd.Series(['h', 'i', np.nan, 'k'], dtype="string")

# 用逗号连接
t.str.cat(sep=',')
# 'h,i,k'

# 用连字符
t.str.cat(sep=',', na_rep='-')
# 'h,i,-,k'

t.str.cat(sep=',', na_rep='j')
# 'h,i,j,k'
```

当然也可以使用 pd.concat() 来连接两个序列：

```
s
'''
0    x
1    y
2    z
dtype: string
'''
t
'''
0       h
1       i
2    <NA>
3       k
dtype: string
'''

# 连接
pd.concat([s, t], axis=1)
'''
      0     1
0     x     h
1     y     i
2     z  <NA>
3  <NA>     k
```

```
'''

# 两次连接
s.str.cat(pd.concat([s, t], axis=1), na_rep='-')
'''
0    xxh
1    yyi
2    zz-
dtype: string
'''
```

连接的对齐方式：

```
h = pd.Series(['b', 'd', 'a'],
              index=[1, 0, 2],
              dtype="string")

# 以左边的索引为准
s.str.cat(h)
s.str.cat(t, join='left')
# 以右边的索引为准
s.str.cat(h, join='right')
# 其他
s.str.cat(h, join='outer', na_rep='-')
s.str.cat(h, join='inner', na_rep='-')
```

11.3.9 文本查询

Pandas 在文本的查询匹配方面也很强大，可以使用正则表达式来进行复杂的查询匹配，可以根据需要指定获得匹配后返回的数据。

.str.findall() 可以查询文本中包括的内容：

```
# 字符序列
s = pd.Series(['One', 'Two', 'Three'])
# 查询字符
s.str.findall('T')
'''
0     []
1    [T]
2    [T]
dtype: object
'''
```

以下是一些操作示例：

```
# 区分大小写，不会查出内容
s.str.findall('ONE')
# 忽略大小写
import re
s.str.findall('ONE', flags=re.IGNORECASE)
# 包含o
s.str.findall('o')
# 以o结尾
s.str.findall('o$')
# 包含多个的会形成一个列表
s.str.findall('e')
```

```
'''
0       [e]
1        []
2    [e, e]
dtype: object
'''
```

使用 .str.find() 返回匹配结果的位置（从 0 开始），–1 为不匹配：

```
s.str.find('One')
'''
0    0
1   -1
2   -1
dtype: int64
'''

s.str.find('e')
'''
0    2
1   -1
2    3
dtype: int64
'''
```

此外，还有 .str.rfind()，它是从右开始匹配。

11.3.10　文本包含

.str.contains() 会判断字符是否有包含关系，返回布尔序列，经常用在数据筛选中。它默认是支持正则表达式的，如果不需要，可以关掉。na 参数可以指定空值的处理方式。

```
# 原数据
s = pd.Series(['One', 'Two', 'Three', np.NaN])
# 是否包含检测
s.str.contains('o', regex=False)
'''
0    False
1     True
2    False
3      NaN
dtype: object
'''
```

用在数据查询中：

```
# 名字包含A字母
df.loc[df.name.str.contains('A')]
# 包含字母A或者C
df.loc[df.name.str.contains('A|C')]
# 忽略大小写
import re
df.loc[df.name.str.contains('A|C', flags=re.IGNORECASE)]
# 包含数字
df.loc[df.name.str.contains('\d')]
```

此外 .str.startswith() 和 .str.endswith() 还可以指定是开头还是结尾包含：

```
# 原数据
s = pd.Series(['One', 'Two', 'Three', np.NaN])
s.str.startswith('O')
# 对空值的处理
s.str.startswith('O', na=False)
s.str.endswith('e')
s.str.endswith('e', na=False)
```

用 .str.match() 确定每个字符串是否与正则表达式匹配：

```
pd.Series(['1', '2', '3a', '3b', '03c'],
          dtype="string").str.match(r'[0-9][a-z]')
'''
0    False
1    False
2     True
3     True
4    False
dtype: boolean
'''
```

11.3.11 文本提取

.str.extract() 可以利用正则表达式将文本中的数据提取出来，形成单独的列。下列代码中正则表达式将文本分为两部分，第一部分匹配 a、b 两个字母，第二部分匹配数字，最终得到这两列。c3 由于无法匹配，最终得到两列空值。

```
(pd.Series(['a1', 'b2', 'c3'], dtype="string")
   .str
   .extract(r'([ab])(\d)', expand=True)
)
'''
      0     1
0     a     1
1     b     2
2  <NA>  <NA>
'''
```

expand 参数如果为真，则返回一个 DataFrame，不管是一列还是多列；如果为假，则仅当只有一列时才会返回一个 Series/Index。

```
s.str.extract(r'([ab])?(\d)')
'''
     0  1
0    a  1
1    b  2
2  NaN  3
'''
# 取正则组的命名为列名
s.str.extract(r'(?P<letter>[ab])(?P<digit>\d)')
'''
  letter digit
0      a     1
1      b     2
2    NaN   NaN
'''
```

匹配全部，会将一个文本中所有符合规则的内容匹配出来，最终形成一个多层索引数据：

```
s = pd.Series(["a1a2", "b1b7", "c1"],
              index=["A", "B", "C"],
              dtype="string")
two_groups = '(?P<letter>[a-z])(?P<digit>[0-9])'
s.str.extract(two_groups, expand=True) # 单次匹配
s.str.extractall(two_groups)
'''
        letter digit
  match
A 0          a     1
  1          a     2
B 0          b     1
  1          b     7
C 0          c     1
'''
```

11.3.12　提取虚拟变量

可以从字符串列中提取虚拟变量，例如用“/”分隔：

```
s = pd.Series(['a/b', 'b/c', np.nan, 'c'],
              dtype="string")
'''
0     a/b
1     b/c
2    <NA>
3       c
dtype: string
'''

# 提取虚拟
s.str.get_dummies(sep='/')
'''
   a  b  c
0  1  1  0
1  0  1  1
2  0  0  0
3  0  0  1
'''
```

也可以对索引进行这种操作：

```
idx = pd.Index(['a/b', 'b/c', np.nan, 'c'])
idx.str.get_dummies(sep='/')
'''
MultiIndex([(1, 1, 0),
            (0, 1, 1),
            (0, 0, 0),
            (0, 0, 1)],
           names=['a', 'b', 'c'])
'''
```

11.3.13 小结

先将数据转换为字符类型，然后就可以随心所欲地使用 str 访问器了。这些文本高级功能可以帮助我们完成对于复杂文本的处理，同时完成数据的分析。

11.4 本章小结

文本数据虽然不能参与算术运算，但文本数据具有数据维度高、数据量大且语义复杂等特点，在数据分析中需要得到重视。本章介绍的 Pandas 操作的文本数据类型的方法及 str 访问器，大大提高了文本数据的处理效率。

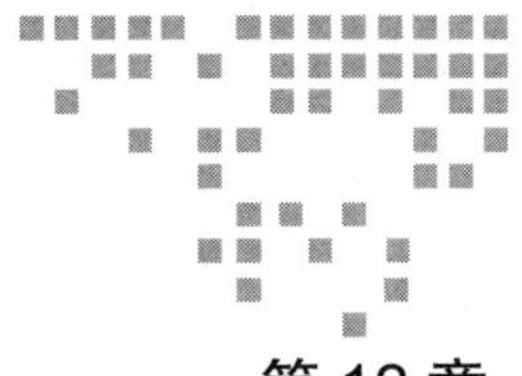

第 12 章 Chapter 12

Pandas 分类数据

分类数据（categorical data）是按照现象的某种属性对其进行分类或分组而得到的反映事物类型的数据，又称定类数据。

分类数据的特点是有限性，分类数据固定且能够枚举，而且数据不会太多。通过将数据定义为分析数据类型，可以压缩数据内存存储大小，加快计算速度，让业务指向更加清晰明了。

本章，我们会介绍 Pandas 对分类数据的支持情况。

12.1 分类数据

分类数据是固定数量的值，在一列中表达数值具有某种属性、类型和特征。例如，人口按照性别分为“男”和“女”，按照年龄段分为“少儿”“青年”“中年”“老年”，按照职业分为“工人”“农民”“医生”“教师”等。其中，“男”“少儿”“农民”“医生”“教师”这些就是分类数据。

为了便于计算机处理，经常会用数字类型表示，如用 1 表示“男性”，用 0 表示“女性”，用 2 表示“性别未知”，但这些数字之前没有数量意义上的大小、先后等关系。Pandas 提供的分类数据类型名称为 category。

如同文本数据拥有 .str.<method> 访问器，类别数据也有 .cat.<method> 格式的访问器，帮助我们便捷访问和操作分类数据。

12.1.1 创建分类数据

构造和加载数据时，使用 dtype="category" 来指定数据类型：

```
# 构造数据
s = pd.Series(["x", "y", "z", "x"], dtype="category")

# 查看数据
s
'''
0    x
1    y
2    z
3    x
dtype: category
Categories (3, object): ['x', 'y', 'z']
'''
```

我们发现，数据的类型 dtype 为 category，另外还包含分类的具体信息，有三个 object 类型的数据，分别是字符 'x'、'y'、'z'。

同样，创建 DataFrame 时也可以指定数据类型：

```
# 构造数据
df = pd.DataFrame({'A': list('xyzz'), 'B': list('aabc')}, dtype="category")
df
'''
   A  B
0  x  a
1  y  a
2  z  b
3  z  c
'''

# 查看数据类型
df.dtypes
'''
A    category
B    category
dtype: object
'''

# 查看指定列的数据类型
df.B
'''
0    a
1    a
2    b
3    c
Name: B, dtype: category
Categories (3, object): ['a', 'b', 'c']
'''
```

在一定的情况下，会自动将数据类型创建为分类数据类型，如分箱操作：

```
# 生成分箱序列
pd.Series(pd.cut(range(1, 10, 2), [0,4,6,10]))
'''
0     (0, 4]
1     (0, 4]
2     (4, 6]
3    (6, 10]
```

```
4    (6, 10]
dtype: category
Categories (3, interval[int64]): [(0, 4] < (4, 6] < (6, 10]]
'''
```

12.1.2　pd.Categorical()

pd.Categorical() 用与数据分析语言 R 语言和 S-plus（一种 S 语言的实现）中类似的形式来表示分类数据变量：

```
# 分类数据
pd.Categorical(["x", "y", "z", "x"], categories=["y", "z", "x"], ordered=True)
'''
['x', 'y', 'z', 'x']
Categories (3, object): ['y' < 'z' < 'x']
'''
```

分类数据只能使用有限数量（通常是固定的）的数值，分类还可以具有顺序，不过顺序是类别的先后顺序，而不是值的大小顺序。它们不能参与加、减等数字运算。

```
# 构建 Series
pd.Series(pd.Categorical(["x", "y", "z", "x"],
                         categories=["y", "z", "x"],
                         ordered=False)
         )
'''
0    x
1    y
2    z
3    x
dtype: category
Categories (3, object): ['y', 'z', 'x']
'''
```

12.1.3　CategoricalDtype 对象

CategoricalDtype 是 Pandas 的分类数据对象，它可以传入以下参数。

- categories：没有缺失值的不重复序列。
- ordered：布尔值，顺序的控制，默认是没有顺序的。

```
from pandas.api.types import CategoricalDtype
CategoricalDtype(['a', 'b', 'c'])
# CategoricalDtype(categories=['a', 'b', 'c'], ordered=False)
```

CategoricalDtype 可以在 Pandas 指定 dtype 的任何地方，例如 pd.read_csv()、df.astype() 或 Series 构造函数中。分类数据默认是无序的，可以使用字符串 category 代替 CategoricalDtype，换句话说，dtype='category' 等效于 dtype=CategoricalDtype()。

```
from pandas.api.types import CategoricalDtype
# 定义CategoricalDtype对象
c = CategoricalDtype(['a', 'b', 'c'])
```

```
# 类别指定CategoricalDtype对象
pd.Series(list('abcabc'), dtype=c)
'''
0    a
1    b
2    c
3    a
4    b
5    c
dtype: category
Categories (3, object): ['a', 'b', 'c']
'''
```

12.1.4 类型转换

将数据类型转换为分类数据类型的最简单的方法是使用 s.astype('category')，示例如下：

```
# 原数据
df = pd.read_excel('https://www.gairuo.com/file/data/dataset/team.xlsx')
df.head()
'''
    name team  Q1  Q2  Q3  Q4
0  Liver    E  89  21  24  64
1   Arry    C  36  37  37  57
2    Ack    A  57  60  18  84
3  Eorge    C  93  96  71  78
4    Oah    D  65  49  61  86
'''

# 转换数据类型
df.team.astype('category')
'''
0     E
1     C
2     A
3     C
4     D
     ..
95    C
96    C
97    C
98    E
99    E
Name: team, Length: 100, dtype: category
Categories (5, object): ['A', 'B', 'C', 'D', 'E']
'''
```

CategoricalDtype 对象可以用于分类数据类型转换，如：

```
from pandas.api.types import CategoricalDtype

# 定义CategoricalDtype对象
c = CategoricalDtype(['A', 'B', 'C', 'D', 'E'])
# 应用到类型转换
df.team.astype(c)
'''
0     E
```

```
1      C
2      A
3      C
4      D
      ..
95     C
96     C
97     C
98     E
99     E
Name: team, Length: 100, dtype: category
Categories (5, object): ['A', 'B', 'C', 'D', 'E']
'''
```

分类数据也可以再转换为其他类型的数据，如转换为文本（使用 s.astype(str) 方法）。

12.1.5　小结

分类是 Pandas 为解决大量重复的有限值数据而增加的一个专门的数据类型，它可以提高程序的处理速度，也能让代码更加简洁。本节介绍了分类数据的创建、分类数据对象和类型转换，这些都需要大家掌握并灵活运用。

12.2　分类的操作

分类数据的其他操作与其他数据类型的操作没有区别，可以参与数据查询、数组聚合、透视、合并连接。本节介绍一些常用的操作，更加复杂的功能可以查询 Pandas 官方文档。

12.2.1　修改分类

可以对分类数据进行修改，修改后，数据中的值是修改后的值：

```
s = pd.Series(["a", "b", "c", "a"], dtype="category")
# 修改分类
s.cat.categories = ['x', 'y', 'z']
'''
0    x
1    y
2    z
3    x
dtype: category
Categories (3, object): ['x', 'y', 'z']
'''
# 修改分类
s.cat.rename_categories(['h', 'i', 'j'])
'''
0    h
1    i
2    j
3    h
dtype: category
Categories (3, object): ['h', 'i', 'j']
'''
```

使用字典进行修改：

```
# 修改分类
s.cat.rename_categories({'a':'x', 'b':'y', 'c':'z'})
'''
0    x
1    y
2    z
3    x
dtype: category
Categories (3, object): ['x', 'y', 'z']
'''
```

还可以通过以下设置方法来修改分类：

```
# 设置分类
s.cat.set_categories(["b", "c", "a"])
```

需要注意的是，指定的分类数据必须不重复且不为 NaN，否则会引发 ValueError。

12.2.2 追加新分类

可以用 add_categories() 方法在原有的分类上追加一个新分类：

```
# 追加分类
s = s.cat.add_categories(['t'])
s.cat.categories
# Index(['x', 'y', 'z', 't'], dtype='object')
s
'''
0    x
1    y
2    z
3    x
dtype: category
Categories (4, object): ['x', 'y', 'z', 't']
'''
```

12.2.3 删除分类

可以使用 remove_categories() 方法来删除分类，删除的值将被替换为 np.nan。

```
# 删除分类
s = s.cat.remove_categories(['y'])
s
'''
0      x
1    NaN
2      z
3      x
dtype: category
Categories (2, object): ['x', 'z']
'''
```

删除未使用的分类：

```
s = pd.Series(pd.Categorical(["a", "b", "a"],
```

```
                                categories=["a", "b", "c", "d"]))
s
'''
0    a
1    b
2    a
dtype: category
Categories (4, object): [a, b, c, d]
'''
s.cat.remove_unused_categories()
'''
0    a
1    b
2    a
dtype: category
Categories (2, object): [a, b]
'''
```

12.2.4 顺序

新生成的分类数据不会自动排序，必须显式传入 ordered=True 来指示分类数据有序：

```
s = pd.Series(["a", "b", "c", "a"], dtype="category")

# 查看分类
s.cat.categories
# Index(['a', 'b', 'c'], dtype='object')

# 是否有序
s.cat.ordered
# False
```

也可以按特定顺序传递分类：

```
s = pd.Series(pd.Categorical(["a", "b", "c", "a"],
                             categories=["c", "b", "a"]))
s.cat.categories
# Index(['c', 'b', 'a'], dtype='object')
s.cat.ordered
# False
```

可以使用 as_ordered() 将分类数据设置为排序，或者使用 as_unordered() 将分类数据设置为无序，默认情况下将返回一个新对象。

```
s = pd.Series(["a", "b", "c", "a"], dtype="category")

# 设置为有序
s.cat.as_ordered()
'''
0    a
1    b
2    c
3    a
dtype: category
Categories (3, object): ['a' < 'b' < 'c']
'''
```

```
# 设置为无序
s.cat.as_unordered()
'''
0    a
1    b
2    c
3    a
dtype: category
Categories (3, object): ['a', 'b', 'c']
'''
```

重新排序，传入 ordered=True 可让排序生效：

```
# 重新排序
s.cat.reorder_categories(['b', 'a', 'c'], ordered=True)
'''
0    a
1    b
2    c
3    a
dtype: category
Categories (3, object): ['b', 'a', 'c']
'''
```

12.2.5 小结

本节介绍了一些常用分类数据的修改、添加、删除和排序操作，在数据分析中对分类数据的调整场景比较少，一般都是将原有数据解析转换为分类数据以提高分析效率。

12.3 本章小结

本章介绍的分类数据类型是 Pandas 的另一个数据分析利器，它让业务更加清晰，代码性能更为出色。当我们遇到重复有限值时，尽量将其转换为数据类型，通过分类数据的优势和各项功能来提高数据分析的效率。

第五部分 Part 5

时序数据分析

时序数据即时间序列数据，是按一定的时间尺度及顺序记录的数据。通过时序数据，我们可以发现样本的特征和发展变化规律，进而进行样本以外的预测。

本部分主要介绍 Pandas 中对于时间类型数据的处理和分析，包括固定时间、时长、周期、时间偏移等的表示方法、查询、计算和格式处理，以及时区转换、重采样、工作日和工作时间的处理方法。此外，本部分还介绍了在时序数据处理中常用的窗口计算。

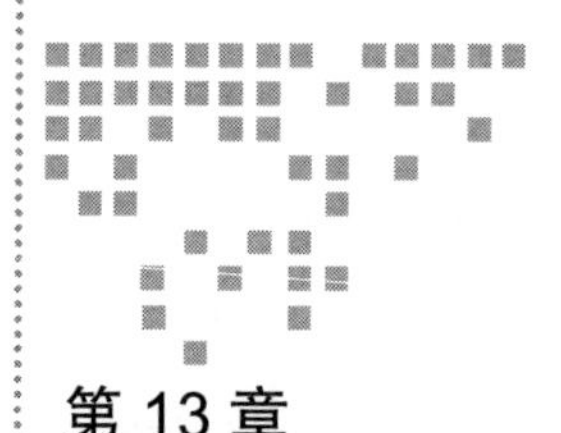

Chapter 13 第 13 章

Pandas 窗口计算

如果业务呈现周期性变化，就不能以最小数据单元进行分析了，而需要按照这个周期产生稳定的趋势数据再进行分析，这就会用到窗口计算。Pandas 提供几种窗口函数，如移动窗口函数 rolling()、扩展窗口函数 expanding() 和指数加权移动 ewm()，同时可在此基础上调用适合的统计函数，如求和、中位数、均值、协方差、方差、相关性等。

13.1　窗口计算

本节介绍窗口计算的一些概念和原理，帮助大家理解什么是窗口计算，窗口计算是如何运作的，以及它有哪些实际用途。

13.1.1　理解窗口计算

所谓窗口，就是在一个数列中，选择一部分数据所形成的一个数据区间。按照一定的规则产生很多窗口，对每个窗口施加计算得到的结果集成为一个新的数列，这个过程就是窗口计算。

可以把“窗口”（windows）这个概念理解为集合，一个窗口就是一个集合。在统计分析中需要不同的“窗口”，比如一个部门分成不同组，在统计时会按组进行平均、排名等操作。再比如，对于时间这种有顺序的数据，我们可能 5 天或者一个月分一组再进行排序、求中位数等计算。

图 13-1 展示了一个数列被一个规则框多次选中，形成 4 个窗口的情况。

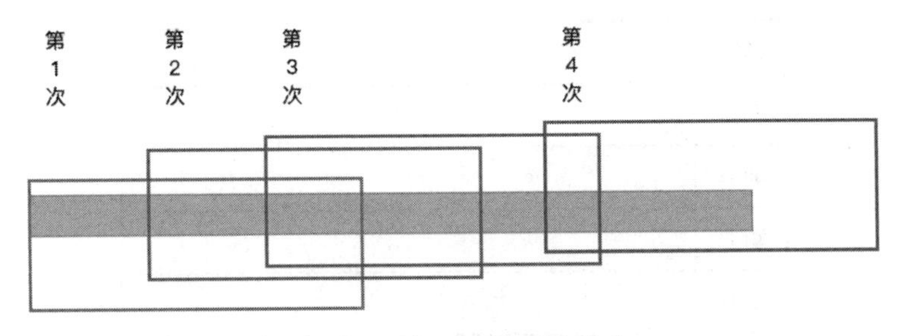

图 13-1　窗口选择逻辑示意

接着，我们对这 4 个窗口执行统计运算，如平均、方差等，会得到一个新数列，这个新数列就是我们需要的结果。

13.1.2　移动窗口

移动窗口 rolling() 与 groupby 很像，但并没有固定的分组，而是创建了一个按一定移动位（如 10 天）移动的移动窗口对象。我们再对每个对象进行统计操作。一个数据会参与到多个窗口（集合、分组）中，而 groupby 中的一个值只能在一个组中。

图 13-2 演示了一个典型的移动窗口，对原数据按照固定大小的窗口依次移动，直至全部覆盖数据。

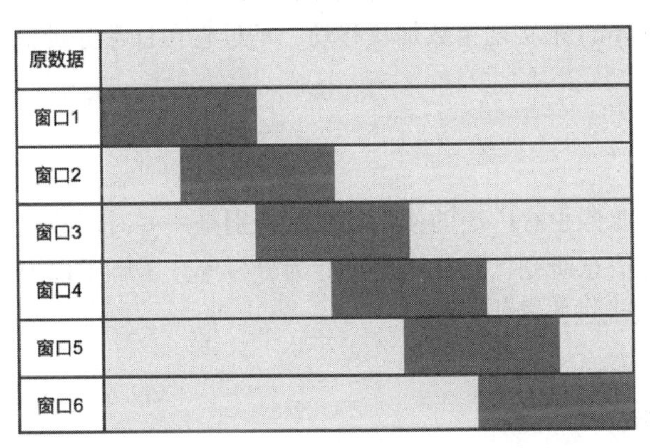

图 13-2　一个典型的移动窗口示例

13.1.3　扩展窗口

“扩展”（expanding）是从数据（大多情况下是时间）的起始处开始窗口，增加窗口直到指定的大小。一般所有的数据都会参与所有窗口。

图 13-3 演示了一个典型的扩展窗口，它设置一个最小起始窗口，然后逐个向后扩展，实现类似累加的效果。

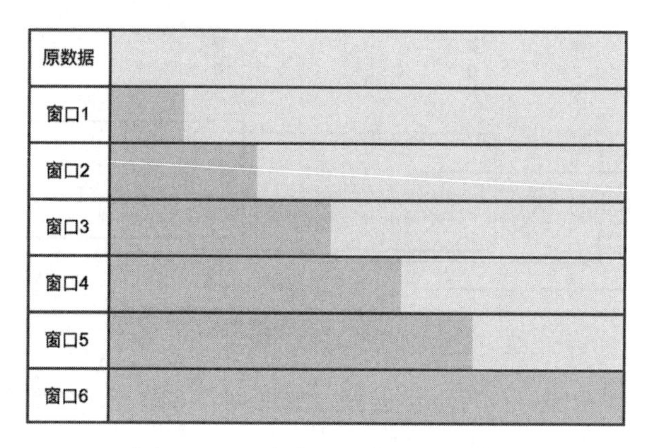

图 13-3 一个典型的扩展窗口示例

13.1.4 指数加权移动

在上述两个统计方法中，分组中的所有数值的权重都是一样的，而指数加权移动（exponential weighted moving）对分组中的数据给予不同的权重，用于后面的计算中。

机器学习中的重要算法梯度下降法就是计算了梯度的指数加权平均数，并以此来更新权重，这种方法的运行速度几乎总是快于标准的梯度下降算法。

Pandas 提供了 ewm() 来实现指数加权移动，不过它在日常分析中使用较少，本书不做过多介绍。

13.1.5 小结

窗口计算在实际业务中有广泛的使用场景，特别是一些时序数据中，如股票波动、气温及气候变化、生物信息研究、互联网用户行为分析等。了解了以上基础概念，接下来我们就开始用 Pandas 实现这些操作。

13.2 窗口操作

s.rolling() 是移动窗口函数，此函数可以应用于一系列数据，指定参数 window=n，并在其上调用适合的统计函数。

13.2.1 计算方法

我们先使用 s.rolling() 做一下移动窗口操作：

```
# 原始数据
s = pd.Series(range(1, 7))
s
'''
```

```
0    1
1    2
2    3
3    4
4    5
5    6
dtype: int64
'''

# 移动窗口
s.rolling(2).sum()
'''
0     NaN
1     3.0
2     5.0
3     7.0
4     9.0
5    11.0
dtype: float64
'''
```

它的执行逻辑如图 13-4 所示。

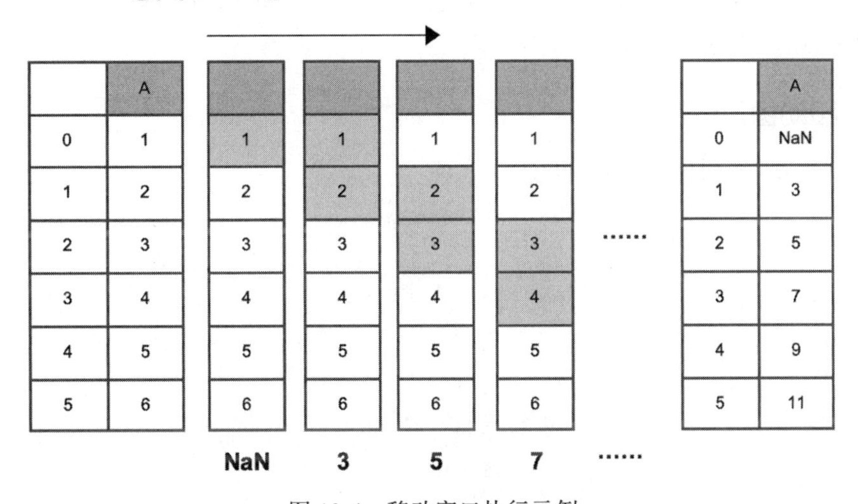

图 13-4　移动窗口执行示例

第一个窗口（索引 0）由于只有一个元素，不满足窗口大小，所以窗口求和无法进行，结果为 NaN。第二个窗口（索引 0、1）里的值为 1 和 2，窗口求和值为 3，依次推得所有窗口的求和值，形成了一个与原数据形状一样的新数据。这就是移动窗口的计算过程。

13.2.2　基本语法

s.rolling() 的语法如下：

```
# 语法
```

```
df.rolling(window, min_periods=None,
           center=False, win_type=None,
           on=None, axis=0, closed=None)
```

它支持以下参数。

- window：必传，如果使用 int，可以表示窗口的大小；如果是 offset 类型，表示时间数据中窗口按此时间偏移量设定大小。
- min_periods：每个窗口的最小数据，小于此值窗口的输出值为 NaN，offset 情况下，默认为 1。默认情况下此值取窗口的大小。
- win_type：窗口的类型，默认为加权平均，支持非常丰富的窗口函数，如 boxcar、triang、blackman、hamming、bartlett、parzen、bohman、blackmanharris、nuttall、barthann、kaiser(beta)、gaussian(std)、general_gaussian (power, width)、slepian (width)、exponential (tau) 等。具体算法可参考 SciPy 库的官方文档：https://docs.scipy.org/doc/scipy/reference/signal.windows.html。
- on：可选参数，对于 DataFrame 要作为窗口的列。
- axis：计算的轴方向。
- closed：窗口的开闭区间定义，支持 'right'、'left、'both' 或 'neither'。对于 offset 类型，默认是左开右闭，默认为 right。

13.2.3 移动窗口使用

我们先定义一个时序 DataFrame：

```
# 数据
df = pd.DataFrame(np.random.randn(30, 4),
                  index=pd.date_range('10/1/2020', periods=30),
                  columns=['A', 'B', 'C', 'D'])

# 查看数据
df
'''
                   A         B         C         D
2020-10-01 -0.721785  0.185372  0.601476 -1.047779
2020-10-02 -0.673797  0.053823  1.131360  1.528089
2020-10-03  1.309635  1.689513  0.493703 -1.268510
...
...
2020-10-28  0.730779  0.808058 -0.267892 -1.523685
2020-10-29  1.040508 -0.452897  0.265647 -0.090603
2020-10-30 -1.204444 -0.109730 -1.819863 -0.569923
'''
```

接下来，以每两天为一个窗口，在窗口上求平均数：

```
# 每两天一个窗口，求平均数
df.rolling(2).mean()
'''
                   A         B         C         D
2020-10-01       NaN       NaN       NaN       NaN
```

```
2020-10-02 -0.697791  0.119598  0.866418  0.240155
2020-10-03  0.317919  0.871668  0.812531  0.129789
2020-10-04  0.119404  1.247211  0.022322 -1.073985
...
...
2020-10-29  0.885644  0.177580 -0.001122 -0.807144
2020-10-30 -0.081968 -0.281313 -0.777108 -0.330263
'''
```

我们使用时间偏移作为周期，2D 代表两天，与上例相同，不过，使用时间偏移的话，默认的最小观察数据为 1，所以第一天也是有数据的，即它自身：

```
# 每两天一个窗口，求平均数
df.rolling('2D').mean()
'''
                   A         B         C         D
2020-10-01 -0.721785  0.185372  0.601476 -1.047779
2020-10-02 -0.697791  0.119598  0.866418  0.240155
2020-10-03  0.317919  0.871668  0.812531  0.129789
2020-10-04  0.119404  1.247211  0.022322 -1.073985
...
...
2020-10-29  0.885644  0.177580 -0.001122 -0.807144
2020-10-30 -0.081968 -0.281313 -0.777108 -0.330263
'''
```

如果只对一指定列进行窗口计算，可用以下两个方法之一：

```
# 仅对A列进行窗口计算
df.rolling('2D', c)['A'].mean()
df.A.rolling('2D').mean() # 同上
'''
2020-10-01   -0.721785
2020-10-02   -0.697791
...
2020-10-29    0.885644
2020-10-30   -0.081968
Freq: D, Name: A, dtype: float64
'''
```

使用窗口函数时可以指定窗口类型，如汉明（Hamming）窗：

```
# 使用窗口函数，汉明窗
df.rolling(2, win_type='hamming').sum()
'''
                   A         B         C         D
2020-10-01       NaN       NaN       NaN       NaN
2020-10-02 -0.111647  0.019136  0.138627  0.038425
2020-10-03  0.050867  0.139467  0.130005  0.020766
...
2020-10-29  0.141703  0.028413 -0.000180 -0.129143
2020-10-30 -0.013115 -0.045010 -0.124337 -0.052842
'''
```

13.2.4　统计方法

窗口主要支持以下统计方法。

- count()：非空值数
- sum()：值的总和
- mean()：平均值
- median()：数值的算术中位数
- min()：最小值
- max()：最大值
- std()：贝塞尔校正的样本标准偏差
- var()：无偏方差
- skew()：样本偏斜度（三阶矩）
- kurt()：峰度样本（四阶矩）
- quantile()：样本分位数（百分位上的值）
- cov()：无偏协方差（二进制）
- corr()：关联（二进制）

13.2.5 agg()

使用 agg() 可以调用多个函数，多列使用不同函数或者一列使用多个函数，如对窗口中的不同列使用不同的计算方法：

```
# 对窗口中的不同列使用不同的计算方法
df.rolling('2D').agg({'A':sum, 'B': np.std})
'''
                   A         B
2020-10-01 -0.721785       NaN
2020-10-02 -1.395582  0.093019
2020-10-03  0.635838  1.156607
...
2020-10-29  1.771287  0.891630
2020-10-30 -0.163936  0.242656
'''
```

对同一列使用多个函数，同时对不同函数计算出的列命名：

```
# 对同一列使用多个函数
df.A.rolling('2D').agg({'A_sum':sum, 'B_std': np.std})
'''
               A_sum     B_std
2020-10-01 -0.721785       NaN
2020-10-02 -1.395582  0.033933
2020-10-03  0.635838  1.402498
...
2020-10-29  1.771287  0.219012
2020-10-30 -0.163936  1.587421
'''
```

13.2.6 apply()

apply() 可以在窗口上实现自定义函数，要求应用此函数后产生一个单一值，因为窗口计算后每个窗口产生的也是唯一值：

```
# 对窗口求和再加1，最终求绝对值
df.A.rolling('2D').apply(lambda x: abs(sum(x)+1))
'''
2020-10-01    0.278215
2020-10-02    0.395582
2020-10-03    1.635838
...
2020-10-29    2.771287
2020-10-30    0.836064
Freq: D, Name: A, dtype: float64
'''
```

13.2.7 扩展窗口

s.expanding() 是 Pandas 扩展窗口的实现函数，在使用和功能上简单很多，使用逻辑与 s.rolling() 一样。rolling() 窗口大小固定，移动计算，而 expanding() 只设最小可计算数量，不固定窗口大小，不断扩展进行计算，示例代码如下。

```
# 原始数据
s = pd.Series(range(1, 7))
s
'''
0    1
1    2
2    3
3    4
4    5
5    6
dtype: int64
'''

# 扩展窗口操作
s.expanding(2).sum()
'''
0     NaN
1     3.0
2     6.0
3    10.0
4    15.0
5    21.0
dtype: float64
'''
```

它的执行逻辑如图 13-5 所示。

我们看到，expanding() 的窗口每一步都在延伸：在第一个元素时，由于限定窗口为 2，所以无法计算，结果是 NaN；到第二个元素时，窗口内有 1 和 2，算出结果为 3；在第三个元素时窗口内已经包含了 1、2、3，计算得 6；依次类推，直至全部计算完毕。

实际上，当 rolling() 函数的窗口大小参数 window 为 len(df) 时，最终效果与 expanding() 是一样的。

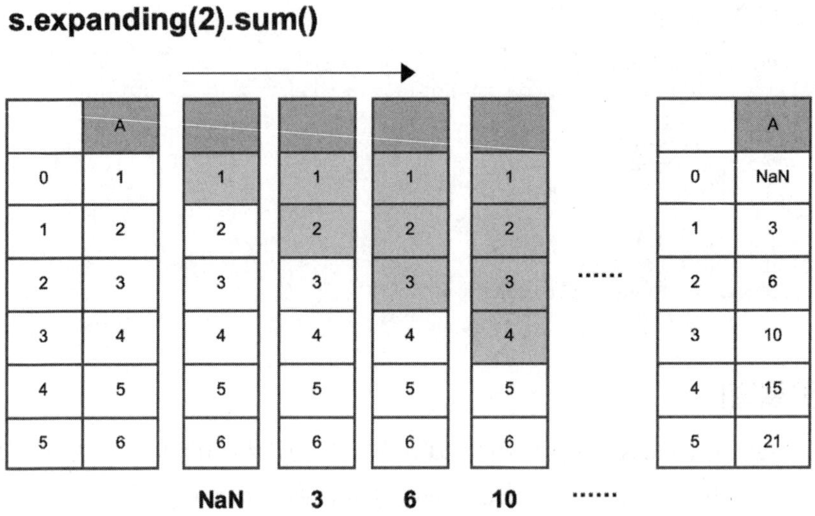

图 13-5 扩展窗口执行示例

13.2.8 小结

移动窗口函数 rolling() 和扩展窗口函数 expanding() 十分类似，不同点仅限于窗口大小是否固定。rolling() 更为常用，它提供了更为丰富的参数，可以指定非常多的窗口函数来实现复杂的计算。

13.3 本章小结

SQL 提供了窗口函数用于数据的读取计算，本章介绍的 Pandas 的 rolling() 和 expanding() 正是来解决同样的问题的。窗口计算在一些时序数据处理分析方法中使用非常广泛，另外在理论研究方面也有诸多应用。

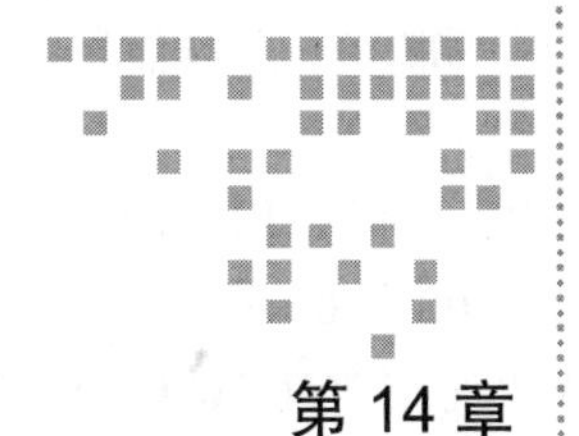

第 14 章 Chapter 14

Pandas 时序数据

时间序列（Time Series）数据是一类非常重要的数据。事物的发展总是伴随着时间推进，数据指标也在各个时间点上产生。时间序列（简称“时序”）是在一个时间周期内，测量值按照时间顺序变化，将这个变量与关联的时间对应而形成的一个数据序列。

时序数据与我们的生活紧密相连，每天的温度变化、农作物随着时间的生长高度、物理元素随着时间的衰变、每时每刻变化的股票价格等，都会产生时序数据。Pandas 具有强大的时序处理能力，被广泛应用于金融数据分析，它的诞生也是缘于金融数据分析领域的需求。

本章将全面介绍 Pandas 在时序数据处理中的方法，主要有时间的概念、时间的计算机表示方法、时间的属性操作和时间格式转换；时间之间的数学计算、时长的意义、时长与时间的加减操作；时间偏移的概念、用途、表示方法；时间跨度的意义、表示方法、单位转换等。

14.1 固定时间

时间与数字相比，更为复杂，一般的日常计数为十进制，而时间有多种进制，如分钟到小时是六十进制，小时与天是二十四进制，天与星期是七进制，天与月又是 28 天到 31 天不等，月与年是十二进制。本节介绍一些关于时间的基础概念，帮助大家建立对时间的表示方式和计算方式的一个简单认知。

14.1.1 时间的表示

固定时间是指一个时间点，如 2020 年 11 月 11 日 00:00:00。固定时间是时序数据的基础，一个固定时间带有丰富的信息，如年份、周几、几月、哪个季度，需要我们进行属性的读取。

在计算机中，时间多用时间戳来表示。时间戳（Timestamp）是指格林威治时间 1970 年 1 月 1 日 00 时 00 分 00 秒起至当下的总秒数。它是一个非常大的数字，一直在增加，如 1591684854 代表北京时间 2020/6/9 14:40:54。那么 1970 年以前的时间怎么表示呢？用负数，如 –1591684957 代表 1919/7/26 2:17:23。

Python 的官网库 datetime 支持创建和处理时间：

```
# 当前时间
datetime.now()
# datetime.datetime(2020, 11, 3, 17, 38, 31, 203542)

# 指定时间
datetime(2020, 11, 1, 19)
# datetime.datetime(2020, 11, 1, 19, 0)

# 指定时间
datetime(year=2020, month=11, day=11)
datetime.datetime(2020, 11, 11, 0, 0)
```

Pandas 等 Python 的第三方库都是在 Python 的 datetime 的基础上建立时间对象的。

14.1.2 创建时间点

pd.Timestamp() 是 Pandas 定义时间的主要函数，代替 Python 中的 datetime.datetime 对象。下面介绍它可以传入的内容。

使用 Python 的 datetime 库：

```
import datetime
# 至少需要年、月、日
pd.Timestamp(datetime.datetime(2020, 6, 8))
# Timestamp('2020-06-08 00:00:00')

# 指定时、分、秒
pd.Timestamp(datetime.datetime(2020, 6, 8, 16, 17, 18))
# Timestamp('2020-06-08 16:17:18')
```

指定时间字符串：

```
pd.Timestamp('2012-05-01')
# Timestamp('2012-05-01 00:00:00')
pd.Timestamp('2017-01-01T12')
# Timestamp('2017-01-01 12:00:00')
```

指定时间位置数字，可依次定义 year、month、day、hour、minute、second、microsecond：

```
pd.Timestamp(2012, 5, 1)
# Timestamp('2012-05-01 00:00:00')
pd.Timestamp(2017, 1, 1, 12)
# Timestamp('2017-01-01 12:00:00')
pd.Timestamp(year=2017, month=1, day=1, hour=12)
# Timestamp('2017-01-01 12:00:00')
```

解析时间戳：

```
pd.Timestamp(1513393355.5, unit='s') # 单位为秒
# Timestamp('2017-12-16 03:02:35.500000')
```

用 tz 指定时区，需要记住的是北京时间值为 Asia/Shanghai：

```
pd.Timestamp(1513393355, unit='s', tz='US/Pacific')
# Timestamp('2017-12-15 19:02:35-0800', tz='US/Pacific')
# 指定为北京时间
pd.Timestamp(1513393355, unit='s', tz='Asia/Shanghai')
# Timestamp('2017-12-16 11:02:35+0800', tz='Asia/Shanghai')
```

获取到当前时间，从而可通过属性取到今天的日期、年份等信息：

```
pd.Timestamp('today')
pd.Timestamp('now')
# Timestamp('2020-06-09 16:11:56.532981')
pd.Timestamp('today').date() # 只取日期
```

通过当前时间计算出昨天、明天等信息：

```
# 昨天
pd.Timestamp('now')-pd.Timedelta(days=1)
# Timestamp('2020-06-08 16:14:39.254365')
# 明天
pd.Timestamp('now')+pd.Timedelta(days=1)
# Timestamp('2020-06-10 16:15:28.019039')
# 当月初，一日
pd.Timestamp('now').replace(day=1)
# Timestamp('2020-06-01 16:15:28.019039')
```

pd.to_datetime() 也可以实现上述功能，不过根据语义，它常用在时间转换上。

```
pd.to_datetime('now')
# Timestamp('2020-11-04 06:38:14.261987')
```

由于 Pandas 以纳秒粒度表示时间戳，因此可以使用 64 位整数表示的时间跨度限制为大约 584 年，意味着能表示的时间范围有最早和早晚的限制：

```
pd.Timestamp.min
# Timestamp('1677-09-21 00:12:43.145225')
pd.Timestamp.max
# Timestamp('2262-04-11 23:47:16.854775807')
```

不过，Pandas 也给出一个解决方案：使用 PeriodIndex 来解决。PeriodIndex 后面会介绍。

14.1.3 时间的属性

一个固定的时间包含丰富的属性，包括时间所在的年份、月份、周几，是否月初，在哪个季度等。利用这些属性，我们可以进行时序数据的探索。

我们先定义一个当前时间：

```
time = pd.Timestamp('now')
# Timestamp('2020-06-09 16:30:54.813664')
```

以下是丰富的时间属性：

```
time.asm8 # 返回NumPy datetime64格式（以纳秒为单位）
# numpy.datetime64('2020-06-09T16:30:54.813664000')
time.dayofweek # 1（周几，周一为0）
time.dayofyear # 161（一年的第几天）
time.days_in_month # 30（当月有多少天）
time.daysinmonth # 30（同上）
time.freqstr # None（周期字符）
time.is_leap_year # True（是否闰年，公历的）
time.is_month_end # False（是否当月最后一天）
time.is_month_start # False（是否当月第一天）
time.is_quarter_end # False（是否当季最后一天）
time.is_quarter_start # False（是否当季第一天）
time.is_year_end # 是否当年最后一天
time.is_year_start # 是否当年第一天
time.quarter # 2（当前季度数）
# 如指定，会返回类似<DstTzInfo 'Asia/Shanghai' CST+8:00:00 STD>
time.tz # None（当前时区别名）
time.week # 24（当年第几周）
time.weekofyear # 24（同上）
time.day # 9（日）
time.fold # 0
time.freq # None（频度周期）
time.hour # 16
time.microsecond # 890462
time.minute # 46
time.month # 6
time.nanosecond # 0
time.second # 59
time.tzinfo # None
time.value # 1591721219890462000
time.year # 2020
```

14.1.4 时间的方法

可以对时间进行时区转换、年份和月份替换等一系列操作。我们取当前时间，并指定时区为北京时间：

```
time = pd.Timestamp('now', tz='Asia/Shanghai')
# Timestamp('2020-06-09 16:55:58.027896+0800', tz='Asia/Shanghai')
```

接下来进行一系列操作：

```
# 转换为指定时区
time.astimezone('UTC')
# Timestamp('2020-06-09 08:55:58.027896+0000', tz='UTC')

# 转换单位，向上舍入
time.ceil('s') # 转为以秒为单位
# Timestamp('2020-06-09 16:55:59+0800', tz='Asia/Shanghai')
time.ceil('ns') # 转为以纳秒为单位
time.ceil('d') # 保留日
time.ceil('h') # 保留时

# 转换单位，向下舍入
time.floor('h') # 保留时
# Timestamp('2020-06-09 17:00:00+0800', tz='Asia/Shanghai')
```

```
# 类似四舍五入
time.round('h') # 保留时

# 返回星期名
time.day_name() # 'Tuesday'
# 月份名称
time.month_name() # 'June'

# 将时间戳规范化为午夜，保留tz信息
time.normalize()
# Timestamp('2020-06-09 00:00:00+0800', tz='Asia/Shanghai')

# 将时间元素替换datetime.replace，可处理纳秒
time.replace(year=2019) # 年份换为2019年
# Timestamp('2019-06-09 17:14:44.126817+0800', tz='Asia/Shanghai')
time.replace(month=8) # 月份换为8月
# Timestamp('2020-08-09 17:14:44.126817+0800', tz='Asia/Shanghai')

# 转换为周期类型，将丢失时区
time.to_period(freq='h') # 周期为小时
# Period('2020-06-09 17:00', 'H')

# 转换为指定时区
time.tz_convert('UTC') # 转为UTC时间
# Timestamp('2020-06-09 09:14:44.126817+0000', tz='UTC')

# 本地化时区转换
time = pd.Timestamp('now')
time.tz_localize('Asia/Shanghai')
# Timestamp('2020-06-09 17:32:47.388726+0800', tz='Asia/Shanghai')
time.tz_localize(None) # 删除时区
```

14.1.5　时间缺失值

对于时间的缺失值，有专门的 NaT 来表示：

```
pd.Timestamp(pd.NaT)
# NaT

pd.Timedelta(pd.NaT)
# NaT

pd.Period(pd.NaT)
# NaT

# 类似np.nan
pd.NaT == pd.NaT
# False
```

NaT 可以代表固定时间、时长、时间周期为空的情况，类似于 np.nan 可以参与到时间的各种计算中：

```
pd.NaT + pd.Timestamp('20201001')
# NaT

pd.NaT + pd.Timedelta('2 days')
# NaT
```

```
pd.Timedelta('2 days') - pd.NaT
# NaT
```

14.1.6 小结

时间序列是由很多个按照一定频率的固定时间组织起来的。Pandas 借助 NumPy 的广播机制，对时间序列进行高效操作。因此熟练掌握时间的表示方法和一些常用的操作是至关重要的。

14.2 时长数据

前面介绍了固定时间，如果两个固定时间相减会得到什么呢？时间差或者时长。时间差代表一个时间长度，它与固定时间已经没有了关系，没有指定的开始时间和结束时间，比如一首时长为 4 分钟的歌，不管你什么时候听，它总会占用 4 分钟。

14.2.1 创建时间差

pd.Timedelta() 对象表示时间差，也就是时长，以差异单位表示，例如天、小时、分钟、秒等。它们可以是正数，也可以是负数。

首先，两个固定时间相减会产生时间差：

```
# 两个固定时间相减
pd.Timestamp('2020-11-01 15') - pd.Timestamp('2020-11-01 14')
# Timedelta('0 days 01:00:00')

pd.Timestamp('2020-11-01 08') - pd.Timestamp('2020-11-02 08')
# Timedelta('-1 days +00:00:00')
```

按以下格式传入字符串：

```
# 一天
pd.Timedelta('1 days')
# Timedelta('1 days 00:00:00')

pd.Timedelta('1 days 00:00:00')
# Timedelta('1 days 00:00:00')

pd.Timedelta('1 days 2 hours')
# Timedelta('1 days 02:00:00')

pd.Timedelta('-1 days 2 min 3us')
# Timedelta('-2 days +23:57:59.999997'
```

用关键字参数指定时间：

```
pd.Timedelta(days=5, seconds=10)
# Timedelta('5 days 00:00:10')
```

```
pd.Timedelta(minutes=3, seconds=2)
# Timedelta('0 days 00:03:02')

# 可以将指定分钟转换为天和小时
pd.Timedelta(minutes=3242)
# Timedelta('2 days 06:02:00')
```

使用带周期量的偏移量别名：

```
# 一天
pd.Timedelta('1D')
# Timedelta('1 days 00:00:00')

# 两周
pd.Timedelta('2W')
# Timedelta('14 days 00:00:00')

# 一天零2小时3分钟4秒
pd.Timedelta('1D2H3M4S')
```

带单位的整型数字：

```
# 一天
pd.Timedelta(1, unit='d')

# 100秒
pd.Timedelta(100, unit='s')
# Timedelta('0 days 00:01:40')

# 4周
pd.Timedelta(4, unit='w')
# Timedelta('28 days 00:00:00')
```

使用 Python 内置的 datetime.timedelta 或者 NumPy 的 np.timedelta64：

```
import datetime
import numpy as np

# 一天零10分钟
pd.Timedelta(datetime.timedelta(days=1, minutes=10))
# Timedelta('1 days 00:10:00')

# 100纳秒
pd.Timedelta(np.timedelta64(100, 'ns'))
# Timedelta('0 days 00:00:00.000000100')
```

负值：

```
# 负值
pd.Timedelta('-1min')
# Timedelta('-1 days +23:59:00')
```

缺失值：

```
# 空值，缺失值
pd.Timedelta('nan')
# NaT

# pd.Timedelta('nat')
# NaT
```

标准字符串（ISO 8601 Duration strings）：

```
# ISO 8601 Duration strings
pd.Timedelta('P0DT0H1M0S')
# Timedelta('0 days 00:01:00')

pd.Timedelta('P0DT0H0M0.000000123S')
# Timedelta('0 days 00:00:00.000000')
```

使用时间偏移对象 DateOffsets (Day, Hour, Minute, Second, Milli, Micro, Nano) 直接创建：

```
# 两分钟
pd.Timedelta(pd.offsets.Minute(2))
# Timedelta('0 days 00:02:00')

# 3天
pd.Timedelta(pd.offsets.Day(3))
# Timedelta('3 days 00:00:00')
```

另外，还有一个 pd.to_timedelta() 可以完成以上操作，不过根据语义，它会用在时长类型的数据转换上。

```
pd.to_timedelta(pd.offsets.Day(3))
# Timedelta('3 days 00:00:00')

pd.to_timedelta('15.5min')
# Timedelta('0 days 00:15:30')

pd.to_timedelta(124524564574835)
# Timedelta('1 days 10:35:24.564574835')
```

如时间戳数据一样，时长数据的存储也有上下限：

```
pd.Timedelta.min
# Timedelta('-106752 days +00:12:43.145224')
pd.Timedelta.max
# Timedelta('106751 days 23:47:16.854775')
```

如果想处理更大的时长数据，可以将其转换为一定单位的数字类型。

14.2.2 时长的加减

时长可以相加，多个时长累积为一个更长的时长：

```
# 一天与5个小时相加
pd.Timedelta(pd.offsets.Day(1)) + pd.Timedelta(pd.offsets.Hour(5))
# Timedelta('1 days 05:00:00')
```

时长也可以相减：

```
# 一天与5个小时相减
pd.Timedelta(pd.offsets.Day(1)) - pd.Timedelta(pd.offsets.Hour(5))
# Timedelta('0 days 19:00:00')
```

固定时间与时长相加或相减会得到一个新的固定时间：

```
# 11月11日减去一天
pd.Timestamp('2020-11-11') - pd.Timedelta(pd.offsets.Day(1))
# Timestamp('2020-11-10 00:00:00')

# # 11月11日加3周
pd.Timestamp('2020-11-11') + pd.Timedelta('3W')
# Timestamp('2020-12-02 00:00:00')
```

不过，此类计算我们使用时间偏移来操作，后面会介绍。

14.2.3　时长的属性

时长数据中我们可以解析出指定时间计数单位的值，比如小时、秒等，这对我们进行数据计算非常有用。

```
tdt = pd.Timedelta('10 days 9 min 3 sec')
tdt.days # 10
tdt.seconds # 543
(-tds).days # -11
tdt.value # 864543000000000（时间戳）
```

14.2.4　时长索引

时长数据可以作为索引（TimedeltaIndex），它使用的场景比较少，例如在一项体育运动中，分别有 2 分钟完成、4 分钟完成、5 分钟完成三类。时长数据可能是完成人数、平均身高等。

14.2.5　小结

时长是两个具体时间的差值，是一个绝对的时间数值，没有开始和结束时间。时长数据使用场景较少，但是它是我们在后面理解时间偏移和周期时间的基础。

14.3　时间序列

上节介绍了固定时间，将众多的固定时间组织起来就形成了时间序列，即所谓的时序数据。固定时间在时序数据中可以按照一定的频率组织，如教堂的钟声每小时整点会鸣响，从而形成一个以一个小时为周期的时间序列。也可以无规则地组织起来，如员工的上下班打卡时间，员工会上班前和下班后打卡，但这些时间一般是在上下班时间附近随机的。在数据分析中大多是周期性时序数据。

14.3.1　时序索引

在时间序列数据中，索引经常是时间类型，我们在操作数据时经常会与时间类型索引打交道，本节将介绍如何查询和操作时间类型索引。

DatetimeIndex 是时间索引对象，一般由 to_datetime() 或 date_range() 来创建：

```
import datetime
import numpy as np

pd.to_datetime(['11/1/2020', # 类时间字符串
                np.datetime64('2020-11-02'), # NumPy的时间类型
                datetime.datetime(2020, 11, 3)]) # Python自带时间类型

# DatetimeIndex(['2020-11-01', '2020-11-02', '2020-11-03'], dtype=
'datetime64[ns]', freq=None)
```

date_range() 可以给定开始或者结束时间，并给定周期数据、周期频率，会自动生成在此范围内的时间索引数据：

```
# 默认频率为天
pd.date_range('2020-01-01', periods=10)
pd.date_range('2020-01-01', '2020-01-10') # 同上
pd.date_range(end='2020-01-10', periods=10) # 同上
'''
DatetimeIndex(['2020-01-01', '2020-01-02', '2020-01-03', '2020-01-04',
               '2020-01-05', '2020-01-06', '2020-01-07', '2020-01-08',
               '2020-01-09', '2020-01-10'],
              dtype='datetime64[ns]', freq='D')
'''
```

pd.bdate_range() 生成数据可以跳过周六日，实现工作日的时间索引序列：

```
# 频率为工作日
pd.bdate_range('2020-11-1', periods=10)
'''
DatetimeIndex(['2020-11-02', '2020-11-03', '2020-11-04', '2020-11-05',
               '2020-11-06', '2020-11-09', '2020-11-10', '2020-11-11',
               '2020-11-12', '2020-11-13'],
              dtype='datetime64[ns]', freq='B')
'''
```

14.3.2 创建时序数据

创建包含时序的 Series 和 DataFrame 与创建普通的 Series 和 DataFrame 一样，将时序索引序列作为索引或者将时间列转换为时间类型。

```
# 生成时序索引
tidx = pd.date_range('2020-11-1', periods=10)
# 应用时序索引
s = pd.Series(range(len(tidx)), index=tidx)
'''
2020-11-01    0
2020-11-02    1
2020-11-03    2
2020-11-04    3
2020-11-05    4
2020-11-06    5
2020-11-07    6
2020-11-08    7
2020-11-09    8
```

```
2020-11-10    9
Freq: D, dtype: int64
'''
```

如果将其作为 Series 的内容，我们会看到序列的数据类型为 datetime64[ns]：

```
pd.Series(tidx)
'''
0   2020-11-01
1   2020-11-02
2   2020-11-03
3   2020-11-04
4   2020-11-05
5   2020-11-06
6   2020-11-07
7   2020-11-08
8   2020-11-09
9   2020-11-10
dtype: datetime64[ns]
'''
```

创建 DataFrame：

```
# 索引
tidx = pd.date_range('2020-11-1', periods=10)
# 应用索引生成DataFrame
df = pd.DataFrame({'A': range(len(tidx)), 'B': range(len(tidx))[::-1]}, index=tidx)
df
'''
            A  B
2020-11-01  0  9
2020-11-02  1  8
2020-11-03  2  7
2020-11-04  3  6
2020-11-05  4  5
2020-11-06  5  4
2020-11-07  6  3
2020-11-08  7  2
2020-11-09  8  1
2020-11-10  9  0
'''
```

14.3.3　数据访问

首先创建时序索引数据。以下数据包含 2020 年和 2021 年，以小时为频率：

```
idx = pd.date_range('1/1/2020', '12/1/2021', freq='H')
ts = pd.Series(np.random.randn(len(idx)), index=idx)
'''
2020-01-01 00:00:00   -0.151906
2020-01-01 01:00:00    1.837362
2020-01-01 02:00:00    0.921446
                         ...
2021-11-30 23:00:00    2.165372
2021-12-01 00:00:00   -1.402078
Freq: H, Length: 16801, dtype: float64
'''
```

查询访问数据时，和 []、loc 等的用法一样，可以按切片的操作对数据进行访问，如：

```
# 指定区间的
ts[5:10]
'''
2020-01-01 05:00:00    1.293141
2020-01-01 06:00:00   -0.343630
2020-01-01 07:00:00    1.177247
2020-01-01 08:00:00    0.048835
2020-01-01 09:00:00    0.191761
Freq: H, dtype: float64
'''

# 只筛选2020年的
ts['2020']
'''
2020-01-01 00:00:00   -0.151906
2020-01-01 01:00:00    1.837362
2020-01-01 02:00:00    0.921446
                         ...
2020-12-31 23:00:00    1.281032
Freq: H, Length: 8784, dtype: float64
'''
```

还支持传入时间字符和各种时间对象：

```
# 指定天，结果相同
ts['11/30/2020']
ts['2020-11-30']
ts['20201130']
'''
2020-11-30 00:00:00    0.008456
2020-11-30 01:00:00    1.392987
2020-11-30 02:00:00    0.050375
...
...
2020-11-30 22:00:00    1.706308
2020-11-30 23:00:00   -0.395945
Freq: H, dtype: float64
'''

# 指定时间点
ts[datetime.datetime(2020, 11, 30)]
ts[pd.Timestamp(2020, 11, 30)] # 同上
ts[pd.Timestamp('2020-11-30')] # 同上
ts[np.datetime64('2020-11-30')] # 同上
# 0.008455884999761536
```

也可以使用部分字符查询一定范围内的数据：

```
ts['2021'] # 查询整个2021年的
ts['2021-6'] # 查询2021年6月的
ts['2021-6':'2021-10'] # 查询2021年6月到10月的
dft['2021-1':'2021-2-28 00:00:00'] # 精确时间
dft['2020-1-15':'2020-1-15 12:30:00']
dft2.loc['2020-01-05']
# 索引选择器
idx = pd.IndexSlice
dft2.loc[idx[:, '2020-01-05'], :]
```

```
# 带时区，原数据时区可能不是这个
df['2020-01-01 12:00:00+04:00':'2020-01-01 13:00:00+04:00']
```

如果想知道序列的粒度，即频率，可以使用 ts.resolution 查看（以上数据的粒度为小时）：

```
# 时间粒度（频率）
ts.index.resolution
# 'hour'
```

df.truncate() 作为一个专门对索引的截取工具，可以很好地应用在时序索引上：

```
# 给定开始时间和结束时间来截取部分时间
ts.truncate(before='2020-11-10 11:20', after='2020-12')
'''
2020-11-10 12:00:00   -0.491139
2020-11-10 13:00:00    0.249429
2020-11-10 14:00:00    1.533352
2020-11-10 15:00:00    0.069323
2020-11-10 16:00:00   -0.244138
                         ...
2020-11-30 20:00:00   -1.411992
2020-11-30 21:00:00    0.006023
2020-11-30 22:00:00    1.706308
2020-11-30 23:00:00   -0.395945
2020-12-01 00:00:00   -0.652092
Freq: H, Length: 493, dtype: float64
'''
```

14.3.4　类型转换

由于时间格式样式比较多，很多情况下 Pandas 并不能自动将时序数据识别为时间类型，所以我们在处理前的数据清洗过程中，需要专门对数据进行时间类型转换。

astype 是最简单的时间转换方法，它只能针对相对标准的时间格式，如以下数据的数据类型是 object：

```
s = pd.Series(['2020-11-01 01:10', '2020-11-11 11:10', '2020-11-30 20:10'])
s
'''
0    2020-11-01 01:10
1    2020-11-11 11:10
2    2020-11-30 20:10
dtype: object
'''
```

从数据内容上看，s 是符合时序格式的，但要想让它成为时间类型，需要用 astype 进行转换：

```
# 转为时间类型
s.astype('datetime64[ns]')
'''
0   2020-11-01 01:10:00
1   2020-11-11 11:10:00
2   2020-11-30 20:10:00
```

```
dtype: datetime64[ns]
'''
```

修改频率：

```
# 转为时间类型，指定频率为天
s.astype('datetime64[D]')
'''
0   2020-11-01
1   2020-11-11
2   2020-11-30
dtype: datetime64[ns]
'''
```

指定时区：

```
# 转为时间类型，指定时区为北京时间
s.astype('datetime64[ns, Asia/Shanghai]')
'''
0   2020-11-01 01:10:00+08:00
1   2020-11-11 11:10:00+08:00
2   2020-11-30 20:10:00+08:00
dtype: datetime64[ns, Asia/Shanghai]
'''
```

pd.to_datetime() 也可以转换时间类型：

```
# 转为时间类型
pd.to_datetime(s)
'''
0   2020-11-01 01:10:00
1   2020-11-11 11:10:00
2   2020-11-30 20:10:00
dtype: datetime64[ns]
'''
```

pd.to_datetime() 还可以将多列组合成一个时间进行转换：

```
df = pd.DataFrame({'year': [2020, 2020, 2020],
                   'month': [10, 11, 12],
                   'day': [10, 11, 12]})
df
'''
   year  month  day
0  2020     10   10
1  2020     11   11
2  2020     12   12
'''

# 转为时间类型
pd.to_datetime(df)
pd.to_datetime(df[['year', 'month', 'day']]) # 同上
'''
0   2020-10-10
1   2020-11-11
2   2020-12-12
dtype: datetime64[ns]
'''
```

对于 Series，pd.to_datetime() 会智能识别其时间格式并进行转换：

```
s = pd.Series(['2020-11-01 01:10', '2020-11-11 11:10', None])
pd.to_datetime(s)
'''
0   2020-11-01 01:10:00
1   2020-11-11 11:10:00
2                   NaT
dtype: datetime64[ns]
'''
```

对于列表，pd.to_datetime() 也会智能识别其时间格式并转换为时间序列索引：

```
pd.to_datetime(['2020/11/11', '2020.12.12'])
# DatetimeIndex(['2020-11-11', '2020-12-12'], dtype='datetime64[ns]', freq=None)

pd.to_datetime(['1-10-2020 10:00'], dayfirst=True) # 按日期在前解析
# DatetimeIndex(['2020-10-01 10:00:00'], dtype='datetime64[ns]', freq=None)
```

用 pd.DatetimeIndex 直接转为时间序列索引：

```
# 转为时间序列索引，自动推断频率
pd.DatetimeIndex(['20201101', '20201102', '20201103'], freq='infer')
# DatetimeIndex(['2020-11-01', '2020-11-02', '2020-11-03'], dtype='datetime64[ns]', freq='D')
```

针对单个时间，用 pd.Timestamp() 转换为时间格式：

```
pd.to_datetime('2020/11/12')
# Timestamp('2020-11-12 00:00:00')

pd.Timestamp('2020/11/12')
# Timestamp('2020-11-12 00:00:00')
```

14.3.5　按格式转换

如果原数据的格式为不规范的时间格式数据，可以通过格式映射来将其转为时间数据：

```
# 不规则格式转换时间
pd.to_datetime('2020_11_11', format='%Y_%m_%d', errors='ignore')
# Timestamp('2020-11-11 00:00:00')
```

以上时间数据用下划线连接各个部分，形式不规范，需要通过 format 参数来匹配此格式，将对应部分分配给年月日，以便正确解析时间。

更多示例如下：

```
# 可以让系统自己推断时间格式
pd.to_datetime('20200101', infer_datetime_format=True, errors='ignore')
# datetime.datetime(2020, 1, 1, 0, 0)

# 将errors参数设置为coerce，将不会忽略错误，返回空值
pd.to_datetime('20200101', format='%Y%m%d', errors='coerce')
# NaT

# 列转为字符串，再转为时间类型
pd.to_datetime(df.d.astype(str), format='%m/%d/%Y')

# 其他
```

```
pd.to_datetime('2020/11/12', format='%Y/%m/%d')
# Timestamp('2020-11-12 00:00:00')

pd.to_datetime('01-10-2020 00:00', format='%d-%m-%Y %H:%M')
# Timestamp('2010-10-01 00:00:00')


# 对时间戳进行转换，需要给出时间单位，一般为秒
pd.to_datetime(1490195805, unit='s')
# Timestamp('2017-03-22 15:16:45')
pd.to_datetime(1490195805433502912, unit='ns')
# Timestamp('2017-03-22 15:16:45.433502912')
```

可以将数字列表转换为时间：

```
pd.to_datetime([10, 11, 12, 15], unit='D', origin=pd.Timestamp('2020-11-01'))
# DatetimeIndex(['2020-11-11', '2020-11-12', '2020-11-13', '2020-11-16'],
# dtype='datetime64[ns]', freq=None)
```

14.3.6 时间访问器 .dt

之前介绍过了文本访问器（.str）和分类访问器（.cat），对时间 Pandas 也提供了一个时间访问器 .dt.<method>，用它可以以 time.dt.xxx 的形式来访问时间序列数据的属性和调用它们的方法，返回对应值的序列。

```
s = pd.Series(pd.date_range('2020-11-01', periods=5, freq='d'))
s
'''
0   2020-11-01
1   2020-11-02
2   2020-11-03
3   2020-11-04
4   2020-11-05
dtype: datetime64[ns]
'''

# 各天是星期几
s.dt.day_name()
'''
0       Sunday
1       Monday
2      Tuesday
3    Wednesday
4     Thursday
dtype: object
'''
```

以下列出时间访问器的一些属性和方法：

```
# 时间访问器操作
s.dt.date
s.dt.time
s.dt.timetz

# 以下为时间各成分的值
s.dt.year
```

```
s.dt.month
s.dt.day
s.dt.hour
s.dt.minute
s.dt.second
s.dt.microsecond
s.dt.nanosecond

# 以下为与周、月、年相关的属性
s.dt.week
s.dt.weekofyear
s.dt.dayofweek
s.dt.weekday
s.dt.dayofyear # 一年中的第几天
s.dt.quarter # 季度数
s.dt.is_month_start # 是否月第一天
s.dt.is_month_end # 是否月最后一天
s.dt.is_quarter_start # 是否季度第一天
s.dt.is_quarter_end # 是否季度最后一天
s.dt.is_year_start # 是否年第一天
s.dt.is_year_end # 是否年最后一天
s.dt.is_leap_year # 是否闰年
s.dt.daysinmonth # 当月有多少天
s.dt.days_in_month # 同上

s.dt.tz # 时区
s.dt.freq # 频率

# 以下为转换方法
s.dt.to_period
s.dt.to_pydatetime
s.dt.tz_localize
s.dt.tz_convert
s.dt.normalize
s.dt.strftime

s.dt.round(freq='D') # 类似四舍五入
s.dt.floor(freq='D') # 向下舍入为天
s.dt.ceil(freq='D') # 向上舍入为天

s.dt.month_name # 月份名称
s.dt.day_name # 星期几的名称
s.dt.start_time # 开始时间
s.dt.end_time # 结束时间
s.dt.days # 天数
s.dt.seconds # 秒
s.dt.microseconds # 毫秒
s.dt.nanoseconds # 纳秒
s.dt.components # 各时间成分的值
s.dt.to_pytimedelta # 转为Python时间格式
s.dt.total_seconds # 总秒数

# 个别用法举例
# 将时间转为UTC时间，再转为美国东部时间
s.dt.tz_localize('UTC').dt.tz_convert('US/Eastern')
# 输出时间显示格式
s.dt.strftime('%Y/%m/%d')
```

14.3.7 时长数据访问器

时长数据也支持访问器，可以解析出时长的相关属性，最终产出一个结果序列：

```
ts = pd.Series(pd.to_timedelta(np.arange(5), unit='hour'))
ts
'''
0    0 days 00:00:00
1    0 days 01:00:00
2    0 days 02:00:00
3    0 days 03:00:00
4    0 days 04:00:00
dtype: timedelta64[ns]
'''

# 计算秒数
ts.dt.seconds
'''
0        0
1     3600
2     7200
3    10800
4    14400
dtype: int64
'''

# 转为Python时间格式
ts.dt.to_pytimedelta()
'''
array([datetime.timedelta(0),
       datetime.timedelta(seconds=3600),
       datetime.timedelta(seconds=7200),
       datetime.timedelta(seconds=10800),
       datetime.timedelta(seconds=14400)],
       dtype=object)
'''
```

14.3.8 时序数据移动

shift() 方法可以在时序对象上实现向上或向下移动。

```
rng = pd.date_range('2020-11-01', '2020-11-04')
ts = pd.Series(range(len(rng)), index=rng)
ts
'''
2020-11-01    0
2020-11-02    1
2020-11-03    2
2020-11-04    3
Freq: D, dtype: int64
'''

# 向上移动一位
ts.shift(-1)
'''
2020-11-01    1.0
2020-11-02    2.0
2020-11-03    3.0
2020-11-04    NaN
```

```
Freq: D, dtype: float64
'''
```

shift() 方法接受 freq 频率参数，该参数可以接受 DateOffset 类或其他类似 timedelta 的对象，也可以接受偏移别名：

```
# 向上移动一个工作日，11-01是周日
ts.shift(-1, freq='B')
'''
2020-10-30    0
2020-10-30    1
2020-11-02    2
2020-11-03    3
dtype: int64
'''
```

关于时间偏移、DateOffset 对象及偏移别名的内容将在 14.4 节介绍。

14.3.9　频率转换

更换时间频率是将时间序列由一个频率单位更换为另一个频率单位，实现时间粒度的变化。更改频率的主要功能是 asfreq() 方法。以下是一个频率为自然日的时间序列：

```
rng = pd.date_range('2020-11-01', '2020-12-01')
ts = pd.Series(range(len(rng)), index=rng)
ts
'''
2020-11-01     0
2020-11-02     1
2020-11-03     2
2020-11-04     3
...
2020-11-29    28
2020-11-30    29
2020-12-01    30
Freq: D, dtype: int64
'''
```

我们将它的频率变更为更加细的粒度，会产生缺失值：

```
# 频率转为12小时
ts.asfreq(pd.offsets.Hour(12))
'''
2020-11-01 00:00:00     0.0
2020-11-01 12:00:00     NaN
2020-11-02 00:00:00     1.0
2020-11-02 12:00:00     NaN
2020-11-03 00:00:00     2.0
                        ...
2020-11-29 00:00:00    28.0
2020-11-29 12:00:00     NaN
2020-11-30 00:00:00    29.0
2020-11-30 12:00:00     NaN
2020-12-01 00:00:00    30.0
Freq: 12H, Length: 61, dtype: float64
'''
```

对于缺失值可以用指定值或者指定方法进行填充：

```
# 对缺失值进行填充
ts.asfreq(freq='12h', fill_value=0)
'''
2020-11-01 00:00:00     0
2020-11-01 12:00:00     0
2020-11-02 00:00:00     1
2020-11-02 12:00:00     0
2020-11-03 00:00:00     2
                       ..
2020-11-29 00:00:00    28
2020-11-29 12:00:00     0
2020-11-30 00:00:00    29
2020-11-30 12:00:00     0
2020-12-01 00:00:00    30
Freq: 12H, Length: 61, dtype: int64
'''

# 对产生的缺失值使用指定方法填充
ts.asfreq(pd.offsets.Hour(12), method='pad')
'''
2020-11-01 00:00:00     0
2020-11-01 12:00:00     0
2020-11-02 00:00:00     1
2020-11-02 12:00:00     1
2020-11-03 00:00:00     2
                       ..
2020-11-29 00:00:00    28
2020-11-29 12:00:00    28
2020-11-30 00:00:00    29
2020-11-30 12:00:00    29
2020-12-01 00:00:00    30
Freq: 12H, Length: 61, dtype: int64
'''
```

14.3.10 小结

时序数据由若干个固定时间组成，这些固定时间的分布大多呈现出一定的周期性。时序数据经常作为索引，它也有可能在数据列中。在数据分析业务实践中大量用到时序数据，因此本节内容是数序数据分析的关键内容，也是操作频率最高的内容。

14.4 时间偏移

DateOffset 类似于时长 Timedelta，但它使用日历中时间日期的规则，而不是直接进行时间性质的算术计算，让时间更符合实际生活。比如工作日就是一个很常见的应用，周四办事，承诺三个工作日内办结，不是最迟周日办完，而是跳过周六周日，最迟周二办完。

14.4.1 DateOffset 对象

我们通过夏令时来理解 DateOffset 对象。有些地区使用夏令时，每日偏移时间有可能是 23 或 24 小时，甚至 25 个小时。

```
# 生成一个指定的时间，芬兰赫尔辛基时间执行夏令时
t = pd.Timestamp('2016-10-30 00:00:00', tz='Europe/Helsinki')
# Timestamp('2016-10-30 00:00:00+0300', tz='Europe/Helsinki')

t + pd.Timedelta(days=1) # 增加一个自然天
# Timestamp('2016-10-30 23:00:00+0200', tz='Europe/Helsinki')
t + pd.DateOffset(days=1) # 增加一个时间偏移天
# Timestamp('2016-10-31 00:00:00+0200', tz='Europe/Helsinki')
```

再来看看工作日的情况：

```
# 定义一个日期
d = pd.Timestamp('2020-10-30')
d # Timestamp('2020-10-30 00:00:00')
d.day_name() # 'Friday'
```

接着增加两个工作日：

```
# 定义2个工作日时间偏移变量
two_business_days = 2 * pd.offsets.BDay()

# 增加两个工作日
two_business_days.apply(d)
d + two_business_days # 同上
# Timestamp('2020-11-03 00:00:00')

# 取增加两个工作日后的星期
(d + two_business_days).day_name()
# 'Tuesday'
```

我们发现，与时长 Timedelta 不同，时间偏移 DateOffset 不是数学意义上的增加或减少，而是根据实际生活的日历对现有时间进行偏移。时长可以独立存在，作为业务的一个数据指标，而时间偏移 DateOffset 的意义是找到一个时间起点并对它进行时间移动。

所有的日期偏移对象都在 pandas.tseries.offsets 下，其中 pandas.tseries.offsets.DateOffset 是标准的日期范围时间偏移类型，它默认是一个日历日。

```
from pandas.tseries.offsets import DateOffset
ts = pd.Timestamp('2020-01-01 09:10:11')
ts + DateOffset(months=3)
# Timestamp('2020-04-01 09:10:11')
ts + DateOffset(hours=2)
# Timestamp('2020-01-01 11:10:11')
ts + DateOffset()
# Timestamp('2020-01-02 09:10:11')
```

14.4.2　偏移别名

DateOffset 基本都支持频率字符串或偏移别名，传入 freq 参数，时间偏移的子类、子对象都支持时间偏移的相关操作。有效的日期偏移及频率字符串见表 14-1。

表 14-1 时间偏移对象及频率字符串列表

时间偏移对象	频率字符串	说　明
DateOffset	无	通用偏移类，默认为一个日历日
BDay 或 BusinessDay	'B'	工作日
CDay 或 CustomBusinessDay	'C'	自定义工作日
Week	'W'	一周，可选周内固定某日
WeekOfMonth	'WOM'	每月第几周的第几天
LastWeekOfMonth	'LWOM'	每月最后一周的第几天
MonthEnd	'M'	日历日月末
MonthBegin	'MS'	日历日月初
BMonthEnd 或 BusinessMonthEnd	'BM'	工作日月末
BMonthBegin 或 BusinessMonthBegin	'BMS'	工作日月初
CBMonthEnd 或 CustomBusinessMonthEnd	'CBM'	自定义工作日月末
CBMonthBegin 或 CustomBusinessMonthBegin	'CBMS'	自定义工作日月初
SemiMonthEnd	'SM'	某月第 15 天（或其他半数日期）与日历日月末
SemiMonthBegin	'SMS'	日历日月初与第 15 天（或其他半数日期）
QuarterEnd	'Q'	日历日季末
QuarterBegin	'QS'	日历日季初
BQuarterEnd	'BQ	工作日季末
BQuarterBegin	'BQS'	工作日季初
FY5253Quarter	'REQ'	零售季（又名 52～53 周）
YearEnd	'A'	日历日年末
YearBegin	'AS' 或 'BYS'	日历日年初
BYearEnd	'BA'	工作日年末
BYearBegin	'BAS'	工作日年初
FY5253	'RE'	零售年（又名 52～53 周）
Easter	无	复活节假日
BusinessHour	'BH'	工作小时
CustomBusinessHour	'CBH'	自定义工作小时
Day	'D'	一天
Hour	'H'	一小时
Minute	'T' 或 'min'	一分钟
Second	'S'	一秒
Milli	'L' 或 'ms'	毫秒
Micro	'U' 或 'us'	微秒
Nano	'N'	纳秒

可以将日期偏移别名组合在一起，如 3W（三周）、1h30min（一个半小时）等。

14.4.3 移动偏移

Offset 通过计算支持向前或向后偏移：

```
ts = pd.Timestamp('2020-06-06 00:00:00')
ts.day_name()
# 'Saturday'

# 定义一个工作小时偏移，默认是周一到周五9～17点，我们从10点开始
offset = pd.offsets.BusinessHour(start='10:00')

# 向前偏移一个工作小时，是一个周一，跳过了周日
offset.rollforward(ts)
# Timestamp('2020-06-08 10:00:00')

# 向前偏移至最近的工作日，小时也会增加
ts + offset
# Timestamp('2020-06-08 11:00:00')

# 向后偏移，会在周五下班前的一个小时
offset.rollback(ts)
# Timestamp('2020-06-05 17:00:00')

ts - pd.offsets.Day(1) # 昨日
ts - pd.offsets.Day(2) # 前日
ts - pd.offsets.Week(weekday=0) - pd.offsets.Day(14) # 上周一
ts - pd.offsets.MonthEnd() - pd.offsets.MonthBegin() # 上月一日
```

时间偏移操作会保留小时和分钟，有时候我们不在意具体的时间，可以使用 normalize() 进行标准化到午夜 0 点：

```
offset.rollback(ts).normalize()
# Timestamp('2020-06-05 00:00:00')
```

14.4.4 应用偏移

apply 可以使偏移对象应用到一个时间上：

```
ts = pd.Timestamp('2020-06-01 09:00')
day = pd.offsets.Day() # 定义偏移对象
day.apply(ts) # 将偏移对象应用到时间上
# Timestamp('2020-06-02 09:00:00')
day.apply(ts).normalize() # 标准化/归一化
# Timestamp('2020-06-02 00:00:00')

ts = pd.Timestamp('2020-06-01 22:00')
hour = pd.offsets.Hour()
hour.apply(ts)
# Timestamp('2020-06-01 23:00:00')

hour.apply(ts).normalize()
# Timestamp('2020-06-01 00:00:00')

hour.apply(pd.Timestamp("2014-01-01 23:30")).normalize()
# Timestamp('2014-01-02 00:00:00')
```

14.4.5 偏移参数

之前我们只偏移了偏移对象的一个单位，可以传入参数来偏移多个单位和对象中的其他单位：

```
import datetime
d = datetime.datetime(2020, 6, 1, 9, 0)
# datetime.datetime(2020, 6, 1, 9, 0)

d + pd.offsets.Week() # 偏移一周
# Timestamp('2020-06-08 09:00:00')

d + pd.offsets.Week(weekday=4) # 偏移4周中的日期
# Timestamp('2020-06-05 09:00:00')

# 取一周第几天
(d + pd.offsets.Week(weekday=4)).weekday()
# 4

d - pd.offsets.Week() # 向后一周
# Timestamp('2020-05-25 09:00:00')
```

参数也支持标准化 normalize：

```
d + pd.offsets.Week(normalize=True)
# Timestamp('2020-06-08 00:00:00')

d - pd.offsets.Week(normalize=True)
# Timestamp('2020-05-25 00:00:00')
```

YearEnd 支持用参数 month 指定月份：

```
d + pd.offsets.YearEnd()
# Timestamp('2020-12-31 09:00:00')

d + pd.offsets.YearEnd(month=6)
# Timestamp('2020-06-30 09:00:00')
```

不同的偏移对象支持不同的参数，可以通过代码编辑器的代码提示进行查询。

14.4.6 相关查询

当使用日期作为索引的 DataFrame 时，此函数可以基于日期偏移量选择最后几行：

```
i = pd.date_range('2018-04-09', periods=4, freq='2D')
ts = pd.DataFrame({'A': [1, 2, 3, 4]}, index=i)
ts
'''
            A
2018-04-09  1
2018-04-11  2
2018-04-13  3
2018-04-15  4
'''

# 取最后3天，请注意，返回的是最近3天的数据
# 而不是数据集中最近3天的数据，因此未返回2018-04-11的数据
```

```
ts.last('3D')
'''
            A
2018-04-13  3
2018-04-15  4
'''

# 前3天
ts.first('3D')
'''
            A
2018-04-09  1
2018-04-11  2
'''
```

可以用 at_time() 来指定时间：

```
# 指定时间
ts.at_time('12:00')
'''
                     A
2018-04-09 12:00:00  2
2018-04-10 12:00:00  4
'''
```

用 between_time() 来指定时间区间：

```
ts.between_time('0:15', '0:45')
'''
                     A
2018-04-10 00:20:00  2
2018-04-11 00:40:00  3
'''

ts.between_time('0:45', '0:15')
'''
                     A
2018-04-09 00:00:00  1
2018-04-12 01:00:00  4
'''
```

14.4.7　与时序的计算

可以对 Series 或 DatetimeIndex 时间索引序列应用时间偏移，与其他时间序列数据一样，时间偏移后的数据一般会作为索引。

序列与时间偏移操作：

```
rng = pd.date_range('2020-01-01', '2020-01-03')
s = pd.Series(rng)
rng
# DatetimeIndex(['2020-01-01', '2020-01-02', '2020-01-03'], dtype=
    'datetime64[ns]', freq='D')
s
'''
0   2012-01-01
1   2012-01-02
```

```
2   2012-01-03
dtype: datetime64[ns]
'''

rng + pd.DateOffset(months=2)
# DatetimeIndex(['2020-03-01', '2020-03-02', '2020-03-03'],
    dtype='datetime64[ns]', freq='D')

s + pd.DateOffset(months=2)
'''
0   2020-03-01
1   2020-03-02
2   2020-03-03
dtype: datetime64[ns]
'''

s - pd.DateOffset(months=2)
'''
0   2020-11-01
1   2020-11-02
2   2020-11-03
dtype: datetime64[ns]
'''
```

序列与时长的操作：

```
s - pd.offsets.Day(2)
'''
0   2020-12-30
1   2020-12-31
2   2021-01-01
dtype: datetime64[ns]
'''

td = s - pd.Series(pd.date_range('2020-12-29', '2020-12-31'))
td
'''
0   3 days
1   3 days
2   3 days
dtype: timedelta64[ns]
'''

td + pd.offsets.Minute(15)
'''
0   3 days 00:15:00
1   3 days 00:15:00
2   3 days 00:15:00
dtype: timedelta64[ns]
'''
```

需要注意的是，有些时间偏移对象不支持以上操作，有些会执行很慢，会抛出性能问题告警。

14.4.8 锚定偏移

对于某些频率，可以指定锚定后缀，让它支持在一定的时间开始或结束，比如可以将周频率从默认的周日调到周一 'W-MON'，见表 14-2。

表 14-2　锚定偏移别名

别　名	说　明
W-SUN	周（星期日），同 'W'
W-MON	周（星期一）
W-TUE	周（星期二）
W-WED	周（星期三）
W-THU	周（星期四）
W-FRI	周（星期五）
W-SAT	周（星期六）
(B)Q(S)-DEC	季，结束于 12 月，同 “Q”
(B)Q(S)-JAN	季，结束于 1 月
(B)Q(S)-FEB	季，结束于 2 月
(B)Q(S)-MAR	季，结束于 3 月
(B)Q(S)-APR	季，结束于 4 月
(B)Q(S)-MAY	季，结束于 5 月
(B)Q(S)-JUN	季，结束于 6 月
(B)Q(S)-JUL	季，结束于 7 月
(B)Q(S)-AUG	季，结束于 8 月
(B)Q(S)-SEP	季，结束于 9 月
(B)Q(S)-OCT	季，结束于 10 月
(B)Q(S)-NOV	季，结束于 11 月
(B)A(S)-DEC	年，结束于 12 月，同 “A”
(B)A(S)-JAN	年，结束于 1 月
(B)A(S)-FEB	年，结束于 2 月
(B)A(S)-MAR	年，结束于 3 月
(B)A(S)-APR	年，结束于 4 月
(B)A(S)-MAY	年，结束于 5 月
(B)A(S)-JUN	年，结束于 6 月
(B)A(S)-JUL	年，结束于 7 月
(B)A(S)-AUG	年，结束于 8 月
(B)A(S)-SEP	年，结束于 9 月
(B)A(S)-OCT	年，结束于 10 月
(B)A(S)-NOV	年，结束于 11 月

对于固定在特定频率开始或结束（MonthEnd、MonthBegin、WeekEnd 等）的偏移，向前和向后移动的规则是：当 n 不为 0 时，如果给定日期不在锚点上，则它会捕捉到下一个（上一个）锚点，并向前或向后移动 |n|−1 步。

```
pd.Timestamp('2020-01-02') + pd.offsets.MonthBegin(n=1)
# Timestamp('2020-02-01 00:00:00')

pd.Timestamp('2020-01-02') + pd.offsets.MonthEnd(n=1)
# Timestamp('2020-01-31 00:00:00')

pd.Timestamp('2020-01-02') - pd.offsets.MonthBegin(n=1)
Out[238]: Timestamp('2020-01-01 00:00:00')

pd.Timestamp('2020-01-02') - pd.offsets.MonthEnd(n=1)
# Timestamp('2013-12-31 00:00:00')

pd.Timestamp('2020-01-02') + pd.offsets.MonthBegin(n=4)
# Timestamp('2020-05-01 00:00:00')

pd.Timestamp('2020-01-02') - pd.offsets.MonthBegin(n=4)
# Timestamp('2013-10-01 00:00:00')
```

如果给定的日期在锚点上，则将其前移或后移 |n| 步：

```
pd.Timestamp('2020-01-01') + pd.offsets.MonthBegin(n=1)
# Timestamp('2020-02-01 00:00:00')

pd.Timestamp('2020-01-31') + pd.offsets.MonthEnd(n=1)
# Timestamp('2020-02-28 00:00:00')

pd.Timestamp('2020-01-01') - pd.offsets.MonthBegin(n=1)
# Timestamp('2019-12-01 00:00:00')

pd.Timestamp('2020-01-31') - pd.offsets.MonthEnd(n=1)
# Timestamp('2019-12-31 00:00:00')

pd.Timestamp('2020-01-01') + pd.offsets.MonthBegin(n=4)
# Timestamp('2020-05-01 00:00:00')

pd.Timestamp('2020-01-31') - pd.offsets.MonthBegin(n=4)
# Timestamp('2019-10-01 00:00:00')
```

对于 n=0 的情况，如果在锚点上，则日期不会移动，否则它将前移动到下一个锚点：

```
pd.Timestamp('2020-01-02') + pd.offsets.MonthBegin(n=0)
# Timestamp('2020-02-01 00:00:00')

pd.Timestamp('2020-01-02') + pd.offsets.MonthEnd(n=0)
# Timestamp('2020-01-31 00:00:00')

pd.Timestamp('2020-01-01') + pd.offsets.MonthBegin(n=0)
# Timestamp('2020-01-01 00:00:00')

pd.Timestamp('2020-01-31') + pd.offsets.MonthEnd(n=0)
# Timestamp('2020-01-31 00:00:00')
```

14.4.9 自定义工作时间

由于不同地区不同文化，工作时间和休息时间不尽相同。在数据分析时需要考虑工作日、周末等文化差异带来的影响，比如，埃及的周末是星期五和星期六。

可以向 Cday 或 CustomBusinessDay 类传入节假日参数来自定义一个工作日偏移对象：

```
import datetime

weekmask_egypt = 'Sun Mon Tue Wed Thu'

# 定义出五一劳动节的日期，因为放假
holidays = ['2018-05-01',
            datetime.datetime(2019, 5, 1),
            np.datetime64('2020-05-01')]

# 自定义工作日中传入休假日期，一个正常星期工作日的顺序
bday_egypt = pd.offsets.CustomBusinessDay(holidays=holidays,
                                          weekmask=weekmask_egypt)


# 指定一个日期
dt = datetime.datetime(2020, 4, 30)
# 偏移两个工作日，跳过了休假日
dt + 2 * bday_egypt
# Timestamp('2020-05-04 00:00:00')
```

我们输出星期对照观察一下，发现跳过了 2020 年 5 月 1 日（定义的休假日）和 2020 年 5 月 2 日（定义的工作周中为休息日）：

```
# 输出时序及星期几
idx = pd.date_range(dt, periods=5, freq=bday_egypt)
pd.Series(idx.weekday+1, index=idx)
'''
2020-04-30    4
2020-05-03    7
2020-05-04    1
2020-05-05    2
2020-05-06    3
Freq: C, dtype: int64
'''
```

BusinessHour 表是开始和结束工作的小时时间，默认的工作时间是 9:00—17:00，与时间相加超过一个小时会移到下一个小时，超过一天会移动到下一个工作日。

```
bh = pd.offsets.BusinessHour()
bh
# <BusinessHour: BH=09:00-17:00>

# 2020-08-01是周五
pd.Timestamp('2020-08-01 10:00').weekday()
# 4

# 增加一个工作小时
pd.Timestamp('2020-08-01 10:00') + bh
# Timestamp('2020-08-01 11:00:00')

# 一旦计算就等于上班了，等同于pd.Timestamp('2020-08-01 09:00') + bh
pd.Timestamp('2020-08-01 08:00') + bh
# Timestamp('2020-08-01 10:00:00')

# 计算后已经下班了，就移到下一个工作小时（跳过周末）
```

```
pd.Timestamp('2020-08-01 16:00') + bh
Out[205]: Timestamp('2020-08-04 09:00:00')

# 同上逻辑，移动一个工作小时
pd.Timestamp('2020-08-01 16:30') + bh
Out[206]: Timestamp('2020-08-04 09:30:00')

# 偏移两个工作小时
pd.Timestamp('2020-08-01 10:00') + pd.offsets.BusinessHour(2)
# Timestamp('2020-08-01 12:00:00')

# 减去3个工作小时
pd.Timestamp('2020-08-01 10:00') + pd.offsets.BusinessHour(-3)
# Timestamp('2020-07-31 15:00:00')
```

可以自定义开始和结束工作的时间，格式必须是 hour:minute 字符串，不支持秒、微秒、纳秒。

```
# 11点开始上班
bh = pd.offsets.BusinessHour(start='11:00', end=datetime.time(20, 0))
bh
# <BusinessHour: BH=11:00-20:00>

pd.Timestamp('2020-08-01 13:00') + bh
# Timestamp('2020-08-01 14:00:00')

pd.Timestamp('2020-08-01 09:00') + bh
# Timestamp('2020-08-01 12:00:00')

pd.Timestamp('2020-08-01 18:00') + bh
# Timestamp('2020-08-01 19:00:00')
```

start 时间晚于 end 时间表示夜班工作时间。此时，工作时间将从午夜延至第二天。

```
bh = pd.offsets.BusinessHour(start='17:00', end='09:00')
bh
# <BusinessHour: BH=17:00-09:00>

pd.Timestamp('2014-08-01 17:00') + bh
# Timestamp('2014-08-01 18:00:00')

pd.Timestamp('2014-08-01 23:00') + bh
# Timestamp('2014-08-02 00:00:00')

# 尽管2014年8月2日是周六，
# 但因为工作时间从周五开始，因此也有效
pd.Timestamp('2014-08-02 04:00') + bh
# Timestamp('2014-08-02 05:00:00')

# 虽然2014年8月4日是周一，
# 但开始时间是周日，超出了工作时间
pd.Timestamp('2014-08-04 04:00') + bh
# Timestamp('2014-08-04 18:00:00')
```

14.4.10 小结

时间偏移与时长的根本不同是它是真实的日历上的时间移动，在数据分析中时间偏移

的意义是大于时长的。另外，通过继承 pandas.tseries.holiday.AbstractHolidayCalendar 创建子类，可以自定义假期日历，完成更为复杂的时间偏移操作，可浏览 Pandas 官方文档了解。

14.5　时间段

Pandas 中的 Period() 对象表示一个时间段，比如一年、一个月或一个季度。与时间长度不同，它表示一个具体的时间区间，有时间起点和周期频率。

14.5.1　Period 对象

我们来利用 pd.Period() 创建时间段对象：

```
# 创建一个时间段（年）
pd.Period('2020')
# Period('2020', 'A-DEC')

# 创建一个时间段（季度）
pd.Period('2020Q4')
# Period('2020Q4', 'Q-DEC')
```

以第一个为例，返回的时间段对象里有两个值：第一个是这个时间段的起始时间；第二个字符串“A-DEC”中“A”为年度（Annual），“DEC”为 12 月（December）。这个时间段对象代表一个在 2020 年结束于 12 月的全年时间段。

创建时间段，我们还可以传入更多参数：

```
# 2020-01-01全天的时间段
pd.Period(year=2020, freq='D')
# Period('2020-01-01', 'D')

# 一周
pd.Period('20201101', freq='W')
# Period('2020-10-26/2020-11-01', 'W-SUN')

# 默认周期，对应到最细粒度——分钟
pd.Period('2020-11-11 23:00')
# Period('2020-11-11 23:00', 'T')

# 指定周期
pd.Period('2020-11-11 23:00', 'D')
# Period('2020-11-11', 'D')
```

14.5.2　属性方法

一个时间段有开始和结束时间，可以用如下方法获取：

```
# 定义时间段
p = pd.Period('2020Q4')
```

```
# 开始与结束时间
p.start_time
# Timestamp('2020-10-01 00:00:00')
p.end_time
# Timestamp('2020-12-31 23:59:59.999999999')
```

如果当前时间段不符合业务实际，可以转换频率：

```
p.asfreq('D') # 将频率转换为天
# Period('2020-12-31', 'D')

p.asfreq('D', how='start') # 以起始时间为准
# Period('2020-10-01', 'D')
```

其他的属性方法如下：

```
p.freq # <QuarterEnd: startingMonth=12>（时间偏移对象）
p.freqstr # 'Q-DEC'（时间偏移别名）
p.is_leap_year # True（是否闰年）
p.to_timestamp() # Timestamp('2020-10-01 00:00:00')

# 以下日期取时间段内最后一天
p.day # 1（日）
p.dayofweek # 3（周四）
p.dayofyear # 366（一年第几天）
p.hour # 0（小时）
p.week
p.minute
p.second
p.month
p.quarter # 4
p.qyear # 2020（财年）
p.year
p.days_in_month # 31（当月第几天）
p.daysinmonth # 31（当月共多少天）
p.strftime('%Y年%m月') # '2020年12月'（格式化时间）
```

14.5.3 时间段的计算

时间段可以做加减法，表示将此时间段前移或后移相应的单位：

```
# 在2020Q4上增加一个周期
pd.Period('2020Q4') + 1
# Period('2021Q1', 'Q-DEC')

# 在2020Q4上减少一个周期
pd.Period('2020Q4') - 1
# Period('2020Q3', 'Q-DEC')
```

当然，时间段对象也可以和时间偏移对象做加减：

```
# 增加一小时
pd.Period('20200101 15') + pd.offsets.Hour(1)
# Period('2020-01-01 16:00', 'H')

# 增加10天
pd.Period('20200101') + pd.offsets.Day(10)
# Period('2020-01-11', 'D')
```

如果偏移量频率与时间段不同，则其单位要大于时间段的频率，否则会报错：

```
pd.Period('20200101 14') + pd.offsets.Day(10)
# Period('2020-01-11 14:00', 'H')

pd.Period('20200101 14') + pd.offsets.Minute(10)
# IncompatibleFrequency: Input cannot be converted to Period(freq=H)

pd.Period('2020 10') + pd.offsets.MonthEnd(3)
# Period('2021-01', 'M')
```

时间段也可以和时间差相加减：

```
pd.Period('20200101 14') + pd.Timedelta('1 days')
# Period('2020-01-02 14:00', 'H')

pd.Period('20200101 14') + pd.Timedelta('1 seconds')
# IncompatibleFrequency: Input cannot be converted to Period(freq=H)
```

相同频率的时间段实例之差将返回它们之间的频率单位数：

```
pd.Period('20200101 14') - pd.Period('20200101 10')
# <4 * Hours>

pd.Period('2020Q4') - pd.Period('2020Q1')
# <3 * QuarterEnds: startingMonth=12>
```

14.5.4　时间段索引

类似于时间范围 pd.date_range() 生成时序索引数据，pd.period_range() 可以生成时间段索引数据：

```
# 生成时间段索引对象
pd.period_range('2020-11-01 10:00', periods=10, freq='H')
'''
PeriodIndex(['2020-11-01 10:00', '2020-11-01 11:00', '2020-11-01 12:00',
             '2020-11-01 13:00', '2020-11-01 14:00', '2020-11-01 15:00',
             '2020-11-01 16:00', '2020-11-01 17:00', '2020-11-01 18:00',
             '2020-11-01 19:00'],
            dtype='period[H]', freq='H')
'''
```

上例生成了时间段索引对象，它从 2020 年 11 月 1 日 10 点开始，频率为小时，共有 10 个周期，数据类型 period[H] 可以看到频率。时间段索引对象可以用于时序索引，也可以用于 Series 和 DataFrame 中的数据。

指定开始和结束时间：

```
# 指定开始和结束时间
pd.period_range('2020Q1', '2021Q4', freq='Q-NOV')
'''
PeriodIndex(['2020Q1', '2020Q2', '2020Q3', '2020Q4', '2021Q1', '2021Q2',
             '2021Q3', '2021Q4'],
            dtype='period[Q-NOV]', freq='Q-NOV')
'''
```

上例定义了一个从2020年第一季度到2021第四季度共8个季度的时间段，一年以11月为最后时间。

以下是通过时间段对象来定义的：

```
# 通过传入时间段对象来定义
pd.period_range(start=pd.Period('2020Q1', freq='Q'),
                end=pd.Period('2021Q2', freq='Q'), freq='M')
'''
PeriodIndex(['2020-03', '2020-04', '2020-05', '2020-06', '2020-07', '2020-08',
             '2020-09', '2020-10', '2020-11', '2020-12', '2021-01', '2021-02',
             '2021-03', '2021-04', '2021-05', '2021-06'],
            dtype='period[M]', freq='M')
'''
```

最后，时间段索引可以应用于数据中：

```
pd.Series(pd.period_range('2020Q1', '2021Q4', freq='Q-NOV'))
'''
0    2020Q1
1    2020Q2
2    2020Q3
3    2020Q4
4    2021Q1
5    2021Q2
6    2021Q3
7    2021Q4
dtype: period[Q-NOV]
'''

pd.Series(range(8), index=pd.period_range('2020Q1', '2021Q4', freq='Q-NOV'))
'''
2020Q1    0
2020Q2    1
2020Q3    2
2020Q4    3
2021Q1    4
2021Q2    5
2021Q3    6
2021Q4    7
Freq: Q-NOV, dtype: int64
'''
```

14.5.5 数据查询

在数据查询时，支持切片操作：

```
s = pd.Series(1, index=pd.period_range('2020-10-01 10:00', '2021-10-01 10:00', freq='H'))
'''
2020-10-01 10:00    1
2020-10-01 11:00    1
...
2021-10-01 09:00    1
2021-10-01 10:00    1
Freq: H, Length: 8761, dtype: int64
'''
```

```
s['2020']
'''
2020-10-01 10:00    1
2020-10-01 11:00    1
...
2020-12-31 22:00    1
2020-12-31 23:00    1
Freq: H, Length: 2198, dtype: int64
'''

# 进行切片操作
s['2020-10':'2020-11']
'''
2020-10-01 10:00    1
2020-10-01 11:00    1
...
2020-11-30 22:00    1
2020-11-30 23:00    1
Freq: H, Length: 1454, dtype: int64
'''
```

数据的查询方法与之前介绍过的时序查询一致。

14.5.6　相关类型转换

astype() 可以在几种数据之间自由转换，如 DatetimeIndex 转 PeriodIndex：

```
ts = pd.date_range('20201101', periods=100)
ts
'''
DatetimeIndex(['2020-11-01', '2020-11-02', '2020-11-03', '2020-11-04',
               ...
               ...
               '2021-02-01', '2021-02-02', '2021-02-03', '2021-02-04',
               '2021-02-05', '2021-02-06', '2021-02-07', '2021-02-08'],
              dtype='datetime64[ns]', freq='D')
'''

# 转为PeriodIndex，频率为月
ts.astype('period[M]')
'''
PeriodIndex(['2020-11', '2020-11', '2020-11', '2020-11', '2020-11', '2020-11',
             '2020-11', '2020-11', '2020-11', '2020-11', '2020-11', '2020-11',
             ...
             ...
             '2021-01', '2021-01', '2021-02', '2021-02', '2021-02', '2021-02',
             '2021-02', '2021-02', '2021-02', '2021-02'],
            dtype='period[M]', freq='M')
'''
```

PeriodIndex 转 DatetimeIndex：

```
ts = pd.period_range('2020-11', periods=100, freq='M')
ts
'''
PeriodIndex(['2020-11', '2020-12', '2021-01', '2021-02', '2021-03', '2021-04',
             '2021-05', '2021-06', '2021-07', '2021-08', '2021-09', '2021-10',
             ...
```

```
            ...
            '2028-05', '2028-06', '2028-07', '2028-08', '2028-09', '2028-10',
            '2028-11', '2028-12', '2029-01', '2029-02'],
           dtype='period[M]', freq='M')
'''

# 转为DatetimeIndex
ts.astype('datetime64[ns]')
'''
DatetimeIndex(['2020-11-01', '2020-12-01', '2021-01-01', '2021-02-01',
               '2021-03-01', '2021-04-01', '2021-05-01', '2021-06-01',
               ...
               ...
               '2028-07-01', '2028-08-01', '2028-09-01', '2028-10-01',
               '2028-11-01', '2028-12-01', '2029-01-01', '2029-02-01'],
              dtype='datetime64[ns]', freq='MS')
'''
```

PeriodIndex 转换频率：

```
# 频率从月转为季度
ts.astype('period[Q]')
'''
PeriodIndex(['2020Q4', '2020Q4', '2021Q1', '2021Q1', '2021Q1', '2021Q2',
             '2021Q2', '2021Q2', '2021Q3', '2021Q3', '2021Q3', '2021Q4',
             ...
             ...
             '2028Q2', '2028Q2', '2028Q3', '2028Q3', '2028Q3', '2028Q4',
             '2028Q4', '2028Q4', '2029Q1', '2029Q1'],
            dtype='period[Q-DEC]', freq='Q-DEC')
'''
```

14.5.7 小结

时间段与时长和时间偏移不同的是，时间段有开始时间（当然也能推出结束时间）和长度，在分析周期性发生的业务数据时，它会让你如鱼得水。

14.6 时间操作

在前面几大时间类型的介绍中，我们需要进行转换、时间解析和输出格式化等操作，本节就来介绍一些与之类似的通用时间操作和高级功能。

14.6.1 时区转换

Pandas 使用 pytz 和 dateutil 库或标准库中的 datetime.timezone 对象为使用不同时区的时间戳提供了丰富的支持。可以通过以下方法查看所有时区及时区的字符名称：

```
import pytz

print(pytz.common_timezones)
print(pytz.timezone)
```

如果没有指定，时间一般是不带时区的：

```
ts = pd.date_range('11/11/2020 00:00', periods=10, freq='D')
ts.tz is None
# True
```

进行简单的时区指定，中国通用的北京时区使用 'Asia/Shanghai' 定义：

```
pd.date_range('2020-01-01', periods=10, freq='D', tz='Asia/Shanghai')
pd.Timestamp('2020-01-01', tz='Asia/Shanghai')
```

以下是指定时区的更多方法：

```
# 使用pytz支持
rng_pytz = pd.date_range('11/11/2020 00:00', periods=3,
                         freq='D', tz='Europe/London')
rng_pytz.tz
# <DstTzInfo 'Europe/London' LMT-1 day, 23:59:00 STD>

# 使用dateutil支持
rng_dateutil = pd.date_range('11/11/2020 00:00', periods=3, freq='D')
# 转为伦敦所在的时区
rng_dateutil = rng_dateutil.tz_localize('dateutil/Europe/London')
rng_dateutil.tz
# tzfile('/usr/share/zoneinfo/Europe/London')

# 使用dateutil指定为UTC时间
rng_utc = pd.date_range('11/11/2020 00:00', periods=3,
                        freq='D', tz=dateutil.tz.tzutc())
rng_utc.tz
# tzutc()

# datetime.timezone
rng_utc = pd.date_range('11/11/2020 00:00', periods=3,
                        freq='D', tz=datetime.timezone.utc)
rng_utc.tz
# datetime.timezone.utc
```

从一个时区转换为另一个时区，使用 tz_convert 方法：

```
rng_pytz.tz_convert('US/Eastern')
'''
DatetimeIndex(['2020-03-05 19:00:00-05:00', '2020-03-06 19:00:00-05:00',
               '2020-03-07 19:00:00-05:00'],
              dtype='datetime64[ns, US/Eastern]', freq='D')
'''
```

以下为几个其他方法：

```
s_naive.dt.tz_localize('UTC').dt.tz_convert('US/Eastern')
s_naive.astype('datetime64[ns, US/Eastern]')
s_aware.to_numpy(dtype='datetime64[ns]')
```

14.6.2　时间的格式化

在数据格式解析、输出格式和格式转换过程中，需要用标识符来匹配日期元素的位置，Pandas 使用了 Python 的格式化符号系统，如：

```
# 解析时间格式
pd.to_datetime('2020*11*12', format='%Y*%m*%d')
# Timestamp('2020-11-12 00:00:00')

# 输出的时间格式
pd.Timestamp('now').strftime('%Y年%m月%d日')
# '2020年11月05日'
```

Python 中日期和时间的格式化符号见表 14-3。

表 14-3 日期和时间的格式化符号

符　号	说　明
%y	两位数的年份表示（00～99）
%Y	四位数的年份表示（000～9999）
%m	月份（01～12）
%d	月内的一天（0～31）
%H	24 小时制小时数（0～23）
%I	12 小时制小时数（01～12）
%M	分钟数（00～59）
%S	秒（00～59）
%a	本地简化的星期名称
%A	本地完整的星期名称
%b	本地简化的月份名称
%B	本地完整的月份名称
%c	本地相应的日期表示和时间表示
%j	年内的一天（001～366）
%p	本地 A.M. 或 P.M. 的等价符
%U	一年中的星期数（00～53），星期天为星期的开始
%w	星期（0～6），星期天为星期的开始
%W	一年中的星期数（00～53），星期一为星期的开始
%x	本地相应的日期表示
%X	本地相应的时间表示
%Z	当前时区的名称
%%	% 号本身

14.6.3 时间重采样

Pandas 可以对时序数据按不同的频率进行重采样操作，例如，原时序数据频率为分钟，使用 resample() 可以按 5 分钟、15 分钟、半小时等频率进行分组，然后完成聚合计算。时间重采样在资金流水、金融交易等业务下非常常用。

```
idx = pd.date_range('2020-01-01', periods=500, freq='Min')
ts = pd.Series(range(len(idx)), index=idx)
```

```
ts
'''
2020-01-01 00:00:00      0
2020-01-01 00:01:00      1
2020-01-01 00:02:00      2
                       ...
2020-01-01 08:18:00    498
2020-01-01 08:19:00    499
Freq: T, Length: 500, dtype: int64
'''

# 每5分钟进行一次聚合
ts.resample('5Min').sum()
'''
2020-01-01 00:00:00       10
2020-01-01 00:05:00       35
2020-01-01 00:10:00       60
2020-01-01 00:15:00       85
2020-01-01 00:20:00      110
                        ...
2020-01-01 07:55:00     2385
2020-01-01 08:00:00     2410
2020-01-01 08:05:00     2435
2020-01-01 08:10:00     2460
2020-01-01 08:15:00     2485
Freq: 5T, Length: 100, dtype: int64
'''
```

重采样功能非常灵活，你可以指定许多不同的参数来控制频率转换和重采样操作。通过类似于 groupby 聚合后的各种统计函数实现数据的分组聚合，包括 sum、mean、std、sem、max、min、mid、median、first、last、ohlc。

```
ts.resample('5Min').mean() # 平均
ts.resample('5Min').max() # 最大值
```

其中 ohlc 是又叫美国线（Open-High-Low-Close chart，OHLC chart），可以呈现类似股票的开盘价、最高价、最低价和收盘价：

```
# 两小时频率的美国线
ts.resample('2h').ohlc()
'''
                     open  high  low  close
2020-01-01 00:00:00     0   119    0    119
2020-01-01 02:00:00   120   239  120    239
2020-01-01 04:00:00   240   359  240    359
2020-01-01 06:00:00   360   479  360    479
2020-01-01 08:00:00   480   499  480    499
'''
```

可以将 closed 参数设置为“left”或“right”，以指定开闭区间的哪一端：

```
ts.resample('2h', closed='left').mean()
'''
2020-01-01 00:00:00      59.5
2020-01-01 02:00:00     179.5
2020-01-01 04:00:00     299.5
2020-01-01 06:00:00     419.5
```

```
2020-01-01 08:00:00    489.5
Freq: 2H, dtype: float64
'''

ts.resample('2h', closed='right').mean()
'''
2019-12-31 22:00:00      0.0
2020-01-01 00:00:00     60.5
2020-01-01 02:00:00    180.5
2020-01-01 04:00:00    300.5
2020-01-01 06:00:00    420.5
2020-01-01 08:00:00    490.0
Freq: 2H, dtype: float64
'''
```

使用 label 可以控制输出结果显示左还是右，但不像 closed 那样影响计算结果：

```
ts.resample('5Min').mean()  # 默认 label='left'
ts.resample('5Min', label='right').mean()
```

14.6.4 上采样

上采样（upsampling）一般应用在图形图像学中，目的是放大图像。由于原数据有限，放大图像后需要对缺失值进行内插值填充。在时序数据中同样存在着类似的问题，上例中的数据频率是分钟，我们要对其按 30 秒重采样：

```
ts.head(3).resample('30S').asfreq()
'''
2020-01-01 00:00:00    0.0
2020-01-01 00:00:30    NaN
2020-01-01 00:01:00    1.0
2020-01-01 00:01:30    NaN
2020-01-01 00:02:00    2.0
Freq: 30S, dtype: float64
'''
```

我们发现由于原数据粒度不够，出现了缺失值，这就需要用 .ffill() 和 .bfill() 来计算填充值：

```
ts.head(3).resample('30S').ffill()
'''
2020-01-01 00:00:00    0
2020-01-01 00:00:30    0
2020-01-01 00:01:00    1
2020-01-01 00:01:30    1
2020-01-01 00:02:00    2
Freq: 30S, dtype: int64
'''

ts.head(3).resample('30S').bfill()
'''
2020-01-01 00:00:00    0
2020-01-01 00:00:30    1
2020-01-01 00:01:00    1
2020-01-01 00:01:30    2
```

```
2020-01-01 00:02:00    2
Freq: 30S, dtype: int64
'''
```

14.6.5　重采样聚合

类似于 agg API、groupby API 和窗口方法 API，重采样也适用于相关的统计聚合方法：

```
df = pd.DataFrame(np.random.randn(1000, 3),
                  index=pd.date_range('1/1/2020', freq='S', periods=1000),
                  columns=['A', 'B', 'C'])

# 生成Resampler重采样对象
r = df.resample('3T')
r.mean()
'''
                            A         B         C
2020-01-01 00:00:00  0.027794 -0.079557 -0.075456
2020-01-01 00:03:00  0.112137  0.035522 -0.017160
2020-01-01 00:06:00  0.090148 -0.057349 -0.042678
2020-01-01 00:09:00  0.125550 -0.041914 -0.004795
2020-01-01 00:12:00 -0.107330 -0.043023  0.074237
2020-01-01 00:15:00 -0.021769 -0.142557  0.066897
'''
```

有多个聚合方式：

```
r['A'].agg([np.sum, np.mean, np.std])
r.agg([np.sum, np.mean]) # 每个列
# 不同的聚合方式
r.agg({'A': np.sum,
       'B': lambda x: np.std(x, ddof=1)})
# 用字符指定
r.agg({'A': 'sum', 'B': 'std'})
r.agg({'A': ['sum', 'std'], 'B': ['mean', 'std']})
```

如果索引不是时间，可以指定采样的时间列：

```
# date是一个普通列
df.resample('M', on='date').sum()
df.resample('M', level='d').sum() # 多层索引
```

迭代采样对象：

```
# r 是重采样对象
for name, group in r:
    print("Group: ", name)
    print("-" * 20)
    print(group, end="\n\n")
```

14.6.6　时间类型间转换

介绍一下不同时间概念之间的相互转换。to_period() 将 DatetimeIndex 转换为 PeriodIndex：

```
pd.date_range('1/1/2020', periods=5)
'''
DatetimeIndex(['2020-01-01', '2020-01-02', '2020-01-03', '2020-01-04',
```

```
               '2020-01-05'],
              dtype='datetime64[ns]', freq='D')
'''

# 转换为时间周期
pd.date_range('1/1/2020', periods=5).to_period()
'''
PeriodIndex(['2020-01-01', '2020-01-02', '2020-01-03', '2020-01-04',
             '2020-01-05'],
            dtype='period[D]', freq='D')
'''
```

to_timestamp() 将默认周期的开始时间转换为 DatetimeIndex：

```
pd.period_range('1/1/2020', periods=5)
'''
PeriodIndex(['2020-01-01', '2020-01-02', '2020-01-03', '2020-01-04',
             '2020-01-05'],
            dtype='period[D]', freq='D')
'''

# 转换为时序索引
pd.period_range('1/1/2020', periods=5).to_timestamp()
'''
DatetimeIndex(['2020-01-01', '2020-01-02', '2020-01-03', '2020-01-04',
               '2020-01-05'],
              dtype='datetime64[ns]', freq='D')
'''
```

14.6.7 超出时间戳范围时间

在介绍时间表示方法时我们说到 Pandas 原生支持的时间范围大约在 1677 年至 2262 年之间，那么如果分析数据不在这个区间怎么办呢？可以使用 PeriodIndex 来进行计算，我们来测试一下：

```
# 定义一个超限时间周期
pd.period_range('1111-01-01', '8888-01-01', freq='D')
'''
PeriodIndex(['1111-01-01', '1111-01-02', '1111-01-03', '1111-01-04',
             '1111-01-05', '1111-01-06', '1111-01-07', '1111-01-08',
             '1111-01-09', '1111-01-10',
             ...
             '8887-12-23', '8887-12-24', '8887-12-25', '8887-12-26',
             '8887-12-27', '8887-12-28', '8887-12-29', '8887-12-30',
             '8887-12-31', '8888-01-01'],
            dtype='period[D]', length=2840493, freq='D')
'''
```

可以正常计算和使用。还可以将时间以数字形式保存，在计算的时候再转换为周期数据：

```
(pd.Series([123_1111, 2008_10_01, 8888_12_12])
 # 将整型转为时间周期类型
 .apply(lambda x: pd.Period(year=x // 10000,
                            month=x // 100 % 100,
```

```
                                day=x % 100,
                                freq='D')
        )
)
'''
0     0123-11-11
1     2008-10-01
2     8888-12-12
dtype: period[D]
'''
```

14.6.8　区间间隔

pandas.Interval 可以解决数字区间和时间区间的相关问题，它实现一个名为 Interval 的不可变对象，该对象是一个有界的切片状间隔。构建 Interval 对象的方法如下：

```
# Interval对象构建
pd.Interval(left=0, right=5, closed='right')
# 4 是否在1~10之间
4 in pd.Interval(1,10)
# True
# 10 是否在1~9之间
10 in pd.Interval(1,10,closed='left')
# False
```

参数的定义如下。

- left：定值，间隔的左边界。
- right：定值，间隔的右边界。
- closed：字符，可选 right、left、both、neither，分别代表区间是在右侧、左侧、同时闭合、都不闭合。默认为 right。

Interval 可以对数字、固定时间、时长起作用，以下是构建数字类型间隔的方法和案例：

```
iv = pd.Interval(left=0, right=5)
iv
'''
Interval(0, 5, closed='right')
'''
# 可以检查元素是否属于它
3.5 in iv # True
5.5 in iv # False

# 可以测试边界值
# closed ='right', 所以0 < x <= 5
0 in iv # False
5 in iv # True
0.0001 in iv # True
```

创建时间区间间隔：

```
# 定义一个2020年的区间
year_2020 = pd.Interval(pd.Timestamp('2020-01-01 00:00:00'),
                        pd.Timestamp('2021-01-01 00:00:00'),
```

```
                        closed='left')

# 检查指定时间是否在2020年区间里
pd.Timestamp('2020-01-01 00:00') in year_2020
# True

# 2020年时间区间的长度
year_2020.length
# Timedelta('366 days 00:00:00')
```

创建时长区间间隔：

```
# 定义一个时长区间，3秒到1天
time_deltas = pd.Interval(pd.Timedelta('3 seconds'),
                          pd.Timedelta('1 days'),
                          closed='both')

# 5分钟是否在时间区间里
pd.Timedelta('5 minutes') in time_deltas
# True

# 时长区间长度
time_deltas.length
# Timedelta('0 days 23:59:57')
```

pd.Interval 支持以下属性：

```
# 区间闭合之处
iv.closed # 'right'
# 检查间隔是否在左侧关闭
iv.closed_left # False
# 检查间隔是否在右侧关闭
iv.closed_right # True
# 间隔是否为空，表示该间隔不包含任何点
iv.is_empty # False
# 间隔的左边界
iv.left # 0
# 间隔的右边界
iv.right # 5
# 间隔的长度
iv.length # 5
# 间隔的中点
iv.mid # 2.5
# 间隔是否在左侧为开区间
iv.open_left # True
# 间隔是否在右侧为开区间
iv.open_right # False
```

其中，Interval.is_empty 指示间隔是否为空，表示该间隔不包含任何点。

```
pd.Interval(0, 1, closed='right').is_empty # False

# 不包含任何点的间隔为空
pd.Interval(0, 0, closed='right').is_empty # True
pd.Interval(0, 0, closed='left').is_empty # True
pd.Interval(0, 0, closed='neither').is_empty # True

# 包含单个点的间隔不为空
pd.Interval(0, 0, closed='both').is_empty # False
```

```
# 一个IntervalArray或IntervalIndex返回一个布尔ndarray
# 它在位置上指示Interval是否为空
ivs = [pd.Interval(0, 0, closed='neither'),
       pd.Interval(1, 2, closed='neither')]
pd.arrays.IntervalArray(ivs).is_empty
# array([True, False])

# 缺失值不为空
ivs = [pd.Interval(0, 0, closed='neither'), np.nan]
pd.IntervalIndex(ivs).is_empty
# array([True, False])
```

pd.Interval.overlaps 检查两个 Interval 对象是否重叠。如果两个间隔至少共享一个公共点（包括封闭的端点），则它们重叠。

```
i1 = pd.Interval(0, 2)
i2 = pd.Interval(1, 3)
i1.overlaps(i2) # True

i3 = pd.Interval(4, 5)
i1.overlaps(i3) # False
```

共享封闭端点的间隔重叠：

```
i4 = pd.Interval(0, 1, closed='both')
i5 = pd.Interval(1, 2, closed='both')
i4.overlaps(i5) # True
```

只有共同的开放端点的间隔不会重叠：

```
i6 = pd.Interval(1, 2, closed='neither')
i4.overlaps(i6) # False
```

间隔对象能使用 + 和 * 与一个固定值进行计算，此操作将同时应用于对象的两个边界，结果取决于绑定边界值数据的类型。以下是边界值为数字的示例：

```
iv
# Interval(0, 5, closed='right')
shifted_iv = iv + 3
shifted_iv
# Interval(3, 8, closed='right')
extended_iv = iv * 10.0
extended_iv
# Interval(0.0, 50.0, closed='right')
```

另外，Pandas 还不支持两个区间的合并、取交集等操作，可以使用 Python 的第三方库 portion 来实现。

14.6.9　小结

本节主要介绍了在时间操作中的一些综合功能。由于大多数据库开发规范要求存储时间的时区为 UTC，因此我们拿到数据就需要将其转换为北京时间。时区转换是数据清洗整理的一个必不可少的环节。对数据的交付使用需要人性化的显示格式，时间的格式化让我们能够更好地阅读时间。时间重采样让我们可以如同 Pandas 的 groupby 那样方便地聚合分组时间。

14.7 本章小结

时序数据是数据类型中一个非常庞大的类型，在我们生活中无处不在，学习数据分析是无法绕开时序数据的。Pandas 构建了多种时间数据类型，提供了多元的时间处理方法，为我们打造了一个适应各种时间场景的时序数据分析平台。Pandas 有关时间处理的更多强大功能有待我们进一步挖掘，也值得我们细细研究。

第六部分 Part 6

可视化

可视化是数据分析的终点也是起点。得益于生动呈现的可视化数据效果，我们能够跨越对于数据的认知鸿沟。本部分主要介绍Pandas的样式功能如何让数据表格更有表现力，Pandas的绘图功能如何让数据自己说话，如何定义不同类型的数据图形，以及如何对图形中的线条、颜色、字体、背景等进行细节处理。

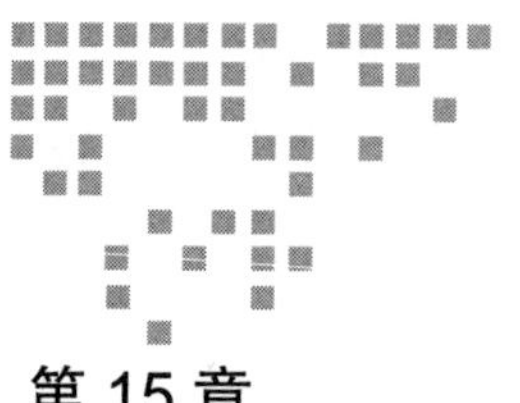

Chapter 15 第15章

Pandas样式

Pandas的样式是一个被大多数人忽视的可视化方法，它不仅仅是美化数据、提高数据的可视化效果这么简单。回忆一下，你在Excel中是不是经常对特定的数据加粗、标红、背景标黄？这些操作就是为了让数据更加醒目清晰，突显数据的逻辑和特征。

在本章中，我们将介绍Pandas的一些内置样式，如何使用这些样式功能快速实现可视化效果，如何自定义一些个性化的样式，还将介绍内容的格式化显示方法，最后介绍样式的函数调用、复用、清除、带样式文件导出等操作。

15.1 内置样式

Pandas的样式在Jupyter Notebook和JupyterLab等代码编辑工具上获得了非常好的数据展示效果，让数据呈现更加专业，更加友好。本节介绍Pandas样式并告诉大家一些它内置的、非常有用的样式功能。

15.1.1 样式功能

如同给Excel中的数据设置各种颜色、字体一样，Pandas提供的样式功能可实现：

- 数值格式化，如千分号、小数位数、货币符号、日期格式、百分比等；
- 凸显某些数据，对行、列或特定的值（如最大值、最小值）使用样式，如字体大小、黄色、背景；
- 显示数据关系，如用颜色深浅代表数据大小；
- 迷你条形图，如在一个百分比的格子里，用颜色比例表达占比；
- 表达趋势，类似Excel中每行代表趋势变化的迷你走势图（sparkline）。

我们发现，样式和可视化图形的区别是，数据图形化不关注具体数据内容，而样式则在保留具体内容的基础上进行修饰，让可读性更强。有时候两者有交叉共用的情况。

15.1.2　Styler 对象

DataFrame 有一个 df.style Styler 对象，用来生成数据的样式，样式是使用 CSS 来完成的。如果你懂点 CSS 的知识会得心应手，不过也不用担心，CSS 非常简单，基本就是一个字典，单词也是我们最常见的。

这里有个使用技巧，仅使用 df.style 就可以在 Jupyter Notebook 未给样式的情况下显示所有数据：

```
# 读取数据
df = pd.read_excel('https://www.gairuo.com/file/data/dataset/team.xlsx')
# 样式对象，可显示所有数据
df.style
'''
<略，此处显示了所有数据，不论有多少>
'''
```

所有的样式功能都在 df.style 里。需要注意的是，输出的是一个 Styler 对象不是 DataFrame，原始 DataFrame 内容并没有改变。后面我们所使用的样式都在这个 Styler 对象上。

```
# 查看类型
type(df.style)
# pandas.io.formats.style.Styler
```

Pandas 提供了几个非常实用的内置样式，它们也是我们经常要使用的，接下来将对这些提高计数效率的样式功能进行介绍。

15.1.3　空值高亮

style.highlight_null() 对为空的值高亮标示，增加背景颜色，使其更为醒目：

```
# 将一个值改为空
df.iloc[1,1] = np.NaN
# 将空值高亮，默认为红色背景
df.head().style.highlight_null()
```

显示效果如图 15-1 所示。

	name	team	Q1	Q2	Q3	Q4
0	Liver	E	89	21	24	64
1	Arry	nan	36	37	37	57
2	Ack	A	57	60	18	84
3	Eorge	C	93	96	71	78
4	Oah	D	65	49	61	86

图 15-1　空值高亮样式效果

可以指定颜色：

```
# 使用颜色名
df.head().style.highlight_null(null_color='blue')
# 使用颜色值
df.head().style.highlight_null(null_color='#ccc')
```

颜色名和颜色值与 CSS 中的颜色表示方法相同，可以用 CSS 颜色名和 CSS 合法颜色值表示，相关内容将会在第 16 章详细介绍。

15.1.4 极值高亮

分别将最大值高亮显示，最小值高亮显示，二者同时高亮显示并指定颜色，示例代码如下，效果分别如图 15-2～图 15-4 所示。

```
# 将最大值高亮，默认为黄色背景
df.head().style.highlight_max()

# 将最小值高亮
df.head().style.highlight_min()

# 以上同时使用并指定颜色
(df.head()
 .style.highlight_max(color='lime') # 将最大值高亮并指定颜色
 .highlight_min() # 将最小值高亮
)
```

	name	team	Q1	Q2	Q3	Q4
0	Liver	E	89	21	24	64
1	Arry	nan	36	37	37	57
2	Ack	A	57	60	18	84
3	Eorge	C	93	96	71	78
4	Oah	D	65	49	61	86

图 15-2 最大值高亮样式效果

	name	team	Q1	Q2	Q3	Q4
0	Liver	E	89	21	24	64
1	Arry	nan	36	37	37	57
2	Ack	A	57	60	18	84
3	Eorge	C	93	96	71	78
4	Oah	D	65	49	61	86

图 15-3 最小值高亮样式效果

	name	team	Q1	Q2	Q3	Q4
0	Liver	E	89	21	24	64
1	Arry	nan	36	37	37	57
2	Ack	A	57	60	18	84
3	Eorge	C	93	96	71	78
4	Oah	D	65	49	61	86

图 15-4 最大值和最小值同时高亮样式效果

以上标注的是在列中的最大值和最小值，也可以指定在行上的最大值和最小值，示例代码如下，效果如图 15-5 所示。

```
# 指定行级
```

```
(
    df.head()
    .style.highlight_max(color='lime', axis=1) # 最大值高亮，绿色
    .highlight_min(axis=1) # 最小值高亮，黄色
)
```

	name	team	Q1	Q2	Q3	Q4
0	Liver	E	89	21	24	64
1	Arry	nan	36	37	37	57
2	Ack	A	57	60	18	84
3	Eorge	C	93	96	71	78
4	Oah	D	65	49	61	86

图 15-5　按行最大值和最小值高亮样式效果

也可以作用于指定行：

```
# 只对Q1起作用
df.style.highlight_min(subset=['Q1'])
df.style.highlight_min(subset=['Q1', 'Q2']) # 对Q1、Q2两列起作用
# 使用pd.IndexSlice索引器（和loc[]类似）
# 注意，数据是所有数据，算最小值的范围而不是全部
df.style.highlight_min(subset=pd.IndexSlice[:10, ['Q1', 'Q3']])
# 按行，只在这两列进行
df.style.highlight_min(axis=1, subset=['Q1','Q2'])
```

15.1.5　背景渐变

根据数值的大小，背景颜色呈现梯度渐变，越深表示越大，越浅表示越小，类似于 Excel 中的色阶样式。颜色指定为 Matplotlib 库的色系表（Matplotlib colormap）中的色系名，可通过这个网址查看色系名和颜色示例：https://matplotlib.org/devdocs/gallery/color/colormap_reference.html。

background_gradient() 会对数字按大小用背景色深浅表示，示例代码如下，效果如图 15-6 所示。

```
# 数字类型按列背景渐变
df.head().style.background_gradient()
```

	name	team	Q1	Q2	Q3	Q4
0	Liver	E	89	21	24	64
1	Arry	nan	36	37	37	57
2	Ack	A	57	60	18	84
3	Eorge	C	93	96	71	78
4	Oah	D	65	49	61	86

图 15-6　数值大小背景渐变样式效果

常用的参数功能如下：

```
# 指定列，指定颜色系列
df.style.background_gradient(subset=['Q1'], cmap='BuGn')
# 低百分比和高百分比范围，更换颜色时避免使用所有色域
df.style.background_gradient(low=0.6, high=0)
# 内容的颜色，取0~1（深色到浅色），方便凸显文本
df.style.background_gradient(text_color_threshold=0.5)
# 颜色应用的取值范围，不在这个范围的不应用
df.style.background_gradient(vmin=60, vmax=100)
```

以下是一个综合使用示例，效果如图 15-7 所示。

```
# 链式方法使用样式
(df.head(10)
 .style
 .background_gradient(subset=['Q1'], cmap='spring') # 指定色系
 .background_gradient(subset=['Q2'], vmin=60, vmax=100) # 指定应用值区间
 .background_gradient(subset=['Q3'], low=0.6, high=0) # 高低百分比范围
 .background_gradient(subset=['Q4'], text_color_threshold=0.9) # 文本色深
)
```

	name	team	Q1	Q2	Q3	Q4
0	Liver	E	89	21	24	64
1	Arry	nan	36	37	37	57
2	Ack	A	57	60	18	84
3	Eorge	C	93	96	71	78
4	Oah	D	65	49	61	86
5	Harlie	C	24	13	87	43
6	Acob	B	61	95	94	8
7	Lfie	A	9	10	99	37
8	Reddie	D	64	93	57	72
9	Oscar	A	77	9	26	67

图 15-7 背景渐变综合样式效果

15.1.6 条形图

条形图在表格里一般以横向柱状图的形式代表这个值的大小。以下代码的效果如图 15-8 所示。

```
# 显示Q4列的条形图
df.head().style.bar(subset=['Q4'], vmin=50, vmax=100)
```

	name	team	Q1	Q2	Q3	Q4
0	Liver	E	89	21	24	64
1	Arry	nan	36	37	37	57
2	Ack	A	57	60	18	84
3	Eorge	C	93	96	71	78
4	Oah	D	65	49	61	86

图 15-8 单列条形图样式效果

一些常用的参数及方法：

```
# 基本用法，默认对数字应用
df.style.bar()
# 指定应用范围
df.style.bar(subset=['Q1'])
# 定义颜色
df.style.bar(color='green')
df.style.bar(color='#ff11bb')
# 以行方向进行计算和展示
df.style.bar(axis=1)
# 样式在格中的占位百分比，0~100，100占满
df.style.bar(width=80)
# 对齐方式：
# 'left': 最小值开始
# 'zero': 0值在中间
# 'mid': (max-min)/2 值在中间，负（正）值0在右（左）
df.style.bar(align='mid')
# 大小基准值
df.style.bar(vmin=60, vmax=100)
```

以下是一个综合示例，代码效果如图 15-9 所示。

```
(df.head(10)
 .assign(avg=df.mean(axis=1, numeric_only=True)) # 增加平均值
 .assign(diff=lambda x: x.avg.diff()) # 和前一位同学的差值
 .style
 .bar(color='yellow', subset=['Q1'])
 .bar(subset=['avg'],
      width=90,
      align='mid',
      vmin=60, vmax=100,
      color='#5CADAD')
 .bar(subset=['diff'],
      color=['#ffe4e4','#bbf9ce'], # 上涨和下降的颜色
      vmin=0, vmax=30, # 范围定为以0为基准的上下30
      align='zero') # 0 值居中
)
```

	name	team	Q1	Q2	Q3	Q4	avg	diff
0	Liver	E	89	21	24	64	49.500000	nan
1	Arry	nan	36	37	37	57	41.750000	-7.750000
2	Ack	A	57	60	18	84	54.750000	13.000000
3	Eorge	C	93	96	71	78	84.500000	29.750000
4	Oah	D	65	49	61	86	65.250000	-19.250000
5	Harlie	C	24	13	87	43	41.750000	-23.500000
6	Acob	B	61	95	94	8	64.500000	22.750000
7	Lfie	A	9	10	99	37	38.750000	-25.750000
8	Reddie	D	64	93	57	72	71.500000	32.750000
9	Oscar	A	77	9	26	67	44.750000	-26.750000

图 15-9　条形图综合样式效果

15.1.7 小结

Pandas 的内置样式也是我们在 Excel 操作中经常用到的功能，这些功能非常实用又方便操作，希望大家在数据处理的最后环节不要忘记给数据增加样式。

15.2 显示格式

我们在最终输出数据以进行查看时，需要对数据进行相应的格式化，常见的如加货币符号、加百分号、增加千分位等，目的是让计数更加场景化，明确列表一定的业务意义。Styler.format 是专门用来处理格式的方法。

15.2.1 语法结构

Styler.format 的语法格式为：

```
# 语法格式
Styler.format(self, formatter,
              subset=None,
              na_rep: Union[str, NoneType]=None)
```

以上语法中的 formatter 可以是 (str,callable, dict, None) 中的任意一个，一般是一个字典（由列名和格式组成），也可以是一个函数。关于字符的格式化可参考 Python 的格式化字符串方法。以下是一个简单的例子，其效果如图 15-10 所示。

```
# 给所有数据加一个方括号
df.head().style.format("[{}]")
```

	name	team	Q1	Q2	Q3	Q4
0	[Liver]	[E]	[89]	[21]	[24]	[64]
1	[Arry]	[nan]	[36]	[37]	[37]	[57]
2	[Ack]	[A]	[57]	[60]	[18]	[84]
3	[Eorge]	[C]	[93]	[96]	[71]	[78]
4	[Oah]	[D]	[65]	[49]	[61]	[86]

图 15-10 数据增加方括号的格式效果

15.2.2 常用方法

由于支持 Python 的字符串格式，Styler.format 可以实现丰富多样的数据格式显示，以下为常用的格式方法：

```
# 百分号
df.style.format("{:.2%}")
```

```
# 指定列全变为大写
df.style.format({'name': str.upper})
# B，保留四位；D，两位小数并显示正负号
df.style.format({'B': "{:0<4.0f}", 'D': '{:+.2f}'})
# 应用lambda
df.style.format({"B": lambda x: "±{:.2f}".format(abs(x))})
# 缺失值的显示格式
df.style.format("{:.2%}", na_rep="-")
# 处理内置样式函数的缺失值
df.style.highlight_max().format(None, na_rep="-")
# 常用的格式
{'a': '¥{0:,.0f}', # 货币符号
 'b': '{:%Y-%m}', # 年月
 'c': '{:.2%}',  # 百分号
 'd': '{:,f}',  # 千分位
 'e': str.upper} # 大写
```

15.2.3　综合运用

显示格式可以多次设定，也可以与颜色相关样式一起使用。以下是一个综合的应用案例：

```
# 链式方法使用格式
(df.head(15)
 .head(10)
 .assign(avg=df.mean(axis=1, numeric_only=True)/100) # 增加平均值百分比
 .assign(diff=lambda x: x.avg.diff()) # 与前一位同学的差值
 .style
 .format({'name': str.upper})
 .format({'avg': "{:.2%}"})
 .format({'diff': "¥{:.2f}"}, na_rep="-")
)
'''
|    | name    | team   |   Q1 |   Q2 |   Q3 |   Q4 | avg     | diff    |
|---:|:--------|:-------|-----:|-----:|-----:|-----:|:--------|:--------|
|  0 | LIVER   | E      |   89 |   21 |   24 |   64 | 49.50%  | -       |
|  1 | ARRY    | C      |   36 |   37 |   37 |   57 | 41.75%  | ¥-0.08  |
|  2 | ACK     | A      |   57 |   60 |   18 |   84 | 54.75%  | ¥0.13   |
|  3 | EORGE   | C      |   93 |   96 |   71 |   78 | 84.50%  | ¥0.30   |
|  4 | OAH     | D      |   65 |   49 |   61 |   86 | 65.25%  | ¥-0.19  |
|  5 | HARLIE  | C      |   24 |   13 |   87 |   43 | 41.75%  | ¥-0.23  |
|  6 | ACOB    | B      |   61 |   95 |   94 |    8 | 64.50%  | ¥0.23   |
|  7 | LFIE    | A      |    9 |   10 |   99 |   37 | 38.75%  | ¥-0.26  |
|  8 | REDDIE  | D      |   64 |   93 |   57 |   72 | 71.50%  | ¥0.33   |
|  9 | OSCAR   | A      |   77 |    9 |   26 |   67 | 44.75%  | ¥-0.27  |
'''
```

15.2.4　小结

为数据增加常用的格式（如大小写、千分位符、百分号、正负号等），既可以让数据表达更加直观清晰，也可以让数据的显示更加专业。

15.3 样式高级操作

Pandas 可以对样式进行一些整体性的配置，这样后续就无须逐一设置了。同时，Pandas 还提供了一些操作方法，使样式内容的输出更为丰富。

15.3.1 样式配置操作

.set_caption('xxx') 给显示的表格数据增加一个标题，以下代码的效果如图 15-11 所示。

```
# 添加标题
df.head().style.set_caption('学生成绩表')
```

学生成绩表

	name	team	Q1	Q2	Q3	Q4
0	Liver	E	89	21	24	64
1	Arry	C	36	37	37	57
2	Ack	A	57	60	18	84
3	Eorge	C	93	96	71	78
4	Oah	D	65	49	61	86

图 15-11 在样式中增加表格标题

.set_precision() 设置全局的数据精度，即保留小数的位数：

```
# 保留两位小数
df.style.set_precision(2)
# 等同于
df.round(2).style
```

如下代码增加了一列平均成绩，并且使平均成绩保留 4 位小数，代码的效果如图 15-12 所示。

```
(
    df.assign(mean=df.mean(1))
    .head()
    .style
    .set_precision(4) # 保留4位小数
)
```

	name	team	Q1	Q2	Q3	Q4	mean
0	Liver	E	89	21	24	64	49.5000
1	Arry	C	36	37	37	57	41.7500
2	Ack	A	57	60	18	84	54.7500
3	Eorge	C	93	96	71	78	84.5000
4	Oah	D	65	49	61	86	65.2500

图 15-12 样式中保留 4 位小数的效果

.set_na_rep() 设置缺失值的统一显示，以下代码的显示效果如图 15-13 所示。

```
# 缺失值的显示
na = np.nan
(
    df.head()
    .eval('Q4=@na') # 设置Q4列为缺失值
    .style
    .set_na_rep("暂无")
)
```

	name	team	Q1	Q2	Q3	Q4
0	Liver	E	89	21	24	暂无
1	Arry	C	36	37	37	暂无
2	Ack	A	57	60	18	暂无
3	Eorge	C	93	96	71	暂无
4	Oah	D	65	49	61	暂无

图 15-13　样式统一设置缺失值的效果

如下隐藏索引和列：

```
# 不输出索引
df.style.hide_index()
# 不输出指定列
df.style.hide_columns(['C','D'])
```

15.3.2　表格 CSS 样式

我们知道，Pandas 的样式是通过生成和修改输出的 HTML 让浏览器渲染而得到一定的显示效果的，如果内置样式无法实现，可以通过直接指定 HTML 树节点上的 CSS 样式来实现复杂的功能。因此，在理解以下功能时需要有一定的 HTML 和 CSS 等前端编程基础。

.set_properties() 给单元格配置 CSS 样式，以下代码的效果如图 15-14 所示。

```
# 将Q1列文字设为红色
df.head().style.set_properties(subset=['Q1'], **{'color': 'red'})
```

	name	team	Q1	Q2	Q3	Q4
0	Liver	E	89	21	24	64
1	Arry	C	36	37	37	57
2	Ack	A	57	60	18	84
3	Eorge	C	93	96	71	78
4	Oah	D	65	49	61	86

图 15-14　将样式中数据的颜色设置为红色

以下为一些其他示例：

```
# 一些其他示例
df.style.set_properties(color="white", align="right")
df.style.set_properties(**{'background-color': 'yellow'})
df.style.set_properties(**{'width': '100px', 'font-size': '18px'})
df.style.set_properties(**{'background-color': 'black',
                           'color': 'lawngreen',
                           'border-color': 'white'})
```

.set_table_attributes() 用于给 <table> 标签增加属性，可以随意给定属性名和属性值：

```
df.style.set_table_attributes('class="pure-table"')
# ... <table class="pure-table"> ...
df.style.set_table_attributes('id="gairuo-table"')
# ... <table id="gairuo-table"> ...
```

.set_table_styles() 用于设置表格样式属性，用来实现极为复杂的显示功能。可以带有选择器和 props 键的字典。选择器 selector 的值是样式将应用此 CSS 样式的内容（自动以表的 UUID 为前缀），props 是由 CSS 样式属性和值组成的元组列表。如下例：

```
# 给所有的行（tr标签）的hover方法设置黄色背景
# 效果是当鼠标移动上去时整行背景变黄
df.style.set_table_styles(
    [{'selector': 'tr:hover',
      'props': [('background-color', 'yellow')]}]
)
```

单元格符缀 .set_uuid() 为每个单元格的 td 标签 id 属性值中增加一个符缀，这个符缀可用作 JavaScript 做数据处理时的区分，如：

```
# 为每个表格增加一个相同的符缀
df.style.set_uuid(9999)
# ... <td id="T_9999row0_col2"  ...

# 加"gairuo"
df.style.set_uuid('gairuo')
# ... <td id="T_gairuorow0_col2" ...
```

15.3.3 应用函数

像 Series 和 DataFrame 一样，Styler 也可以使用 apply() 和 applymap() 定义复杂的样式。如用函数实现将最大值显示为红色：

```
# 将最大值显示红色
def highlight_max(x):
    return ['color: red' if v == x.max() else '' for v in x]

# 应用函数
df.style.apply(highlight_max)
# 按行应用
df.loc[:,'Q1':'Q4'].style.apply(highlight_max, axis=1)
```

如果要为整行加背景色，可用以下代码实现：

```
# 按条件为整行加背景色（样式）
def background_color(row):
```

```
    if row.pv_num >= 10000:
        return ['background-color: red'] * len(row)
    elif row.pv_num >= 100:
        return ['background-color: yellow'] * len(row)
    return [''] * len(row)
# 应用函数
df.style.apply(background_color, axis=1)
```

简单的实现如下：

```
# 简单的整行背景设置
df.style.apply(lambda x: ['background-color: yellow']*len(x) if x.math > 80 else
               ['']*len(x), axis=1)
```

applymap() 对全表起作用。如下将所有值大于 90 分的格子的背景设置为黄色：

```
# 定义函数，只对数字起作用，将大于90的值的背景设置为黄色
bg = lambda x: 'background-color: yellow' if type(x) == int and x > 90 else ''
# 应用函数
df.style.applymap(bg)
```

subset 可以限制应用的范围：

```
# 指定列表（值大于0）加背景色
df.style.applymap(lambda x: 'background-color: grey' if x>0 else '',
                  subset=pd.IndexSlice[:, ['B', 'C']])
```

样式同时支持 pipe 管道方法，如下例实现了将字体放大和将 name 列全大写的方法：

```
# 定义样式函数
def my_style(styler):
    return (styler.set_properties(**{'font-size': '200%'})
                  .format({'name': str.upper}))

# 应用管道方法
df.style.pipe(my_style)
```

15.3.4　样式复用

可以将数据和样式应用到新表格中：

```
# 将df的样式赋值给变量
style1 = df.style.applymap(color_negative_red)
# df2的样式为style2
style2 = df2.style
# style2使用style1的样式
style2.use(style1.export())
```

15.3.5　样式清除

df.style.clear() 会返回 None。如下清除所有样式：

```
# 定义为一个变量
dfs = df.loc[:,'Q1':'Q4'].style.apply(highlight_max)
dfs.clear() # 清除
dfs # 此时dfs不带任何样式，但还是Styler对象
```

15.3.6 导出 Excel

可以将样式生成 HTML 和导出 Excel。生成 HTML 可以用它来发邮件，做网页界面，生成 Excel 可以做二次处理或者传播。

样式导出 Excel 后会保留原来定义的大多数样式，方法如下：

```
# 导出Excel
df.style.to_excel('gairuo.xlsx')
# 使用指定引擎
df.style.to_excel('gairuo.xlsx', engine='openpyxl')
# 指定标签页名称，sheet name
dfs.to_excel('gairuo.xlsx', sheet_name='Sheet1')
# 指定缺失值的处理方式
dfs.to_excel('gairuo.xlsx', na_rep='-')
# 浮点数字格式，下例将0.1234转为0.12
dfs.to_excel('gairuo.xlsx', float_format="%.2f")
# 只要这两列
dfs.to_excel('gairuo.xlsx', columns=['Q1', 'Q2'])
# 不带表头
dfs.to_excel('gairuo.xlsx', header=False)
# 不带索引
dfs.to_excel('gairuo.xlsx', index=False)
# 指定索引，多个值代表多层索引
dfs.to_excel('gairuo.xlsx', index_label=['team', 'name'])
# 从哪行取，从哪列取
dfs.to_excel('gairuo.xlsx', startrow=10, startcol=3)
# 不合并单元格
dfs.to_excel('gairuo.xlsx', merge_cells=False)
# 指定编码格式
dfs.to_excel('gairuo.xlsx', encoding='utf-8')
# 无穷大表示法（Excel中没有无穷大的本机表示法）
dfs.to_excel('gairuo.xlsx', inf_rep='inf')
# 在错误日志中显示更多信息
dfs.to_excel('gairuo.xlsx', verbose=True)
# 指定要冻结的最底行和最右列
dfs.to_excel('gairuo.xlsx', freeze_panes=(0,2))
```

15.3.7 生成 HTML

Styler.render() 可以输出样式的 HTML 代码，它可以传入以下参数：

- ❑ head
- ❑ cellstyle
- ❑ body
- ❑ uuid
- ❑ precision
- ❑ table_styles
- ❑ caption
- ❑ table_attributes

生成的 HTML 代码可用于网页显示、邮件正文内容等场景，方法如下：

```
# 生成HTML
df.style.render()
# 过滤换行符，读取部分数据，增加可读性
df.style.highlight_null().render().split('\n')[:10]
```

在 Jupyter Notebook 中，为了得到更好的浏览体验，可以用 IPython 来展示生成的 HTML 效果：

```
# 在Jupyter Notebook中可以用IPython来展示生成的HTML
from IPython.display import HTML
HTML(df.style.render())
```

15.3.8 小结

本节介绍了 Pandas 样式的一些高级用法，这些是除了 Pandas 提供的内置方法外，为有 HTML 和 CSS 基础的用户提供的超级功能，可以用它们来实现任何复杂的展示效果。

15.4 本章小结

Pandas 的样式功能是用来呈现明细数据的可视化利器，除了本章介绍的内置样式、CSS 自定义设置和函数的使用外，它还支持样式模板以及 IPython.html.widgets 中的组件功能来实现数据交互等强大的功能。在数据分析过程中，适时地使用样式功能可以让数据快速可视化，提高我们对数据的敏感度。

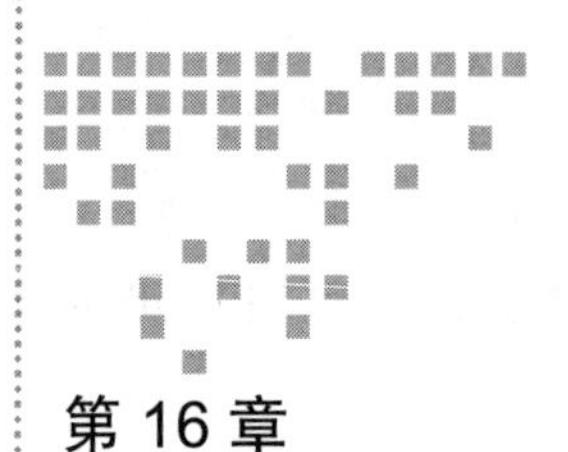

Chapter 16 第16章

Pandas 可视化

一图胜千言，人类是视觉敏感的动物，大多数人无法在短时间内找到数据中所蕴含的规律和业务意义，但可以通过图形快速了解数据的比例、分布、趋势等信息，因此，可视化势在必行。Pandas 的可视化图表（Chart）可以让数据直达我们的大脑，让数据自己说话。

16.1 plot() 方法

Pandas 提供的 plot() 方法可以快速方便地将 Series 和 DataFrame 中的数据进行可视化，它是对 matplotlib.axes.Axes.plot 的封装。代码执行后会生成一张可视化图形，并直接显示在 Jupyter Notebook 上。

除了 plot() 方法，本节还将介绍一些关于可视化及 Python 操作可视化的背景知识。这些内容能帮助我们更好地理解和编写可视化逻辑代码。

16.1.1 plot() 概述

plot 默认是指折线图。折线图是最常用和最基础的可视化图形，足以满足我们日常 80% 的需求。示例如下：

```
# DataFrame调用
df.plot()
# Series调用
s.plot()
```

以上默认会生成折线图，x 轴为索引，y 轴为数据。对于 DataFrame，会将所有的数字列以多条折线的形式显示在图形中。

我们可以在 plot 后增加调用来使用其他图形（这些图形对数据结构有不同的要求，本章后面会逐个介绍）：

```
df.plot.line() # 折线的全写方式
df.plot.bar() # 柱状图
df.plot.barh() # 横向柱状图（条形图）
df.plot.hist() # 直方图
df.plot.box() # 箱形图
df.plot.kde() # 核密度估计图
df.plot.density() # 同df.plot.kde()
df.plot.area() # 面积图
df.plot.pie() # 饼图
df.plot.scatter() # 散点图
df.plot.hexbin() # 六边形箱体图，或简称六边形图
```

16.1.2　plot() 基础方法

Series 数据调用 plot 方法时，它的索引信息会排布在 x 轴上，y 轴则是 x 轴上的索引对应的具体数据值。示例代码如下，效果如图 16-1 所示。

```
ts = pd.Series(list(range(5))+list(range(5)),
               index=pd.date_range('1/1/2020', periods=10))

ts
'''
2020-01-01    0
2020-01-02    1
2020-01-03    2
2020-01-04    3
2020-01-05    4
2020-01-06    0
2020-01-07    1
2020-01-08    2
2020-01-09    3
2020-01-10    4
Freq: D, dtype: int64
'''

# 绘图
ts.plot()
```

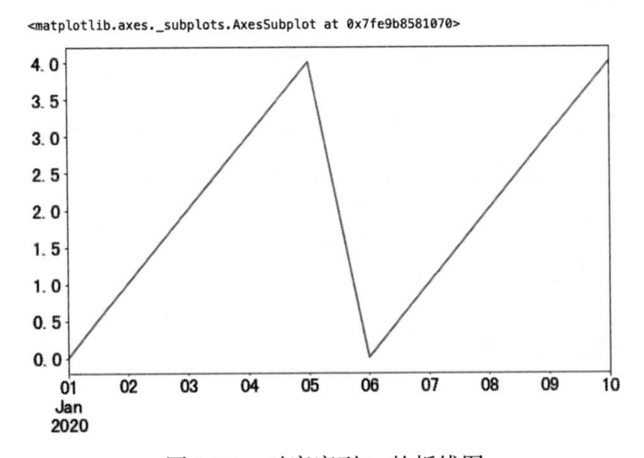

图 16-1　时序序列 ts 的折线图

DataFrame 调用 plot 时，x 轴为 DataFrame 的索引，y 轴上将显示其多列的多条折线数据。示例代码如下，输出结果如图 16-2 所示。

```
df = pd.DataFrame(np.random.randn(6, 4),
                  index=pd.date_range('1/1/2020', periods=6),
                  columns=list('ABCD'))
df = abs(df)
df
'''
                   A         B         C         D
2020-01-01  1.323117  0.738228  0.688063  0.468490
2020-01-02  0.527595  1.990123  1.905116  0.688548
2020-01-03  1.073624  1.098094  0.367519  0.713234
2020-01-04  0.810588  1.198195  0.995221  1.348553
2020-01-05  0.103149  1.703811  0.395058  1.190781
2020-01-06  0.482050  0.701753  0.409226  0.355457
'''

# 绘图
df.plot()
```

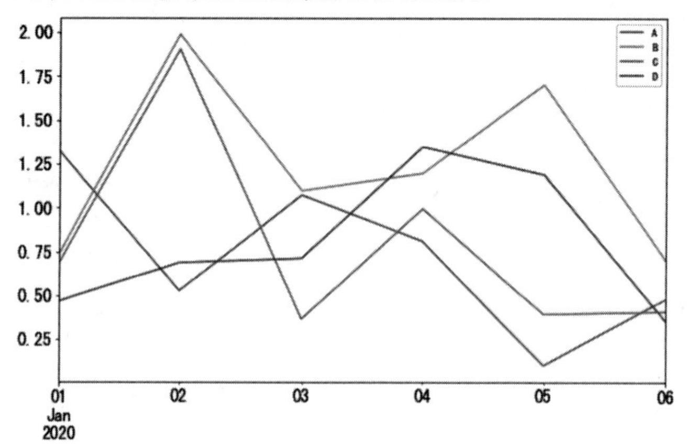

图 16-2 df 的折线图

DataFrame 在绘图时可以指定 x 轴和 y 轴的列，以下代码效果如图 16-3 所示。

```
df = pd.DataFrame(np.random.randn(50, 2), columns=['B', 'C']).cumsum()
df['A'] = pd.Series(list(range(len(df))))
df.plot(x='A', y='B') # 指定x和y轴的内容
```

如果 y 轴需要多个值，可以传入列表：

```
# y轴指定两列
df.plot(x='A', y=['B','C'])
```

<matplotlib.axes._subplots.AxesSubplot at 0x7fe9bc51ea60>

图 16-3　df 指定 x 轴和 y 轴的折线图

16.1.3　图形类型

默认的 plot() 方法可以帮助我们快速绘制各种图形，接下来介绍在使用 plot 绘制不同图形时常用的一些参数。

df.plot() 的 kind 参数，可以指定图形的类型：

```
df.plot(kind='pie') # 其他的名称和上文相同
s.plot(kind='pie')
```

kind 支持的参数如下。

- line：折线图，默认
- pie：饼图
- bar：柱状图
- barh：横向柱状图
- hist：直方图
- kde、density：核密度估计图
- box：箱形图
- area：面积图
- scatter：散点图
- hexbin：六边形分箱图

16.1.4　x 轴和 y 轴

x、y 参数可指定对应轴上的数据，常用在折线图、柱状图、面积图、散点图等图形上。如果是 Series，则索引是 x 轴，无须传入 y 轴的值。

```
# 可以不写参数名，直接按位置传入
df[:5].plot('name', 'Q1')
df[:5].plot.bar('name', ['Q1', 'Q2'])
df[:5].plot.barh(x='name', y='Q4')
df[:5].plot.area('name', ['Q1', 'Q2'])
df[:5].plot.scatter('name', 'Q3')
```

注意，散点图只允许有一个 y 值。

16.1.5 图形标题

用 title 参数来指定图形的标题，标题会显示在图形的顶部，以下代码的效果如图 16-4 所示。

```
# 指定标题
df.head(10).plot.bar(title='前十位学生成绩分布图')
```

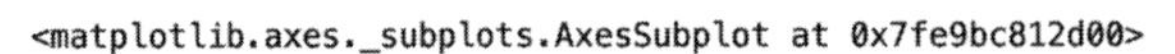

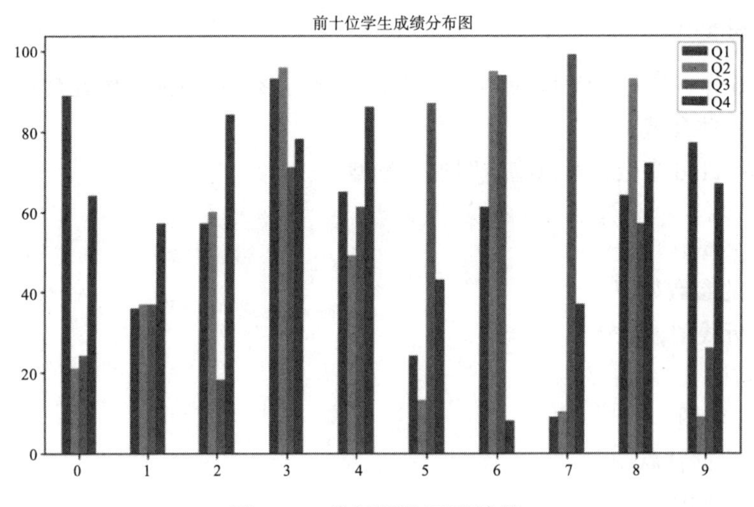

图 16-4 带标题的图形效果

对于中文出现乱码的情况，后文会给出解决方案。

16.1.6 字体大小

fontsize 指定轴上的字体大小，单位是 pt（磅），以下代码的效果如图 16-5 所示。

```
# 指定轴上的字体大小
df.set_index('name')[:5].plot(fontsize=20)
```

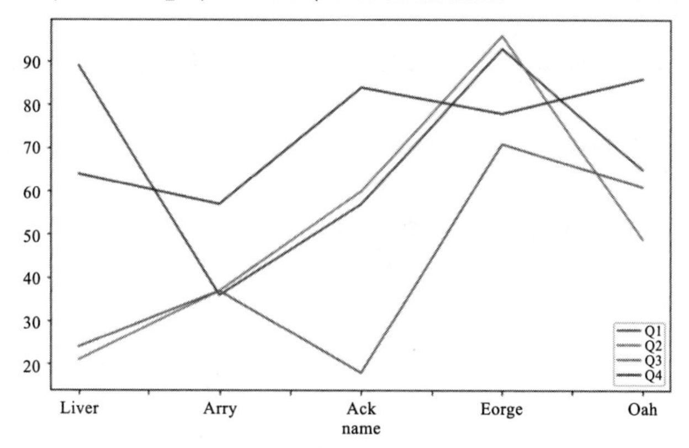

图 16-5　指定字体大小的图形效果

16.1.7　线条样式

style 可指定图的线条等样式，并组合使用：

```
df[:5].plot(style=':') # 虚线
df[:5].plot(style='-.') # 虚实相间
df[:5].plot(style='--') # 长虚线
df[:5].plot(style='-') # 实线（默认）
df[:5].plot(style='.') # 点
df[:5].plot(style='*-') # 实线，数值为星星
df[:5].plot(style='^-') # 实线，数值为三角形
```

综合示例如下，代码执行后效果如图 16-6 所示。

```
# 指定线条样式
df.set_index('name').head().plot(style=[':', '--', '.-', '*-'])
```

<matplotlib.axes._subplots.AxesSubplot at 0x7fe9bcad8af0>

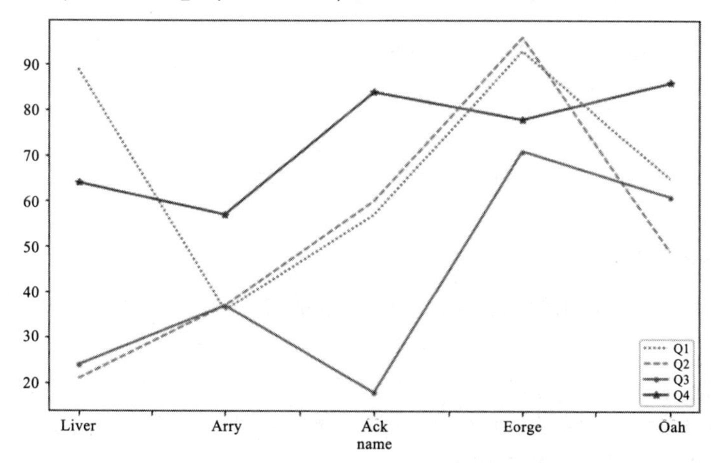

图 16-6　图形中指定不同的折线样式效果

16.1.8 背景辅助线

grid 会给 x 方向和 y 方向增加背景辅助线，以下代码的执行效果如图 16-7 所示。

```
# 增加背景辅助线
df.set_index('name').head().plot(grid=True)
```

<matplotlib.axes._subplots.AxesSubplot at 0x7fe9bcb0e6d0>

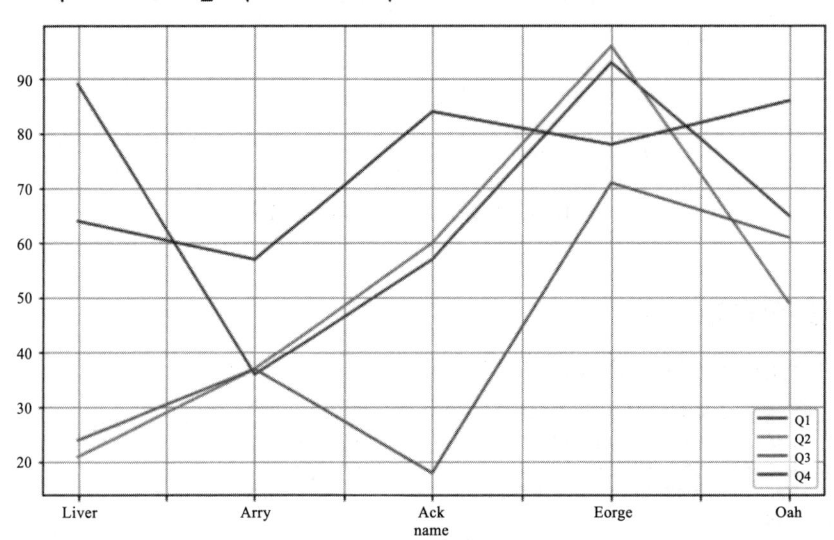

图 16-7 图形增加背景辅助线效果

16.1.9 图例

plot() 默认会显示图例，传入参数 legend=False 可隐藏图例。

```
# 不显示图例
df.set_index('name').head().plot(legend=False)
```

将图例倒排，以下代码的效果如图 16-8 所示。

```
# 将图例倒排
df.set_index('name').head().plot(legend='reverse')
```

16.1.10 图形大小

figsize 参数传入一个元组，可以指定图形的宽、高值（单位为英寸，1 英寸约为 0.0254 米）：

```
# 定义图形大小
df.set_index('name').head().plot.bar(figsize=(10.5,5))
```

当然，可以给出全局默认的图形大小：

```
import matplotlib.pyplot as plt
plt.rcParams['figure.figsize'] = (15.0, 8.0) # 固定显示大小
```

<matplotlib.axes._subplots.AxesSubplot at 0x7fe9bdcf38b0>

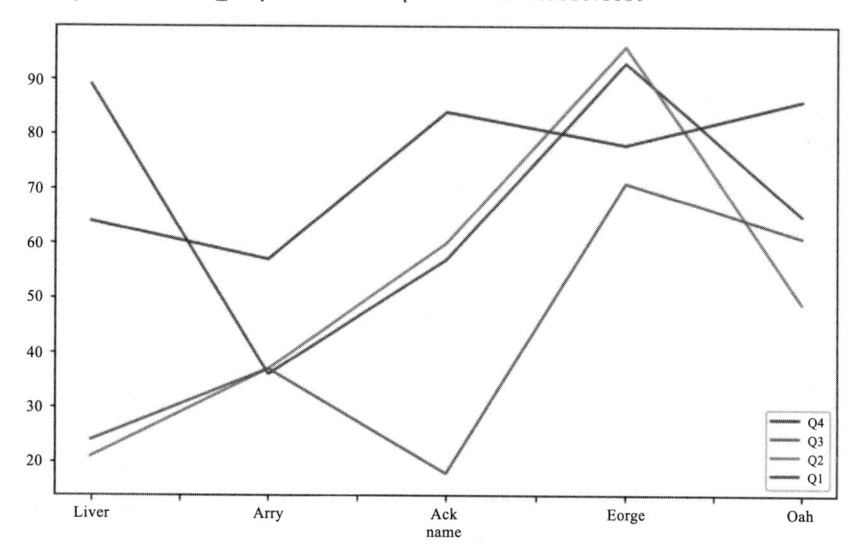

图 16-8　图形中将图例倒排的效果

16.1.11　色系

colormap 指定图形的配色，具体值可参考 Matplotlib 库的色系表。以下代码的效果如图 16-9 所示。(本书为黑白印刷，可自行运行代码看实际效果。)

```
# 指定色系，执行效果如图16-9所示
df.set_index('name').head().plot.barh(colormap='rainbow')
```

<matplotlib.axes._subplots.AxesSubplot at 0x7fe9bcc2f610>

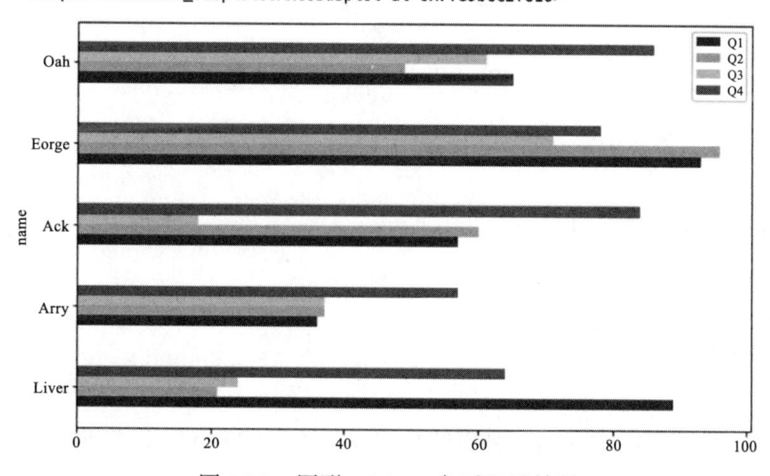

图 16-9　图形 rainbow 色系显示效果

16.1.12 绘图引擎

backend 参数可以指定一个新的绘图引擎，默认使用的是 Matplotlib。下例让绘图引擎变为 bokeh，bokeh 是一个优秀的可交互的 Python 可视化绘图库。

```
# 使用bokeh
import pandas_bokeh
pandas_bokeh.output_notebook() # Notebook展示
df.head(10).plot.bar('name', ['Q1', 'Q2'], backend='pandas_bokeh')
```

以上代码执行后会先加载 bokeh 的 JavaScript 等静态资源，然后显示交互式图形，效果如图 16-10 所示。可以点击页面上的各种操作按钮对数据进行探索。

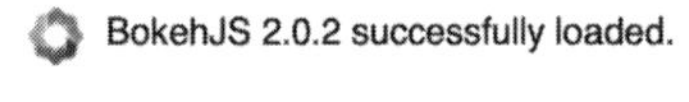

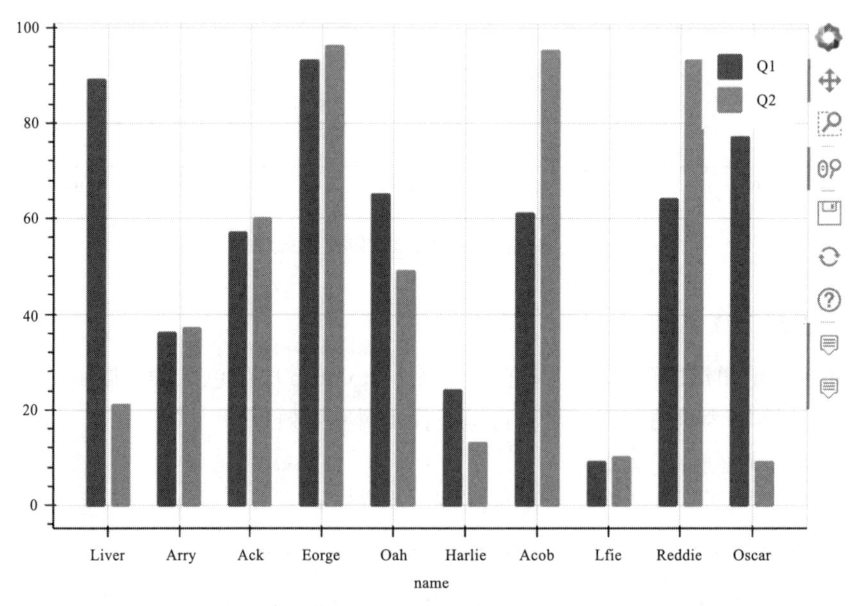

图 16-10 bokeh 的数据可视化效果

Pandas 支持以下绘图引擎：

- ❑ Matplotlib（默认）
- ❑ hvplot 0.5.1 版本及以上
- ❑ holoviews
- ❑ pandas_bokeh
- ❑ plotly 4.8 版本及以上
- ❑ Altair

随着 Pandas 生态的壮大，越来越多的绘图库开始支持 Pandas，并通过适配成为它的绘图引擎。

16.1.13　Matplotlib 的其他参数

我们知道，Pandas 的默认绘图引擎是 Matplotlib。在 plot() 中可以使用 Matplotlib 的一系列参数，示例代码如下：

```
df.head().plot.line(color='k') # 图的颜色
df.head().plot.bar(rot=45) # 主轴上文字的方向度数
```

更多参数和使用方法参见官网 https://matplotlib.org/api/pyplot_summary.html。

16.1.14　图形叠加

如果希望将两种类型的图形叠加在一起，可以将两个图形的绘图语句组成一个元组或者列表，下例实现了将 5 位同学的第一季度成绩（柱状图）与其 4 个季度的平均成绩叠加在一起，方便对比。代码执行效果如图 16-11 所示。

```
# 将两张图绘在一起
(
    df['Q1'].head().plot.bar(),
    df.mean(1).head().plot(color='r')
)
```

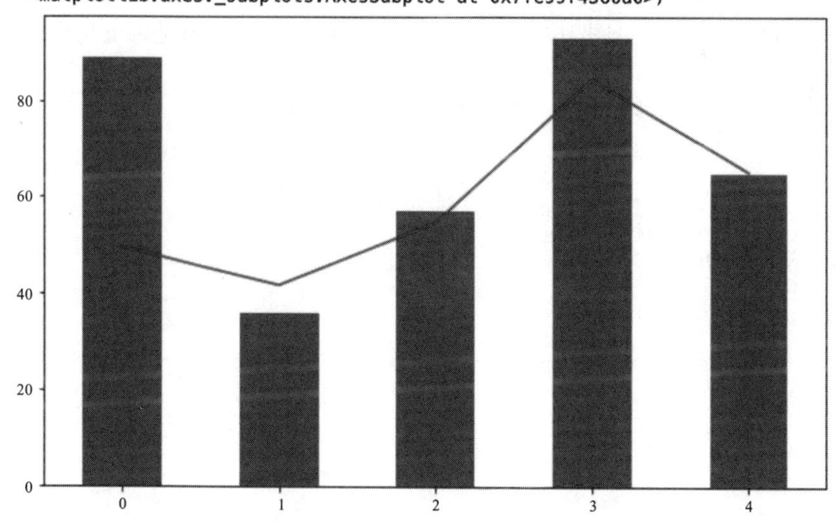

图 16-11　折线与柱形图叠加效果

16.1.15　颜色的表示

在可视化中颜色与 CSS 的表示方法相同，可以用 CSS 颜色名和 CSS 合法颜色值表示。17 种标准颜色的名称为：aqua、black、blue、fuchsia、gray、green、lime、maroon、navy、 olive、orange、purple、red、silver、teal、white、yellow。

在 HTML 和 CSS 中使用 3 位元素共 6 个十六进制数字表示一种颜色，每位元素的取值从 00 到 FF，相当于十进制数字的 0 到 255。按顺序，前两位是红色的值，中间两位是绿色的值，最后两位是蓝色的值。比如白色是 R、G、B 三个颜色最大，其十六进制便是 #FFFFFF。黑色是三个颜色为 0，其十六进制代码便是 #000000。当颜色代码为 #XXYYZZ 时，可以用 #XYZ 表示，如 #135 与 #113355 表示同样的颜色。

还有一种写法是 rgb(red, green, blue) 格式，如 rgb(37, 37, 37)，三个从 0 到 255 的数字分别对应表示红、绿、蓝三个颜色的色值。

通过这个网页可查看常用颜色的代码：https://www.gairuo.com/p/web-color。

在一些有多个图形元素的场景下，需要多种颜色配合呈现，这些颜色经过设计后呈现出统一风格，让可视化图形更加美观，如散点图中通过不同深度的颜色表示数据的大小。配色一般用 colormaps 参数来传递。Matplotlib 提供的官方配色和名称位于 https://matplotlib.org/tutorials/colors/colormaps.html。

16.1.16 解决图形中的中文乱码问题

Pandas 绘图依赖的 Matplotlib 库在安装初始化时会加载一个配置文件，这个文件包含了将要用到的字体，而中文字体不在这个文件中，所以会造成在绘图过程中图形中的中文显示为方框或乱码的情况（见图 16-12）。可用如下代码来检测图形是否支持中文：

```
# 检测图形是否支持中文
pd.Series([1,2,3], index=['标签1', '标签2', '标签3']).plot()
'''
<matplotlib.axes._subplots.AxesSubplot at 0x7f9206bd0790>
/Users/hui/Documents/Dev/conda/miniconda3/envs/py38data/lib/python3.8/site-
    packages/matplotlib/backends/backend_agg.py:214: RuntimeWarning: Glyph 26631
    missing from current font.
  font.set_text(s, 0.0, flags=flags)
...
'''
```

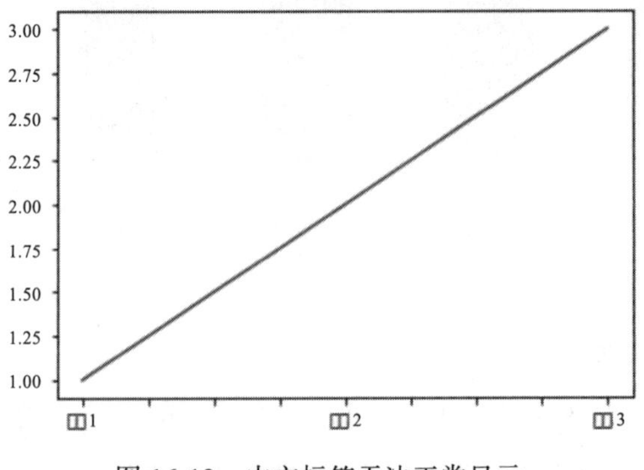

图 16-12 中文标签无法正常显示

可见，中文内容会被显示为方框，那如何让 Matplotlib 正确显示中文呢？有临时和永久两种方案。临时方案是在每次操作时增加如下代码：

```
# jupyter notebooks plt 图表配置
import matplotlib.pyplot as plt
plt.rcParams['figure.figsize'] = (15.0, 8.0) # 固定显示大小
plt.rcParams['font.family'] = ['sans-serif'] # 显示中文问题
plt.rcParams['font.sans-serif'] = ['SimHei'] # 显示中文问题
plt.rcParams['axes.unicode_minus'] = False # 显示负号
```

如果仍然无法解决就要使用永久方案了。永久方案的思路是在配置文件中增加指定的中文字体，步骤如下。

第一步，下载字体文件，建议下载 SimHei 字体，下载后打开字体文件并安装。

第二步，找到配置文件：

```
# 查找Matplotlib配置文件
import matplotlib
matplotlib.matplotlib_fname()
'''
'/Users/hui/Documents/Dev/conda/miniconda3/envs/py38data/lib/python3.8/site-
    packages/matplotlib/mpl-data/matplotlibrc'
'''
```

访问以上文件，在 macOS 系统中，在访达（Finder）菜单中的“前往”（Go）选项卡下找到“访问目录…”（Go To Folder…），打开并输入；在 Windows 系统中，可直接在资源管理器的地址栏输入。可以看到 fonts 文件夹和 matplotlibrc 配置文件，fonts 文件夹用于存放字体文件，将 SimHei.ttf 文件复制到其下的 ttf 文件夹里。

第三步，修改配置文件 matplotlibrc。在修改前备份一下这个文件以便于在修改错误时还原。用纯文本编辑器（notepad++、Sublime 等，不能用记事本，更不能用 Word）打开，使用查找功能查到 font.family: font.sans-serif，去掉前面的注释符 #，增加我们安装的字体名称（如 SimHei）。最后找到 axes.unicode_minus，去掉注释并将值设置为 False。

最终修改为：

```
font.family         : sans-serif
font.sans-serif     : SimHei, DejaVu Sans, Bitstream Vera Sans, Lucida Grande,
    Verdana, Geneva, Lucid, Arial, Helvetica, Avant Garde, sans-serif

axes.unicode_minus  : False
```

保存并关闭配置文件。

第四步，找到缓存文件目录并删除。在 macOS 系统中可转到 /Users/hui/.matplotlib（将其中的“hui”换为你自己的电脑用户名），Windows 系统中的路径为 C:\Users\hui\.matplotlib，将 tex.cache 和 fontList.json 等文件全部删除。

第五步，重启 Jupyter Notebook 并重新执行检测代码，可以看到中文显示正确了，如图 6-13 所示。

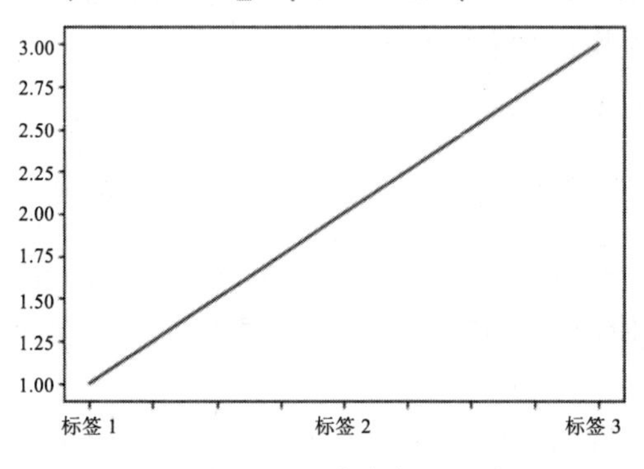

图 16-13 中文标签正常显示

如果还没解决，可以加入上面的临时方案代码，或者重新加载：

```
from matplotlib.font_manager import _rebuild

# 重新加载
_rebuild()
```

如果仍未解决可尝试重启电脑。

16.1.17 小结

DataFrame 和 Series 都支持用 plot() 方法快速生成各种常用图形，plot() 的参数可以对图形完成精细化处理。本节还介绍了可视化图形中颜色的表达方式和中文字符在图形中的兼容显示问题。

16.2 常用可视化图形

本节将介绍 plot() 方法适配的几个最为常用的图形绘制方法，这些方法甚至不需要额外的参数就能快速将数据可视化，使用起来非常方便。

16.2.1 折线图 plot.line

折线图（Line Chart）是用线条连接各数据点而成的图形，它能表达数据的走势，一般与时间相关。plot 的默认图形是折线图，因此对于折线图，可以省略 df.plot.line() 中的 line() 方法。DataFrame 可以直接调用 plot 来生成折线图，其中，x 轴为索引，其他数字类型的列为 y 轴上的线条。

```
# 折线图的使用
df.plot()
df.plot.line() # 全写方式
```

基于以上逻辑，如果希望指定的列显示为 x 轴，可以先将其设为索引，最终得到如图 12-14 所示的图形。

```
(
    df.head(10) # 取部分
    .set_index('name') # 设为索引
    .plot() # 折线图
)
```

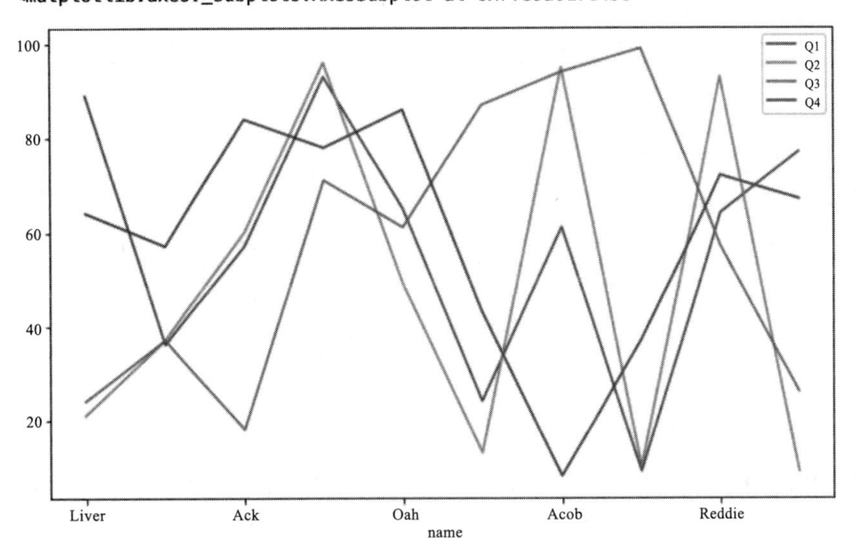

图 16-14 多条折线图

Series 索引为 x 轴，值为 y 轴，有值为非数字时会报错：

```
(
    df.set_index('name')
    .head()
    .Q1 # Series
    .plot()
)
```

可以指定 x 轴和 y 轴：

```
# 指定x轴和y轴
df.head().plot(x='name', y='Q1')
df.head().plot('name', ['Q1', 'Q2']) # 指定多条
```

如果一个折线图中有多条线，可以使用 subplots 来将它们分开，形成多张子图，效果如 16-15 所示。

```
# 显示子图
df.head(10).plot.line(subplots=True)
```

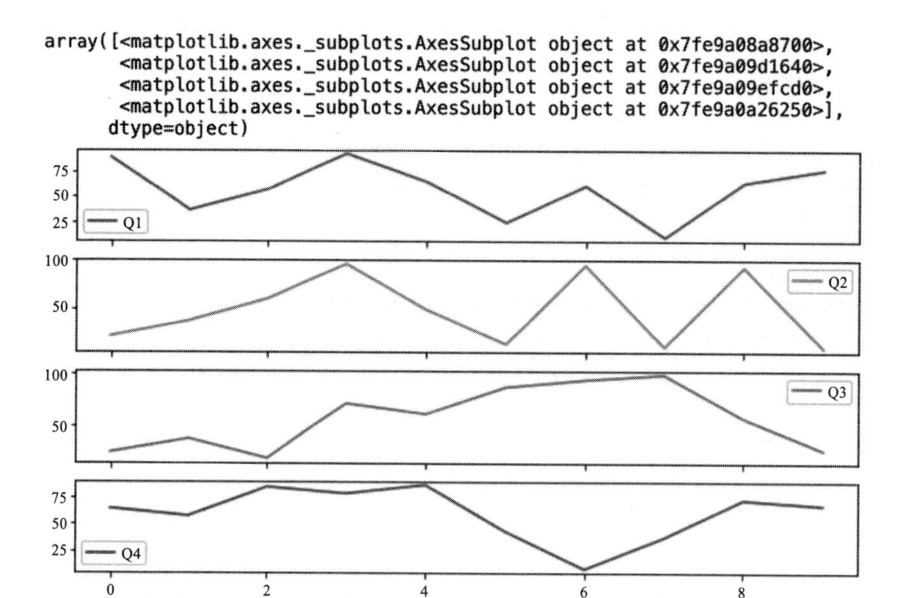

图 16-15 多张折线图子图

16.2.2 饼图 plot.pie

饼图（Pie Chart）可以表示不同分类的数据在总体中的占比情况，将一个完整的圆形划分为若干个“小饼”，占比大小体现在弧度大小上，整个圆饼为数据的总量。如果数据中有 NaN 值，会自动将其填充为 0；如果数据中有负值，则会引发 ValueError 错误。示例代码如下，其执行效果如图 16-16 所示。

```
s = pd.Series(3 * np.random.rand(4),
              index=['a', 'b', 'c', 'd'], name='数列')
s
'''
a    1.488356
b    1.075811
c    2.769094
d    0.539759
Name: 数列, dtype: float64
'''

# 绘制饼图
s.plot.pie(figsize=(10, 10))
```

DataFrame 需要指定 y 值，示例代码如下，其执行效果如图 16-17 所示。

```
df1 = pd.DataFrame(3 * np.random.rand(4, 2),
                   index=['a', 'b', 'c', 'd'],
                   columns=['x', 'y'])
df1
'''
         x         y
```

```
a  0.530048  0.074230
b  2.475222  1.038853
c  1.676066  2.503952
d  0.097576  2.711940
'''

# 绘制饼图
df1.plot.pie(y='x')
```

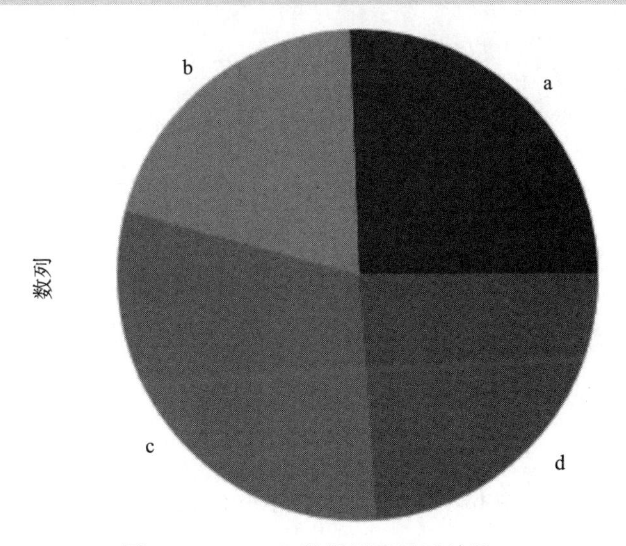

图 16-16　Series 数据饼图显示效果

<matplotlib.axes._subplots.AxesSubplot at 0x7fcebf6070d0>

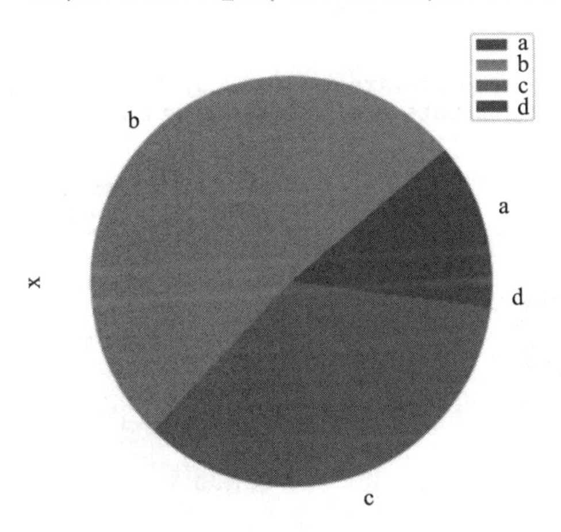

图 16-17　DataFrame 数据饼图显示效果

如果数据的总和小于 1.0，则 Matplotlib 将绘制一个扇形，以下代码的显示效果如图 16-18 所示。

```
s2 = pd.Series([0.1] * 4,
               index=['a', 'b', 'c', 'd'],
               name='series2')

'''
a    0.1
b    0.1
c    0.1
d    0.1
Name: series2, dtype: float64
'''

s2.plot.pie(figsize=(6, 6))
```

```
<matplotlib.axes._subplots.AxesSubplot at 0x7fcec168f3a0>
```

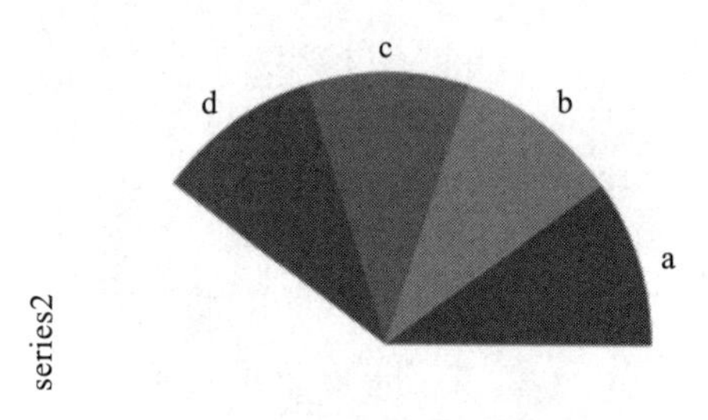

图 16-18 饼图总体值小于 1 的显示效果

DataFrame 可以传入 subplots=True 创建子图矩阵，以下代码的显示效果如图 16-19 所示。

```
# 子图
df1.plot.pie(subplots=True, figsize=(8, 4))
```

```
array([<matplotlib.axes._subplots.AxesSubplot object at 0x7fcebede0070>,
       <matplotlib.axes._subplots.AxesSubplot object at 0x7fcec0b03970>],
      dtype=object)
```

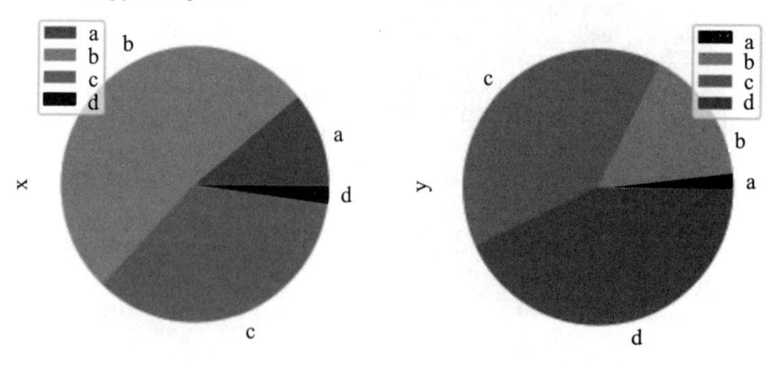

图 16-19 饼图子图显示效果

默认是有图例的，但饼图一般可以不要图例，通过传入参数 legend=False 来设置：

```
# 子图，不显示图例
```

```
df1.plot.pie(subplots=True, figsize=(8, 4), legend=False)
```

还可以设定如下代码中的其他常用参数，最终显示效果如图 16-20 所示。

```
s.plot.pie(labels=['AA', 'BB', 'CC', 'DD'], # 标签，指定项目名称
           colors=['r', 'g', 'b', 'c'], # 指定颜色
           autopct='%.2f', # 数字格式
           fontsize=20, # 字体大小
           figsize=(6, 6) # 图大小
          )
```

```
<matplotlib.axes._subplots.AxesSubplot at 0x7fcec0b57400>
```

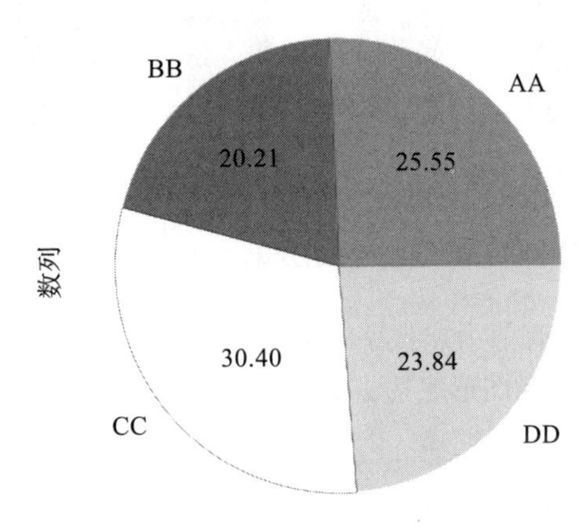

图 16-20 饼图指定显示样式

16.2.3 柱状图 plot.bar

柱状图（Bar Chart）又称条形图，使用与轴垂直的柱子，通过柱形的高低来表达数据的大小。它适用于数据的对比，在整体中也能看到数据的变化趋势。

DataFrame 可以直接调用 plot.bar() 生成柱状图，与折线图类似，x 轴为索引，其他数字类型的列为 y 轴上的条形。

```
df.plot.bar()
df.plot.barh() # 横向
df[:5].plot.bar(x='name', y='Q4') # 指定x、y轴
df[:5].plot.bar('name', ['Q1', 'Q2']) # 指定x、y轴
```

基于以上逻辑，如果希望将指定的列数据显示在 x 轴，可以先将其设为索引，以下代码执行后的显示效果如图 16-21 所示。

```
(
    df.head() # 取部分
    .set_index('name') # 设为索引
    .plot
    .bar() # 柱状图
)
```

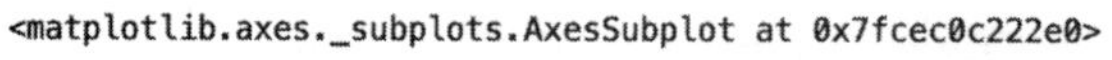
<matplotlib.axes._subplots.AxesSubplot at 0x7fcec0c222e0>

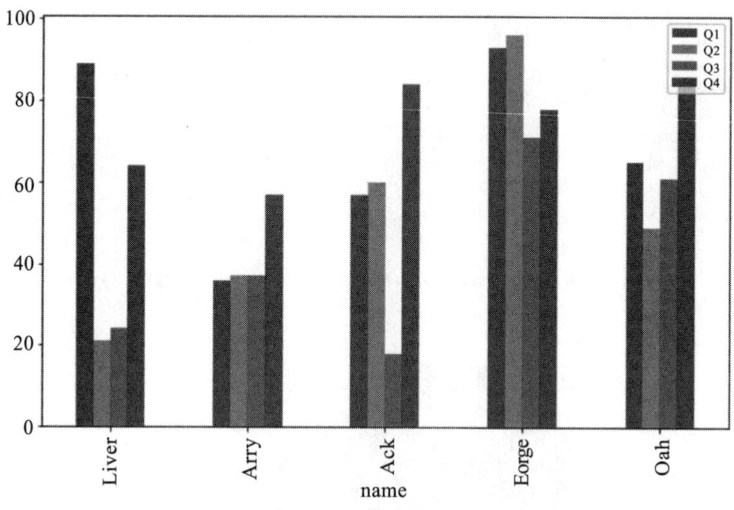

图 16-21 柱状图显示效果

Series 索引为 x 轴，值为 y 轴，有值为非数字时会报错。与折线图一样，如果数据中有负值，则 0 刻度会在 x 轴之上，不会在图形底边，如图 16-22 所示。

```
(
    df.assign(Q1=df.Q1-70) # 让Q1产生部分负值
    .loc[:6] # 取部分
    .set_index('name') # 设为索引
    .plot
    .bar() # 柱状图
)
```

<matplotlib.axes._subplots.AxesSubplot at 0x7fcec13abc10>

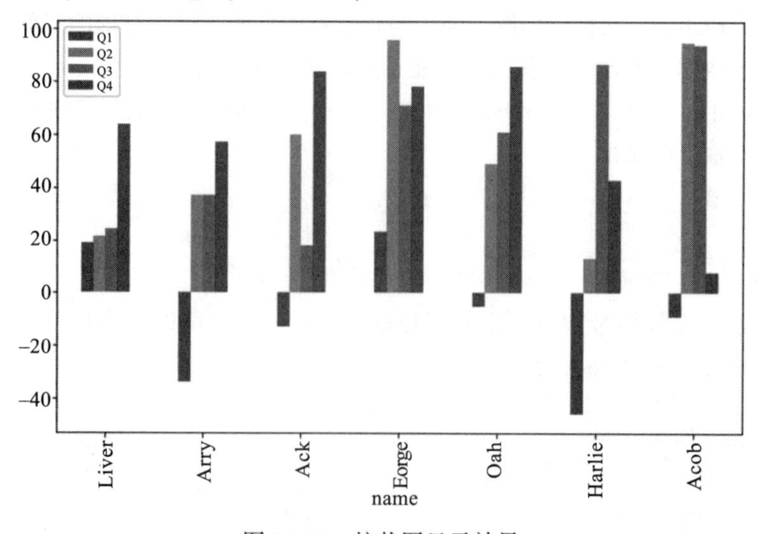

图 16-22 柱状图显示效果

可以将同一索引的多个数据堆叠起来，操作如以下代码所示，效果如图 16-23 所示。

```
(
    df.loc[:6] # 取部分
    .set_index('name') # 设为索引
    .plot
    .bar(stacked=True) # 柱状图，堆叠
)
```

```
<matplotlib.axes._subplots.AxesSubplot at 0x7fcec1333760>
```

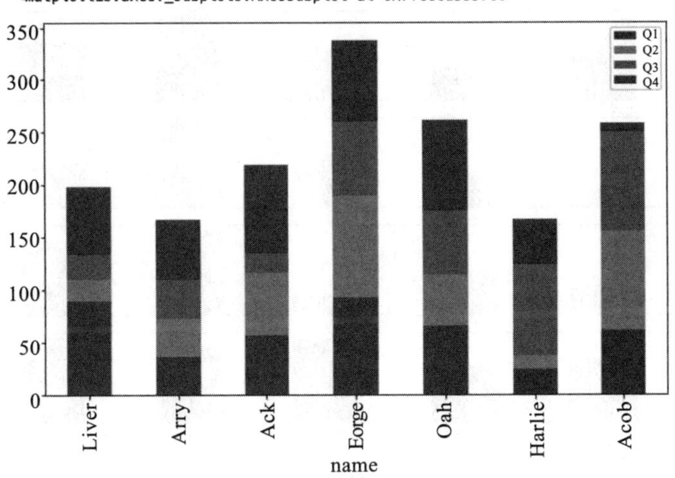

图 16-23　柱状图堆叠显示效果

barh 可以将柱形设置为横向，以下为一个横向 + 堆叠的例子，显示效果如图 16-24 所示。

```
(
    df.loc[:6] # 取部分
    .set_index('name') # 设为索引
    .plot
    .barh(stacked=True) # 柱状图，横向+堆叠
)
```

```
<matplotlib.axes._subplots.AxesSubplot at 0x7fcec121e5b0>
```

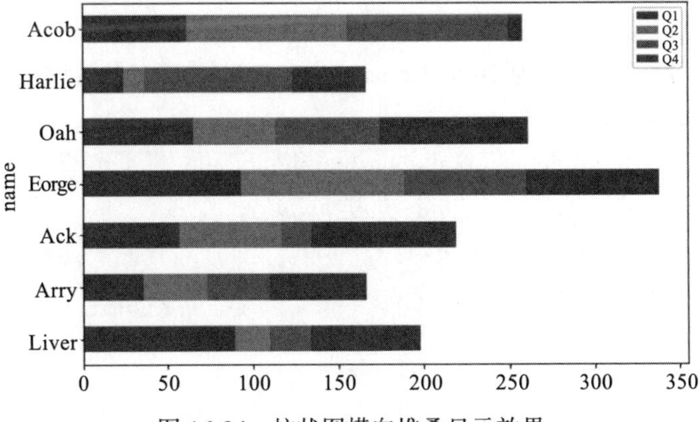

图 16-24　柱状图横向堆叠显示效果

和折线图一样，柱状图也支持子图，以下代码的执行效果如图 16-25 所示。

```
# 柱状图，子图
df[:5].plot.bar(subplots=True)
```

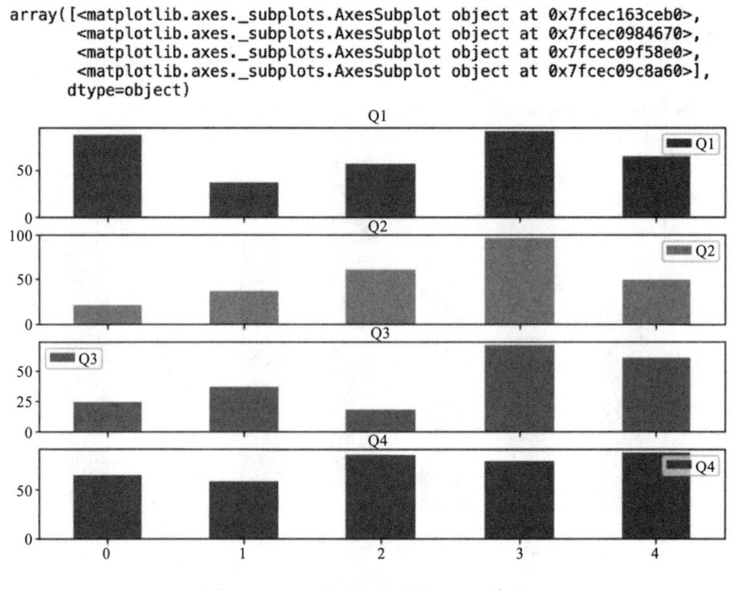

图 16-25 柱状图子图显示效果

16.2.4 直方图 plot.hist

直方图（Histogram）又称质量分布图，由一系列高度不等的纵向条纹或线段表示数据分布的情况。一般用横轴表示数据类型，纵轴表示分布情况。

直方图描述的是数据在不同区间内的分布情况，描述的数据量一般比较大。分组数据字段（统计结果）映射到横轴的位置，频数字段（统计结果）映射到矩形的高度，可以对分类数据设置颜色以增强分类的区分度。

在下例中，我们随机生成三列数，每列 1000 个，其中一个在随机数上加一，一个减一，然后绘制直方图，默认分箱数为 10 个（bins=10），alpha 为颜色的透明度（范围为 0 ~ 1），显示结果如图 16-26 所示。

```
df2 = pd.DataFrame({'a': np.random.randn(1000) + 1,
                    'b': np.random.randn(1000),
                    'c': np.random.randn(1000) - 1},
                   columns=['a', 'b', 'c'])

df2.plot.hist(alpha=0.5)
```

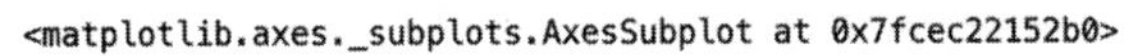

```
<matplotlib.axes._subplots.AxesSubplot at 0x7fcec22152b0>
```

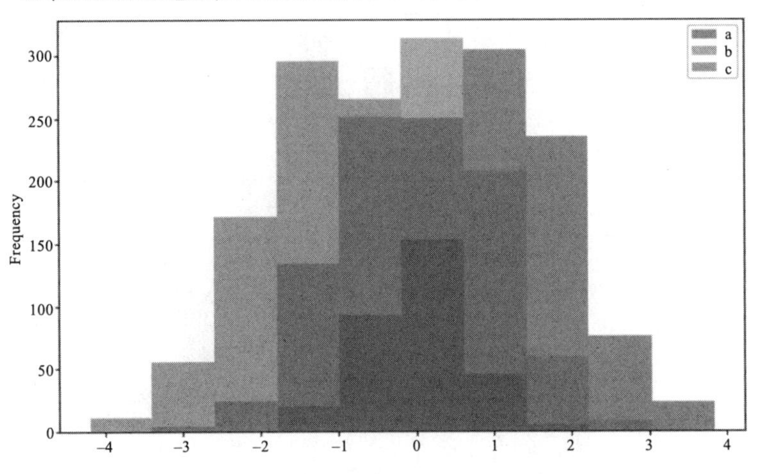

图 16-26　直方图设置透明度显示效果

Series 为单直方图，显示效果如图 16-27 所示。

```
# 单直方图
df2.a.plot.hist()
```

```
<matplotlib.axes._subplots.AxesSubplot at 0x7fcec23728b0>
```

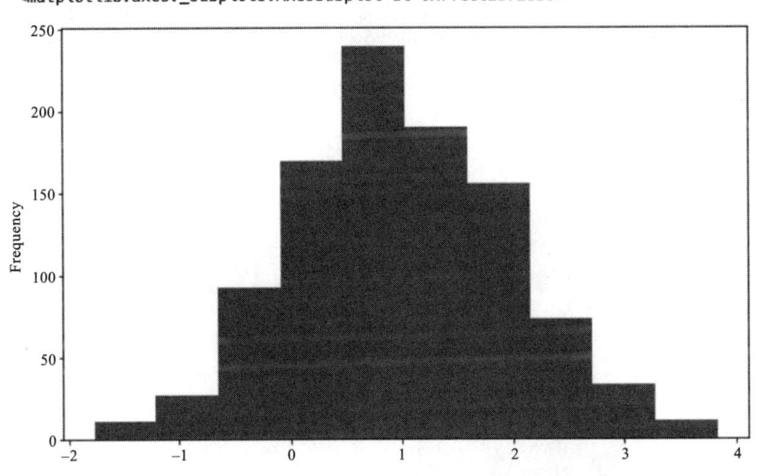

图 16-27　Series 数据直方图展示效果

堆叠并指定分箱数量，显示效果如图 16-28 所示。

```
# 堆叠，指定分箱数量
df2.plot.hist(stacked=True, bins=20)
```

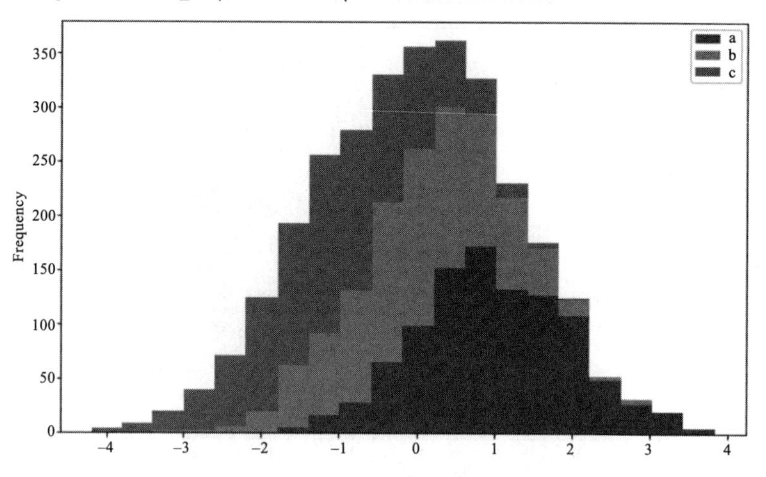

图 16-28 指定分箱直方图展示效果

可以直接使用 df.hist(alpha=0.5) 来绘制三张子图，显示效果如图 16-29 所示。

```
# 绘制子图
df2.hist(alpha=0.5)
```

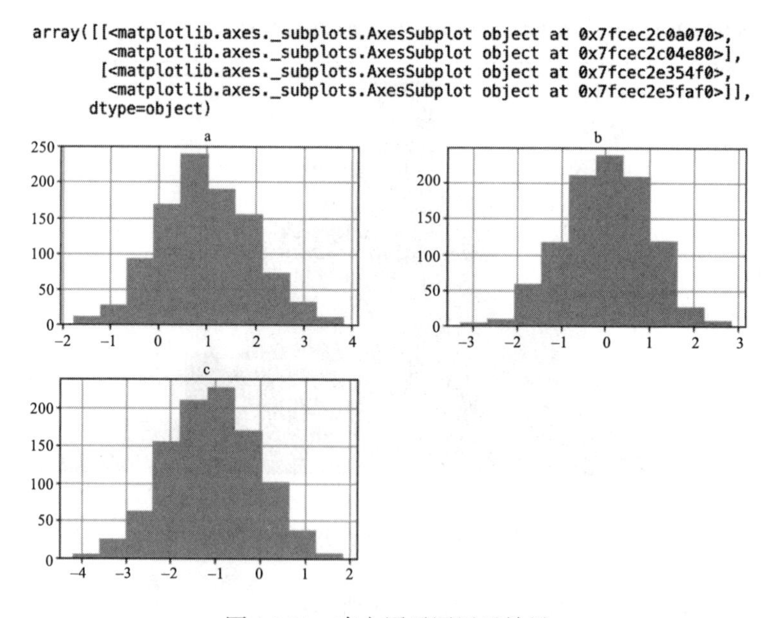

图 16-29 直方图子图展示效果

可以单独绘制子图，指定分箱数量：

```
df2.a.hist(bins=20, alpha=0.5)
df2.hist('a', bins=20, alpha=0.5) # 同上
```

by 参数可用来进行分组，生成分组后的子图，效果如图 16-30 所示。

```
# 分组
df.Q1.hist(by=df.team)
```

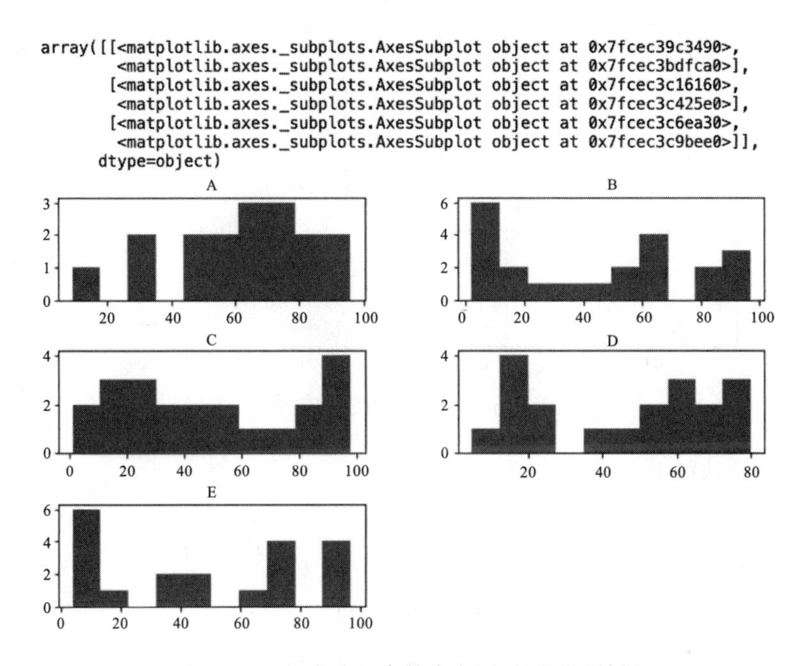

图 16-30　指定分组参数直方图子图展示效果

还可以传递 matplotlib hist 支持的其他关键字，详情请参考 Matplotlib 官方文档。

16.2.5　箱形图 plot.box

箱形图（Box Chart）又称盒形图、盒式图或箱线图，是一种用来显示一组数据分布情况的统计图。Series.plot.box()、DataFrame.plot.box() 和 DataFrame.boxplot() 都可以绘制箱形图。

从箱形图中我们可以观察到：

- 一组数据的关键值，如中位数、最大值、最小值等；
- 数据集中是否存在异常值，以及异常值的具体数值；
- 数据是不是对称的；
- 这组数据的分布是否密集、集中；
- 数据是否扭曲，即是否有偏向性。

箱形图的使用方法如下，执行后的效果如图 16-31 所示。

```
# 查看箱形图
df.plot.box() # 所有列
```

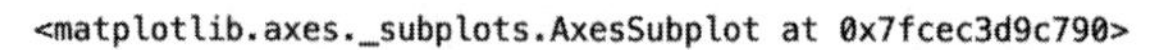

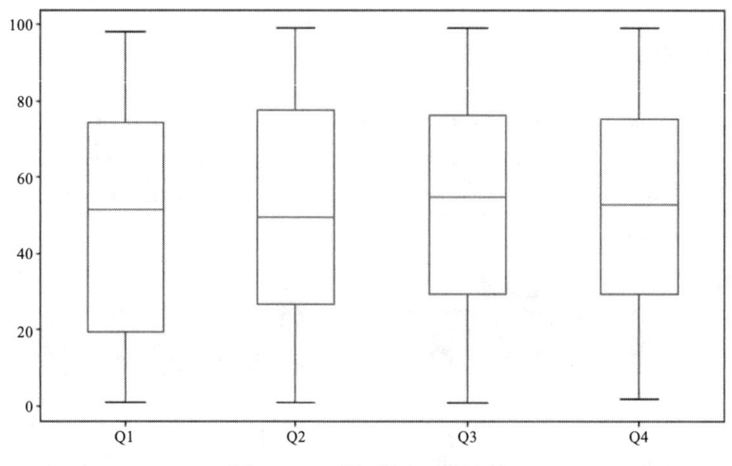

图 16-31 箱形图显示效果

其他的一些方法如下：

```
df.A.plot.box() # 单列
df.boxplot()
df.boxplot('A')
```

为图形中的一些元素指定颜色，效果如图 16-32 所示。

```
color = {'boxes': 'DarkGreen', # 箱体颜色
         'whiskers': 'DarkOrange', # 连线颜色
         'medians': 'DarkBlue', # 中位数颜色
         'caps': 'Gray'} # 极值颜色

df.plot.box(color=color, sym='r+')
```

<matplotlib.axes._subplots.AxesSubplot at 0x7fcec3f4d700>

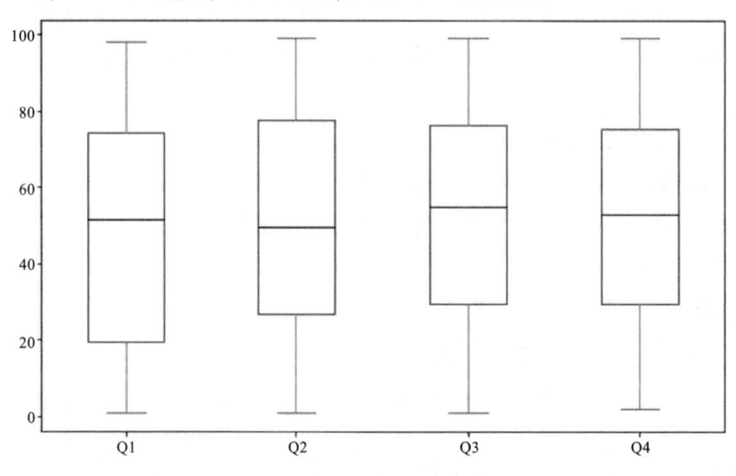

图 16-32 指定箱形图线条颜色

用 vert=False 将图形设置为横向，用 positions 控制位置，效果如图 16-33 所示。

```
# 横向+位置调整
df.plot.box(vert=False, positions=[1, 2, 5, 6])
```

<matplotlib.axes._subplots.AxesSubplot at 0x7fcec4456220>

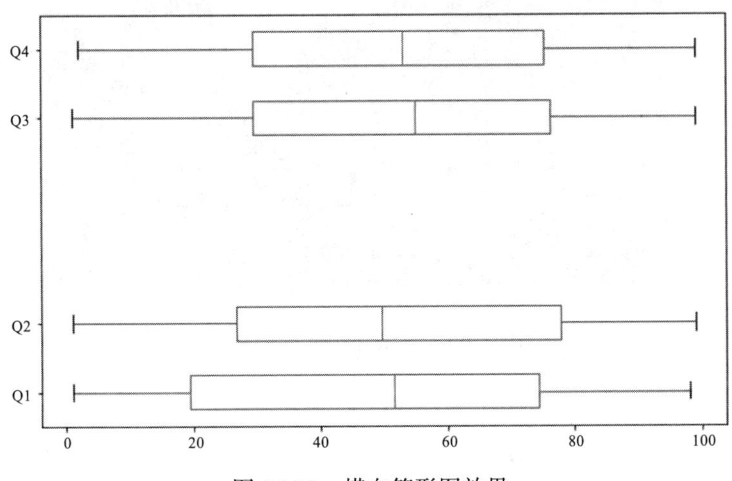

图 16-33　横向箱形图效果

16.2.6　面积图 plot.area

面积图（Area Chart）又叫区域图。将折线图中折线与自变量坐标轴之间的区域使用颜色或纹理填充，这样的填充区域就叫作面积。填充颜色可以更好地突出趋势信息，需要注意的是颜色要带有一定的透明度，透明度可以很好地帮助使用者观察不同序列之间的重叠关系，没有透明度的面积会导致不同序列之间相互遮盖，进而减少可以被观察到的信息。

默认情况下，面积图是堆叠的。要生成堆积面积图，每列必须全部为正值或全部为负值。当输入数据包含 NaN 时，它将被自动填充 0。如果要删除或填充不同的值，请在调用图之前使用 DataFrame.dropna() 或 DataFrame.fillna()。

Series.plot.area() 和 DataFrame.plot.area() 是面积图的基础操作，默认情况下 x 轴为索引，y 轴为值或者所有数字列。

基本的面积图代码如下，执行效果如图 16-34 所示。

```
df4 = pd.DataFrame(np.random.rand(10, 4), columns=['a', 'b', 'c', 'd'])
df4.a.plot.area() # 单列
df4.plot.area()
```

要生成未堆积、有一定透明度的图，请传入 stack=False，Alpha 默认为 0.5，效果如图 16-35 所示。

```
# 未堆积
df4.plot.area(stacked=False)
```

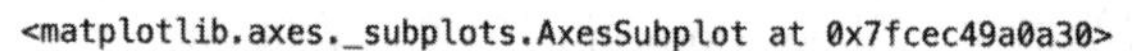

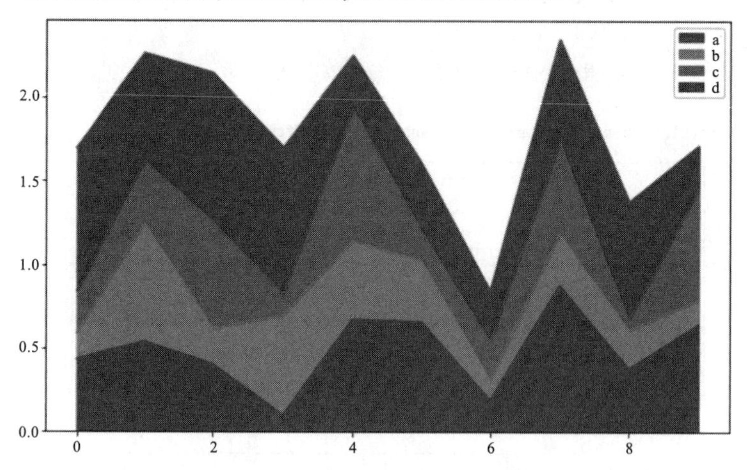

图 16-34 基本面积图显示效果

<matplotlib.axes._subplots.AxesSubplot at 0x7fcec49ffd00>

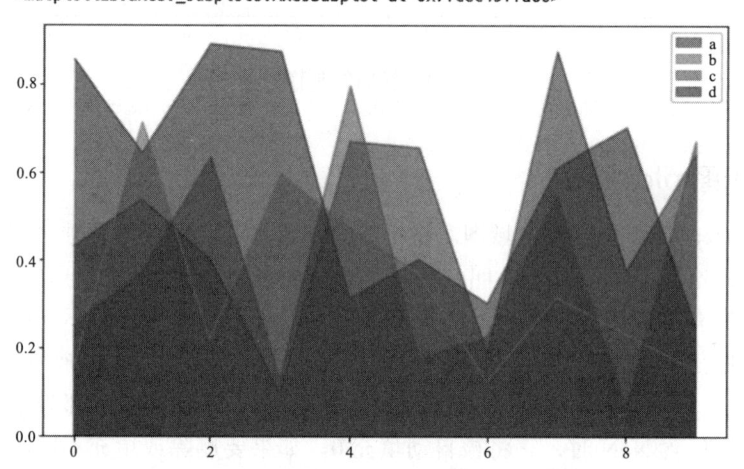

图 16-35 面积图设置透明度效果

指定 x 轴和 y 轴：

```
df4.plot.area(y='a')
df4.plot.area(y=['b', 'c'])
df4.plot.area(x='a')
```

16.2.7 散点图 plot.scatter

散点图（Scatter Graph）也叫 x-y 图，它将所有的数据以点的形式展现在直角坐标系上，以显示变量之间的相互影响程度，点的位置由变量的数值决定。

可以使用 DataFrame.plot.scatter() 方法绘制散点图。散点图要求 x 轴和 y 轴为数字列，这些可以通过 x 和 y 关键字指定。以下代码生成了一个 Q1 成绩与平均分的散点图，图形如图 16-36 所示。

```
(
    df.assign(avg=df.mean(1)) # 增加一个平均分列
    .plot
    .scatter(x='Q1', y='avg')
)
```

<matplotlib.axes._subplots.AxesSubplot at 0x7fcea6dee190>

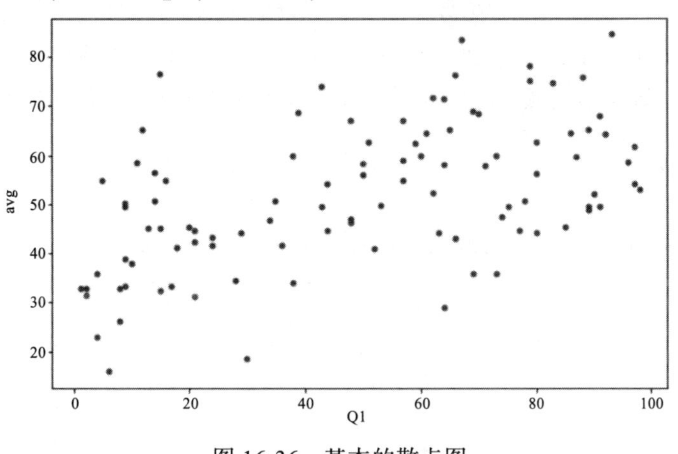

图 16-36　基本的散点图

上例中，通过散点图发现，学生 Q1 的成绩与平均成绩呈现一定的相关性。

可以使用 c 参数指定点的颜色，效果如图 16-37 所示。

```
# 指定颜色
df.plot.scatter(x='Q1', y='Q2', c='b', s=50)
```

<matplotlib.axes._subplots.AxesSubplot at 0x7fcea75eb7f0>

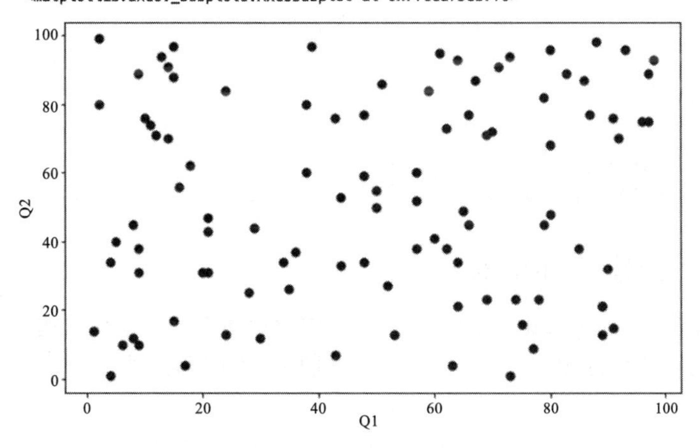

图 16-37　将散点图颜色设置为黑色的效果

c 可以取以下值：

- ❑ 字符，RGB 或 RGBA 码，如 red、#a98d19；
- ❑ 序列，颜色列表，对应每个点的颜色；
- ❑ 列名称或位置，其值将用于根据颜色图为标记点着色。

代码示例如下：

```
df.plot.scatter(x='Q1', y='Q2', c=['green','yellow']*25, s=50)
df.plot.scatter(x='Q1', y='Q2', c='DarkBlue')
df.plot.scatter(x='Q1', y='Q2', c='c', colormap='viridis')
```

传入参数 colorbar=True 会在当前坐标区或图的右侧显示一个垂直颜色栏，颜色栏显示当前颜色图并指示数据值到颜色图的映射。以下代码的执行效果如图 16-38 所示。

```
# 色阶栏
df.plot.scatter(x='Q1', y='Q2', c='DarkBlue', colorbar=True)
```

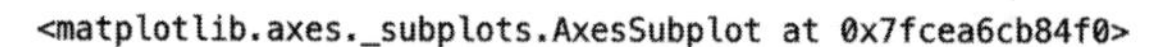

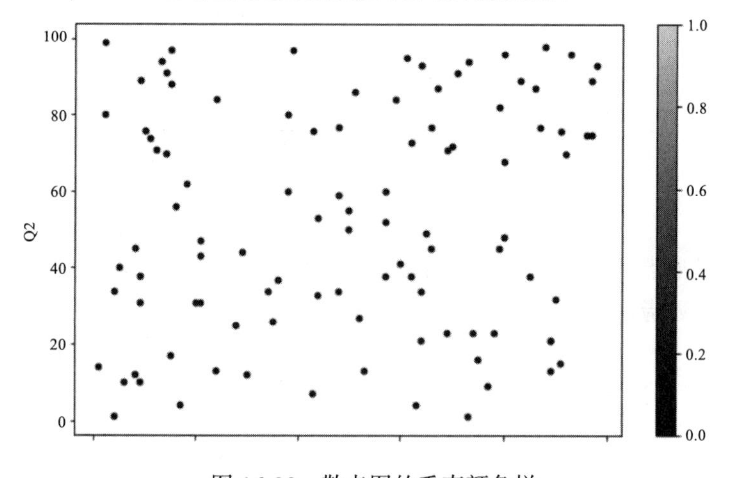

图 16-38　散点图的垂直颜色栏

s 用于指定点的大小：

```
# 定义点的大小
df.plot.scatter(x='Q1', y='Q2', s=df['Q1'] * 10)
df.plot.scatter(x='Q1', y='Q2', s=50) # 同样大小
```

16.2.8 六边形分箱图 plot.hexbin

六边形分箱图（Hexagonal Binning）也称六边形箱体图，或简称六边形图，它是一种以六边形为主要元素的统计图表。它比较特殊，既是散点图的延伸，又兼具直方图和热力图的特征。

使用 DataFrame.plot.hexbin() 创建六边形图。如果你的数据过于密集而无法单独绘制每个点，则可以用六边形图替代散点图。

```
df = pd.DataFrame(np.random.randn(1000, 2), columns=['a', 'b'])
df['b'] = df['b'] + np.arange(1000)
df.plot.hexbin(x='a', y='b', gridsize=25)
```

以上代码的执行效果如图 16-39 所示。

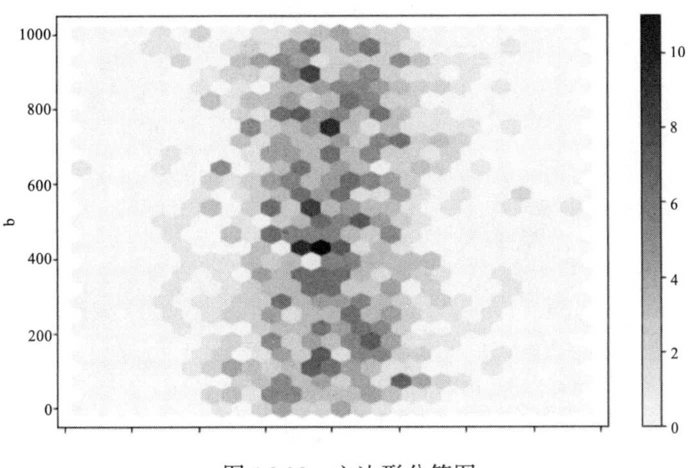

图 16-39　六边形分箱图

16.2.9　小结

本节介绍了数据分析中最为常见的可视化图形，基本涵盖了大多数数据可视化场景，需要熟练掌握本节内容。这些功能与 Matplotlib 紧密相连，如果想了解更为高级的用法，可以到 Matplotlib 官网查看文档进行学习。

16.3　本章小结

Pandas 的数据可视化依赖于 Matplotlib 模块的 pyplot 类，Matplotlib 在安装 Pandas 时会自动安装。Matplotlib 可以对图形进行精细的控制，绘制出高品质的图形。通过 Matplotlib，可以简单地绘制出常用的统计图形，能够满足常用的数据可视化需求。掌握了 Matplotlib 的操作后可以再了解 seaborn、Plotly、Bokeh、pyecharts、bqplot、voilà 等功能更为丰富的可视化工具。

第七部分 Part 7

实战案例

本部分将集中介绍Pandas应用的典型案例，包括从需求到代码的思考过程、链式编程思想（用于提高代码编写和数据分析效率）、数据分析基本方法以及需要掌握的数据分析工具和技术栈。

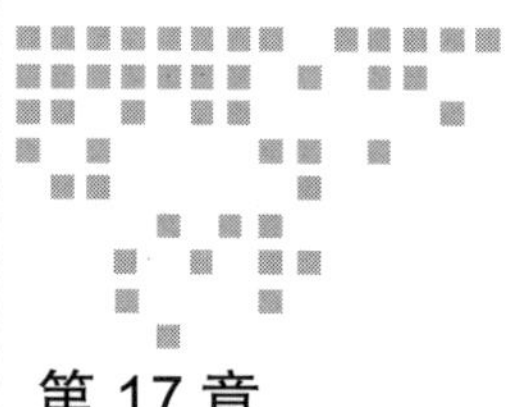

Chapter 17 第 17 章

Pandas 实战案例

在介绍完 Pandas 数据处理和数据分析的常用方法之后，本章将通过案例讲解如何综合运用这些方法和技巧，来解决我们实际工作和生活中的数据处理和数据分析问题。本章选取的案例具有代表性，基本涵盖了常见的数据处理方法和分析思路。大家在实践中可举一反三，综合各案例的解决方案来灵活处理问题。

17.1 实战思想

在介绍案例之前，我们先对需求分析思路、编码方式和数据分析流程做一些介绍，这些是我们掌握良好的数据分析习惯、提高数据分析效率的前置知识。

17.1.1 链式方法

在数据分析过程中，常常需要多次连续的操作才能完成一个基本的分析任务。R 语言提供了 %>%、%T>%、%$% 和 %<>% 等管道操作，这些操作可以提高代码的可读性和可维护性，也让代码更短，让数据分析代码如同流水线一样，让数据在流水线中流转。

Pandas 支持类似 R 语言管道操作的链式方法。链式方法又称链式调用。来看一个案例。假如我们有一个需求：找出各团队中的第一位同学，然后从中筛选出平均分大于 60 分的同学，最终显示其所在团队和团队平均分。传统方法如下：

```
# 使用赋值模式
df = pd.read_excel('https://www.gairuo.com/file/data/dataset/team.xlsx')
df = df.groupby('team').first()
df['avg'] = df.mean(1)
df = df.reset_index().set_index('name')
df = df[df.avg > 60]
```

```
df = df.loc[:,['team', 'avg']]
df
'''
     team    avg
name
Acob    B  64.50
Oah     D  65.25
'''
```

在以上代码中，对数据的查询和修改是通过不断给原数据赋值完成的，这样会有一个问题：在操作时数据变量 df 被不停地修改和替换，如果操作出现错误，就需要重新读取原始数据。我们再用链式方法进行以上操作：

```
# 需求：找出团队中第一位同学，筛选出其中平均分大于60分的同学，最终显示其所在团队和团队平均分
(
    pd.read_excel('https://www.gairuo.com/file/data/dataset/team.xlsx')
    .groupby('team') # 按团队分组
    .first() # 取各组第一个
    .assign(avg=lambda x: x.mean(1)) # 增加平均分列avg
    .reset_index() # 重置为自然索引
    .set_index('name') # 创建索引为name
    .query('avg>60') # 筛选平均分大于60分的数据
    .loc[:,['team', 'avg']] # 只显示团队和平均分两列
)
```

上面的代码像接力一样，上一行将处理结果交给下一行代码处理，一气呵成，这就是链式方法。链式方法代码简洁，逻辑清晰，我们在编写的过程中可以方便地进行逻辑注释和整行代码注释。注释行可使用快捷键，如在 Jupyter Notebook 中可以用 command/control + / 组合键在注释和取消注释之间切换。

在一般情况下，建议将数据的读取和清洗放在方法链之外，对处理好的原始数据使用链式方法，这样就解决了上面提出的原始数据被修改的问题。

根据数据处理和分析的常用方法，将链式方法的代码范式总结如下：

```
(
    pd.concat(pd.read_csv('data1.csv'), pd.read_csv('data2.csv'))
    .fillna(...)
    .append(...)
    .set_index('...')
    .query('some_condition')
    .assign(new_column = pd.cut(...))
    .eval('...')
    .pivot_table(...)
    .pipe(fun)
    .rename(...)
    .loc[lambda x: ...]
    .plot
    .line(...)
)
```

以上范式可以完成绝大部分数据分析流程。在编写代码时，我们先整理好代码的实现思路，然后键入一对圆括号，在括号中回车，让括号开始和关闭分别位于代码首行和最后一行，缩进 4 格，开始编写代码。每编写一行执行一次，观察结果是否符合预期，如有问

题，修复后再回车换行，开始编写下一段链条代码。依次进行，完成所有代码，直至出现最终结果，包括可视化。

需要注意的是，每行以点开始，如果想知道上一行代码的执行结果，可注释掉其后面的所有代码行并执行和查看结果，这对代码调试和编写非常有帮助。可在代码后适当编写代码逻辑注释，让代码便于解读和分享；如注释内容过长，可在本行代码之上单独添加一行注释。

最后总结一下，使用链式方法有如下优点：

- ❑ 代码简洁，逻辑清晰；
- ❑ 不破坏原始数据；
- ❑ 方便注释、调试；
- ❑ 可读性强；
- ❑ 可维护性强；
- ❑ 方便封装。

在数据分析实践中，建议大家尽可能使用链式方法，本章中的案例均会使用链式方法。当然，如果出现业务逻辑复杂、不理解链接方法、不方便链式操作等情况，可灵活使用自己熟悉的方法，毕竟 Python 以灵活和强大著称，要以得到问题结果为导向。

17.1.2 代码思路

在数据分析的实践中，有时编写 Python 代码会无从下手，接下来就说一说如何通过分析需求，得到解决思路，然后用代码来实现。面对数据分析需求时，从分析到代码实施，最终得出结论，会经历以下几个过程。

1. 明确需求

一定要理解需求，搞清楚需求方的核心诉求到底是什么，这步非常关键，大多数失败的数据分析案例问题就出在这一步。举一个非常简单的数据分析案例。以下虚拟数据是一份两个年度同期的营收数据，有两个数据列，一个为日期，另一个为对应日期的交易金额（GMV）。业务方的需求是想知道 2020 年相对 2019 年同期的业务变化情况。首先，了解需求方的诉求。经过分析，对方是想知道 2020 年相对 2019 年同期的金额是上涨还是下跌。

```
'''
date gmv
2020-11-10 100
2020-11-09 88
2020-11-08 77
2020-11-07 65
2020-11-06 57
2020-11-05 68
2019-11-10 44
2019-11-09 57
2019-11-08 34
2019-11-07 88
```

```
2019-11-06 65
'''
```

2. 确定分析方案

理解了核心诉求后，我们接下来确定数据分析方案，并用合适的方案来实现需求。在设计的方案中，要给定新的结果指标和判断标准，最后根据标准得出结论。根据现有的数据，将 2020 年与 2019 年同一天的 GMV 数据相减，得到一个同天 GMV 的差值，通过观察这个差值序列的变化来得出上涨还是下跌的结论。这个差值序列的变化趋势就是得出结论的标准。此方案设计的最后数据结果像这样：

```
'''
date        gmv_diff
2020-11-10  xxx
2020-11-09  xxx
2020-11-08  xxx
2020-11-07  xxx
2020-11-06  xxx
2020-11-05  xxx
'''
```

3. 代码设计

确定了问题分析方案，接下来就进入代码编写环节。在开始编写代码前，要对代码的实现进行设计，如何实现方案中的计算结果就是使用何种算法的问题。在本例中，有很多代码实现思路，如将 date 转为时间类型后按天重采样，最后利用时间偏移按年度求移动差值；还可以将两个年度的数据分别提取出来，再按日期合并，对合并后新的两列做差值。以上方法都有些复杂，我们选择分组的办法，将 date 列中的月和日分组，分组后同一日有两个年度的两条数据，再对这两条数据求差值，最终得出结果。当然，在这个环节可以先用最简单的办法，如果遇到问题，再尝试其他方案。

遇到一些比较复杂的需求逻辑时，最简单的办法是先将需求用文字清楚地表达出来，一个逻辑一个节点，然后再对每个节点进行拆分并对应到代码上。如有需要，可以对子节点再进行拆分。然后开始上手编写代码，逐个节点解决，走不通后再考虑其他代码方案。表 17-1 给出了对案例的逻辑进行拆分并对应到代码实现的过程，这个分析过程可以用表格，也可以用脑图。

表 17-1　时间偏移对象及频率字符串列表

顺序	业务逻辑	实现逻辑	代码逻辑	代码
1	今年相对去年同期	date 转为时间准备分组	将 date 转为时间类型	astype
2			设置 date 为索引	set_index
3		对同期分组	按月和日分组	groupby、dt.month、dt.day
4	业务变化情况	计算两个年度同期差值	计算分组后的差值	apply、diff
5		保留一个年份	筛选年份	loc、index.year

4. 代码实施

在本阶段，实施上一步确定的代码设计，完成代码编写。代码编写比较花费时间，需要不断调试和优化，如果熟练掌握 Pandas 等库，则会大大提高开发效率。回到本例，要对 date 的月和日进行分组，需要提取出它的月、日部分，可以用 df.astype({'date': 'datetime64[ns]'}) 完成时间类型转换，再用 .dt 时间选择器进行操作。接着，根据业务意义，同时也方便 groupby 操作，将 date 设置为索引：

```
(
    df.astype({'date': 'datetime64[ns]'})
    .set_index('date')
)
'''
            gmv
date
2020-11-10  100
2020-11-09   88
2020-11-08   77
2020-11-07   65
2020-11-06   57
2020-11-05   68
2019-11-10   44
2019-11-09   57
2019-11-08   34
2019-11-07   88
2019-11-06   65
'''
```

接下来，按月、日进行分组。由于分组后产生一个分组对象无法看到数据内容，我们使用 apply 将 gmv 输出：

```
(
    df.astype({'date': 'datetime64[ns]'})
    .set_index('date')
    .groupby([lambda x: x.month, lambda x: x.day])
    .apply(lambda x: x.gmv)
)

'''
        date
11  5   2020-11-05     68
    6   2020-11-06     57
        2019-11-06     65
    7   2020-11-07     65
        2019-11-07     88
    8   2020-11-08     77
        2019-11-08     34
    9   2020-11-09     88
        2019-11-09     57
    10  2020-11-10    100
        2019-11-10     44
Name: gmv, dtype: int64
'''
```

可以看到，除 11 月 5 日没有 2019 年数据外，其他日期都有两个年度对应的数据。利用 diff() 对两个年度的数据求差值：

```
(
    df.astype({'date': 'datetime64[ns]'})
    .set_index('date')
    .groupby([lambda x: x.month, lambda x: x.day])
    .apply(lambda x: x.diff(-1))
)
'''
             gmv
date
2020-11-10  56.0
2020-11-09  31.0
2020-11-08  43.0
2020-11-07 -23.0
2020-11-06  -8.0
2020-11-05   NaN
2019-11-10   NaN
2019-11-09   NaN
2019-11-08   NaN
2019-11-07   NaN
2019-11-06   NaN
'''
```

经过验证，就得到了相应的结果。最后再去除产生的 2019 年缺失值，利用 loc 进行筛选：

```
(
    df.astype({'date': 'datetime64[ns]'})
    .set_index('date')
    .groupby([lambda x: x.month, lambda x: x.day])
    .apply(lambda x: x.diff(-1))
    .loc[lambda x: x.index.year==2020]
)
'''
             gmv
date
2020-11-10  56.0
2020-11-09  31.0
2020-11-08  43.0
2020-11-07 -23.0
2020-11-06  -8.0
2020-11-05   NaN
'''
```

这样就得到了最终结果。

5. 得出结论

在代码实施后会得到结果数据，按确定数据分析方案时设定的指标和判定标准得出数据分析结论。在本例中，按照数据分析方案中建立的指标，结合结果数据，我们发现数据是上升的，说明 2020 年的数据表现比上一年同期要好。可以生成一张可视化图形，以下代码的执行效果如图 17-1 所示。

```
(
    df.astype({'date': 'datetime64[ns]'})
```

```
        .set_index('date')
        .groupby([lambda x: x.month, lambda x: x.day])
        .apply(lambda x: x.diff(-1))
        .loc[lambda x: x.index.year==2020]
        .plot()
)
```

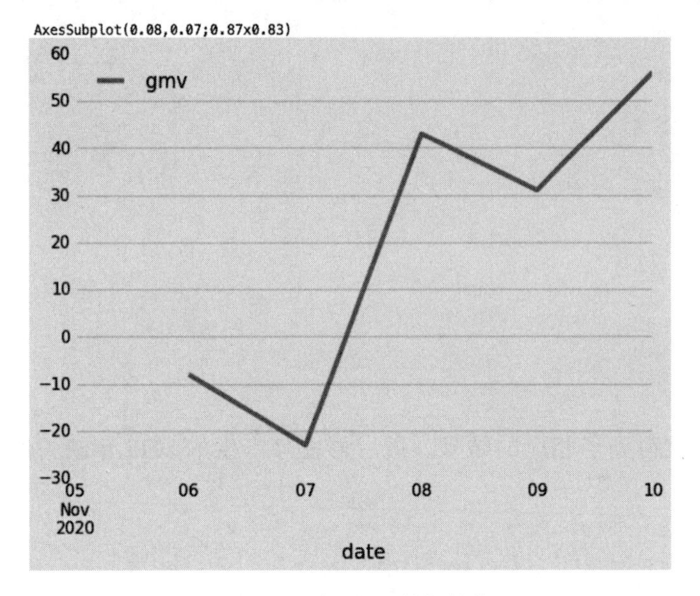

图 17-1 同比相差数据趋势

6. 复盘迭代

数据分析是一个动态的、渐进的、不断逼近客观现实的过程，我们对事物在不同阶段的认识都有一定的局限性，因此，在完成一个数据分析项目后，需要进行复盘，查漏补缺，找出分析漏洞，探索更加优秀的数据分析方案。

17.1.3 分析方法

上文介绍了编写代码的思路与步骤，其中确定分析方案环节至关重要，那么如何找到合适的数据分析方案呢？我们从业务实践中总结出了以下几种数据分析方法。

1. 描述统计

描述统计是对总体中的所有数据内容进行统计性的描述，主要包括数据频数（频率）、数据集中趋势、数据离散程度、数据的分布等。

频数又称“次数”。指变量值中代表某种特征的数（标志值）出现的次数。对于一组依大小顺序排列的测量值，当按一定的组距将其分组时，出现在各组内的测量值的数目就是落在各类别（分组）中的数据个数。落在不同小组中的数据个数为该组的频数，频数与总数的比为频率。频数（频率）越大，表明该组标志值对于总体水平所起的作用也越大；反之，频数（频率）越小，表明该组标志值对于总体水平所起的作用越小。

数据集中趋势是指数据的一种向中心集中的趋势，主要用平均数、中数、众数、四分位数、切尾均值等指标表示数据的集中趋势。

数据离散程度反映的是现象总体中各个体的变量值之间的差异程度，也称为离中趋势。数据的离散程度一般用方差、标准差表示，另外还有极值（最大值和最小值）、极差（也叫全距）、四分差、平均差、方差（协方差是度量两个随机变量关系的统计量）、标准差、离散系数等统计指标。

数据的分布是指数据在图形上的分布形状，反映数据分布的偏态和峰态。常见的分布有正态分布（又名高斯分布）、二项分布、泊松分布、均匀分布、卡方分布、beta 分布等。

2. 相关分析

相关分析用于探索多组数据之间的关联关系，这些关系包括两组数据单一的线性关系，还包括多组数据的多重相关关系，由数据间变化的紧密程度得到相关系数。有了相关系数，可以给定一个变量值来估计相关值，即回归分析。

3. 对比分析

单独看数据的变化趋势可能看不出什么问题，但与相同主体的数据或者自身不同时间、不同场景、不同分组的数据进行比较就可能会得到一些结论。对比分析就是给数据一个参考，通过已知探索未知。

对比分析的关键是保持各组数据变量的单一，其他条件保持一致，减少噪声。将这种分析方法运营到业务实践中，将分析工程化，让数据自己得出结论，就是所谓的 A/B 测试。

4. 漏斗方法

如果数据的产生在业务上有一定顺序，就比较适合漏斗方法。例如一个整体行为需要多个子行为按多条路径依次完成，或者其中部分路径依次完成，得出最终数据。在排查原因时，可以建立一个漏斗模型进行分析，看在哪个节点出现问题。

5. 假设

如果没有数量足够多或者质量足够好的数据来支撑分析，可以使用假设法。在使用假设法时，手动设置一个核心数据进行推算，得出一个暂时的结论，再经过自身感知、验证、判断，不断优化调整，最终得到一个有效的分析模型。

6. 机器学习

机器学习能够从无序的数据中提取出有用的信息，通过各种算法建立数据模型来探究原因和进行数据预测。机器学习分为有监督学习、无监督学习、强化学习等。

监督学习是指有标准答案的学习方法。样本数据的每一条数据会有一个答案，即标签，监督学习是通过对大量样本与答案的训练学习，使无答案的数据得到答案。它经常用于业务回归和预测。

无监督学习中的所有数据都没有标签，它是开放性的学习，探寻数据的特点，根据一定的特点对数据进行分类（聚类）。无监督学习经常用于数据特征分析和类型分析。

强化学习只有一个最终的奖励，不对中间过程进行干预，也不关心用什么方式，仅根据环境的反馈调整自身的状态。强化学习是以结果为导向的学习。

其中，监督学习是即时反馈的，需要给出一个答案；强化学习需要的是一个合理的行为，反馈是延迟的、不断优化的。强化学习更贴近人类生活中自然的学习过程。

17.1.4 分析流程

对数据依赖较强的行业，如互联网、金融、教育、销售等，一般会设立数据分析师岗位，由其承担数据分析工作。一般流程是，运营人员提出需求，数据分析师与运营人员讨论需求并确定分析方案，数据分析师实施方案、输出数据与结论，运营人员进行验证，运营人员如果有疑问，会和分析师查找问题、重新讨论、确定新方案，直至满足需求。

在比较规范的公司中，需求方（一般为业务运营人员）会编写需求文档，发起数据分析需求，与数据分析师讨论确定需求，数据分析师接收需求并进行排期，按排期处理需求。数据分析师工作完成后会交付给需求方一个数据集，由需求方进行验证，需求方如果有疑问会再与数据分析师讨论如何调整；如无问题，需求方对数据集进行分析总结、形成报表，如有需要可与其他相关人员分享。

17.1.5 分析工具

数据驱动的企业一般都会建立一个大数据仓库，并让专门的数据产品经理来负责建设。数据仓库的建设按照大数据分层理论逐层聚合，形成不同层级的数据库，每个库包含不同主题的数据表，这些数据表都需要接入我们的自动化数据分析平台，数据分析师会对这些库表利用 SQL 进行查询来获得数据集。这里简单介绍一下典型的分层方法。

- **操作数据层**（Operational Data Store，ODS）：这层原封不动地承接业务流转过来的原始数据，包括从业务库同步过来的业务数据，从外部采集的数据，如前后端埋点、第三方接入数据等。当然，不会将业务库中的所有字段同步，会根据实际业务需求进行选择，还会对数据做脱敏处理。
- **数据明细层**（Data Warehouse Detail，DWD）：这一层解决了数据质量问题，以一定的主题对 ODS 中不同的表进行加工清洗，建立一个稳定的业务最小粒度的明细数据。这一层也是数据分析师使用最多的数据层。
- **数据服务层**（Data Warehouse Service，DWS）：这一层对 DWD 层进行了聚合，如按日、按月、按用户等维度与其他表联合加工出更多的同维度信息，一个主题的数据量大大减少。
- **数据集市层**（Data Mart，DM）：本层面向应用，表与表之间不存在依赖，基本和最终可进行数据分析的数据集差不多，可以存在于关系型数据库里。

一般企业都用 Hadoop 生态套件处理数据仓库分层工作，并利用 Spark、Hive、Impala 等查询引擎对外提供服务。该套件也有专门提供的 SQL 管理工具（见图 17-2），为 Hue 提供的 SQL 查询功能可以参考集成，如需要 SQL 审计、库表权限等功能，可以自主开发 SQL 查询平台。

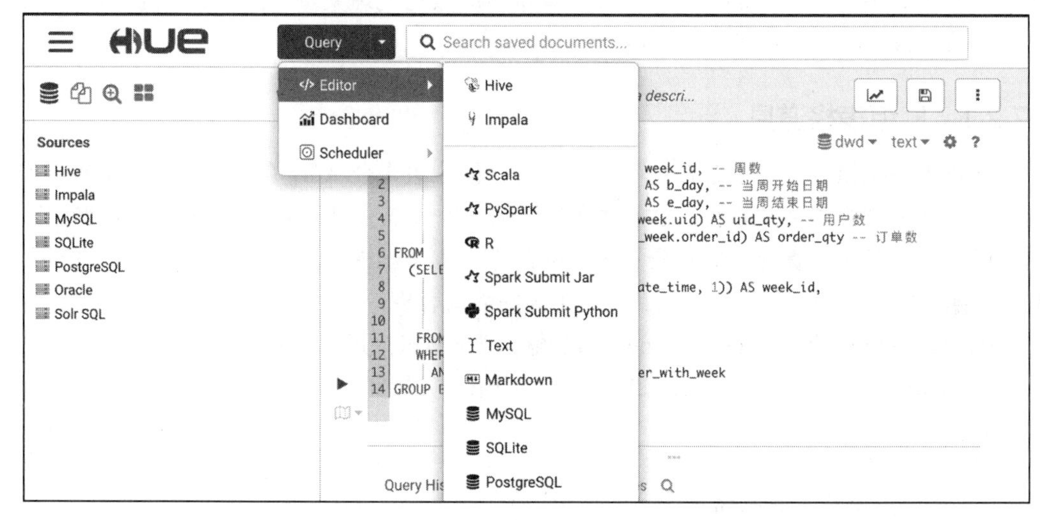

图 17-2　自动化分析数据处理系统架构图

在这个过程中，数据分析师需要利用 SQL 完成数据集的提取，这里使用的 HQL 与 SQL 语法基本一致，但额外提供了大量的数据分析函数。不过在大数据平台中编写 SQL 的思路与在关系型数据库中存在较大差异，不仅逻辑更为复杂，而且要考虑代码的性能。提取出数据集后，利用 Excel 或者 Python 脚本对数据进行处理、分析和可视化。当然，对数据集的分析也可以借助商业数据分析软件（如 Tableau、Power BI 等）来完成。

最后总结一下，数据分析师应该掌握的工具如下。

- SQL、HQL（Hive SQL）：必备，用于数据集的提取、简单分析。
- Excel：必备，用于数据整理和分析。
- Python 或者 R：推荐 Python，用于数据采集、清洗整理、分析、建模等。
- SPSS、Tableau、Power BI、Datahunter、Quick BI 等：数据处理、数据探索、数据可视化工具，原理和操作类似，熟悉其中之一即可。
- PPT、Keynote 等：数据展示、报告。

17.1.6　小结

本节介绍的链式方式是提高代码可读性、可维护性的好办法，它让代码更加整洁，逻辑更加清晰。在数据分析、代码编写过程中需要有条理性，先梳理好逻辑与方法再编写代码，会让编写代码变得更加高效、轻松。

17.2 数据处理案例

Pandas 除了是专业的数据分析工具外，对自动化办法也非常友好，它既能帮助我们实现数据表格的转换，还能实现批量化、自动化处理。在建立数据模式、机器学习等操作中，Pandas 也承担着数据形式转移的重要任务。本节的数据处理案例将围绕数据的处理，介绍 Pandas 在实际业务场景中的丰富应用。

17.2.1 剧组表格道具

某剧组在拍摄一部反映都市白领生活的电视剧，主人公 Amy 在一家公司做销售工作。这天，她在公司整理客户数据，加班到很晚，有一个镜头需要拍摄她使用电脑整理客户资料的画面。道具组负责这个客户资料表格的制作，由于影视作品是面向公众的，不能展示真实的用户资料，现在需要道具组产出一个假的数据表格。

Pandas 可以构造一个 DataFrame，然后输出为 Excel，其中假数据的生成，我们使用一个名为 faker（可以使用 pip install faker 安装）的第三方库完成。

```
import pandas as pd
import faker # 安装：pip install faker

f = faker.Faker('zh-cn')

df = pd.DataFrame({
    '客户姓名': [f.name() for i in range(10)],
    '年龄': [f.random_int(25, 40) for i in range(10)],
    '最后去电时间': [f.date_between(start_date='-1y',end_date='today')
                    .strftime('%Y年%m月%d日') for i in range(10)],
    '意向': [f.random_element(('有','无')) for i in range(10)],
    '地址': [f.street_address() for i in range(10)],
})
'''
  客户姓名  年龄        最后去电时间  意向      地址
0    陈明   26   2021年01月09日   无    杨街I座
1   彭海燕   25   2020年12月03日   有   汕尾路U座
2    王楠   39   2020年04月20日   有   兰州路z座
3    曲丹   31   2021年01月07日   无   宁德路Q座
4    杜丽   37   2020年09月04日   无    张路b座
5   王建军   32   2021年01月03日   无    徐街N座
6    曾丹   40   2020年06月18日   无   通辽街G座
7    崔东   27   2020年03月06日   有   武汉街T座
8    章畅   32   2020年08月29日   无   大冶路y座
9   李淑英   36   2020年05月02日   无   合肥路A座
'''
```

pd.DataFrame() 在生成 DataFrame 时，可以通过字典的形式传入数据的功能，键为列名，值是一个序列，作为此列的值。

也可以如下使用 assign 一列列地添加：

```
(
    pd.DataFrame()
    .assign(客户姓名=[f.name() for i in range(10)])
```

```
    .assign(年龄=[f.random_int(25, 40) for i in range(10)])
    .assign(最后去电时间=[f.date_between(start_date='-1y', end_date='today') for
        i in range(10)])
    .assign(意向=[f.random_element(('有','无')) for i in range(10)])
    .assign(地址=[f.street_address() for i in range(10)])
)
```

最后导出 Excel 文件：

```
# 生成Excel文件
df.to_excel('客户资料表.xlsx', index=None)
```

可在脚本同目录下找到生成的文件，导出 Excel 文件后简单进行格式样式调整，就完成了此道具的制作。

17.2.2 当月最后一个星期三

本需求为给出一个日期，得到这个日期所在月份的最后一个星期三是哪天。我们先分析一下需求，整理一下思路。这个问题首先要用到 Pandas 时序相关的操作，给出一个日期后我们需要得到这个月的所有日期，然后再得到每个日期是星期几，筛选出星期三的日期，找到最后一个即可。我们开始编写代码，先指定一个日期，接着用时间的 replace 方法将日期定位到这个月的 1 日，方便后面使用时间偏移：

```
import pandas as pd

t = pd.Timestamp('2020-11-11') # t: Timestamp('2020-11-11 00:00:00')
t = t.replace(day=1) # t: Timestamp('2020-11-01 00:00:00')
```

用 pd.date_range() 构造出这个月的所有日期，结束时间取这个月的月底：

```
index = pd.date_range(start=t,
                      end=(t + pd.offsets.MonthEnd())
                     )
index
'''
DatetimeIndex(['2020-11-01', '2020-11-02', '2020-11-03', '2020-11-04',
               '2020-11-05', '2020-11-06', '2020-11-07', '2020-11-08',
               '2020-11-09', '2020-11-10', '2020-11-11', '2020-11-12',
               '2020-11-13', '2020-11-14', '2020-11-15', '2020-11-16',
               '2020-11-17', '2020-11-18', '2020-11-19', '2020-11-20',
               '2020-11-21', '2020-11-22', '2020-11-23', '2020-11-24',
               '2020-11-25', '2020-11-26', '2020-11-27', '2020-11-28',
               '2020-11-29', '2020-11-30'],
              dtype='datetime64[ns]', freq='D')
'''
```

将所有日期作为索引，增加一个日期对应星期几的列，由于星期一对应 0，为了方便识别，对星期加 1，这样星期一就对应 1：

```
(
    pd.DataFrame(index.weekday+1, index=index.date, columns=['weekday'])
    .head(10)
)
'''
```

```
            weekday
2020-11-01        7
2020-11-02        1
2020-11-03        2
2020-11-04        3
2020-11-05        4
2020-11-06        5
2020-11-07        6
2020-11-08        7
2020-11-09        1
2020-11-10        2
'''
```

接着筛选出星期为 3 的所有日期，再取最后一个值，便得到最终结果：

```
(
    pd.DataFrame(index.weekday+1, index=index.date, columns=['weekday'])
    .query('weekday==3')
    .tail(1)
    .index[0]
)
# 2020-11-25
```

经过验证，2020 年 11 月 25 日是 2020 年 11 月的最后一个星期三，我们实现了上述的需求。接下来大家可以试着将上述的实现方法封装成一个函数，如果不传日期，日期就是今天，取今天可以用 pd.Timestamp('now') 来实现。

17.2.3 同组数据转为同一行

需求如下，将 A、B 两列组合进行分组，同组内的数据显示在同一行，有多少条数据就放多少列：

```
# 原数据

'''
A B C D
a b1 c 2001
a b1 c 2003
a b1 c 2005
a b2 c 2001
a b2 c 2002
a b2 c 2003
a b2 c 2004
'''

# 转换后
'''
A B  C
a b1 c   2001  2003  2005  None
  b2 c   2001  2002  2003  2004
'''
```

经过我们的观察，以上需求中数据的变化符合数据透视的规则。直接进行数据透视：

```
df.pivot(index=['A', 'B', 'C'], columns='D', values='D')
'''
```

```
D          2001     2002     2003     2004     2005
A B  C
a b1 c  2001.0      NaN  2003.0      NaN  2005.0
  b2 c  2001.0  2002.0  2003.0  2004.0      NaN
'''
```

基本上实现了需求，不过还需要再进行一些处理。我们可以更换一下思路，先按 ['A', 'B', 'C'] 进行 groupby 分组，再将分组后的数据用逗号隔开：

```
(
    df.groupby(['A', 'B', 'C'])
    .apply(lambda x: ','.join(x.D.astype(str)))
)
'''
A  B   C
a  b1  c          2001,2003,2005
   b2  c     2001,2002,2003,2004
dtype: object
'''
```

再将逗号隔开的字符用 .str.split() 展示为列：

```
(
    df.groupby(['A', 'B', 'C'])
    .apply(lambda x: ','.join(x.D.astype(str)))
    .str.split(',', expand=True)
)
'''
           0     1     2     3
A B  C
a b1 c  2001  2003  2005  None
  b2 c  2001  2002  2003  2004
'''
```

这样就得到了需求所要求的效果。

17.2.4 相关性最强的两个变量

在数据分析中经常要寻找数据之间的相关性。假设有这样一个数据集：

```
import pandas as pd

df = pd.DataFrame({
    'A':[1,2,4,5,6],
    'B':[2,4,6,9, 10],
    'C':[2,1,7,2, 1]
})

df
'''
   A   B  C
0  1   2  2
1  2   4  1
2  4   6  7
3  5   9  2
4  6  10  1
'''
```

需要找出 A、B、C 三列中相关性最强的两列。我们知道使用 df.corr() 可以得到这三列的相关性矩阵。相关性系数从 –1 到 1 表示相关程度。代码如下：

```
# 相关性
df.corr()
'''
          A         B         C
A  1.000000  0.987069  0.057639
B  0.987069  1.000000 -0.077381
C  0.057639 -0.077381  1.000000
'''
```

可以看到，从左上到右下对角线上的值全为 1，这些值是列和自己的相关性，要去掉。现在要找到去掉这些值后相关性系数最大的两列。利用 stack() 堆叠数据，转为一列，行和列上的轴标签形成两层索引，然后对值从大到小排序：

```
(
    df.corr() # 相关性矩阵
    .stack() # 堆叠，转为一列
    .sort_values(ascending=False) # 排序，最大值在前
)
'''
C  C    1.000000
B  B    1.000000
A  A    1.000000
B  A    0.987069
A  B    0.987069
C  A    0.057639
A  C    0.057639
C  B   -0.077381
B  C   -0.077381
dtype: float64
'''
```

根据前面的分析，筛选掉值为 1 的数据：

```
(
    df.corr() # 相关性矩阵
    .stack() # 堆叠，转为一列
    .sort_values(ascending=False) # 排序，最大值在前
    .loc[lambda x:x<1] # 去掉值为1的数据
)
'''
B  A    0.987069
A  B    0.987069
C  A    0.057639
A  C    0.057639
C  B   -0.077381
B  C   -0.077381
dtype: float64
'''
```

我们看到最大的值为 0.987 069，它的标签是 B 和 A，需求是希望知道标签而不是最大值是多少，怎么实现呢？可以用 idxmax()，它可以得到最大值的索引：

```
(
```

```
    df.corr() # 相关性矩阵
    .stack() # 堆叠，转为一列
    .sort_values(ascending=False) # 排序，最大值在前
    .loc[lambda x:x<1] # 去掉值为1的数据
    .idxmax() # 最大值的标签
)
# ('B', 'A')
```

这样就得到了一个元组，元组里的两个元素就是相关性最强的两列的标签。

17.2.5　全表最大值的位置

在解决最强相关性的问题中，核心的工作就是找到 DataFrame 中最大值的标签，除了以上方法，还有没有其他办法可以完成这个工作呢？先看看以下数据：

```
df = pd.DataFrame({
        'A':[1,2,4,5,-6],
        'B':[2,-1,8,2, 1],
        'C':[2,-1,8,2, 1]
    },
    index=['x', 'y', 'z', 'h', 'i']
)
'''
   A  B  C
x  1  2  2
y  2 -1 -1
z  4  8  8
h  5  2  2
i -6  1  1
'''
```

先取到 DataFrame 中的最大值：

```
# 得到全局最大值
df.max().max()
# 8
```

查出最大值，返回的 DataFrame 中非最大值的值都显示为 NaN：

```
df[df==df.max().max()]
'''
    A    B    C
x NaN  NaN  NaN
y NaN  NaN  NaN
z NaN  8.0  8.0
h NaN  NaN  NaN
i NaN  NaN  NaN
'''
```

将全为空的行和列删除：

```
# 找到最大值索引位
(
    df[df==df.max().max()] # 查出最大值
    .dropna(how='all') # 删除全为空的行
    .dropna(how='all', axis=1) # 删除全为空的列
)
```

```
'''
     B    C
z  8.0  8.0
'''
```

可见有两个最大值，在同一行的两列中，最后用 axes 得到轴信息：

```
# 找到最大值索引位
(
    df[df==df.max().max()] # 查出最大值
    .dropna(how='all') # 删除全为空的行
    .dropna(how='all', axis=1) # 删除全为空的列
    .axes
)
# [Index(['z'], dtype='object'), Index(['B', 'C'], dtype='object')]
```

这样，我们用另一种方法确定了最大值在 DataFrame 中的位置。这可能不是最优解，但为我们提供了另一个思路，帮助我们熟悉了相关方法的用法。

17.2.6 编写年会抽奖程序

某公司年会设有抽奖环节，奖品设有三个等级：一等奖一名，二等奖两名，三等奖三名。要求一个人只能中一次奖。我们先构造数据：

```
import pandas as pd
import faker # 安装: pip install faker

f = faker.Faker('zh-cn')
df = pd.DataFrame([f.name() for i in range(50)], columns=['name'])
# 增加一列用于存储结果
df['等级'] = ''
df.tail()
'''
     name  等级
45    杨华
46    沈玲
47    曹亮
48   张志强
49    盛瑜
'''
```

上面构造了 50 名员工的名单，抽奖时执行以下代码：

```
# 配置信息，第一位为抽奖人数，第二位为奖项等级
win_info = (3, '三等奖')
# 创建一个筛选器变量
filter = df.index.isin(df.sample(win_info[0]).index) & ~(df.等级.isna())
# 执行抽奖，将等级写入
df.loc[filter, '等级'] = win_info[1]
# 显示本次抽奖结果
df.loc[df.等级==win_info[1]]
```

筛选器 filter 每次用 sample 匹配出得奖的人，这些得奖的人从无等级的人中产生，接着用 loc 查出这些人，将等级写入，最后再用 loc 将本次抽奖结果筛选显示出来。

经过几次抽奖，每次可以将得奖结果显示出来，如图 17-3 所示。

```
# 显示所有结果
df[~(df.等级=='')].groupby(['等级','name']).max()
```

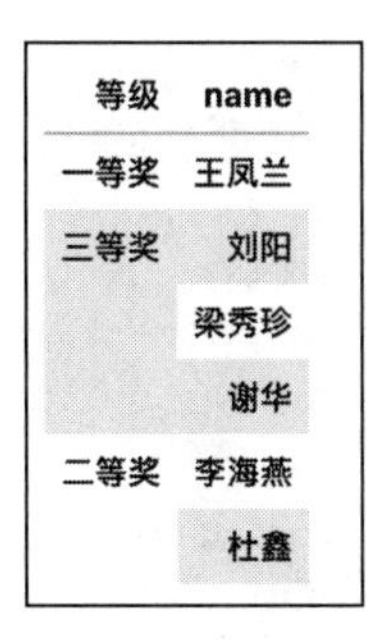

等级	name
一等奖	王凤兰
三等奖	刘阳
	梁秀珍
	谢华
二等奖	李海燕
	杜鑫

图 17-3　抽奖结果

17.2.7　北京各区无新增新冠肺炎确诊病例天数

2020 年新冠肺炎疫情期间，“北京发布”微信公众号每天会发布北京市上一日疫情数据，其中会介绍全市 16 区无报告病例天数情况。原始数据如下：

```
# 北京各区最后一例确诊日期
'''
地区 最后一例确诊日期
顺义区 2020-02-08
平谷区 Nan
昌平区 2020-08-06
大兴区 2020-06-30
密云区 2020-02-11
石景山区 2020-06-14
海淀区 2020-06-25
东城区 2020-06-16
门头沟区 2020-06-15
房山区 2020-06-15
延庆区 2020-01-23
怀柔区 2020-02-06
朝阳区 2020-06-21
西城区 2020-06-22
通州区 2020-06-20
丰台区 2020-07-05
'''
```

首先读取数据：

```
df = pd.read_clipboard()
df.head()
'''
     地区      最后一例确诊日期
0  顺义区   2020-02-08
1  平谷区          Nan
2  昌平区   2020-08-06
3  大兴区   2020-06-30
4  密云区   2020-02-11
'''
```

接着增加一列统计天数。先将确诊日期转换为时间类型，进行缺失值处理，接着与当天时间相减计算出天数：

```
(
    df.replace('Nan', pd.NaT) # 将缺失值转为空时间
    # 将确诊日期转为时间格式
    .assign(最后一例确诊日期=lambda x: x['最后一例确诊日期'].astype('datetime64[ns]'))
    # 增加无报告病例天数列，当日与确诊日期相减
    .assign(无报告病例天数=lambda x: pd.Timestamp('2020-11-16')-x['最后一例确诊日期'])
    # 计算出天数
    .assign(无报告病例天数=lambda x: x['无报告病例天数'].dt.days)
    # 排序，空值在前，重排索引
    .sort_values('无报告病例天数', ascending=False, na_position='first', ignore_index=True)
)
'''
      地区    最后一例确诊日期   无报告病例天数
0     平谷区         NaT          NaN
1     延庆区  2020-01-23    298.0
2     怀柔区  2020-02-06    284.0
3     顺义区  2020-02-08    282.0
4     密云区  2020-02-11    279.0
5    石景山区  2020-06-14    155.0
6    门头沟区  2020-06-15    154.0
7     房山区  2020-06-15    154.0
8     东城区  2020-06-16    153.0
9     通州区  2020-06-20    149.0
10    朝阳区  2020-06-21    148.0
11    西城区  2020-06-22    147.0
12    海淀区  2020-06-25    144.0
13    大兴区  2020-06-30    139.0
14    丰台区  2020-07-05    134.0
15    昌平区  2020-08-06    102.0
'''
```

最后还可以将结果进行迭代操作形成文字，方便在公众号中发布。

17.2.8 生成 SQL

现有以下 2020 年节假日的数据，需要将其插入数据库的 holiday 表里，holiday 除了以下三列，还有一个年份字段 year。

```
'''
节日   开始日期    结束日期
元旦   2020-01-01  2020-01-01
除夕   2020-01-24  2020-01-24
清明节 2020-04-04  2020-04-04
劳动节 2020-05-01  2020-05-01
端午节 2020-06-25  2020-06-25
国庆节 2020-10-01  2020-10-01
'''
```

读取数据：

```
import pandas as pd

df = pd.read_clipboard()
```

```
df.head()
'''
     节日      开始日期      结束日期
0    元旦   2020-01-01   2020-01-01
1    除夕   2020-01-24   2020-01-24
2   清明节   2020-04-04   2020-04-04
3   劳动节   2020-05-01   2020-05-01
4   端午节   2020-06-25   2020-06-25
'''
```

然后对 DataFrame 进行迭代，生成 insert SQL 语句：

```
sql = ''
for i,r in df.iterrows():
    r_sql = f"INSERT INTO `holiday` (`holiday`, `year`, `start_date`, `end_date`)
        VALUES ('{r['节日']}', '{r['结束日期'][:4]}', '{r['开始日期']}', '{r['结束日期']}');"
    sql = sql + r_sql + '\n'

print(sql)
'''
INSERT INTO `holiday` (`holiday`, `year`, `start_date`, `end_date`) VALUES
    ('元旦', '2020', '2020-01-01', '2020-01-01';
INSERT INTO `holiday` (`holiday`, `year`, `start_date`, `end_date`) VALUES
    ('除夕', '2020', '2020-01-24', '2020-01-24';
INSERT INTO `holiday` (`holiday`, `year`, `start_date`, `end_date`) VALUES
    ('清明节', '2020', '2020-04-04', '2020-04-04';
INSERT INTO `holiday` (`holiday`, `year`, `start_date`, `end_date`) VALUES
    ('劳动节', '2020', '2020-05-01', '2020-05-01';
INSERT INTO `holiday` (`holiday`, `year`, `start_date`, `end_date`) VALUES
    ('端午节', '2020', '2020-06-25', '2020-06-25';
INSERT INTO `holiday` (`holiday`, `year`, `start_date`, `end_date`) VALUES
    ('国庆节', '2020', '2020-10-01', '2020-10-01';
'''
```

生成后，可以复制这些 SQL 语句，执行。

17.2.9　圣诞节的星期分布

我们想知道圣诞节在星期几多一些，针对这个问题，可以抽样近 100 年的圣诞节进行分析。基本思路如下：

- 用 pd.date_range 生成 100 年日期数据；
- 筛选出 12 月 25 日的所有日期；
- 将日期转换为所在星期几的数字；
- 统计数字重复值的数量；
- 绘图观察；
- 得出结论。

接下来编写代码。第一步找到所有的圣诞节日期：

```
# 近100年的圣诞节日期
(
    # 生成100年时间序列
    pd.Series(pd.date_range('1920', '2021'))
```

```
    # 筛选12月25日的所有日期
    .loc[lambda s: (s.dt.month==12) & (s.dt.day==25)]
)
'''
359      1920-12-25
724      1921-12-25
1089     1922-12-25
1454     1923-12-25
1820     1924-12-25
            ...
35423    2016-12-25
35788    2017-12-25
36153    2018-12-25
36518    2019-12-25
36884    2020-12-25
Length: 101, dtype: datetime64[ns]
'''
```

接着，计算出圣诞节分别为星期一～星期日的天数：

```
# 圣诞节在各日的数量
(
    # 生成100年时间序列
    pd.Series(pd.date_range('1920', '2021'))
    # 筛选12月25日的所有日期
    .loc[lambda s: (s.dt.month==12) & (s.dt.day==25)]
    .dt.day_of_week # 转为星期数
    .add(1) # 由于0代表周一，对序列加1，符合日常认知
    .value_counts() # 重复值计数
)
'''
2    15
5    15
7    15
1    14
3    14
4    14
6    14
dtype: int64
'''
```

最后绘制柱形图，效果如图 17-4 所示。

```
(
    # 生成100年时间序列
    pd.Series(pd.date_range('1920', '2021'))
    # 筛选12月25日的所有日期
    .loc[lambda s: (s.dt.month==12) & (s.dt.day==25)]
    .dt.day_of_week # 转为星期数
    .add(1) # 由于0代表周一，对序列加1，符合日常认知
    .value_counts() # 重复值计数
    .sort_values() # 排序，星期从1到7
    .plot
    .bar() # 绘制柱状图
)
```

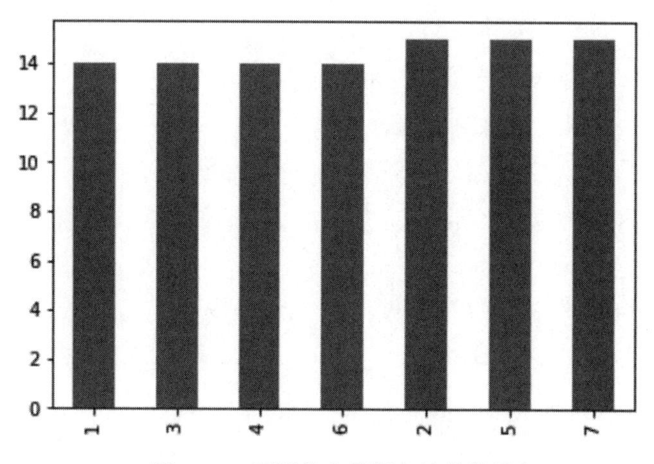

图 17-4 圣诞节在星期各日的数量

通过图形我们可以观察到，圣诞节在星期上的分布比较均匀，与我们日常感知的圣诞节多在周五的情况有很大出入，这可能是由于周五即将双休的气氛和圣诞节的气氛给我们留下了深刻的印象，从而产生了错觉。

17.2.10 试验三天中恰有两天下雨的概率

这是一个经典的概率问题：天气预报说，在今后的三天中，每一天下雨的概率均为 40%，请问这三天中恰有两天下雨的概率是多少？这个问题不能用古典概型来求解，因为恰有一天下雨和恰有两天下雨的可能性不一样，不符合古典概型的要求。

那么怎么用 Python 来模拟这种 40% 的概率和三天中两天下雨的情况呢？可以用代码随机产生 0 ~ 9 之间的整数随机数，用 1、2、3、4 表示下雨，用 5、6、7、8、9、0 表示不下雨。由于以三天为一组，所以我们每次生成一个三位的数字串。

用 NumPy 生成随机值（控制在三位数字），由于百位以内不够三位，我们用 zfill 在前面补 0，就实现了一次生成三天的情况。然后计算这些数字字符中 1 ~ 4（意为下雨）的数量，筛选值为 2（意为两天下雨）的数据，最后与总数据量（天数）相比得到结果。

```
import pandas as pd
import numpy as np

rng = np.random.default_rng() # 定义随机对象
days = 100000 # 随机天数
arr = rng.integers(0, 1000, days) # 生成随机数字

(
    pd.DataFrame()
    .assign(x=arr) # 将随机数字增加到列
    .astype(str) # 转为字符
    .assign(x=lambda d: d.x.str.zfill(3)) # 在不足三位数字前补0
    .assign(a=lambda d: d.x.str.count(r'1|2|3|4')) # 统计数字串中1~4（下雨）的数量
    .query('a==2') # 筛选出两天下雨的数据
```

```
)
'''
         x  a
3      923  2
9      325  2
19     130  2
22     381  2
28     339  2
...    ... ..
99975  474  2
99977  523  2
99978  484  2
99988  532  2
99989  722  2

[28570 rows x 2 columns]
'''

# 下划线取上文的值，此处意为两天下雨的天数除以总天数
len(_)/days
# 0.28652
```

最终算出概率为 0.28652，我们再用概率的性质计算验证：

1）在三天里面选下雨的两天，即 $C_3^2 = 3$；

2）有两天下雨、一天不下的概率为 $0.4 \times 0.4 \times 0.6 = 0.096$；

3）这三天中恰好有两天下雨的概率为 $0.096 \times 3 = 0.288$。

即所求概率为 $3 \times 0.4 \times 0.4 \times 0.6 = 0.288$，得到的结果与我们实验的结果相似。

17.2.11 计算平均打卡上班时间

某员工一段时间上班打卡的时间记录如下，现在需要计算他在这期间的平均打卡时间。

```
# 一周打卡时间记录
ts = '''
2020-10-28 09:59:44
2020-10-29 10:01:32
2020-10-30 10:04:27
2020-11-02 09:55:43
2020-11-03 10:05:03
2020-11-04 09:44:34
2020-11-05 10:10:32
2020-11-06 10:02:37
'''
```

首先读取数据，并将数据类型转为时间类型，然后计算时间序列的平均值。下列代码中的 StringIO 将字符串读入内存的缓冲区，read_csv 的 parse_dates 参数传入需要转换时间类型的列名：

```
import pandas as pd
from io import StringIO

# 读取数据，类型设置为时间类型
df = pd.read_csv(StringIO(ts), names=['time'], parse_dates=['time'])
df
```

```
'''
                  time
0 2020-10-28 09:59:44
1 2020-10-29 10:01:32
2 2020-10-30 10:04:27
3 2020-11-02 09:55:43
4 2020-11-03 10:05:03
5 2020-11-04 09:44:34
6 2020-11-05 10:10:32
7 2020-11-06 10:02:37
'''

# 对时间序列求平均
df.time.mean()
# Timestamp('2020-11-02 04:00:31.500000')
```

我们发现，mean 方法会对时间序列的时间戳求平均值，得出的值为 11 月 2 日凌晨 4 点，这和我们的需求不符，因为我们不需要关心具体是哪天，只关注时间。正确的做法是将日期归到同一天，再求平均时间。时间的 replace 方法可以实现这个功能，结合函数的调用方法，有以下三种办法可以实现同样的效果：

```
# 将时间归为同一天，再求平均时间
df.time.apply(lambda s: s.replace(year=2020, month=1, day=1)).mean()
df.time.apply(pd.Timestamp.replace, year=2020, month=1, day=1).mean()
df.time.agg(pd.Timestamp.replace, year=2020, month=1, day=1).mean()
# Timestamp('2020-01-01 10:00:31.500000')
```

前两个方法都用 apply 来调用时间的 replace 方法，第一个用 lambda 来调用，第二个直接用 Pandas 的固定时间对象来调用，第三个方法用 agg 来调用函数。将时间的日期归到同一天后，再用 mean 求得平均时间为 10:00:31，就得到了该员工平均的打卡时间。

17.2.12 小结

通过本节的众多案例，我们看到 Pandas 灵活好用，能够完成复杂的、重复的、批量的数据处理。同时，在案例中也能感受到链式方法优雅、简洁、逻辑清晰的优势。熟练掌握这些操作，将为今后我们学习更为高级的数据分析操作打下良好的基础。

17.3 综合案例

本节将介绍 Pandas 在数据分析中的综合应用，并分享一些数据采集爬虫的操作技巧，希望大家在学习案例的过程中能慢慢养成解决问题的思维方式。以下案例的数据集可以访问 gairuo.com/p/pandas 下载获取。

17.3.1 中国经济发展分析

新中国成立后，特别是改革开放以来，中国的各项经济指标飞速增长。接下来就对中国 GDP 的相关数据做一些分析，看看中国 GDP 的发展变化情况及各个产业的占比变化。

首先导入数据集（数据整理自国家统计局官方网站，从 1949 年到 2018 年，单位为万元）：

```
import pandas as pd
import matplotlib.pyplot as plt
plt.rcParams['figure.figsize'] = (7.0, 5.0) # 固定显示大小
plt.rcParams['font.family'] = ['sans-serif'] # 设置中文字体
plt.rcParams['font.sans-serif'] = ['SimHei'] # 设置中文字体

df = pd.read_csv('https://www.gairuo.com/file/data/dataset/GDP-China.csv')
df.head()
```

输出数据如图 17-5 所示。

	年份	国民总收入	国内生产总值	第一产业增加值	第二产业增加值	第三产业增加值	人均国内生产总值
0	2018	896915.6	900309.5	64734.0	366000.9	469574.6	64644
1	2017	820099.5	820754.3	62099.5	332742.7	425912.1	59201
2	2016	737074.0	740060.8	60139.2	296547.7	383373.9	53680
3	2015	683390.5	685992.9	57774.6	282040.3	346178.0	50028
4	2014	642097.6	641280.6	55626.3	277571.8	308082.5	47005

图 17-5 中国 GDP 数据（部分）

在中国 GDP 发展趋势方面，可以看到从 20 世纪 90 年代开始国内生产总值快速增长，输出结果如图 17-6 所示。

```
(
    df.set_index('年份')
    .国内生产总值
    .plot()
)
```

<matplotlib.axes._subplots.AxesSubplot at 0x7ff70a9695b0>

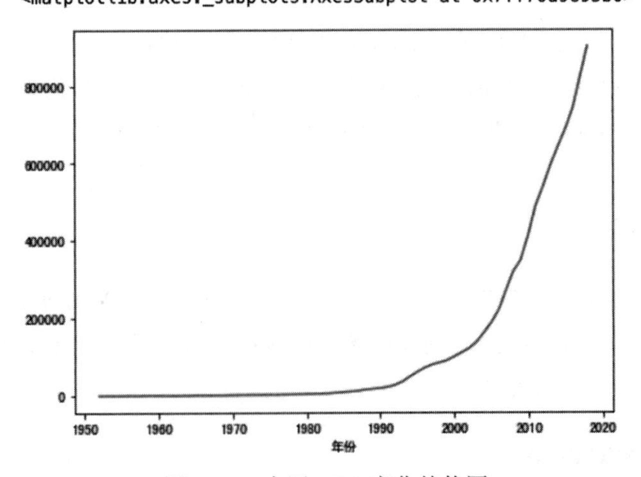

图 17-6 中国 GDP 变化趋势图

在三个产业增长趋势方面，第一产业和第二产业增长迅猛，如图 17-7 所示。

```
(
    df.set_index('年份')
    .loc[:,'第一产业增加值':'第三产业增加值']
    .plot()
)
```

```
<matplotlib.axes._subplots.AxesSubplot at 0x7ff70aa2fa00>
```

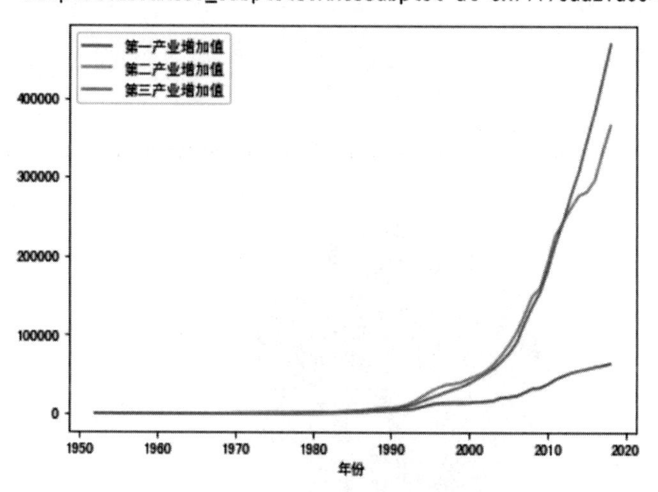

图 17-7　中国三大产业 GDP 变化趋势图

在第一产业占比趋势方面，第一产业的占比越来越低，如图 17-8 所示。

```
(
    df.assign(rate=df.第一产业增加值/df.国内生产总值)
    .set_index('年份')
    .rate
    .plot()
)
```

```
<matplotlib.axes._subplots.AxesSubplot at 0x7ff70aae7eb0>
```

图 17-8　中国 GDP 中第一产业的占比变化趋势

在 2000 年前后新增 GDP 总量方面，可以看到绝大部分 GDP 是在 2000 年以后产生的，如图 17-9 所示。

```
(
    df.groupby(df.年份>=2000)
    .sum()
    .rename(index={True: "2000年以后", False: "2000年以前",})
    .国内生产总值
    .plot
    .pie()
)
```

```
<matplotlib.axes._subplots.AxesSubplot at 0x7ff70abf31c0>
```

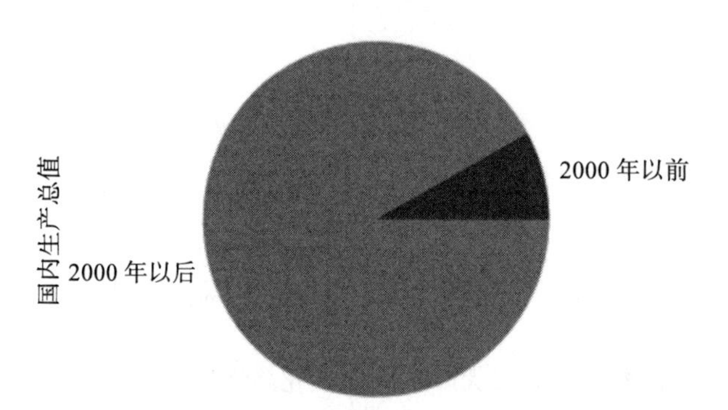

图 17-9　中国历史 GDP 在 2000 年前后的对比

最后，我们计算出每五年的 GDP 之和：

```
(
    df.groupby(pd.cut(df.年份,
                      bins=[i for i in range(1952, 2018, 5)],
                      right=False))
    .sum()
    .国内生产总值
    .sort_values(ascending=False)
)
'''
年份
[2012, 2017)    3198877.5
[2007, 2012)    1837914.1
[2002, 2007)     827737.0
[1997, 2002)     466618.1
[1992, 1997)     244658.7
[1987, 1992)      85413.2
[1982, 1987)      38147.9
[1977, 1982)      20552.6
[1972, 1977)      14164.4
[1967, 1972)      10237.1
[1962, 1967)       7503.1
[1957, 1962)       6533.6
[1952, 1957)       4305.6
Name: 国内生产总值, dtype: float64
'''
```

17.3.2　新冠肺炎疫情分析

本需求是对 2020 年新冠肺炎疫情快速发展期进行分析，了解一下它的发展变化情况。首先，了解一下数据集：

```
import pandas as pd
import matplotlib.pyplot as plt
plt.rcParams['figure.figsize'] = (10.0, 6.0) # 固定显示大小
plt.rcParams['font.family'] = ['sans-serif'] # 设置中文字体
plt.rcParams['font.sans-serif'] = ['SimHei'] # 设置中文字体

df = pd.read_csv('countries-aggregated.csv')
df.tail(5)
'''
             Date     Country  Confirmed   Recovered   Deaths
19443  2020-05-04      Turkey     127659       68166     3461
19444  2020-05-04     Vietnam        271         219        0
19445  2020-05-04       Yemen         12           1        2
19446  2020-05-04      Zambia        137          78        3
19447  2020-05-04    Zimbabwe         34           5        4
'''
```

本数据从 2020 年 1 月 22 日到 5 月 4 日，每个国家每日一条数据，由约翰斯 · 霍普金斯大学整理（可访问本书配套网站 gairuo.com/p/pandas 下载）。数据集说明如下。

- Date：日期。
- Country：国家。
- Confirmed, Recovered, Deaths 当日累计确诊、康复、死亡人数。

首先来看一下中国累计确诊人数趋势，可见爆发之初是快速上升的，如图 17-10 所示。

```
(df.loc[df.Country == 'China'] # 只选中国的
 .set_index('Date') # 日期为索引
 .Confirmed # 看确诊的
 .plot() # 画图
)
```

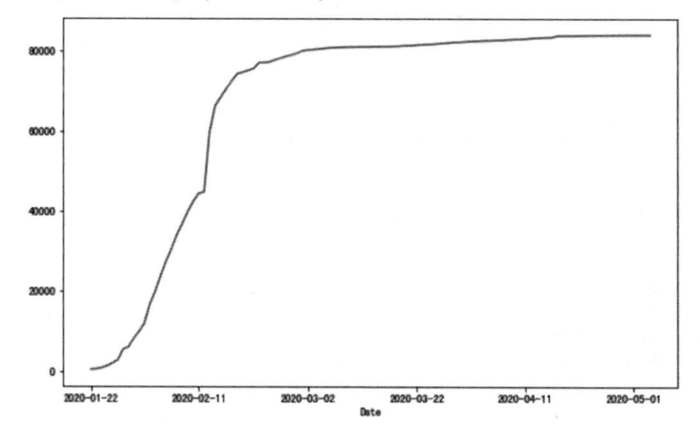

图 17-10　中国累计新冠肺炎病例确诊趋势

再看中国新增确诊趋势，在 2020 年 2 月初有一个确诊增加高峰，如图 17-11 所示。

```
(
    df.loc[df.Country == 'China']
    .set_index('Date')
    .assign(new=lambda x: x.Confirmed.diff()) # 增加一个每日新增数量
    .new
    .plot()
)
```

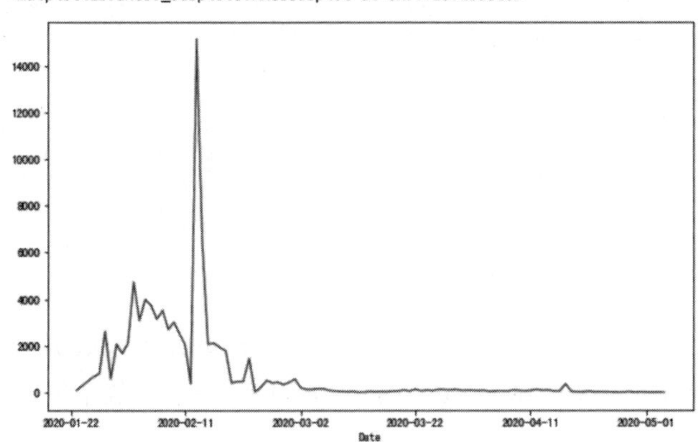

图 17-11 中国新增新冠肺炎病例确诊趋势

找出确诊病例在 1 万以上的国家中死亡率排名前十的国家，如图 17-12 所示。

```
(
    df.loc[df.Date == df.Date.max()] # 由于是累积数据，所以需要看最新的
    .loc[df.Confirmed > 10000] # 确认10000人以上
    .assign(rate=lambda x: x.Deaths/x.Confirmed) # 增加死亡率
    .sort_values('rate', ascending=False) # 按死亡率最高排序
    .set_index('Country') # 以国家为索引
    .head(10) # 取前10个
    .rate # 选取死亡率
    .sort_values(ascending=True) # 为了图形的直观性，按降序排列
    .plot
    .barh() # 横向柱状图
)
```

中美两国新冠肺炎确诊病例数量趋势如图 17-13 所示。

```
(
    df.loc[df.Country.isin(['China', 'US']), ['Country', 'Date', 'Confirmed']] # 只取想要的
    .groupby(['Country', 'Date']) # 分组
    .max() # 聚合
    .unstack() # 展开
    .T # 转置
    .droplevel(0) # 删除一级索引
    .plot() # 绘图
)
```

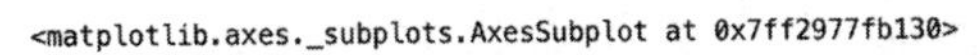

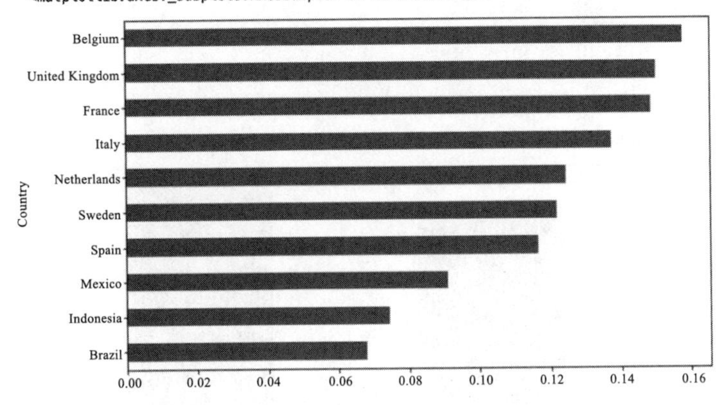

图 17-12 新冠疫情确诊上万国家死亡率前 10

<matplotlib.axes._subplots.AxesSubplot at 0x7ff296437940>

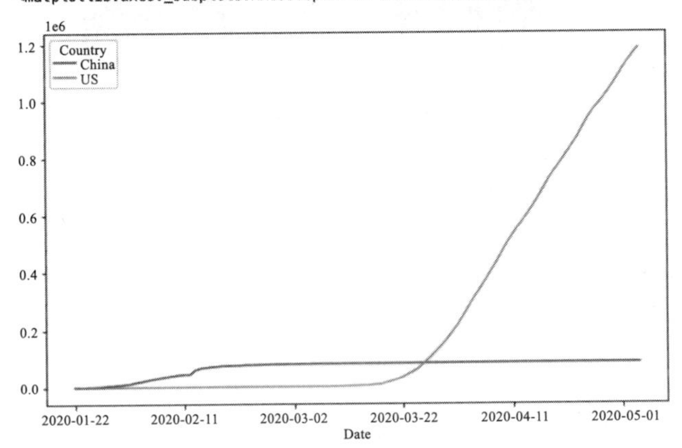

图 17-13 中美两国新冠肺炎确诊病例数量趋势

中美两国新冠肺炎病例的死亡率对比如图 17-14 所示。

```
(
    df.loc[(df.Country.isin(['China', 'US'])) & (df.Date == df.Date.max())]
        # 只要这两个国家的最新数据
    .assign(rate=df.Deaths/df.Confirmed) # 增加死亡率
    .set_index('Country') # 将国家设置为索引
    .rate
    .plot
    .bar()
)
```

中美两国新冠肺炎病例每日死亡率变化对比如图 17-15 所示。

```
(
    df.loc[(df.Country.isin(['China', 'US']))] # 只要这两个国家的最新数据
    .assign(rate=df.Deaths/df.Confirmed) # 增加死亡率
    .groupby(['Country', 'Date']) # 分组
    .max()
```

```
        .rate
        .unstack()
        .T
        .plot()
)
```

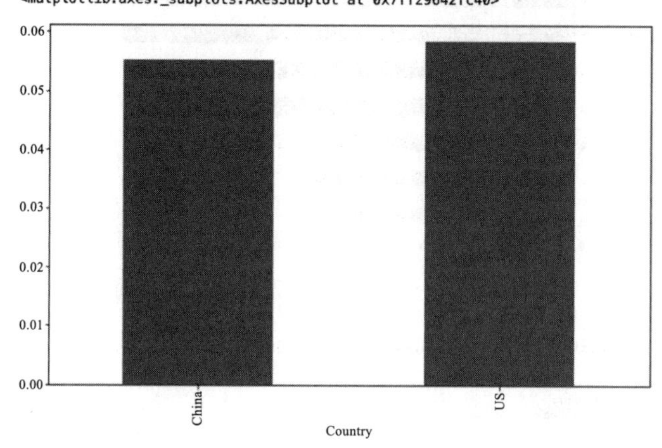

图 17-14 中美两国新冠肺炎病例死亡率对比

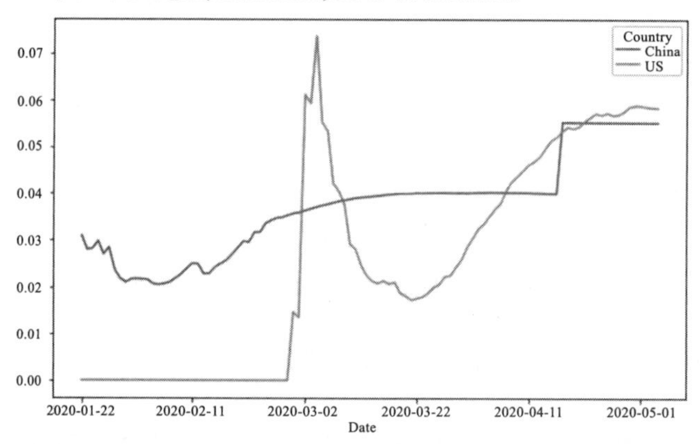

图 17-15 中美两国新冠肺炎病例每日死亡率对比

17.3.3 利用爬虫获取房价

Pandas 在配合做网络数据采集爬虫时，也能发挥其优势，可承担数据调用、数据存储的工作。将数据存入 DataFrame 后，可直接进入下一步分析。本例以获取某房产网站中房价为目标，来体验一下 Pandas 的便捷之处。

首先利用 requests（需要安装）库获取单个小区的平均价格：

```
import requests # 安装：pip install requests
```

```
# 创建一个Session
s = requests.Session()
# 访问小区页面
xq = s.get('https://bj.lianjia.com/xiaoqu/1111027382589/')
# 查看页面源码
xq.text
# 找到价格位置附近的源码为：
# <span class="xiaoquUnitPrice">95137</span>
# 切分与解析
xq.text.split('xiaoquUnitPrice">')[1].split('</span>')[0]
# '93754'
```

最终得到这个小区的平均房价。这里使用了将目标信息两边的信息进行切片、形成列表再读取的方法。也可以用第三方库 Beautiful Soup 4 来解析。Beautiful Soup 是一个可以从 HTML 或 XML 文件中提取数据的 Python 库，它能够通过解析源码来方便地获取指定信息。

我们构建获取小区名称和平均房价的函数：

```
# 获取小区名称的函数
def pa_name(x):
    xq = s.get(f'https://bj.lianjia.com/xiaoqu/{x}/')
    name = xq.text.split('detailTitle">')[1].split('</h1>')[0]
    return name

# 获取平均房价的函数
def pa_price(x):
    xq = s.get(f'https://bj.lianjia.com/xiaoqu/{x}/')
    price = xq.text.split('xiaoquUnitPrice">')[1].split('</span>')[0]
    return price
```

接下来利用 Pandas 执行爬虫获取信息：

```
# 小区列表
xqs = [1111027377595, 1111027382589,
       1111027378611, 1111027374569,
       1111027378069, 1111027374228,
       116964627385853]

# 构造数据
df = pd.DataFrame(xqs, columns=['小区'])

# 爬取小区名
df['小区名'] = df.小区.apply(lambda x: pa_name(x))
# 爬取房价
df['房价'] = df.小区.apply(lambda x: pa_price(x))

# 查看结果
df
'''
              小区       小区名      房价
0    1111027377595      瞰都国际    73361
1    1111027382589  棕榈泉国际公寓    93754
2    1111027378611      南十里居    56459
3    1111027374569      观湖国际    88661
4    1111027378069      丽水嘉园    76827
5    1111027374228  泛海国际碧海园    97061
6  116964627385853  东山condo   145965
'''
```

可以先用 Python 的类改造函数，再用链式方法调用：

```
# 爬虫类
class PaChong(object):
    def __init__(self, x):
        self.s = requests.session()
        self.xq = self.s.get(f'https://bj.lianjia.com/xiaoqu/{x}/')
        self.name = self.xq.text.split('detailTitle">')[1].split('</h1>')[0]
        self.price = self.xq.text.split('xiaoquUnitPrice">')[1].split('</span>')[0]

# 爬取数据
(
    df
    .assign(小区名=df.小区.apply(lambda x: PaChong(x).name))
    .assign(房价=df.小区.apply(lambda x: PaChong(x).price))
)
```

以上网站可能会改版，代码不适用时需要调整爬虫代码。

17.3.4 全国城市房价分析

中国主要城市的房价可以从 https://www.creprice.cn/rank/index.html 获取。该网页中会显示上一个月的房价排行情况，先复制前 20 个城市的数据，然后使用 pd.read_clipboard() 读取。我们来分析一下该月的数据（下例中用的是 2020 年 10 月数据）。

```
import pandas as pd
import matplotlib.pyplot as plt
plt.rcParams['figure.figsize'] = (8.0, 5.0) # 固定显示大小
plt.rcParams['font.family'] = ['sans-serif'] # 设置中文字体
plt.rcParams['font.sans-serif'] = ['SimHei'] # 设置中文字体
plt.rcParams['axes.unicode_minus'] = False # 显示负号

dfr = pd.read_clipboard()

# 取源数据
dfr.head()
'''
   序号 城市名称 平均单价(元/㎡)  环比  同比
0   1   深圳    78,722  +2.61%  +20.44%
1   2   北京    63,554  -0.82%    -1.2%
2   3   上海    58,831   +0.4%    +9.7%
3   4   厦门    48,169  -0.61%   +9.52%
4   5   广州    38,351  -1.64%  +13.79%
'''
```

查看数据类型：

```
dfr.dtypes
'''
序号              int64
城市名称           object
平均单价(元/㎡)      object
环比             object
```

```
同比            object
dtype: object
'''
```

数据都是 object 类型，需要对数据进行提取和类型转换：

```
df = (
    # 去掉千分位符并转为整型
    dfr.assign(平均单价=dfr['平均单价（元/㎡）'].str.replace(',','').astype(int))
    .assign(同比=dfr.同比.str[:-1].astype(float)) # 去百分号并转为浮点型
    .assign(环比=dfr.环比.str[:-1].astype(float)) # 去百分号并转为浮点型
    .loc[:,['城市名称','平均单价','同比','环比']] # 重命名列
)

df.head()
'''
  城市名称  平均单价  同比   环比
0   深圳  78722  20.44  2.61
1   北京  63554  -1.20 -0.82
2   上海  58831   9.70  0.40
3   厦门  48169   9.52 -0.61
4   广州  38351  13.79 -1.64
'''
```

接下来就可以对整理好的数据进行分析了。首先看一下各城市的均价差异，数据顺序无须再调整，代码执行效果如图 17-16 所示。

```
(
    df.set_index('城市名称')
    .平均单价
    .plot
    .bar()
)
```

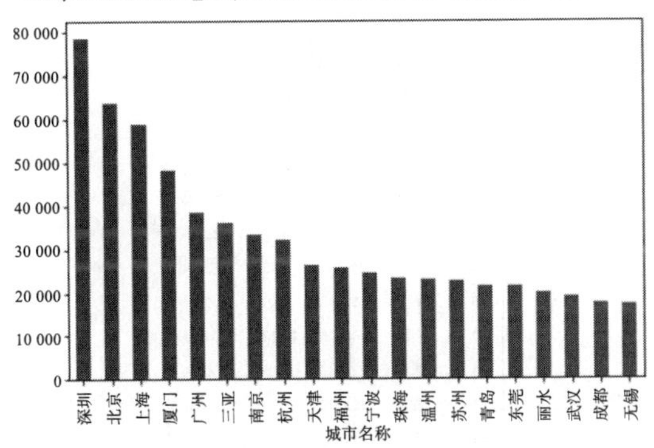

图 17-16 各城市平均房价

各城市平均房价同比与环比情况如图 17-17 所示。

```
(
    df.set_index('城市名称')
    .loc[:, '同比':'环比']
    .plot
```

```
    .bar()
)
```

<matplotlib.axes._subplots.AxesSubplot at 0x7f9f4b4d7940>

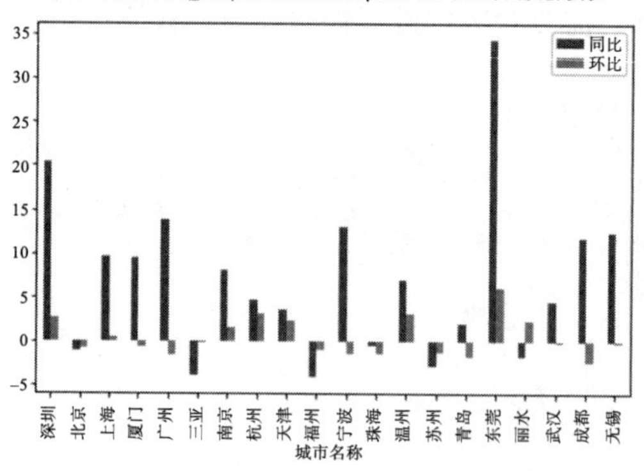

图 17-17 各城市平均房价同比和环比

将同比与环比的极值用样式标注，可见东莞异常突出，房价同比、环比均大幅上升，如图 17-18 所示。

```
(
    df.style
    .highlight_max(color='red', subset=['同比', '环比'])
    .highlight_min(subset=['同比', '环比'])
    .format({'平均单价':"{:,.0f}"})
    .format({'同比':"{:2}%", '环比':"{:2}%"})
)
```

	城市名称	平均单价	同比	环比
0	深圳	78,722	20.44%	2.61%
1	北京	63,554	-1.2%	-0.82%
2	上海	58,831	9.7%	0.4%
3	厦门	48,169	9.52%	-0.61%
4	广州	38,351	13.79%	-1.64%
5	三亚	35,981	-3.88%	-0.19%
6	南京	33,301	8.02%	1.59%
7	杭州	32,181	4.61%	3.11%
8	天津	26,397	3.5%	2.34%
9	福州	25,665	-4.1%	-1.05%
10	宁波	24,306	13.13%	-1.43%
11	珠海	23,293	-0.49%	-1.42%
12	温州	23,009	7.01%	3.01%
13	苏州	22,540	-2.8%	-1.35%
14	青岛	21,490	1.95%	-1.7%
15	东莞	21,391	34.44%	6.0%
16	丽水	19,775	-1.78%	2.3%
17	武汉	19,021	4.51%	-0.18%
18	成都	17,443	11.84%	-2.41%
19	无锡	17,131	12.5%	-0.27%

图 17-18 各城市平均房价变化样式图

绘制各城市平均单价条形图，如图 17-19 所示。

```
# 条形图
(
    df.style
    .bar(subset=['平均单价'], color='yellow')
)
```

	城市名称	平均单价	同比	环比
0	深圳	78722	20.440000	2.610000
1	北京	63554	-1.200000	-0.820000
2	上海	58831	9.700000	0.400000
3	厦门	48169	9.520000	-0.610000
4	广州	38351	13.790000	-1.640000
5	三亚	35981	-3.880000	-0.190000
6	南京	33301	8.020000	1.590000
7	杭州	32181	4.610000	3.110000
8	天津	26397	3.500000	2.340000
9	福州	25665	-4.100000	-1.050000
10	宁波	24306	13.130000	-1.430000
11	珠海	23293	-0.490000	-1.420000
12	温州	23009	7.010000	3.010000
13	苏州	22540	-2.800000	-1.350000
14	青岛	21490	1.950000	-1.700000
15	东莞	21391	34.440000	6.000000
16	丽水	19775	-1.780000	2.300000
17	武汉	19021	4.510000	-0.180000
18	成都	17443	11.840000	-2.410000
19	无锡	17131	12.500000	-0.270000

图 17-19　各城市平均单价样式图

将数据样式进行综合可视化：将平均单价背景色设为渐变，并指定色系 BuGn；同比、环比条形图使用不同色系，且以 0 为中点，体现正负；为比值加百分号。最终效果如图 17-20 所示。

```
(
    df.style
    .background_gradient(subset=['平均单价'], cmap='BuGn')
    .format({'同比':"{:2}%", '环比':"{:2}%"})
    .bar(subset=['同比'],
        color=['#ffe4e4','#bbf9ce'], # 上涨、下降的颜色
        vmin=0, vmax=15, # 范围定为以0为基准的上下15
        align='zero'
        )
    .bar(subset=['环比'],
        color=['red','green'], # 上涨、下降的颜色
```

```
        vmin=0, vmax=11, # 范围定为以0为基准的上下11
        align='zero'
        )
)
```

	城市名称	平均单价	同比	环比
0	深圳	78722	20.44%	2.61%
1	北京	63554	-1.2%	-0.82%
2	上海	58831	9.7%	0.4%
3	厦门	48169	9.52%	-0.61%
4	广州	38351	13.79%	-1.64%
5	三亚	35981	-3.88%	-0.19%
6	南京	33301	8.02%	1.59%
7	杭州	32181	4.61%	3.11%
8	天津	26397	3.5%	2.34%
9	福州	25665	-4.1%	-1.05%
10	宁波	24306	13.13%	-1.43%
11	珠海	23293	-0.49%	-1.42%
12	温州	23009	7.01%	3.01%
13	苏州	22540	-2.8%	-1.35%
14	青岛	21490	1.95%	-1.7%
15	东莞	21391	34.44%	6.0%
16	丽水	19775	-1.78%	2.3%
17	武汉	19021	4.51%	-0.18%
18	成都	17443	11.84%	-2.41%
19	无锡	17131	12.5%	-0.27%

图 17-20 各城市平均房价综合样式图

17.3.5 客服对话文本分析

有以下客服（客服 999）与用户（李庆辉）对话记录：

```
data = '''
对话开始 >>
李庆辉 2020-05-15 12:33:50
    你好，可以退货吗
客服999 2020-05-15 12:33:55 >>
    工号999很高兴为您服务。
客服999 2020-05-15 12:33:53
    您好
客服999 2020-05-15 12:34:04
    您可以自己操作申请取消订单的。
李庆辉 2020-05-15 12:34:04
    退款多久到账呢?
客服999 2020-05-15 12:34:28
```

```
    一般1~7个工作日
李庆辉 2020-05-15 12:35:01
    OMG! 好久呢
李庆辉 2020-05-15 12:40:55
    能不能快点
客服999 2020-05-15 12:42:23
    一般情况下很快就会到账的。
李庆辉 2020-05-15 12:43:04
    OMG! 好久呢
客服999 2020-05-15 12:44:01
    一般情况下很快就会到账的。
对话结束  >>
    长时间未回复，对话结束
'''
```

其中聊天内容前有一个 tab 符，首尾两句是系统自动提示，用“>>”标识，客服名称开头有“客服”字样，现在需要知道首次响应时长和平均响应时长。

首先来计算首次响应时长。首次响应时长指的是用户发出第一句到人工客服回复第一句的时间长度。为了实现需求，先将数据载入 DataFrame。由于 data 是字符串，我们用 StringIO 将字符串读入内存的缓冲区，以便 Pandas 来读取：

```
import pandas as pd
import numpy as np
from io import StringIO
df = pd.read_csv(StringIO(data), names=['chats'], dtype='string', sep='\n')

df
'''
                        chats
0                    对话开始 >>
1      李庆辉 2020-05-15 12:33:50
2                      你好，可以退货吗
3    客服999 2020-05-15 12:33:55 >>
4                 工号999很高兴为您服务。
5    客服999 2020-05-15 12:33:53
6                            您好
7    客服999 2020-05-15 12:34:04
8                 您可以自己操作申请取消订单的。
9      李庆辉 2020-05-15 12:34:04
10                      退款多久到账呢?
11   客服999 2020-05-15 12:34:28
12                   一般1~7个工作日
13     李庆辉 2020-05-15 12:35:01
14                      OMG! 好久呢
15     李庆辉 2020-05-15 12:40:55
16                        能不能快点
17   客服999 2020-05-15 12:42:23
18                一般情况下很快就会到账的。
19     李庆辉 2020-05-15 12:43:04
20                      OMG! 好久呢
21   客服999 2020-05-15 12:44:01
22                一般情况下很快就会到账的。
23                    对话结束  >>
24                  长时间未回复，对话结束
'''
```

对数据进行整理，剔除系统自动提示内容，提取双方昵称、是否客服、发送时间等字段，以方便计算：

```
(
    df.loc[~(df.chats.str.endswith('>>')) & ~(df.chats.str.contains('\t'))]
    # 排除系统自动提示内容
    .assign(name=lambda x: x.chats.str.split().str[0]) # 提取双方昵称
    # 判断是否客服（客服昵称中有“客服”字样）
    .assign(staff=lambda x: x.name.str.contains('客服'))
    .assign(time=lambda x: pd.to_datetime(x.chats.str[-20:])) # 提取并转换为时间类型
    .sort_values('time') # 按时间先后排期
)
'''
                         chats      name      staff                  time
1   李庆辉 2020-05-15 12:33:50     李庆辉     False 2020-05-15 12:33:50
5   客服999 2020-05-15 12:33:53    客服999   True 2020-05-15 12:33:53
7   客服999 2020-05-15 12:34:04    客服999   True 2020-05-15 12:34:04
9   李庆辉 2020-05-15 12:34:04     李庆辉     False 2020-05-15 12:34:04
11  客服999 2020-05-15 12:34:28    客服999   True 2020-05-15 12:34:28
13  李庆辉 2020-05-15 12:35:01     李庆辉     False 2020-05-15 12:35:01
15  李庆辉 2020-05-15 12:40:55     李庆辉     False 2020-05-15 12:40:55
17  客服999 2020-05-15 12:42:23    客服999   True 2020-05-15 12:42:23
19  李庆辉 2020-05-15 12:43:04     李庆辉     False 2020-05-15 12:43:04
21  客服999 2020-05-15 12:44:01    客服999   True 2020-05-15 12:44:01
'''
```

接下来获取人工客服回复第一句的时间和用户发出第一句的时间并相减，便得出首次响应时长：

```
(
    ...
    .assign(first=lambda x: x[x.staff==True].time.min() -
        x[x.staff==False].time.min()) # 首次响应时长
)
'''
             first
1   0 days 00:00:03
5   0 days 00:00:03
7   0 days 00:00:03
9   0 days 00:00:03
11  0 days 00:00:03
13  0 days 00:00:03
15  0 days 00:00:03
17  0 days 00:00:03
19  0 days 00:00:03
21  0 days 00:00:03
'''
```

增加了一列（省略之前代码和之前列），结果为 3 秒钟。

接下来计算平均响应时长。平均响应时长的算法是用户发出信息后（不管接连再发了几条），客户回应时间（不管接连再发了几条）的间隔，总是一方一个时间，对这些间隔求平均就得到平均响应时长。

```
(
    df.loc[~(df.chats.str.endswith('>>')) & ~(df.chats.str.contains('\t'))] # 排除系统内容
```

```
    .assign(name=lambda x: x.chats.str.split().str[0]) # 提取双方昵称
    # 判断是否客服（客服昵称中有“客服”字样）
    .assign(staff=lambda x: x.name.str.contains('客服'))
    .assign(time=lambda x: pd.to_datetime(x.chats.str[-20:])) # 提取并转换为时间类型
    .sort_values('time') # 按时间先后排期
    # 开始求平均时长，保留一方连续发言情况中的第一条
    .loc[lambda x: (x[['name']].shift() != x[['name']]).any(axis=1)]
    .assign(diff=lambda x: x.time.diff()) # 求先后对话的时间差
    .assign(avg=lambda x: x['diff'].mean().seconds) # 对所有的时间差求平均数，单位为秒
)
'''
<省略原有前几列>
              diff  avg
1              NaT   87
5   0 days 00:00:03   87
9   0 days 00:00:11   87
11 0 days 00:00:24   87
13 0 days 00:00:33   87
17 0 days 00:07:22   87
19 0 days 00:00:41   87
21 0 days 00:00:57   87
'''
```

思路是，将用户名下移后再判断是否还是原用户名，如果是则剔除，这样就只保留了一方连续发言时的第一条，然后再对上下条消息的发出时间求差值，最后再算平均值，单位取秒。最终结果为 87 秒。

17.3.6　RFM 用户分层

RFM 是典型的用户分层方法，是评估用户消费能力、衡量用户贡献价值的重要工具。RFM 代表的是最近一次消费时间间隔（Recency）、消费频率（Frequency）和消费金额（Monetary）。本案例将利用 Pandas 建立用户消费 RFM 模型，实现精细化运营。

首先构造数据，并进行数据类型转换：

```
import pandas as pd

# 构造数据
import faker # 安装: pip install faker
f = faker.Faker('zh-cn')
df = pd.DataFrame({
    '用户': [f.name() for i in range(20000)],
    '购买日期': [f.date_between(start_date='-1y',
                end_date='today') for i in range(20000)],
    '金额': [f.random_int(10, 100) for i in range(20000)]
})


# 数据类型转换
df = df.astype({'购买日期': 'datetime64[ns]'})
# 数据类型
df.dtypes
'''
用户               object
购买日期    datetime64[ns]
```

```
金额                 int64
dtype: object
'''

df
'''
         用户         购买日期   金额
0        张帅  2020-10-13   47
1        高旭  2020-05-14   44
2       蔡春梅  2020-07-17   67
3       林秀芳  2019-12-10   47
4        高凯  2020-04-18   89
...      ...         ...  ..
19995   田春梅  2020-07-27   54
19996   陈春梅  2020-06-11   46
19997    曾利  2020-01-13   68
19998    方畅  2019-12-04   12
19999   曾秀云  2020-05-23   24

[20000 rows x 3 columns]
'''
```

以上构造了两万条用户消费记录，有用户名、购买时间和金额，且交易时间在近一年内，交易金额在10～100元之间。

首先来计算R值。R为最后一次购买时间距今的天数，R值越大代表用户越有可能处于沉睡状态，流失风险越大：

```
# r为购买间隔天数
r = (
    df.groupby('用户')
    .apply(lambda x: (pd.Timestamp('today')-x['购买日期'].max()))
    .dt
    .days
)
r
'''
用户
丁东      289
丁丹       80
丁丹丹     153
丁丽华     320
丁丽娟       9
       ...
龚红梅      97
龚英      344
龚金凤      41
龚静       35
龚鹏      255
Length: 9323, dtype: int64
'''
```

先对用户分组，分组后取每组用户最近购买时间（时间的最大值），然后用今日减去最近购买时间，就得到了最近购买间隔天数。

接下来计算F值。F值是消费频率，消费频次越高代表用户黏性越强。我们将同一天购买多次的情况算作一次。算法也是先对用户分组，然后取购买日期的不重复数量：

```
# f为购买次数，一天多次算一次
f = (
    df.groupby(['用户'])
    .apply(lambda x: x['购买日期'].nunique())
)
f.sort_values()
'''
用户
丁东       1
简宁       1
简倩       1
简佳       1
符颖       1
        ..
李冬梅    18
李利      19
张丽华    19
王佳      19
王雷      20
Length: 9323, dtype: int64
'''
```

M 值是金额，我们这里计算用户每次购物的平均金额，即用户总金额 / 用户购买次数。由于前面已经算出购买次数，因此我们在合并数据时再计算 M 值，这里先计算出每个用户的总金额：

```
# m 为平均每次的购买金额
df.groupby(['用户']).sum()['金额']
'''
用户
丁东       22
丁丹      121
丁丹丹    112
丁丽华     91
丁丽娟    147
        ...
龚红梅     31
龚英       11
龚金凤     59
龚静       88
龚鹏       80
Name: 金额, Length: 9323, dtype: int64
'''
```

接下来将 RFM 数据合并。由于我们之前在计算 R 值和 F 值后都是以用户名称为索引的，因此直接用两个 Series 构造 DataFrame，同时算出 M 值：

```
# 合并RFM
(
    pd.DataFrame({'r': r,'f': f,})
    # m为总金额/购买次数
    .assign(m=lambda x: df.groupby(['用户']).sum()['金额']/x.f)
)
'''
        r  f     m
用户
丁东    289  1  22.0
```

```
丁丹      80  2  60.5
丁丹丹   153  2  56.0
丁丽华   320  2  45.5
丁丽娟     9  3  49.0
..       ... ..   ...
龚红梅    97  1  31.0
龚英     344  1  11.0
龚金凤    41  1  59.0
龚静      35  1  88.0
龚鹏     255  1  80.0

[9323 rows x 3 columns]
'''
```

这样，每个用户的 RFM 值就计算出来了。接着给 RFM 打分，为了方便演示，采用 3 分制，将 RFM 的值分为三个等级。R 值使用 pd.qcut() 平均分为三段，R 越大代表间隔时间越长，对间隔近的打 3 分，次之打 2 分，最远的打 1 分。F 值和 M 值越大越好，因此我们用 pd.cut() 人工分段，分别打 1、2、3 分。代码如下：

```
(
    pd.DataFrame({'r': r,'f': f,})
    # m为总金额/购买次数
    .assign(m=lambda x: df.groupby(['用户']).sum()['金额']/x.f)
    .assign(r_s=lambda x: pd.qcut(x.r, q=3, labels=[3,2,1]))
    .assign(f_s=lambda x: pd.cut(x.f,bins=[0,2,5,float('inf')], labels=[1,2,3],
            right = False))
    .assign(m_s=lambda x: pd.cut(x.m,bins=[0,30,60,float('inf')], labels=[1,2,3],
            right = False))
)
'''
        r  f     m r_s f_s m_s
用户
丁东    289  1  22.0   1   1   1
丁丹     80  2  60.5   2   2   3
丁丹丹  153  2  56.0   2   2   2
丁丽华  320  2  45.5   1   2   2
丁丽娟    9  3  49.0   3   2   2
..      ... ..   ...  ..  ..  ..
龚红梅   97  1  31.0   2   1   2
龚英    344  1  11.0   1   1   1
龚金凤   41  1  59.0   3   1   2
龚静     35  1  88.0   3   1   3
龚鹏    255  1  80.0   1   1   3

[9323 rows x 6 columns]
'''
```

这样，就给每个用户的 RFM 完成了打分。接下来进行分值归一化，我们把高于平均水平的归为 1，低于平均水平的归为 0：

```
(
    pd.DataFrame({'r': r,'f': f,})
    # m为总金额/购买次数
    .assign(m=lambda x: df.groupby(['用户']).sum()['金额']/x.f)
    .assign(r_s=lambda x: pd.qcut(x.r, q=3, labels=[3,2,1]))
    .assign(f_s=lambda x: pd.cut(x.f,bins=[0,2,5,float('inf')], labels=[1,2,3],
```

```
            right = False))
    .assign(m_s=lambda x: pd.cut(x.m,bins=[0,30,60,float('inf')], labels=[1,2,3],
            right = False))
    .assign(r_e=lambda x: (x.r_s > x.r.mean())*1)
    .assign(f_e=lambda x: (x.f_s > x.f.mean())*1)
    .assign(m_e=lambda x: (x.m_s > x.m.mean())*1)
)
'''
        r  f     m r_s f_s m_s  r_e  f_e  m_e
用户
丁东     289  1  22.0   1   1   1    1    0    0
丁丹      80  2  60.5   2   2   3    0    0    1
丁丹丹   153  2  56.0   2   2   2    1    0    1
丁丽华   320  2  45.5   1   2   2    1    0    0
丁丽娟     9  3  49.0   3   2   2    0    1    0
..     ... ..   ...  ..  ..  ..  ...  ...  ...
龚红梅    97  1  31.0   2   1   2    0    0    0
龚英     344  1  11.0   1   1   1    1    0    0
龚金凤    41  1  59.0   3   1   2    0    0    1
龚静      35  1  88.0   3   1   3    0    0    1
龚鹏     255  1  80.0   1   1   3    1    0    1

[9323 rows x 9 columns]
'''
```

最后将这些打分形成一个统一的标签。在打分设计时我们给正向的方面打了高分，再将分值的重要度 R、F、M 分别转化为数字，放在百位、十位和个位：

```
(
    pd.DataFrame({'r': r,'f': f,})
    # m 为总金额/购买次数
    .assign(m=lambda x: df.groupby(['用户']).sum()['金额']/x.f)
    .assign(r_s=lambda x: pd.qcut(x.r, q=3, labels=[3,2,1]))
    .assign(f_s=lambda x: pd.cut(x.f,bins=[0,2,5,float('inf')], labels=[1,2,3],
            right = False))
    .assign(m_s=lambda x: pd.cut(x.m,bins=[0,30,60,float('inf')], labels=[1,2,3],
            right = False))
    .assign(r_e=lambda x: (x.r_s > x.r.mean())*1)
    .assign(f_e=lambda x: (x.f_s > x.f.mean())*1)
    .assign(m_e=lambda x: (x.m_s > x.m.mean())*1)
    .assign(label=lambda x: x.r_e*100+x.f_e*10+x.m_e*1)
)
'''
        r  f     m r_s f_s m_s  r_e  f_e  m_e  label
用户
丁东     289  1  22.0   1   1   1    1    0    0    100
丁丹      80  2  60.5   2   2   3    0    0    1      1
丁丹丹   153  2  56.0   2   2   2    1    0    1    101
丁丽华   320  2  45.5   1   2   2    1    0    0    100
丁丽娟     9  3  49.0   3   2   2    0    1    0     10
..     ... ..   ...  ..  ..  ..  ...  ...  ...    ...
龚红梅    97  1  31.0   2   1   2    0    0    0      0
龚英     344  1  11.0   1   1   1    1    0    0    100
龚金凤    41  1  59.0   3   1   2    0    0    1      1
龚静      35  1  88.0   3   1   3    0    0    1      1
龚鹏     255  1  80.0   1   1   3    1    0    1    101

[9323 rows x 10 columns]
'''
```

最后可以用 map 方法给数据打上中文标签：

```
label_names = {111:'重要价值用户',
               110:'一般价值用户',
               101:'重要发展用户',
               100:'一般发展用户',
               11:'重要保持用户',
               10:'一般保持用户',
               1:'重要挽留用户',
               0:'一般挽留用户'}

(
    ...
    .assign(label_names=lambda x: x.label.map(label_names))
    .groupby('label').count().r.plot.bar()

)
```

这样，将用户按分值由高到低分为 9 类，运营人员可以根据不同的用户类型来制定不同的营销策略。

17.3.7 自动邮件报表

在日常工作中，我们经常要发送周期性报告邮件或者数据预警邮件，Pandas 的样式（style）可以非常友好地生成邮件内容。本案例将介绍如何搭建自动数据邮件系统。这项工作分为三个部分：发送邮件，使用 Pandas 构造邮件内容，以及实现自动化。

1. 发送邮件

Python 自带 smtplib 和 email 两个模块，smtplib 模块主要负责发送邮件，email 模块主要负责构造邮件。这两个模块自己写起来并不复杂，不过这里要推荐一个第三方库 drymail，它将发送邮件功能进行了封装，使用起来非常方便。

在发送邮件之前需要先用你使用的邮箱（如 QQ 邮箱、163 邮箱）等信息配置发件服务 SMTPMailer。可以去官方帮助文档中查看，再用 Message 对象构建邮件内容，用 Message.attach 构造附件，最后用 SMTPMailer.send 将邮件内容发出。

```
from drymail import SMTPMailer, Message

# 配置发件服务
client = SMTPMailer(host='smtp.email.com', # 发件服务器
                    user='johndoe', # 账号
                    password='password', # 密码
                    tls=True)


# 构造邮件
message = sysy(subject='Congrats on the new job!', # 邮件主题
                  sender=('John Doe', 'john@email.com'), # 发件人
                  receivers=[('Jane Doe', 'jane@message.com'), # 收件人
                             'jane.doe@mail.io'],
                  cc=[('Jane Doe', 'jane@message.com')], # 抄送
                  bcc=['jane.doe@mail.io'], # 密送
```

```
                    text='When is the party? ;)', # 纯文本
                    html='<h1>Hello</h1>',   # HTML优先
                   )

# 构造附件
with open('congrats.pdf', 'rb') as pdf_file:
    message.attach(filename='congrats.pdf',
                   data=pdf_file.read(),
                   mimetype='application/pdf')

# 发出邮件
client.send(message)
```

2. 构造邮件内容

一般我们发送的都是富文本形式的正文，将构造的正文内容传到 Message 对象的 html 参数中。接下来，构造邮件正文，完成数据的处理后使用 style 完成样式的展示：

```
dfs = (
    pd.merge(df1, df2, how='inner', on=['day', 'day'])
    .assign(diff=lambda x: (x.gmv1 - x.gmv2) / x.bi_gmv)
    .assign(diff_v=lambda x: (x.gmv2 - x.gmv2))
    .sort_values('diff', ascending=False)
    .query('diff != 0')
    .head(100)
    .reset_index()
    .loc[:, ['day', 'diff', 'diff_v']]
    .style
    .format({'diff': "{:.6%}", 'diff_v': "{:,.2f}"})
    .bar(subset=['diff'], vmin=0, vmax=0.001, color='yellow')
)

# 生成HTML
df_html = dfs.render(caption='数据日报')
```

这里生成的 HTML 和 CSS 是独立的，会导致有些收件客户端因不兼容而丢失样式，可以使用 Premailer 库将其转换为内联样式的代码：

```
# 定义样式
css = '''
<style>
    table {
        border: 1px solid #aac1de;
        border-collapse: collapse;
        border-spacing: 0;
        color: black;
        text-align: center;
        font-size: 11px;
        min-width: 100%;
    }

    thead {
        border-bottom: 1px solid #aac1de;
        vertical-align: bottom;
        background-color: #eff5fb;
    }
```

```
    tr {
        border: 1px dotted #aac1de;
    }

    td {
        vertical-align: middle;
        padding: 0.5em;
        line-height: normal;
        white-space: normal;
        max-width: 150px;
    }

    th {
        font-weight: bold;
        vertical-align: middle;
        padding: 0.5em;
        line-height: normal;
        white-space: normal;
        max-width: 150px;
        text-align: center;
    }
</style>
'''


from premailer import transform

# 转为内联样式
html = transform(css + df_html)
```

在邮件中不能直接引用图片，可通过以下方法使用图片的 base64 编码：

```
import base64
f = open('john-lennon.jpg', 'rb')
bs64 = base64.b64encode(f.read()).decode()
img_by_html = f"<img src='data:image/png;base64,{bs64}'/>"
```

img_by_html 是最终生成的显示图片的 html 代码，可以追加到 html 变量中进行组合展示。如果想展示可视化图片，可使用以下方法，其中 charts 就是最终可在邮件中展示的可视化图形，可以追加到 html 变量中进行组合展示：

```
import matplotlib.pyplot as plt
from io import BytesIO
import pandas as pd
import base64

plt.rcParams['figure.figsize'] = (8.0, 5.0)  # 固定显示大小
plt.rcParams['font.family'] = ['sans-serif']  # 设置中文字体
plt.rcParams['font.sans-serif'] = ['SimHei']  # 设置中文字体


# 将图形转换为html可展示的方法
def plt_charts_axes_to_html(ax):

    buf = BytesIO()

    if isinstance(ax, list):
```

```
        for i in ax:
            fig = i.get_figure()
    else:
        fig = ax.get_figure()

    fig.savefig(buf, format="png", bbox_inches='tight')

    # Embed the result in the html output.
    data64 = base64.b64encode(buf.getbuffer()).decode()
    img_by_html = f"<img src='data:image/png;base64,{data64}'/>"

    return img_by_html

# 调用
colors = ['#FF7575', '#FFA6FF', '#AAAAFF', '#96FED1', '#FFFFAA'] # 线条颜色
charts = plt_charts_axes_to_html(df.plot.bar(colors=colors, linewidth=0))
```

3. 实现自动化

最后，我们来看看如何实现自动发送。将以上操作编写为一个 Python 脚本文件，在 Windows 系统中，可以用鼠标右击“我的电脑”并选择“管理”选项，在弹出窗口中的“任务计划程序”设置中配置自动任务。macOS、Linux 等类 Unix 操作系统中有 Crontab 功能，可以使用 cron 表达式设定周期性自动任务。例如，以下为每周五 18 点 18 分自动运行 Python 脚本 do.py：

```
# 每周五 18:18
0 18 18 ? * FRI * /home/miniconda3/envs/my_env/bin/python /home/do.py
```

此功能需要保持电脑运行才有效，语法和更多示例可以查看 https://www.gairuo.com/p/cron-expression-sheet。

17.3.8　鸢尾花品种预测

Pandas 在机器学习和建模中也非常重要，经常用于数据观察、数据格式转换以及数据的归一化和标准化。本案例中，我们介绍 Pandas 配合 sklearn 使用经典的鸢尾花研究数据来做品种预测。

sklearn 集成了 iris 数据集，它共有 4 个属性列和一个种类列。4 个属性是 sepal length（萼片长度）、sepal width（萼片宽度）、petal length（花瓣长度）和 petal width（花瓣宽度），单位都是厘米。3 个种类是 Setosa、Versicolour 和 Virginica，样本数量为 150 个，每类 50 个。

首先将数据加载到 DataFrame：

```
import pandas as pd
from sklearn.datasets import load_iris
# 安装: pip install -U scikit-learn -i https://pypi.douban.com/simple

df = pd.DataFrame(load_iris().data,
                  columns=['萼片长度', '萼片宽度', '花瓣长度', '花瓣宽度'])


# 添加种类列
```

```
df = df.assign(种类=load_iris().target)
# 补充种类名称
df = df.assign(种类名称=df['种类'].map({0:'Setosa',
                                        1:'Versicolour',
                                        2:'Virginica'}))
df
'''
  萼片长度 萼片宽度 花瓣长度 花瓣宽度 种类 种类名称
0      5.1    3.5    1.4    0.2    0      Setosa
1      4.9    3.0    1.4    0.2    0      Setosa
2      4.7    3.2    1.3    0.2    0      Setosa
3      4.6    3.1    1.5    0.2    0      Setosa
4      5.0    3.6    1.4    0.2    0      Setosa
..     ...    ...    ...    ...   ..         ...
145    6.7    3.0    5.2    2.3    2   Virginica
146    6.3    2.5    5.0    1.9    2   Virginica
147    6.5    3.0    5.2    2.0    2   Virginica
148    6.2    3.4    5.4    2.3    2   Virginica
149    5.9    3.0    5.1    1.8    2   Virginica
'''
```

提取特征值和目标值。特征值就是测量数据，目标值是最终是哪个种类的结论。需要将数据结构转为 array：

```
# 特征值
x_train = df[['萼片长度', '萼片宽度', '花瓣长度', '花瓣宽度']].to_numpy()
x_train
'''
array([[5.1, 3.5, 1.4, 0.2],
       [4.9, 3. , 1.4, 0.2],
       [4.7, 3.2, 1.3, 0.2],
       [4.6, 3.1, 1.5, 0.2],
...
...
'''

# 目标值
y_train = df['种类'].to_numpy()
y_train
'''
array([0, 0, 0, 0, 0, 0, 0, 0, 0, 0, 0, 0, 0, 0, 0, 0, 0, 0, 0, 0, 0, 0,
       0, 0, 0, 0, 0, 0, 0, 0, 0, 0, 0, 0, 0, 0, 0, 0, 0, 0, 0, 0, 0, 0,
       0, 0, 0, 0, 0, 0, 1, 1, 1, 1, 1, 1, 1, 1, 1, 1, 1, 1, 1, 1, 1, 1,
       1, 1, 1, 1, 1, 1, 1, 1, 1, 1, 1, 1, 1, 1, 1, 1, 1, 1, 1, 1, 1, 1,
       1, 1, 1, 1, 1, 1, 1, 1, 1, 1, 1, 1, 2, 2, 2, 2, 2, 2, 2, 2, 2, 2,
       2, 2, 2, 2, 2, 2, 2, 2, 2, 2, 2, 2, 2, 2, 2, 2, 2, 2, 2, 2, 2, 2,
       2, 2, 2, 2, 2, 2, 2, 2, 2, 2, 2, 2, 2, 2, 2, 2, 2, 2])
'''
```

切分数据集，将原数据分为两份，大部分用来做机器学习，剩余的小部分不参与机器学习，用于机器学习模型建立后的验证工作。将数据集随机划分成训练集和测试集，返回训练集特征值、测试集特征值、训练集目标值和测试集目标值：

```
# 导入函数
from sklearn.model_selection import train_test_split
# 切分数据集
x_train, x_test, y_train, y_test = train_test_split(x_train, y_train)
```

接下来使用线性逻辑回归模型训练数据来完成机器学习建模：

```
# 建立模型
from sklearn.linear_model import LogisticRegression
# 逻辑回归分类模型，可设置迭代次数max_iter=3000
lgr = LogisticRegression()

# 训练数据
lgr.fit(x_train, y_train)
```

lgr 就是我们建立的机器学习模型，可以用来进行数据预测。接下来我们验证一下这个模型的效果：

```
# 测试结果
lgr.predict(x_test)
# array([1, 0, 2, 0])

# 实际
y_test
# array([1, 0, 2, 0])

# 有多少准确的和不准确的
pd.Series((lgr.predict(x_test) == y_test)).value_counts(normalize=True)
'''
True    1.0
dtype: float64
'''

# 单个预测，目测准确
lgr.predict([[5.1,3.5,5.4,2.1]])
# array([2])

# 训练集上的准确度评分
lgr.score(x_train,y_train)
# 0.9733333333333334

# 测试集上的准确度评分
lgr.score(x_test,y_test)
# 1.0
```

最后看一下在原数据上的预测效果：

```
# 全局验证模型准确性
(
    df.assign(预测种类=lgr.predict(df.loc[:,'萼片长度':'花瓣宽度'].to_numpy()))
    .assign(是否正确=lambda x: x['种类']==x.预测种类)
    .是否正确
    .value_counts(normalize=True)
)
'''
True     0.973333
False    0.026667
Name: 是否正确, dtype: float64
'''
```

正确率达到 97.3%！至此，本例用最简单的模型展示了机器学习的过程。大家可以通过更加合理的数据特征工程，尝试使用其他算法对数据进行训练，以达到更佳的效果。

17.3.9 小结

本节主要介绍 Pandas 的综合案例，内容从数据读取与采集到数据处理，得出分析结论，最后进行可视化展现。本节还介绍了几种数据爬虫方法，这些方法基本可以满足大多数的数据爬取需要。为了让大家将注意力集中在使用 Pandas 解决问题上，本节有意尽量少地涉及案例的业务背景，但在实际操作中，需要综合运用相关知识。

17.4 本章小结

Pandas 是数据分析的基础工具，我们对它的掌握程度关系着数据分析的效率和质量。本章的案例为大家打开了思路，让大家了解到 Pandas 的单个功能在具体分析场景中的用途。灵活运用众多 Pandas 的函数方法将产生强大的威力。更多案例可以访问 gairuo.com/p/pandas，笔者会随时更新 Pandas 在各个领域的应用案例。

推荐阅读

Product Closed Loop
Redefining Product Manager
产品闭环
重新定义产品经理
朱学敏 著

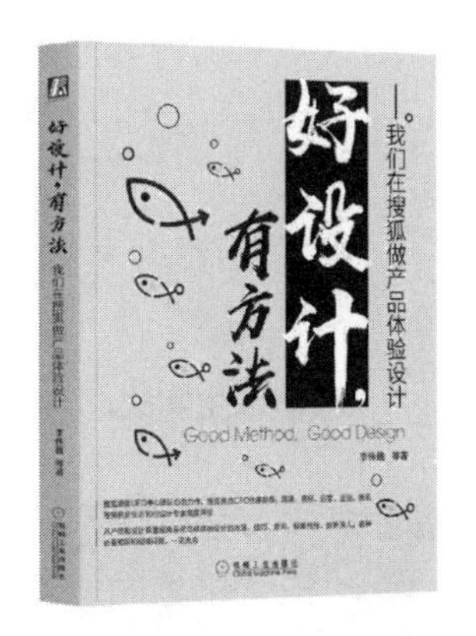
好设计，有方法
——我们在搜狐做产品体验设计
Good Method，Good Design
李伟楠 等著

策略产品经理
模型与方法论
Strategic Product Manager

GUIDE TO STRATEGY PRODUCT MANAGEMENT
策略产品经理实践

数据产品经理
实战进阶
DATA
DATA PRODUCT MANAGER
FROM NOVICE TO EXPERT

O'REILLY
全脑设计
基于脑科学原理的产品设计
Designing for How People Think
Using Brain Science to Build Better Products
[美] John Whalen, PhD 著
吴桐 译

有效竞品分析
好产品必备的竞品分析方法论
张在旺 著
EFFECTIVE COMPETITIVE ANALYSIS

车马 著
1
首席产品官
从新手到行家
CPO 1
FROM A NOVICE TO AN EXPERT

车马 著
2
首席产品官
从白领到金领
CPO 2

推荐阅读

ECharts
数据可视化
入门、实战与进阶
DATA VISUALIZATION BY
ECHARTS

数字孪生实战
基于模型的数字化企业(MBE)

Python数据分析
与挖掘实战

数据分析即未来
企业全生命周期数据分析应用之道
THE ANALYTICS
LIFECYCLE TOOLKIT

O'REILLY
大规模数据分析和建模
基于Spark与R
Mastering Spark with R
[美] Javier Luraschi Kevin Kuo
Edgar Ruiz 著
魏博 译

增强型分析
AI驱动的数据分析、业务决策与案例实践

Python数据分析
与数据化运营

Python3智能数据分析
快速入门

R语言
数据可视化实战
R语言
数据可视化
实战